Vinx | Gesteine · Dokumente der Erdgeschichte

Roland Vinx

Gesteine
Dokumente der Erdgeschichte

Ihre Entstehung und Bedeutung
für Klima, Leben und Landschaft

Quelle & Meyer Verlag Wiebelsheim

Die Angaben in diesem Buch sind vom Autor und dem Verlag sorgfältig erwogen und geprüft, dennoch kann keine Garantie übernommen werden. Eine Haftung des Autors bzw. des Verlags und seiner Beauftragten für Personen-, Sach- und Vermögensschäden ist ausgeschlossen.

Bibliografische Information der Deutschen Nationalbibliothek
Die Deutsche Nationalbibliothek verzeichnet diese Publikation in der Deutschen Nationalbibliografie; detaillierte bibliografische Daten sind im Internet über http://dnb.d-nb.de abrufbar.

www.quelle-meyer.de

Umschlagabbildungen: R. Vinx
Bildnachweis: Alle Bilder, sofern nicht anders angegeben, von R. Vinx.
Druck und Verarbeitung: Belvédère Print & Packaging bv
Printed in Europe/Imprimé en Europe
ISBN 978-3-494-01957-4

Inhalt

Vorwort

Gesteine gehören wie Pflanzen und Wildtiere zur natürlichen Umgebung, besonders in Gebirgsregionen und entlang von Felsenküsten. Oft werden sie jedoch als Selbstverständlichkeit empfunden und deshalb kaum beachtet. Selbst unter engagierten Naturschützern stellt sich viel eher Begeisterung ein, wenn ein seltener Vogel zu sehen oder zu hören ist, als wenn ein spektakulärer Findling oder Felsen am Weg aufragt. Während die Schutzbedürftigkeit von Vögeln, Reptilien, Amphibien und Orchideen im allgemeinen Bewusstsein verankert ist, gelten Gesteinsvorkommen eher als „vogelfrei", z. B. indem „Steinesammler" von nicht nachwachsendem Felsen an exponierter Stelle Brocken abschlagen.

Die inhaltliche Beschäftigung mit dem Gestein beschränkt sich dann oft auf dessen Bestimmung, d. h. auf die Namensfindung und die anschließende „Endlagerung" in einer Vitrine oder als „Schüttgut". In diesem Buch werden die Namen natürlich auch genannt, und zwar auf aktuellem Stand der Petrografie, aber sie haben lediglich den Rang von Ordnungshilfen. Vor allem aber berichten die jeweiligen Gesteine selbst anhand ihrer Merkmale, Strukturen und Mineralbestände über ihre Geschichte und diese geht so weit, dass es z. B. ohne Kalkstein das Leben auf der Erde nicht geben könnte. In diesem Sinne gehören zum Verstehen von Gesteinen auch deren Wechselwirkungen mit der Atmosphäre und ihre mögliche Prägung durch Massenausbreitung bestimmter Lebewesen ebenso wie durch Phasen von Massenaussterben auf der Erde. Gesteine sind weit mehr als einfach „unbelebte Naturobjekte". Sie unterliegen Wechselwirkungen mit der belebten Natur.

Dank

Ohne die bereitwillige Hilfe verschiedener Fachleute, Kollegen, Freunde und Verwandten hätte dieses Buch nicht mit dem endgültigen Inhalt erscheinen können. Dies gilt besonders für die freundliche Überlassung von Fotos und Material. Hierfür danke ich Matthias Bräunlich (Hamburg), Dr. Kay Heyckendorf (Reinbek), Fiona Reiser (Reykjavik) und Hans H. Stühmer (Helgoland). Dr. Stefan Peters (Mineralogisches Museum Hamburg) danke ich für die Möglichkeit eine Gesteinsprobe aus dem Sammlungsbestand fotografieren zu können. Wertvolle Anregungen und Informationen, für die ich sehr danke, erhielt ich von Matthias Bräunlich und Prof. Dr. J. Schlüter (Westerland/Sylt). Besonders danken möchte ich auch dem Quelle & Meyer Verlag für die Möglichkeit, dieses Buchprojekt zu realisieren. Dies gilt besonders für den Geschäftsführer, Herrn Gerhard Stahl, für das Team des Projektmanagements, vor allem für Frau Svenja Klink und für die Grafikabteilung (Herr Rolf Heisler, Herr Denis Busch und Frau Elena Laarmann).

Verzeichnis der Abkürzungen und Zeichen

□	=	unbesetzte Position im Kristallgitter
Ab	=	Albitkomponente in Plagioklas
An	=	Anorthitkomponente in Plagioklas
CNMMN	=	Commision on New Minerals and Mineral Names
GPa	=	Gigapascal (Messgröße für Drücke, 1 GPa entspricht 10 Kilobar)
IMA	=	International Mineralogical Association
IUGS	=	International Union of Geological Sciences
µm	=	Mikrometer (1/1000 Millimeter)
NHN	=	Normalhöhennull (entsprechend Meeresspiegelniveau)
SMCR	=	Subcommisson on the Systematics of Metamorphic Rocks

1 Einleitung

Die Erde ist ein Gesteinsplanet. Dies bedeutet, dass auch die Erdoberfläche und ebenso der Meeresboden aus felsigen Gesteinen bestehen bzw. aus Ablagerungen, die auf Gesteinsverwitterung zurückgehen und oft auch auf die Tätigkeit von Organismen. Landschaften sind durch die an der Oberfläche auftretenden Gesteine und die daraus entstandenen Bodenarten geprägt. Ab einiger Tiefe gibt es überall festes Felsgestein, selbst unter mächtigen Überdeckungen aus Lockermaterial und am Boden der Ozeane. Gesteine sind die feste Grundlage des Lebens auf der Erde. In diesem Buch geht es darum, Gesteine als den „grundlegenden" Teilbereich der Natur zu verstehen und ihre Wechselwirkungen mit der Biosphäre, Atmosphäre und Hydrosphäre zu beleuchten. Die Information hierzu steckt in den Gesteinen selbst. Dieses Buch soll helfen, sie „lesbar" zu machen.

Gesteine begegnen uns als anscheinend schon immer vorhanden gewesene, starre und „leblos" erscheinende Objekte. Im Gegensatz zu Tieren, Pflanzen, Gewässern und Wolken lässt sich ihre Dynamik gewöhnlich nicht „in Aktion" beobachten. Trotzdem müssen sie irgendwann und irgendwie entstanden sein und tatsächlich stecken sie voller Überlieferungen über ihre Geschichte und die der Erde. Hier steht nicht die Benennung und Bestimmung möglichst vieler Gesteine im Zentrum. Viel bedeutender sind die Prozesse, die die Vielfalt der gewöhnlichen Gesteine bewirkt haben. Die meist vor unvorstellbar lange zurückliegenden Zeiten stattgefundene Gesteinsentstehung wird durch normale Gesteinsgefüge und Mineralbestände abgebildet. Diese „eigenen Berichte der Gesteine" werden mithilfe dieses Buchs „lesbar". Tatsächlich kommen Gesteine ihrer „Berichtspflicht" sehr sorgfältig nach.

Die Entstehung der meisten Gesteine findet im Rahmen einer Zeitskala statt, die weit über unsere gewohnten Beobachtungszeiträume hinausreicht. Weil fast alle gegenwärtig existierenden Gesteine viele Millionen oder sogar ein bis mehrere Milliarden Jahre alt sind, erfordert dies, dass (wie überhaupt in der Geologie) ganz selbstverständlich in solchen Zeiträumen gerechnet wird. Bei der Beschäftigung mit Gesteinen und der Geologie gelten Zeitmaßstäbe, die außerhalb der alltäglichen Erfahrung liegen, an die man sich aber gewöhnen kann. Davon unabhängig gelten und galten für die Ent-

Abb. 1: Steine, so wie hier am Ostseestrand, können bunt sein und oft auch schön. Dies ist der Grund, dass man sich am Strand wie von selbst nach den Steinen bückt. Jedes Gestein hat ein Alter oder auch mehrere. So kann ein Gneis im Zuge einer Gebirgsbildung vor 1,8 Milliarden Jahren bei hohen Temperaturen aus einem ehemaligen Tonstein entstanden sein. Zwischen der Ablagerung als Tonschlamm und der schließlichen Umwandlung (Metamorphose) zu „felsenfestem" Gneis können viele Jahrmillionen liegen. Gewöhnlich interessiert vor allem das Alter der endgültigen Prägung des Gesteins, d. h. die Erlangung des beobachtbaren Zustands. Die auf den Steinen im Foto angegebenen Zahlen zeigen diese Alter in Jahrmillionen an. Oft liegen nur kurze Zeiträume (nach geologischen Zeitmaßstäben) zwischen den einzelnen Phasen der Gesteinsbildung, wie z. B. der Ablagerung von Ton durch Wasser (Abb. 7), der Verfestigung zu Tonstein (Abb. 256) durch anhaltende Sedimentüberlagerung oder der Umwandlung in Tonschiefer (Abb. 340, Abb. 357) durch mäßige Erwärmung und gerichteten Druck, der sich in Form von Gesteinsfaltung ausgewirkt haben kann. Zum Abschluss kann Versenkung in große Tiefen der Erdkruste, verbunden mit einer Temperaturzunahme bis über 500 °C, eine völlige Umgestaltung zu Gneis bewirkt haben (Abb. 364, Abb. 400). Ohne geologische Erfahrung lässt sich einem Gneis wie dem der Abb. 364 nicht ansehen, dass seine Entwicklung vor langer Zeit in Form von weichem Ton begonnen hatte. Die Formgebung der individuellen Steine liegt naturgemäß sehr viel näher an der Gegenwart als die Bildung der Gesteine, aus denen sie im festen Felsverband bestehen. Die abgebildeten Steine stammen aus einem Radius von ca. 100 m um den Aufnahmeort am Ostseestrand am Steilufer von Wangels westlich von Oldenburg/Holstein. Sie sind von eiszeitlichem Inlandeis abgelagerte Glazialgeschiebe, die ein riesiges Einzugsgebiet mit verschiedensten Gesteinsarten und Gesteinsaltern repräsentieren. Die petrografische Einordnung der gleichen Steine zeigt Abb. 10.

stehung der Gesteine die Gesetze der Physik und Chemie genauso wie heute. Das macht die vielen Möglichkeiten der Gesteinsentstehung plausibel. Gesteine sind die feste Basis der uns umgebenden Natur. Ähnlich wie astronomische Objekte lassen sie uns mit „Ewigkeiten" in Berührung kommen.

Granite, Kalksteine, Schiefer und alle anderen Gesteine sind die Ergebnisse von Ereignisfolgen und Prozessen, die nur ausnahmsweise an der Erdoberfläche stattfinden, jedoch meistens kilometertief im Untergrund. Gesteine speichern Informationen aus ihrer Entstehungszeit und Entstehungstiefe. In diesem Buch sollen sie vorrangig als geschichtliche Dokumente verstanden werden, ohne dass es ein weiteres Gesteinsbestimmungsbuch sein soll. Spannender als die Klassifikation als z. B. Granit, Kalkstein, Rhyolith oder „Melaphyrmandelstein", d. h. als die schlichte Namensfindung, sind die in Gesteinen enthaltenen Informationen. Hierbei ist es allerdings von Vorteil, einigermaßen mit wichtigen Gesteinsnamen vertraut zu sein. Dies erleichtert das Verstehen von Zusammenhängen, die kaum im allgemeinen Bewusstsein sind. Gesteine lernt man eher nicht in der Schule kennen, sondern sehr viel mehr bei der Begegnung mit ihnen. Kenntnisse der wichtigen Gesteine ergeben sich dann eher nebenbei. Über 400 ausführlich erläuterte Fotos stellen wichtige Gesteine vor.

In diesem Buch soll verdeutlicht werden, „wie Gesteine ticken" und welche Bedeutung sie für uns haben. Dazu gehören u. a.: Stoffaustausch zwischen Atmosphäre und Erdkruste (Kalkstein), Entstehung von Basaltmagma im Erdmantel (Teilaufschmelzung und Rückstände), Auswirkungen einer Klimakatastrophe mit Massenaussterben (besondere Kalkgesteine in der frühen Trias), das „Märchen" vom „Kreislauf der Gesteine", warum es so viele verschiedene Granite gibt sowie Granit als Ursache der „Unsinkbarkeit" der Kontinente. Zahlreiche Abbildungs-Querverweise machen auf Zusammenhänge aufmerksam.

Gesteine stehen in engem Zusammenhang mit der Geologie ihrer Vorkommen. Deshalb sollen hier einige geologische Fachbegriffe erläutert werden, die für das Verständnis von Gesteinen relevant sind. Dies bedeutet nicht, dass hier in größerem Umfang geologische und petrografische (gesteinskundliche) Grundkenntnisse vermittelt werden sollen. Hierfür gibt es systematisch aufgebaute Lehrbücher. In diesem Buch soll es eher darum gehen, individuelle Gesteine als Dokumente der Erdgeschichte zu verstehen.

2 Einige relevante Grundlagen der Geologie und der Gesteinskunde

Als **Grundgebirge** wird der von frühen Gebirgsbildungen geprägte Gesteinssockel unter einer Überdeckung aus flächenhaft überlagernden jüngeren Sedimentgesteinen mit oder ohne vulkanische Anteile bezeichnet. Die Überdeckung kann auch abgetragen sein und daher fehlen. In diesem Fall liegt das Grundgebirge frei. Dessen Gesteine sind dadurch gekennzeichnet, dass sie zeitweise hohen Temperaturen, in manchen Fällen bis hin zur teilweisen Aufschmelzung, und oft auch hohen Drücken ausgesetzt waren. Mit Gebirgsbildung verbundener gerichteter Druck kann durch Anzeichen von Gesteinsdeformation dokumentiert sein. Massive aus vor allem Graniten und anderen magmatischen Tiefengesteinen bilden Anteile des Grundgebirges. In Deutschland erreicht Grundgebirge die Erdoberfläche in Mittelgebirgen wie dem Harz, Erzgebirge, Schwarzwald und Bayerischen Wald.

Deckgebirge kann in Form kaum oder nicht deformierter Sedimentgesteine, gewöhnlich in Form einer Abfolge von Schichten, das Grundgebirge überlagern. Diese sedimentären Schichten des Deckgebirges sind wegen „Verspätung" nicht von den mit Gebirgsbildungen verbundenen Vorgängen betroffen gewesen, wie hohen Temperaturen, hohen Drücken und/oder interner Deformation. Die Ablagerung der Schichten des Deckgebirges ist immer zeitlich nach der letzten Gebirgsbildung erfolgt, von der das regionale Grundgebirge betroffen worden ist. Deckgebirgslandschaften in Deutschland sind das Süddeutsche Stufenland, das Weserbergland, das Münsterland, das Elbsandsteingebirge, der Pfälzer Wald und das Nahebergland.

Abb. 2: Frei zutage tretendes Grundgebirge: Intern deformierter Gneis ohne sedimentäre Überlagerung an der Kattegatküste in Halland, Südwestschweden. Die letzte Orogenese, die die Gesteine geprägt hat, hat vor 1,0 Milliarden Jahren stattgefunden. Zu den Spuren gehört die in Betrachtungsrichtung verlaufende parallele Einregelung der verschiedenen sichtbaren Inhomogenitäten. Stensjöstrand, Halland, Südwestschweden.

Abb. 3: Deckgebirge in Form plattig geschichteten Kalksteins des Ordoviziums an der Westküste der Insel Öland. Die Ebene der Schichtung ist nahezu waagerecht orientiert. Tiefere Deckgebirgsschichten des Ordoviziums und darunter des Kambriums bilden den Meeresboden des Kalmarsunds, in dem gerade mäßiger Seegang herrscht. Das unterlagernde Grundgebirge zeigt sich in der Ferne in Form der aus proterozoischem Granit (Abb. 94) bestehenden Insel Blå Jungfrun, die im rechten Bildteil als Härtling aus dem Kalmarsund aufragt. Sie bildet eine Emporwölbung des sonst weitgehend ebenflächigen Grundgebirges, das die Landoberfläche im småländischen Festland am im Foto nicht sichtbaren Westufer des Kalmarsunds bildet. Nördliches Öland nahe des Ortes Byxelkrok.

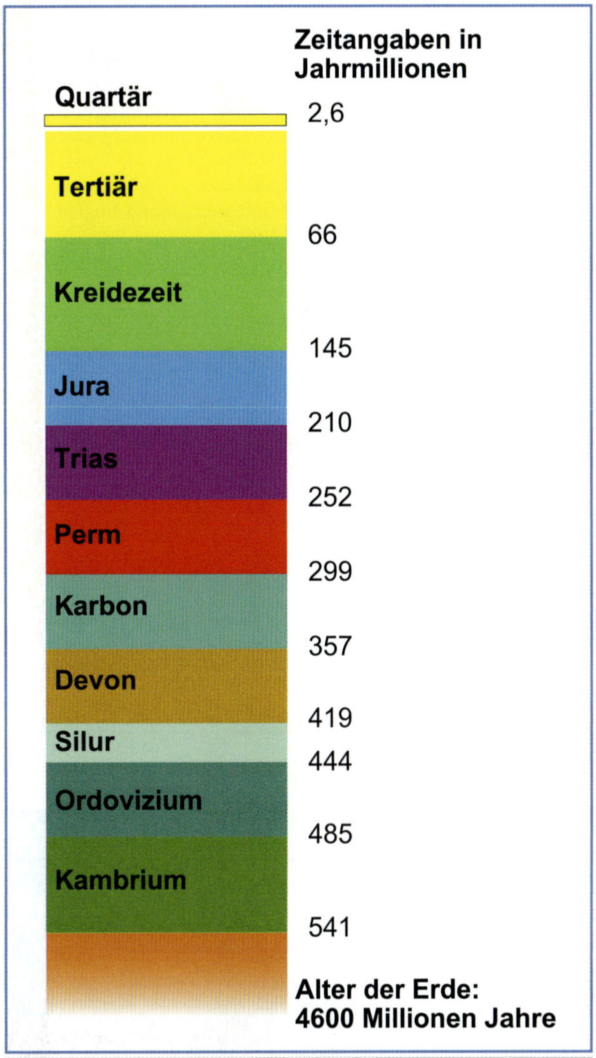

Abb. 4: Geologische Zeitskala als Überblick über die Erdgeschichte. Viele der in diesem Buch behandelten Gesteine stammen aus der Zeit vor dem Beginn der oft nur für sich dargestellten „klassischen" Erdgeschichte, deren Beginn mit dem Kambrium angesetzt wird. Diese Beschränkung auf die jüngsten ca. 10 % der Erdgeschichte hat darin ihren Grund, dass erst ab der „Kambrischen Explosion" des Lebens die kontinuierliche Überlieferung des Lebens auf der Erde in Form von Fossilien einsetzt, die den heute noch existierenden Tierstämmen zugeordnet werden können.

Proterozoikum heißt der zwischen dem Archaikum und dem Kambrium liegende Zeitabschnitt der Erdgeschichte zwischen 2,5 Milliarden Jahren vor heute bis zum Beginn des Kambriums vor 540 Millionen Jahren.

Als **Orogene** werden durch Gebirgsbildungen (Orogenesen) geformte regionale geologische Einheiten bezeichnet. Sie sind Produkte plattentektonischer Kollisionen. Sie zeichnen sich dadurch aus, dass ihr Gesteinsbestand gefaltet oder von großräumigen Schubdecken erfasst ist. Je nach Position innerhalb des jeweiligen Orogens können die Gesteine durch hohe Temperaturen und auch große Drücke metamorph verändert sein. Magmatische Gesteine wie z. B. Granite oder Gabbros treten zusätzlich auf. In großflächiger Verbreitung sind metamorphe Gesteine wie Gneise und Glimmerschiefer an der Gebirgszusammensetzung beteiligt. Hochgebirge sind der ursprüngliche morphologische Ausdruck von Orogenen. Durch langanhaltende Abtragung werden Orogene bis auf ihre Wurzeln eingeebnet, um dann zu Grundgebirge zu werden. Auch im abgetragenen, eingeebneten Zustand bleiben Orogene als solche bestehen. Statt Hochgebirgen bilden sie dann eingeebnete Rumpfflächen wie z. B. der Baltische Schild, der die nicht gebirgigen Regionen Schwedens und Finnlands ausmacht. In Deutschland nimmt die weitgehend von jüngeren Sedimentgesteinen überdeckte Rumpffläche des Variszischen Orogens große Flächen ein. Ohne Überdeckung tritt das variszische Grundgebirge z. B. im Harz, im Rheinischen Schiefergebirge, im Bayerischen Wald, im Schwarzwald, im Erzgebirge und im Fichtelgebirge zutage.

Subduktion findet im Zuge der Bewegungen der globalen Platten (Plattentektonik) als Ausgleich zur Bildung neuer Krustenstreifen an den Mittelozeanischen Rücken statt. Subduktion besteht darin, dass ozeanische Kruste unter die Kruste einer angrenzenden Platte bis in Tiefen des Erdmantels abtaucht. Hierbei kommt es auf die Dichterelationen der beteiligten Platten bzw. Gesteine untereinander an. So hat kontinentale Kruste mit ihrem Gesteinsbestand aus z. B. Granit, Gneis und Sedimentgesteinen eine relativ geringe Dichte. Dies bewirkt, dass kontinentale Kruste weitgehend „unsinkbar" ist. Sie lässt sich daher anders als die überwiegend basaltisch zusammengesetzte ozeanische Kruste nicht einfach subduzieren. Basaltische, ozeanische Kruste hat fern des nächsten mittelozeanischen Rückens auch aufgrund fortgeschrittener Abkühlung und wegen der damit verbundenen thermischen Kontraktion eine vergleichsweise hohe Dichte. Daher ist kühle ozeanische Kruste das üblicherweise subduzierte Material. Ein zusätzlicher subduktionsbegünstigender Effekt ist die im Zuge der Subduktion, Absenkung und Druckerhöhung in der Tiefe stattfindende Metamorphose (Umwandlung) basaltischen Materials in das Hochdruckgestein Eklogit (Abb. 386, Abb. 388), das eine besonders hohe Dichte hat. Hierdurch besteht eine Tendenz zum aktiven gravitativen Einsinken der subduzierten Platte in den Erdmantel. Bei der Subduktion gelangt ozeanische Lithosphäre (ozeanische Kruste plus Erdmantelanteil der Lithosphäre, aus festem Gestein bestehend) in den Bereich der Asthenosphäre (Erdmantelbereich mit erhöhter Temperatur, geringem Schmelzanteil und dadurch guter Beweglichkeit).

Abb. 5: Orogenlandschaft: Zentralalpen. Nach dem durch plattentektonischen Zusammenschub angelegten Deckenbau unterliegen die aus größerer Krustentiefe aufgestiegenen Gesteine der Heraushebung und Abtragung. Die im Vorder- bis Mittelgrund sich erstreckende, schroffe Bergkette besteht aus Gneis. Aufgrund der unausgeglichenen Morphologie und der Einwirkung von Frost, Eis, Sonne und Wasser wird der massive Gneis zerlegt und abtransportiert, bis das Gebirge in ferner Zukunft weitgehend eingeebnet sein wird. Ötztaler Alpen bei Sölden, Tirol.

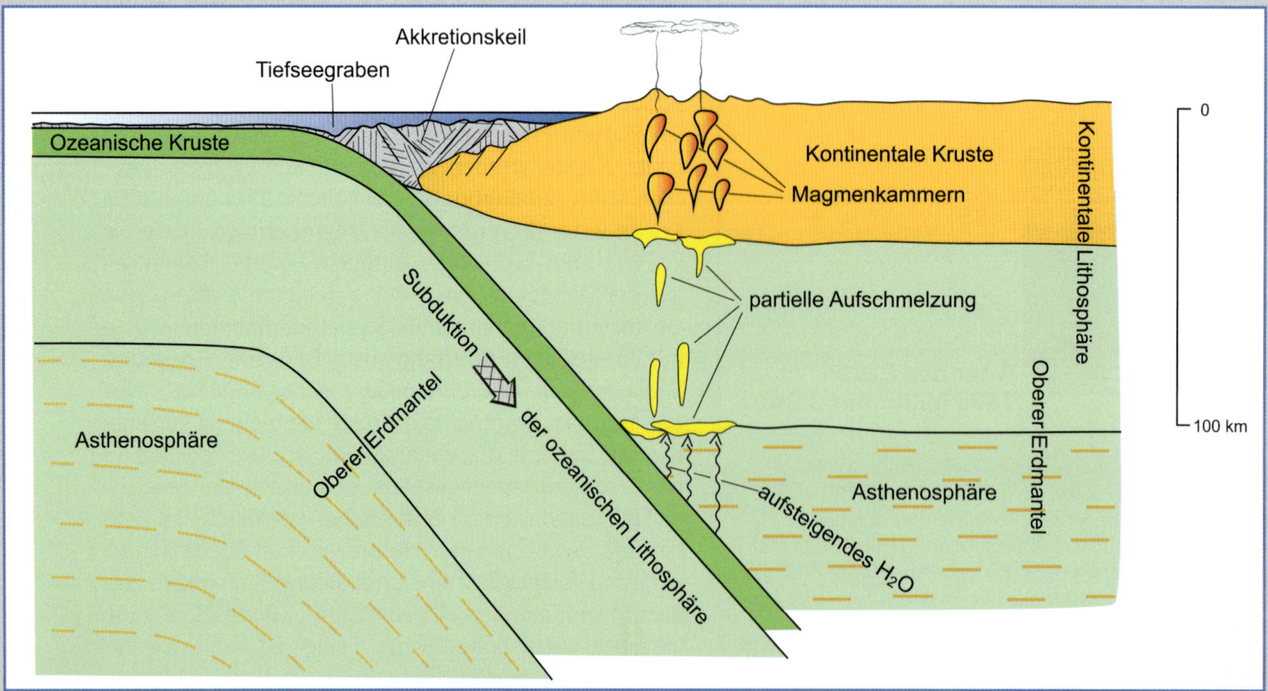

Abb. 6: Schemaskizze: Subduktion von ozeanischer Lithosphäre unter einen aktiven Kontinentalrand. Hierbei wird hydratisierte, basaltische ozeanische Kruste in Bereiche so hoher Temperatur verfrachtet, dass OH-haltige Minerale wie Chlorit, Amphibol und Epidot instabil werden und H_2O abgeben. Dieses begünstigt durch Schmelzpunkterniedrigung partielle Aufschmelzung im Oberen Erdmantel. Bis an die Untergrenze der Kontinentalen Kruste aufsteigendes Magma führt dort durch seine hohe Temperatur wiederum zu partieller Aufschmelzung, bei der granitische Magmen aufgrund geringster Teilschmelztemperaturen gegenüber z. B. dioritischen, granodioritischen und monzonitischen Magmen begünstigt sind. Hierbei können sich Magmenmengen von vielen Kubikkilometern Volumen ansammeln, die aufgrund relativ geringer Dichte zum Aufsteigen neigen.

3 Entstehung von Gesteinen

Gesteinsbildung findet zum größten Anteil verborgen in der Tiefe im Untergrund statt oder auch unter Meeresbedeckung. Ausnahmen der beobachtbaren Entstehung fester Gesteine sind Vulkanausbrüche (Abb. 142). Ebenso kann die Ablagerung von Lockermaterial wie Sand, Kies und Ton, der man an Küsten und an Flussläufen zusehen kann, am Beginn von Gesteinsentstehung stehen, wenn das Sediment nicht schnell wieder abgetragen wird. Besonders im Wattenmeer erfolgt ein ständiger Wechsel zwischen Ablagerung und Erosion. Unter Überlagerung durch weiteres Sediment kann diese Dynamik zum Stillstand kommen. Wenn die Sedimente schließlich durch mächtige Überdeckung fixiert sind, können sie durch Kompaktion, Entwässerung und Kristallisation von Bindemittel schließlich zu festen Gesteinen „ausreifen".

Viele Gesteine können nur unbeobachtbar in großer Tiefe entstehen. Um ihnen begegnen zu können, müssen sie herausgehoben werden und ihre ursprüngliche Überdeckung abgetragen sein. Dies betrifft z. B. auch massenhaft vorkommende Gesteine wie Gneis.

Abb. 7: Frühzeit möglicher Gesteinsbildung: Mit Sedimentpartikeln beladenes und daher trübes Wasser kann die Entstehung von Gestein einleiten. Als Schwebfracht transportierte Tontrübe „verschmutzt" das Wasser (hier der Elbe) zum Zeitpunkt der Fotoaufnahme so stark, dass schon in wenigen Metern Wassertiefe Dunkelheit herrscht. Der besonders hohe Gehalt an Tontrübe rührt daher, dass bei starkem Wind und Wellenschlag der Wasserstand tidebedingt ansteigt und dabei große Schlickflächen sukzessive überflutet. Im ansteigenden und bewegten Wasser unterliegen diese der Aufschwemmung. Mit dem Niedersinken und damit Absedimentieren der Massen von mikroskopisch kleinen Tonpartikeln und sonstigen Schlammkomponenten würde sich am Boden des Tidegewässers Schlick ansammeln. Dies wird in der stark strömenden und laufend ausgebaggerten Schifffahrtsstraße Elbe jedoch verhindert. Außerhalb der Schifffahrtsfahrrinne kommt es zur Sedimentablagerung, wie sich im bei auflaufendem Wasser aufgenommenen Foto wenige Stunden vor Tidehochwasser in Gestalt der Wattfläche zeigt. Diese besteht aus einem Feinsand-Ton-Gemisch, das den sich dort regelmäßig ausruhenden Seehunden eine genügend feste Rastfläche bietet. Das Niederelbegebiet ist seit dem Paläozoikum Teil eines großen Senkungs- und Sedimentationsbeckens, in dem eine viele Kilometer mächtige Sedimentabfolge den Untergrund bildet. Die Sedimentation von Tonschlamm würde von Natur aus bei Sturmfluten großflächig stattfinden. Sie würde, wenn sie nicht durch Eindeichung künstlich verhindert wäre, die aktuelle Landsenkung kompensieren und hierbei potenziell die Möglichkeit zur Bildung von Sediment bzw. Sedimentgestein ermöglichen: Marschenton und Tonstein. Durch metamorphe Umkristallisation könnten schließlich Tonschiefer, Phyllit, Glimmerschiefer und Gneis entstehen, falls es irgendwann zu einer Gebirgsbildung kommen sollte. Zuletzt war das heutige Niederelbegebiet im Silur Teil eines Orogens (Norddeutsch-Polnische Kaledoniden), dessen Rumpf so tief liegt, dass er in der Region noch nicht erbohrt worden ist. Wattfläche Brammer Bank vor dem linken (niedersächsischen) Elbufer bei Wischhafen, Landkreis Stade.

Abb. 8: In der Geologie ist es üblich, aus den Spuren gesteinsbildender Prozesse auf die Art der Gesteinsbildung zu schließen. Im Foto ein einfaches Beispiel einer offensichtlich erst kürzlich erfolgten Gesteinsentstehung an der Erdoberfläche: Vollständig erhalten gebliebene vulkanische Oberflächenformen belegen die erst vor kurzer Zeit stattgefundene Entstehung von basaltischem Gestein. Aus dem im Vordergrund offen endenden Lavatunnel ist Basaltlava ausgeflossen, die nach ihrer Abkühlung und Erstarrung noch unveränderte Fließwülste zeigt. Malpais de Güimar, Teneriffa.

3.1 Gesteinsgruppen

Es ist grundsätzlich problematisch bis unzulässig, eine Klassifikation auf Deutungen zu stützen statt auf objektiv beobachtbare oder messbare Merkmale. Dennoch gründet die übergeordnete Grobeinteilung der Gesteine traditionell auf die Arten ihrer Entstehung: Sedimentgesteine, magmatische Gesteine, metamorphe Gesteine. Als Sonderfälle kommen Gesteine des Erdmantels hinzu, die lokal oder regional die Erdoberfläche erreichen. Die Gruppeneinordnungen sind nur über Folgerungen aus selektiv zu beachtenden Merkmalen und der Art des Vorkommens der jeweiligen Gesteine erschließbar. Es gibt nicht so etwas wie ein übergeordnetes, immer vorhandenes Merkmal für Sedimentgesteine, für magmatische Gesteine, für metamorphe Gesteine oder für Gesteine des Oberen Erdmantels. Es gilt Ähnliches wie bezüglich der Vermeidung des Einsammelns giftiger Pilze. Der einzig zuverlässige Schutz ist ausreichende Artenkenntnis. Im konkreten Einzelfall ist die Einordnung eines Gesteins in eine der großen Gruppen am sichersten erst dann möglich, wenn die Gesteinsart erkannt worden ist.

Sedimentite (Sedimentgesteine) entstehen durch Ablagerung (Sedimentation) von Material, das bei der Verwitterung von zuvor vorhanden gewesenen Gesteinen bereitgestellt worden ist. Zusätzlich ist für die Sedimentation ein Transport, also eine Umlagerung des Verwitterungsmaterials, erforderlich. Anderenfalls bilden die *in situ* verbliebenen Verwitterungsprodukte mit oder ohne einen zusätzlichen humosen Anteil einen Boden. Der Sedimenttransport kann in Wasser je nach Strömungsgeschwindigkeit in Form grober Gerölle (> 63 mm), als Kieskörner (2 – 63 mm), als Sandkörner (0,063 – 2 mm) oder als Schwebfracht als Schluff- und Tonfraktion (0,002 – 0,063 mm bzw. < 0,002 mm) erfolgen. Zusätzlich werden Ionen vor allem des Kaliums, Natriums und Kalziums im Wasser gelöst und ins Meer oder in kontinentale Ablagerungsbecken verfrachtet. Alle so durch Verwitterung bereitgestellten und durch Wasser und z. T. auch durch Wind verfrachteten Verwitterungsprodukte können abgelagert werden und Sedimentgesteine bilden. Häufig erfolgt der Transport mehrphasig. Dies bedeutet, dass es nach zeitweiliger Unterbringung in Sedimentgestein nach dessen Verwitterung erneut zur Abtragung und zu Umlagerung kommt.

Nach der (vorläufig) zuletzt erfolgten Ablagerung von Sediment jeglicher Art kommt es zu Veränderungen aufgrund von Überlagerungsdruck, Entwässerung und Neubildung von Mineralen im Kornzwischenraum. Die genannten Prozesse werden als **Diagenese** zusammengefasst. Durch Diagenese entsteht aus einem zunächst losen Sediment ein verfestigtes, im Extremfall felsenfestes Gestein. Hierbei gibt es eine nicht einheitlich festgelegte Temperaturgrenze bei 150 °C, oberhalb derer der Temperaturbereich niedrigstgradiger Metamorphose angesetzt wird.

Magmatite (magmatische Gesteine) haben die Existenz von heißem Magma zur Voraussetzung. Magmatite entstehen durch Abkühlung und Erstarrung von Magmen. In der Regel kristallisieren diese hierbei aus. Wenn dies in einigen Kilometern Tiefe geschieht, wird ein **Plutonit** (Tiefengestein) gebildet. Durch Ausfließen von Lava an der Erdoberfläche entstehen **Vulkanite**. Erstarrung in geringer Tiefe unter der Erdoberfläche führt zu **Ganggesteinen** bzw. **Subvulkaniten**. Ganggesteine sind plattenförmig auftretende Magmatite, deren Ursprungsmagmen Spalten in festem Nebengestein ausgefüllt haben. Am Ende sind Magmatite aus den Kristallen mehrerer Mineralarten zusammengesetzte Gesteine, abgesehen von der möglichen Beteiligung von nicht kristallisiertem vulkanischem Glas. **Magma** ist ein heißes, fließfähiges System aus flüssiger Gesteinsschmelze, darin eingebetteten Kristallen und mit in der Schmelze gelösten Fluiden, die als Gase entmischt werden können. In seltenen Fällen fehlen in Magmen die eingebetteten Kristalle. Gewöhnlich sind sie jedoch in Magmen enthalten. Entweder sind sie früh aus der Schmelze auskristallisiert oder bei der Entstehung der Schmelze aus dem partiell aufgeschmolzenen Ausgangsmaterial übriggeblieben. Magmen sind die Produkte der teilweisen Aufschmelzung von festem Material der tieferen Erdkruste oder des Oberen Erdmantels, ausgelöst durch Temperaturerhöhung und/oder Schmelzpunkterniedrigung unter Zufuhr von fluider Phase, vor allem von H_2O. Bei der Bildung eines Magmas bleibt ein komplementärer Restbestand aus schwer schmelzbaren Komponenten des Ausgangsmaterials am Ort der Aufschmelzung zurück. Der leichter schmelzbare Anteil hingegen bildet den Schmelzanteil des Magmas. Dieses enthält bevorzugt chemische Elemente mit relativ geringem Atomgewicht. Zusätzlich bewirken die hohe Temperatur und die nicht kristalline Struktur der Schmelze eine relativ geringe Dichte. Hierdurch neigt das Magma zum Aufstieg, wenn sich ihm die Gelegenheit bietet. Für dünnflüssige, vor allem basaltische Magmen reichen enge Spalten, wie sie bei tektonischer Dehnung entstehen können. Zähflüssige Magmen wie die von Graniten steigen durch ihren eigenen Auftrieb ballonartig auf, wenn sie sich zu großen Volumen gesammelt haben und das überdeckende Gestein aktiv anheben oder verdrängen. Hierbei kann es am unmittelbaren Magmenkontakt auch zu kleinräumiger Aufschmelzung kommen.

Abb. 9: Beispielgegenüberstellung eines Metamorphits mit einer in diesem Fall in Betracht kommenden Art eines zugehörigen Edukts: Sillimanit-führender Granat-Cordieritgneis (rechts) und Grauwacke (links). Beide Gesteine sind Al-reich und Ca-arm. Die als Edukt-Musterbeispiel eingesetzte Grauwacke ist reich an toniger und damit Al-reicher Matrix, der Gneis ist durch einen Al-führenden Mineralbestand geprägt. Sowohl Cordierit (dunkelgrau, $(Mg,Fe)_2Al_4Si_5O_{18}$) als auch Granat (rot, $(Fe,Mg)_3Al_2Si_3O_{12}$) und Sillimanit (weiß, Al_2SiO_5) zeigen eine Beteiligung von reichlich Aluminium an. Auch der ebenfalls im Gneis enthaltene Kalifeldspat $KAlSi_3O_8$ ist zu seiner Bildung auf Aluminium angewiesen. Es gibt kein magmatisches Gestein, dass als Edukt die chemischen Voraussetzungen zur Entstehung des abgebildeten, Al-reichen Gneises erfüllen würde. Die beiden einander gegenübergestellten Gesteine verdeutlichen, welche erheblichen Gesteinsveränderungen durch eine Metamorphose bei praktisch unverändert bleibender chemischer Zusammensetzung bewirkt werden können. Für den Granat-Cordieritgneis hat die Metamorphose bei einer Temperatur von bis ca. 750 °C stattgefunden. Außer der Neubildung von Mineralen ist es obendrein zur partiellen Aufschmelzung gekommen. Diese wird durch hellgraue Quarz-Feldspat-Schlieren angezeigt, die die vorübergehende Existenz geringer Mengen von granitisch zusammengesetzter Teilschmelze repräsentieren. Der Gneis ist daher als migmatitisch einzustufen (Abb. 367 – 370). Der abgebildete Gneis ist aus einem sedimentären Edukt entstanden und ist daher ein Paragneis. Die sedimentäre Vorgeschichte ergibt sich aus der chemischen Zusammensetzung des Gneises, die durch mehrere Al-reiche Minerale angezeigt wird. Nur im Zuge von Verwitterung und Sedimentation, nicht aber durch magmatische Differentiation kann Aluminium so stark angereichert werden, wie dies in Tongesteinen der Fall ist. Die Grauwacke ist unterkarbonischen Alters. Sie stammt aus dem Westharz (Flussgeröll der Innerste bei Lautenthal), der migmatitische Granat-Cordieritgneis ist ein Glazialgeschiebe vom Ostseesteilufer Klütz Höved in Nordwestmecklenburg mit Originalherkunft aus Södermanland in Südschweden: ca. 1,8 Milliarden Jahre alter Sörmlandgneis (Abb. 364).

Metamorphite (metamorphe Gesteine) entstehen durch Metamorphose aus vorher sedimentären oder magmatischen Ausgangsgesteinen oder aus Metamorphiten von anderem Metamorphosegrad. Wesentliche Faktoren der Metamorphose sind Veränderungen der Temperaturen und/oder Drücke, oft verbunden mit mechanischer Durchbewegung. Gemäß der Subcommission on the Systematics of Metamorphic Rocks (SMCR) der International Union of Geological Sciences (IUGS) ist „***Metamorphose** ein Prozess, der Veränderungen des Mineralbestands/der Zusammensetzung und/oder des Mikrogefüges eines Gesteins umfasst, vorzugsweise im festen Zustand. Dieser Prozess ist seinem Wesen nach vor allem eine Anpassung des Gesteins an physikalische Bedingungen, die sich von denen unterscheiden, unter denen das Gestein ursprünglich entstanden ist und die auch von den physikalischen Bedingungen abweichen, die gewöhnlich an der Erdoberfläche oder bei der Diagenese vorkommen. Der Prozess kann mit partieller Aufschmelzung koexistieren und Veränderungen der chemischen Pauschalzusammensetzung des Gesteins beinhalten.*“

In aller Regel gleicht die chemische Pauschalzusammensetzung eines Metamorphits trotz veränderten Mineralbestands der des vormetamorphen Ausgangsgesteins. Dieses wird als **Edukt** bezeichnet oder auch als Protolith. Die Art der bei der Metamorphose entstandenen Minerale ermöglicht Aussagen zu den Drücken und Temperaturen, die bei der Metamorphose wirksam waren. Zumeist sind im Gestein die höchsten im Zuge der Metamorphose erreichten Temperaturen dokumentiert. Dies liegt daran, dass bei sukzessive ansteigender Temperatur nacheinander diejenigen Minerale des Ausgangsgesteins instabil werden, die OH-Gruppen

Abb. 10: Beispiele verschiedener Gesteinsgruppen an einem Geröllstrand der südwestlichen Ostseeküste. Die Steine lassen anhand ihrer unterschiedlichen Gefüge und Farben auch ohne explizite Gesteinsbestimmung ihre Unterschiedlichkeit erkennen. Sie sind vom eiszeitlichen Inlandeis aus Skandinavien und dem Ostseeraum verfrachtete Glazialgeschiebe. Das breite Spektrum unterschiedlicher Gesteine ist ein Abbild des riesigen, geologisch vielfältigen Einzugsgebiets der nach Norddeutschland geflossenen Inlandeisdecken. Nirgends in Mitteleuropa lassen sich so viele Gesteinsarten auf jeweils engem Raum nebeneinander antreffen wie unter den verschiedenen Steilufern der südlichen Ostsee. G = Ganggestein, M = Metamorphit, P = Plutonit, S = Sedimentit, V = Vulkanit. Ostseestrand am Steilufer von Wangels westlich von Oldenburg/Holstein.

enthalten. Stattdessen bilden sich an höhere Temperaturen angepasste Minerale, die keine OH-Gruppen einbauen. Hierbei wird Wasser freigesetzt, das weitgehend als Dampfphase das System verlässt. Während der anschließenden Abkühlung, d. h. bei der eigentlich zu erwartenden rückläufigen (retrograden) Metamorphose, fehlt dann das Wasser für den Aufbau OH-haltiger Minerale, wie sie an die wieder geringeren Temperaturen angepasst wären. Als Folge bleibt der Mineralbestand weitgehend konserviert, der den höchsten erreichten Temperaturen angepasst ist. Die Anpassung des Mineralbestands an die wieder verringerten Temperaturen bleibt wegen der bei ansteigenden Temperaturen bewirkten „Trockenheit" des jeweiligen Gesteinskörpers aus. Aus diesem Grund lassen sich die meisten Metamorphite als so etwas wie geologische Maximumthermometer verstehen. Die Rekonstruktion von metamorphen Temperatur- und Druckverläufen erfordert detaillierte Untersuchungen, die von erheblicher Laborausrüstung abhängig sind.

Gesteine des Erdmantels treten nur unter besonderen Bedingungen und nur in geringem Ausmaß an der Erdoberfläche auf (Abb. 403). Normalerweise sind sie in Kontinenten von 30 bis 40 km Krustengesteinen überdeckt. In Orogenen können es auch z. B. 80 km und mehr sein. Unter ozeanischer Kruste hingegen setzt der Erdmantel in weniger als 10 km Tiefe ein. In jedem Fall erfordert das flächenhafte Auftreten von Erdmantelgesteinen an der Erdoberfläche tektonische Aufstiegsbewegungen von einem bis in den Erdmantel reichenden Tiefgang. So können tektonische Decken in manchen Orogenen Erdmantelgesteine enthalten. Kleine, durchweg nur zentimetergroße Fragmente von Erdmantelgesteinen kommen in großer Zahl in Vulkaniten wie Alkali-Olivinbasalt und Basanit als Einschlüsse vor. Sie sind ein Hinweis darauf, dass die zugehörigen Magmen auf direktem Weg, ohne Zwischenaufenthalt, aus dem Erdmantel aufgestiegen sind.

Hinsichtlich seines Gesteinsbestands ist der Obere Erdmantel sehr viel monotoner aufgebaut als die kontinentale Kruste. Er ist durch das Fehlen von Feldspäten und Quarz gekennzeichnet. Dominierendes Mineral ist das Mg-Fe-Silikat Olivin in seiner Mg-reichen Varietät Forsterit. Die mengenmäßig bedeutendsten Gesteine sind ganz überwiegend aus Forsterit bestehende **Peridotite**, die je nach Auftreten oder Fehlen zusätzlichen Pyroxens als **Harzburgit** (mit Ca-freiem Pyroxen), **Wehrlit** (mit Ca-reichem Pyroxen), **Lherzolith** (mit Ca-freiem und Ca-reichem Pyroxen) oder **Dunit** (ohne Pyroxen) bezeichnet werden.

3.2 Gesteinsformende Prozesse

Gesteine sind nicht einfach „schon seit immer da". Irgendwann müssen sie entstanden sein. So kann die Entstehung von Sedimentgesteinen unabhängig von großen „Umwälzungen" vielerorts an der Erdoberfläche beginnen. Dies kann im Watt eingeleitet werden (Abb. 7). Weicher Schlamm kann unter geeigneten Bedingungen später zu festem Gestein werden. Auch in kontinentalen Ablagerungsbecken oder in Riffen aus kalkigen Organismen können Sedimentgesteine entstehen. Anderes gilt z. B. für magmatische Gesteine wie Granite. Sie haben die Entstehung von Gesteinsschmelzen zur Voraussetzung, wie sie nur im tieferen Untergrund geschehen kann. Vulkanite wie z. B. Basalt oder Rhyolith können nicht räumlich und zeitlich unabhängig von aktivem Vulkanismus entstehen. Gesteinsmetamorphose, d. h. die Überprägung und Umwandlung zuvor schon existierender Gesteine, findet nur bei stark erhöhter Temperatur und oft auch unter hohem Druck in der Tiefe statt. Hierfür sind andere Bedingungen erforderlich als anhaltende tektonische Ruhe. Metamorphe Gesteinsarten wie z. B. Gneise, Granite, Glimmerschiefer oder Amphibolite werden im Zuge der plattentektonisch bedingten Entstehung von Falten- und Deckengebirgen gebildet, bei sogenannten Orogenesen (Gebirgsbildungen). Danach können die „heiß" geprägten Gesteine nach Abschluss der Orogenese bei wieder abgeklungener Temperatur für Jahrmillionen oder Jahrmilliarden unverändert bestehen bleiben und die Bedingungen anzeigen, unter denen sie entstanden sind.

Orogenesen sind plattentektonische Ereignisse. Sie werden durch Subduktion bzw. Kollision von Platten des globalen Plattenmosaiks bewirkt. Orogene wirken sich geografisch zunächst als Hochgebirge aus. Im Verlauf geologischer Zeiträume werden sie unter allmählicher Heraushebung durch Erosion eingeebnet, bis von dem Gebirge nur noch eine eingeebnete Rumpffläche aus Gesteinen des tiefen Gebirgsuntergrunds übriggeblieben ist. Den zunächst hoch aufragenden Gebirgen stehen in ihrem tiefen Untergrund die Wurzeln

Abb. 11: Durch Abtragung eingeebnete Rumpffläche eines ehemaligen Hochgebirges: Ostharz als Teilabschnitt des zur Zeit des Karbons entstandenen Variszischen Orogens. Im Vordergrund ist das Tal der Bode in die Rumpffläche eingeschnitten. In Blickrichtung Westen erstreckt sich die aus der Zeit des Perms stammende Rumpffläche als Harzhochfläche. Schon damals wurde sie vom Granitmassiv des Brockens überragt, das die Höhen am Horizont bildet. Der höchste Punkt ist der Gipfel des Brockens (1142 m ü. NHN). Das Bodetal im Vordergrund ist erst im Zuge der tertiärzeitlichen Heraushebung des Harzgrundgebirges erosiv in das Ramberg-Granitmassiv eingeschnitten worden. Der Ramberg-Granit bildet die steile Felswand im Vordergrund und die Felsen in der gegenüberliegenden Talseite. Die Hochfläche zwischen dem Ramberg-Granitmassiv und dem Granitmassiv des Brockens wird vor allem von Grauwacken und Tonschiefern eingenommen. Die Granitmagmen des Rambergmassivs und des Brockens sind vor ca. 300 Millionen Jahren im Endstadium der Variszischen Orogenese aufgestiegen.

der Orogene gegenüber. Sie bestehen aus tief bis in das Niveau des Oberen Erdmantels eingesenkten Gesteinen der Erdkruste. Die Hochgebirge „schwimmen" quasi auf einem Sockel aus Krustengesteinen von relativ geringer Dichte, die in den Erdmantel eingesenkt sind. Dessen Gesteine haben durchweg eine höhere Dichte als die Gesteine der Erdkruste. Die Auflast der Hochgebirge wird durch den Auftrieb ihrer in Tiefen des Erdmantels eingesenkten Wurzelbereiche kompensiert. Die Absenkung von Krustengesteinen bis in Erdmanteltiefen ist mit Temperaturerhöhungen um Hunderte von Graden verbunden. Dementsprechend findet in den versenkten Krustengesteinen des Orogensockels unter Aufheizung und meist auch tektonischer Durchbewegung Metamorphose als durchgreifende Veränderung der betroffenen Gesteine statt, z. T. bis hin zur anteiligen Aufschmelzung.

Die in hoch aufragenden Gebirgslandschaften unvermeidliche Erosion durch Wasser und Eis und der Abtransport des Schutts durch die Gebirgsflüsse bis ins Vorland beeinflusst das gravitative Gleichgewicht zwischen Gebirge und Orogenwurzel. Das durch Abtragung zunehmend entlastete Gebirge hebt sich, bis die Orogenwurzel nicht mehr in den Erdmantel eingesenkt ist. Durch die Abtragung der überlagernden Gesteine können aus der Tiefe stammende Gesteinsbestände die Erdoberfläche erreichen. Darüber hinaus steigen im Zuge der tektonischen Bewegungen bei der Gebirgsbildung Segmente aus der Tiefe als tektonische Schubdecken und Faltenkerne auf.

An der Erdoberfläche können schließlich die eingeebneten Orogenwurzeln mit ihren Metamorphiten und magmatischen Tiefengesteinen große Flächen einnehmen. Hierzu gehören Anteile der Mittelgebirge: Erzgebirge, Schwarzwald, Bayerischer Wald, Odenwald und Spessart. Die Sockel mehrerer ehemaliger Orogene setzen den durch Granite und Gneise geprägten, schon im Jungproterozoikum eingeebneten Baltischen Schild zusammen, der u. a. den größten Teil Schwedens und Finnlands einnimmt. Weniger tief versenkt gewesene Anteile des vor rund 340 Millionen Jahren entstandenen Variszischen Orogens bilden heute das Rheinische Schiefergebirge aus Taunus, Hunsrück, Eifel und Sauerland sowie den Harz, den Thüringer Wald und den Frankenwald. Der größte Anteil der während des Perms eingeebneten Rumpffläche des Variszischen Orogens liegt außerhalb der Mittelgebirge unter einigen Kilometern jüngerer Deckschichten.

Vulkanismus und die Platznahme von Magmen in der Tiefe ist vor allem für basaltische Vulkanite bzw. für Gabbros als den ihnen entsprechenden magmatischen Tiefengesteinen oft nicht an das tektonische Geschehen an Plattenrändern gebunden, sondern an Dehnungstektonik im Inneren von Platten. Die Dehnung kann z. B. von der langsamen, großräumigen Aufwölbung von heißen Erdmantelbereichen verursacht sein. In der überlagernden kontinentalen Kruste können sich hierbei Dehnungsfugen bilden, in die basaltisches Magma eindringt. Das Resultat ist dann Intraplattenvulkanismus ohne zugehörige Gebirgsbildung. Allerdings wirkt sich der bei Orogenesen herrschende Druck auch in angrenzenden Bereichen kontinentaler Platten über Entfernungen von Hunderten von Kilometern in Form von Bruchtektonik aus, die Basaltvulkanismus auslösen kann. So ist tertiärer Basaltvulkanismus in Mitteleuropa zeitlich an die Auffaltung der Alpen gebunden. In Nordhessen und Südniedersachsen besteht eine Übereinstimmung zwischen ungefähr Nord-Süd („rheinisch") verlaufenden Horizontalverschiebungen und Aneinanderreihungen von basaltvulkanischen Förderzentren in gleicher Richtung.

3.3 In Gesteinen direkt abgebildete Dynamik

Die Gesteinsbildungsprozesse in der Tiefe der festen Erdkruste und des Erdmantels entziehen sich unserer direkten Beobachtung. Auch laufen sie im Vergleich zur Dynamik in Gewässern oder gar in der Atmosphäre um Größenordnungen langsamer ab. Dennoch bilden die Gefüge vieler Gesteine die Auswirkungen von vor langen Zeiten stattgefundenen Bewegungen ab. Wenn Gesteine im Gegensatz zu Wasser und Luft unbeweglich erscheinen, so haben sie doch alle eine dynamische Entstehungsgeschichte, die unübersehbare Spuren hinterlassen haben kann. An der Erdoberfläche treffen wir Gesteine an, die schon seit „Ewigkeiten" „erstarrt" sind, meist Jahrmillionen oder gar Jahrmilliarden nach ihrer Prägung. Verborgen in der Tiefe der Erde hingegen können die gleichen Gesteine, die an der Erdoberfläche felsenfest sind, unter hohen Temperaturen und Drücken auch aktuell verändert, verformt und anteilig aufgeschmolzen werden. An der Erdoberfläche sind gesteinsbildende Prozesse besonders in aktiven Vulkangebieten und bei der Ablagerung und Umlagerung von Sedimentmaterial in Flüssen und an Meeresküsten direkt beobachtbar. Verwitterungsvorgänge schließlich verändern und zerstören feste Gesteine an der Erdoberfläche vergleichsweise schnell.

Anders als in der Tiefe der kontinentalen Erdkruste reagieren gewöhnliche Gesteine in der Nähe der Erdoberfläche unter den dort herrschenden geringen Temperaturen auf mechanische Beanspruchung durch Bruch. Gneis, Kalkstein, Marmor, Granit, Amphibolit usw. reagieren unter gerichtetem Druck oberflächennah nicht wie bei 700 °C in der Tiefe plastisch, sondern spröde durch Zerbrechen. Plastische Deformation ist zusätzlich von langsam ablaufenden Bewegungen abhängig. Je schneller die Bewegung, desto eher verformen Gesteine durch Zerbrechen.

Abb. 12: Faltung als bruchlose Verformung in granulitfaziell (bei > 750 °C) und > 20 km Tiefe der kontinentalen Erdkruste metamorphosiertem Gneis. Der harmonisch gebogene Verlauf der Lagen in der Falte zeigt an, dass das Gestein bei glühend heißer Temperatur plastisch auf gerichteten tektonischen Druck reagierte. Die hellen Lagen bestehen ganz überwiegend aus Quarz und Feldspäten. Die dunklen Lagen enthalten zusätzlich hohe Anteile von Pyroxen +/- Amphibol. Altartavlan nordwestlich Mölle an der Südküste der Kullen-Halbinsel in Schonen, Südwestschweden, Kattegatküste.

Abb. 13: Spröde Deformation (Bruchverformung) in gebändertem Gneis der gleichen Art wie der in Abb. 12 gezeigte. Der Unterschied zur plastischen Verformung (Faltenbildung) liegt darin begründet, dass die mechanische Beanspruchung erst lange nach Durchlaufen der metamorphen Höchsttemperatur stattfand. Das Gestein war schon so weit abgekühlt, dass es nur noch durch Anlage von Verwerfungen reagieren konnte, in diesem Fall mit geringen Versatzbeträgen. Altartavlan an der Südküste der Kullen-Halbinsel in Schonen, Südwestschweden, Kattegatküste.

Abb. 14: Kleinmaßstäbliche Faltung als Folge von plastischer Deformation von Marmor. In diesem Fall ist die Bewegung unter mächtiger Gesteinsüberdeckung bei erhöhter Temperatur im Zuge der Gebirgsbildung und Metamorphose abgelaufen und über längere Zeit erfolgt. Der Faltenbau ist „chaotisch“, indem die Orientierungen der Faltenachsen unsystematisch streuen und ebenso die Wellenlängen und Amplituden der Falten. Die Deformation solchen Marmors im Zuge einer Metamorphose ist mit Umkristallisation der Kalzitkristalle verbunden, d. h. dem synchronen Ab- und Aufbau individueller Kristalle. Dieser Prozess erfordert im Gegensatz zur Bruchverformung längere Zeiträume. Gaisbergtal bei Obergurgl, Ötztaler Alpen, Tirol. Breite des abgebildeten Ausschnitts ca. 60 cm.

Abb. 15: Faltenbau in Kalkstein-Mergel-Wechselfolge des Oberen Jura bis Unterer Kreide. Die Biegefaltung wurde dadurch ermöglicht, dass relativ geringmächtige Kalksteinbänke mit plastisch verformbarem Mergel abwechseln. Der Mergel bildete bei der Bewegung Gleitschichten bzw. Scherbahnen, während die starren Kalksteinbänke nur unter internem Zerbrechen gebogen werden konnten. Die Faltung ist Ausdruck gerichteten Drucks im Zuge der Orogenese im südlichen Vorland des Pontischen Gebirges. Tortum-Tal, Provinz Erzurum, Nordosttürkei.

Abb. 16: Synsedimentär verfalteter Schichtabschnitt aus Mergel und Kalkstein (Oberjura bis Unterkreide). Der mittlere Bereich des im Foto gezeigten Schichtabschnitts ist durch Abgleiten von noch nicht verfestigtem, jedoch kohärentem Sediment auf leicht geneigter Fläche verfaltet. Auslöser für solche synsedimentäre Faltung (Slumping) sind häufig Erdbeben. Es ist kennzeichnend für synsedimentäre Faltung, dass die Schichten in den Falten überkippt, abgerissen und regelrecht eingewickelt sein können, während die darüber- und darunterliegenden Schichten ungestört und parallel (konkordant) übereinander liegen. Die Beschränkung der Verfaltung auf einen scharf nach unten und nach oben abgegrenzten Abschnitt der Schichtfolge schließt eine Gebirgsbildung (Orogenese) als Ursache für die Faltung aus. Die Profilhöhe des verfalteten Abschnitts beträgt ca. 70 cm. Westflanke des schluchtartig eingetieften Tortum-Tals am Nordende des durch natürlichen Hangrutsch aufgestauten Tortum-Sees (Tortum Gölü) (Abb. 417), Provinz Erzurum, Türkei.

Abb. 17: Lebensspuren (Bioturbation) in Hardeberga-Sandstein des Unterkambriums. Im Zuge der „kambrischen Explosion" des Lebens auf der Erde gab es im noch unverfestigten, losen Sand unter flacher Meeresbedeckung massenhaft im Sediment lebende Organismen, die Spuren ihrer Grabtätigkeit in Form von Wohn- und Fressgängen hinterlassen haben. Besonders die Schicht an der spärlich bewachsenen Oberfläche ist hierdurch geprägt. Ungefähr in der Mitte des Schichtstapels sind einige weitere Gänge angeschnitten. Im Zuge der Sandablagerung in Küstennähe während des Unterkambriums gab es einen Wechsel zwischen episodisch intensiver und zeitweise ausbleibender Wühltätigkeit. Die verursachenden Organismen selbst sind nicht erhalten. Vik an der Ostküste Schonens, Südschweden.

4 Gesteinsbestimmung

Am Anfang aller gesteinskundlichen Untersuchungen steht die Beachtung der Zusammenhänge, in denen die Gesteine im Gelände vorkommen. Sie sind erdgeschichtliche Dokumente, die Prozesse abbilden, die vor meist langer Zeit im Inneren der Erde wirksam waren oder die an der Erdoberfläche stattgefunden haben. Wenn man die Erde verstehen will, sind Gesteine die Informationsquelle.

In diesem Buch steht im Vordergrund, die Information der Gesteine verstehen zu können. In diesem Sinne ist es kein „Gesteinskatalog“. Gesteine enthalten Information aus oft unvorstellbar lange zurückliegenden Zeiten. Die Erde „schreibt“ ihre Geschichte in Form von Gesteinen auf und verwahrt darin ihre Überlieferungen, oft über „Ewigkeiten“. Das „Lesen“ von Gesteinen ist erlernbar. Darum geht es hier, weniger darum, möglichst vielen Gesteinsnamen zu begegnen. Es steht nicht im Vordergrund, wie die einzelnen Gesteine heißen, sondern es geht darum, was sie berichten.

Das Verstehen von Gesteinen ist keine Geheimwissenschaft. Gesteinsentstehung ist durch und durch plausibel und oft in Grundzügen schon im Gelände rekonstruierbar. Dieses Buch soll hierzu anregen und Hilfe bieten. Es ist in diesem Sinne kein Bestimmungsbuch, in dem es schlicht um die Gesteinsbenennungen geht. Daher steht auch nicht die Klassifikation von möglichst vielen, womöglich seltenen Gesteinen im Vordergrund. Die Klassifikation von Gesteinen ist ein wichtiger, aber eher spröder Bereich der Gesteinskunde. Sie ist jedoch für die fachliche Kommunikation unverzichtbar. Umfassende Information hierzu findet sich in einem Lehrbuch zur Gesteinsbestimmung vom gleichen Autor (Vinx 2015).

Für die Kommunikation in der Geologie und in der Gesteinskunde (Petrografie) gibt es wie in allen Fächern Begriffe, die nicht Bestandteil der Umgangssprache sind, jedoch in Fachtexten umständliche Beschreibungen ersparen. Dies betrifft auch die etablierten Gesteinsnamen. Geologische und petrografische Fachbegriffe lassen sich auch in diesem Buch nicht völlig vermeiden. Für Leserinnen und Leser schon mit geringen Grundkenntnissen in Geologie und Petrografie bilden sie kein Problem. Anderenfalls dürfen sie in manchen Fällen auch überlesen und ignoriert werden.

Die Bestimmung der meisten Gesteine ist mit einfachen Methoden recht zuverlässig möglich, auch ohne Mikroskop und ohne Labor schon im Gelände. Allerdings kommt es für ein Verständnis eines konkreten Gesteins nicht entscheidend darauf an, ob dessen korrekte Bestimmung zu einer Einstufung als z. B. Granit oder als Quarzmonzonit führt. Die Unterscheidung kann in diesem Beispiel von einem Unterschied der Quarzgehalte um 0,1 % abhängen. Die zufällige Lage diesseits oder jenseits einer Klassifikationsgrenze ist für die korrekte Namenszuordnung ausschlaggebend, nicht aber für die Eigenschaften, Geschichte und Merkmale des konkreten Gesteins. Bei der Bestimmung von Gesteinen trifft man oft auf Beispiele, die auf den Klassifikationsgrenzen zwischen zwei Gesteinsnamen liegen.

Es gibt viele Möglichkeiten der Gesteinsbestimmung. Dazu gehören von Fall zu Fall mikroskopische Untersuchungsverfahren, Röntgenbeugung zur Mineraldiagnose oder auch chemische Analytik. Die Grundlagen für die genannten Untersuchungsarten sind komplex und von aufwändiger Ausstattung abhängig. Hier geht es allein um makroskopische Untersuchungsmethodik, d. h. um Untersuchungen, die sich auf die Musterung von Gesteinen ohne und mit Lupe sowie ergänzende, unaufwändige Prüfungen beschränken. Bei erster Begegnung mit konkreten Gesteinen, also vor allem im Gelände, ist man ohnehin allein darauf angewiesen.

Die Bestimmung von Gesteinen im Sinne von Namenszuordnungen setzt voraus, dass es allgemein gültige Regeln zur **Gesteinsklasssifikation** gibt. Diese beruht zumindest für magmatische und metamorphe Gesteine auf definierten Merkmalen und Eigenschaften. Es muss klar sein, was z. B. unter einem Granit zu verstehen ist. Merksprüche wie die populäre Regel zur Charakterisierung von Granit können irreführend bis falsch sein: *„Feldspat, Quarz und Glimmer, die drei vergess ich nimmer“*. Tatsächlich enthalten viele Granite überhaupt keinen Glimmer. Auch reicht es nicht, dass einfach Feldspat vorkommt, sondern die unterschiedlichen Feldspäte Kalifeldspat und Plagioklas müssen in Granit in definierten Mengenverhältnissen zueinander vorliegen. Dies ist jedenfalls Inhalt der international gültigen Klassifikation gemäß Festlegung durch die hierfür maßgebliche Kommission der IUGS (*International Union of Geosciences*) (Le Maitre et al. 2004). So muss ein Granit nicht einfach Quarz, sondern mindestens 20 % davon enthalten. Für die Bestimmung der meisten Gesteine ist zunächst die quantitative Ermittlung der Anteile der sie zusammensetzenden Minerale erforderlich. Die Kenntnis einiger weniger Minerale ist daher eine Voraussetzung für die präzise Bestimmung vieler Gesteine. Für manche recht gut erkennbaren Sedimentgesteine sind die Mineralbestände allerdings ohne Mikroskopie oder Röntgenverfahren nicht ermittelbar. Dies kann an extremer Feinkörnigkeit liegen. Oft sind solche Gesteine auch ohne makroskopisch erkennbaren Mineralbestand aufgrund anderer Merkmale bestimmbar. Dies gilt z. B. für Tonstein und sehr feinkörnigen Sandstein.

In der Praxis reicht es in den allermeisten Fällen, ein bis zwei Dutzend der wichtigsten Minerale erkennen zu können. Wenn das der Fall ist, wird man für das oben angesprochene Gesteinsbeispiel zumeist schnell erkennen, dass man es mit einem granitähnlichen Gestein zu tun hat. Dieses kann außer Granit aber immer noch z. B. Granodiorit, Quarzmonzonit, Monzonit oder Tonalit sein. Die endgültige Bestimmung ist ohne die Ermittlung der Mengenverhältnisse der erkennbaren Minerale im Gestein nicht möglich. Schließlich kommt es auf die Beachtung der auf die Mineralbestände gründenden Klassifikation dieser Gesteine an. Das Vorgehen für magmatische Gesteine wird im Abschnitt über Granit erläutert.

Systematischer Bestimmungsgang für Gesteine?

Systematische Bestimmungsgänge, wie sie z. B. in der Botanik funktionieren, erscheinen manchen auch für Gesteine als wünschenswert. Allerdings sind solche Bestimmungsschlüssel, wie sie auch genannt werden, angesichts der komplexen Gesteinsvielfalt der Erde schnell überfordert und in der professionellen petrografischen Praxis nicht üblich. Selbst wenn sie tatsächlich zuverlässig funktionieren würden, wären sie überflüssig und umständlich. Ohnehin können durch sie keine Gesteine bestimmt werden, die in ihrem Gesteinsrepertoire überhaupt nicht vorkommen. Die meisten Gesteine können schon mit geringer Erfahrung „auf den ersten Blick“ einigermaßen eingeordnet werden. Hierzu muss keine festgelegte Reihenfolge von „Entscheidungsweichen“ abgearbeitet werden, z. B. anhand der Farben. Anstelle einer stammbaumartig konfigurierten Kaskade von formalen Entscheidungsabfolgen helfen geringe elementare Gesteinskenntnisse und zielgerichtete Beobachtungen. Überflüssige Entscheidungsschritte bedeuten Umwege und mögliche Fehlerquellen. Obendrein erfordern auch sie Grundkenntnisse zu Gesteinseigenschaften.

Jedenfalls gibt es keine sicheren Merkmale oder Merkmalsalternativen, die die Auswahl zunächst einmal auf Metamorphite eingrenzen würden oder entsprechend für Sedimentgesteine. So kommt die oft allein Sedimentgesteinen zugeschriebene Schichtung auch in magmatischen Gesteinen vor, nicht jedoch in allen Sedimentgesteinen. Das unter den Magmatiten verbreitete, richtungslos körnige, massige Gefüge ist statt Schieferung oder Bänderung auch für manche metamorphen Gesteine üblich. Massige Schichtungslosigkeit über große Aufschlussbereiche gibt es auch unter Sedimentgesteinen. Gesteinsstrukturen, die auf sedimentäre Prozesse zurückgehen, können bei der Metamorphose ehemaliger Sedimentgesteine erhalten geblieben sein.

Gesteinsbestimmung geschieht, außer an zusammenhanglos vorliegenden Sammlungsproben, am besten unter Berücksichtigung der Geländebeziehungen mit anderen Gesteinen und mit der geologischen Situation. So ist gewöhnlich leicht erkennbar, ob man es z. B. mit einer vulkanischen Umgebung zu tun hat, mit einer Abfolge von Sedimentgesteinen oder mit granitartigen Plutoniten. Im letztgenannten Fall würde dies bedeuten, dass im zweiten Bestimmungsschritt das Mengenverhältnis von Kalifeldspat und Plagioklas zu ermitteln ist und der Quarzgehalt. Hierüber entscheidet sich dann, ob das Gestein ein Granit, Syenit, Quarzmonzonit, Granodiorit oder Tonalit ist oder ein sonstiger Plutonit. Bei Vorliegen von Plagioklas als einzigem hellen Mineral würde das Gestein hingegen ein gabbro- oder dioritartiger Plutonit sein. Die Situation bei der Gesteinsbestimmung ähnelt in gewisser Weise der beim Auswählen von Blumen im Garten. Wenn man einen Rosenstrauß haben möchte, muss man nicht zuerst die Kartoffeln und den Kohl in Betracht ziehen, um diese erst dann formal auszuschließen.

In der petrografischen Praxis ist es üblich, von vornherein jeweils nur tatsächlich in Betracht kommende Optionen zu prüfen. Notfalls kann das zu bestimmende Gestein zunächst mit Referenzfotos z. B. aus diesem Buch verglichen werden, um dann die relevanten Merkmale gezielt „abzufragen“. Für einen Glimmerschiefer muss man nicht zuerst ermitteln, dass man es mit einem metamorphen Gestein zu tun hat. Eher kommt es auf die Abgrenzungen gegenüber Gneis oder Phyllit an. Alle sonstigen Gesteine lassen sich von vornherein ausschließen. Die Einstufung als metamorphes Gestein ergibt sich mit der Bestimmung als Glimmerschiefer nebenbei und von selbst.

Außerhalb der Petrografie, so im Gesteinshandel und Bauwesen, geht es hinsichtlich der Gesteinsbenennungen auch darum, den Verkauf durch wertvoll klingende Namen zu beflügeln. Ein Quarzmonzonit im petrografischen Sinne wird mit hoher Wahrscheinlichkeit als „Granit" vermarktet werden, schon weil die meisten potenziellen Kunden mit dem Namen Quarzmonzonit nichts verbinden und das Gestein sowieso nicht von Granit unterscheiden können. Es gibt aber auch Beispiele der Vortäuschung von wertsteigernden Eigenschaften durch absichtliche, grobe Fehlbenennungen oder auch bombastische Fantasienamen von Gesteinen.

4.1 Hilfsmittel zur Gesteinsbestimmung

Jede Gesteinsuntersuchung beginnt im Gelände. Es sei denn, dass man mit der Musterung von Sammlungsproben zufrieden sein muss. Deren Vorteil liegt am ehesten in der einfachen Erreichbarkeit auch seltener bis exotischer Gesteinsbeispiele und in der Archivierung von Material, das in der Natur nur schwer oder überhaupt nicht mehr zugänglich ist.

Abb. 18: Werkzeugsortiment zur Gesteinsuntersuchung. Die klassischen Schlosserhämmer (mit Holzstiel) sind zur Herstellung gut formatierter Gesteinsproben am geeignetsten. Hierzu ist der sukzessive Einsatz verschiedener Hammergrößen von groß nach klein erforderlich. Unerlässlich sind gut gehärtete Hammerköpfe, wie sie gewöhnlich nur die Hämmer in guten Werkzeugfachgeschäften (wo professionelle Handwerker einkaufen) aufweisen. Zu weiche Hammerköpfe sind wegen der Gefahr herumfliegender Eisensplitter und der Entstehung scharfer Grate für die Gesteinsbearbeitung ungeeignet und gefährlich. Die beiden Geologenhämmer mit Kunststoffgriffen sind zum Heraushebeln fest verkeilter Gesteinsbrocken nützlich, weniger jedoch zur Bearbeitung harter Gesteine. Der Einsatz von Hämmern erfordert unbedingt den Einsatz einer Schutzbrille. Kleine Klapplupen wie die zwischen den beiden Hammersortimenten ermöglichen nach einiger Übung das Erkennen winziger Details auch in relativ feinkörnigen Gesteinen. Am sinnvollsten sind Vergrößerungen von 8 x bis 12 x. In manchen Fällen ist 10-prozentige Salzsäure in einer bruchsicheren und zuverlässig schließenden Tropfflasche nützlich (rechts im Bild). Ebenfalls nützlich sind Magnete (links an einem schwarzen Magnetitbrocken haftend), Härteprüfstifte (links in schwarzem Etui), eine Strichtafel (links, weiß, quadratisch) und ein Taschenmesser zum Härtevergleich von Proben mit dem Stahl der Messerklinge. Wasserfeste Filzstifte (schwarz) eignen sich besonders zum Beschriften von Gesteinsproben und Probenbeuteln.

Im Gelände wird vor allem eine kurzbrennweitige Lupe mit 10- bis 12-facher Vergrößerung benötigt. Um unverwitterte, „frische" Gesteinsoberflächen beobachten zu können, ist ein Hammer geeigneter Größe nützlich. Hiermit lassen sich kleine Abschläge herstellen, deren frische Bruchflächen dann mit der Lupe näher untersucht werden können. Für die möglichst schonende Entnahme von Proben für Gesteinssammlungen oder für weiterführende Untersuchungen wird ein Sortiment mehrerer Hämmer in abgestuften Größen benötigt, ebenso auch handwerkliches Geschick. Die Entnahme unsinnig großer Proben ist so vermeidbar. Für die Bestimmung mancher Gesteine ist ein kleiner, möglichst kräftiger Magnet sinnvoll. Falls Proben genommen werden sollen, ist zu beachten, dass Sammlungsproben nicht wie Schüttgut behandelt werden. Zur Verpackung (jedes Gesteinsstück einzeln für sich) sind durchsichtige Polyäthylenbeutel mit 0,05 mm Wandstärke optimal. Zur dauerhaften Beschriftung der Beutel und Nummerierung der Proben sind Filzstifte mit wasserfester, schwarzer Tinte gut geeignet.

Eine Lupe mit kurzer Brennweite und einem Vergrößerungsfaktor um 10 lässt viel mehr Einzelheiten von Gesteinen erkennen als bei Betrachtung ohne Hilfsmittel. Der Vorteil einer solchen Lupe ist, dass sie immer im Gelände mitgeführt werden kann. Sehr viel umfangreichere Möglichkeiten des Erkennens von Mineralbeständen und Mikrogefügen von Gesteinen bieten Polarisationsmikroskope, die jedoch unhandlich sind und daher nur stationär in geeignet eingerichteten Räumen eingesetzt werden können. Auch erfordern sie solide Kenntnisse der Kristalloptik sowie eigens für die Mikroskopie hergestellte Präparate der zu untersuchenden Gesteine. Dies sind Gesteinsdünnschliffe von festliegender Dicke. Ihre Herstellung erfordert spezielle Maschinen und erfahrene Fachleute.

Die namensmäßigen Abgrenzungen zwischen Gesteinen sind nicht naturgegeben, sondern das Ergebnis von historischen Entwicklungen oder von Übereinkünften in Fachkommissionen. Manchen Gesteinen wird man weniger durch die Zuordnung eines Namens gerecht als durch die Ermittlung ihrer Entstehungsgeschichte.

Dies entspricht auch dem überwiegenden Interesse der meisten Menschen, die z. B. bei Wanderungen oder bei Strandbesuchen auf Steine achten, ohne große Kenntnisse der Petrografie zu haben. Besonders häufig werden Steine aufgehoben, die aus mehreren Komponenten aufgebaut sind bzw. die ein auffälliges Gefüge haben und dadurch eine komplexe Entstehungsgeschichte nahelegen. Diese kollidiert dann mit dem Wunsch, dem Stein einen einfachen, prägnanten Namen zuzuordnen. Oft ist dies nicht möglich, weil der konkrete Stein gerade nicht aus einer einzigen Gesteinsart besteht und womöglich zusätzlich durch lange nach der eigentlichen Gesteinsentstehung erfolgte Mineralneubildungen geprägt ist. Manche Steine haben keine einfachen Namen, aber immer eine Geschichte, die sie anschaulich abbilden. Der zutreffende Name kann dann recht komplex sein (Abb. 20).

Abb. 19: Gesteinsdünnschliffe: Die Standardpräparate zur durchlichtmikroskopischen Gesteinsuntersuchung mit dem petrografischen Mikroskop (Durchlicht-Polarisationsmikroskop). Solche Gesteinsdünnschliffe bestehen aus einem Objektträger (große Glasscheibe) und der Gesteinsscheibe, die so dünn ist, dass auch schwarze Gesteine wie z. B. Basalt (Abb. 129) durchsichtig sind. Die übliche Dicke der Gesteinsscheibe ist ca. 25 µm (= 1/40 mm). Ihre Fläche füllt den Bereich zwischen den beiden Etiketten aus. Die hauchdünne Gesteinsscheibe ist mit einem Deckgläschen geschützt. Durch die Verklebung zwischen zwei Glasplatten ist die für sich extrem fragile Gesteinsscheibe mechanisch geschützt. Die Herstellung eines Gesteinsdünnschliffs beginnt mit dem Sägen eines Gesteinsklötzchens mit der Größe der Fläche der Gesteinsscheibe des Dünnschliffs und bis zu einer Dicke von einigen Millimetern, sodass die Gesteinsscheibe vor dem Zerbrechen geschützt ist. Der nächste Herstellungsschritt besteht darin, dass das Gesteinsklötzchen mit einer seiner beiden planen Sägeflächen auf den Objektträger geklebt wird. Mit diesem Aufbau (Gesteinsscheibe auf dem Objektträger) wird ggf. die Scheibe parallel zur Präparatebene noch dünner gesägt, um anschließend auf einer Schleifscheibe auf 25 µm feingeschliffen zu werden. Am Ende wird das Deckglas aufgeklebt. Als Klebemittel wird ein Kunstharz verwendet, das eine Lichtbrechung von der Größenordnung derer von Quarz und Feldspäten hat. Hierdurch werden störende optische Effekte aufgrund der Rauigkeit der geschliffenen und gesägten Flächen ausgeschaltet, ohne dass die Flächen poliert werden müssen.

Gesteinsdünnschliffe und Polarisationsmikroskopie

Gesteinsdünnschliffe sind Gesteinsscheiben von 25 bis 30 µm Dicke, die mit transparentem Klebstoff auf gläserne Objektträger fixiert sind (Abb. 19). Die meisten gesteinsbildenden Minerale sind bei Dünnschliffdicke lichtdurchlässig.

Zur Bestimmung von Gesteinen und deren Mineralbeständen werden Gesteinsdünnschliffe polarisationsmikroskopisch untersucht. Polarisationsmikroskope verfügen zusätzlich zur optischen Ausstattung üblicher Mikroskope über zwei Polarisationsfilter: Polarisator und Analysator. Diese lassen sich aufeinander folgend in den Strahlengang schalten. Während der Polarisator zumeist im Strahlengang bleibt, ohne dass dies bei der Betrachtung des Präparats immer erkennbar ist (z. B. Abb. 70), bewirkt der eingeschobene Analysator im Zusammenwirken mit dem ohnehin eingeschalteten Polarisator spektakuläre Farbeffekte für viele der in Gesteinen vorkommenden Minerale (z. B. Abb. 42). Hierbei werden kristalloptische Eigenschaften (Doppelbrechung) der im Gestein enthaltenen Minerale ausgenutzt und z. T. quantitativ messbar. Polarisationsmikroskope (petrografische Mikroskope) sind in erster Linie optische Messgeräte. Zumeist kommt es nicht auf besonders hohe Vergrößerungen an. Bei der üblichen mikroskopischen Routine werden meist Gesamtvergrößerungen zwischen 25-fach bis 250-fach eingesetzt. Während in „normalen" Mikroskopen ohne Polarisationseinrichtung die beobachteten Objekte ihre Eigenfarben im durchscheinenden Licht zeigen, bewirken Polarisationsmikroskope bei Einschalten beider Polarisationsfilter die Entstehung von Interferenzfarben, die darauf beruhen, dass viele Minerale zwei Lichtanteile mit jeweils eigenen Schwingungsrichtungen der Lichtwellen gleichzeitig hindurchlassen, die gegeneinander phasenverschoben sind. Durch geeignete Anordnung der Polarisationsfilter können die beiden Lichtanteile interferieren und dadurch unabhängig von den Mineral-Eigenfarben Interferenzfarben bewirken.

Abb. 20: Komplex zusammengesetzter Stein. Viele im Gelände vorkommende Gesteinsstücke sind nicht mit einem einfachen Namen wie z. B. Granit oder Sandstein charakterisierbar. Dies ist z. B. dann der Fall, wenn sie durch mehrere, nacheinander erfolgte Prozesse entstanden sind. Oft erwecken gerade solche Steine besonderes Interesse unter petrografischen und geologischen Laien. Der Wunsch nach einer einfachen Benennung lässt sich dann meist nicht erfüllen. Das hier gezeigte Beispiel ist zunächst ein Gneis aus überwiegend rotem Kalifeldspat, der in paralleler, eingeregelter Anordnung zusätzlich schwarzen Biotit (Glimmer) und grünen Chlorit samt farblosem, grau erscheinendem Quarz enthält. Der abgebildete Gneis ist bei einer Gebirgsbildung vor 1,0 Milliarden Jahren in der Tiefe der kontinentalen Erdkruste bei Temperaturen um zunächst ca. 700 °C durch bruchlose Deformation geprägt worden. Später ist der inzwischen bis auf höchstens 400 °C abgekühlt gewesene Gneis erneut tektonischen Bewegungen unterworfen gewesen. Auf diese hat er durch Zerbrechen reagiert, weil er nicht mehr plastisch verformbar war. Die Folge dieser zweiten Deformation ist das Aufreißen von Spalten. In ihnen sind aus wässriger fluider Phase bei Temperaturen unter 400 °C Ausfällungsprodukte abgesetzt worden. Diese sind fein verteilter Quarz und grüner Epidot: $Ca_2Al_2FeSi_2O_7SiO_4O(OH)$. Die den Gesamteindruck bestimmenden grünen Spaltenfüllungen sind also spät und eher „zufällig" entstandene Anteile in dem abgebildeten Stein. Statt eines einfachen Namens hat der Stein also eine besondere Geschichte. Wenn eine Bezeichnung notwendig wäre, ließe sich der Stein als „brekziierter Orthogneis mit Epidotmineralisation" bezeichnen. Glazialgeschiebe von der schleswig-holsteinischen Ostseeküste mit Herkunft aus Südwestschweden. Längste Achse des Steins ca. 13 cm.

Für die sichere Bestimmung selbst eines „schlichten" Gesteins im Sinne einer Namenszuordnung reicht nicht die flüchtige Ähnlichkeit mit einem als „Eichstandard" eingesetzten Vergleichsgestein auf einem Foto oder in einer Referenzsammlung. Von ihren Namen her gleiche Gesteinsarten treten in Form unterschiedlich aussehender Beispiele auf. Andererseits können unterschiedlich zu klassifizierende Gesteine einander zum Verwechseln ähneln, obwohl sie unterschiedlichen Gesteinsarten angehören. Das unmittelbare Aussehen eines Gesteinsbeispiels wie z. B. dessen Farbe ist keine allgemein zuverlässige Grundlage für eine endgültige Einstufung, aber es ermöglicht eine vorläufige Einengung der Optionen. Gesteine lassen sich nicht zuverlässig anhand von „Bilderbüchern" bestimmen. Fotos und Sammlungen können immer nur Beispiele zeigen. So tritt Granit anteilig oder vollständig z. B. tiefrot, rötlich, weiß, braun, orange oder grün-rot fleckig auf und dies mit recht unterschiedlichen Korngrößen. Es kommt auf die verbindliche Definition des jeweiligen Gesteins anhand definierter Merkmale an. In Sammlungen gibt es oft zusätzlich die Tendenz, dass bevorzugt „Kuriositäten", d. h. ungewöhnliche Beispiele mancher Gesteinsarten, besonders repräsentiert sind.

Jedenfalls stammt durchweg jedes Stück Gestein unabhängig von dessen Benennung aus weit zurückliegenden Zeiten der Erdgeschichte (Abb. 1). So liegen z. B. unter den Strandgeröllen an den Steilufern der südlichen Ostsee neben u. a. Sandsteinen, Kalksteinen und Porphyren in großer Menge Granite und Gneise, deren Alter zwischen 1,0 und 1,8 Milliarden Jahren betragen. Solche Gesteine sind so etwas wie Boten aus der „Ewigkeit". Ihre Entstehung hat niemand beobachtet, aber oft lässt sie sich rekonstruieren.

5 Gesteine und Wasser

Der Gesteinsplanet Erde nimmt eine Sonderstellung im 4,6 Milliarden Jahre alten Sonnensystem ein. Nur auf der Erde gibt es flüssiges Wasser in Form von Ozeanen, Regen, Seen und Flüssen. Das hoch differenzierte Leben auf der Erde ist vom Wasser abhängig. Dies gilt auch für viele Gesteine. So ist z. B. die Entstehung von Kalkstein, Ton und Tonstein sowie Tonschiefer und vielen Sandsteinen von der Wirkung von Wasser abhängig. Auch die meisten Gesteine, die in der Tiefe der Erde entstanden sind, enthalten chemisch gebundenes Wasser, gewöhnlich in Form von OH-Gruppen in einigen der an ihrer Zusammensetzung beteiligten Minerale wie z. B. Glimmer, Hornblende, Chlorit. Auf dem trockenen Erdmond ist die Gesteinsvielfalt viel eingeschränkter. Die meisten der auf der Erde vorkommenden Gesteine samt ihren Mineralen fehlen dort.

Schließlich ist Gletschereis als gefrorenes Wasser auch ein Gestein, das außer seiner Schmelzbarkeit bei für Gesteine ungewöhnlich geringer Temperatur viele Eigenschaften von Gesteinen hat. So ähnelt der kristalline Aufbau z. B. dem des metamorphen Gesteins Marmor. Interne Deformation unter gerichtetem Druck wirkt sich jedoch in größereren Geschwindigkeiten aus, als sie für Marmor möglich sind.

„Verborgenes" Wasser, das unter hohem Druck und hoher Temperatur im Gesteinsverband in der Tiefe der Erdkruste steckt, ermöglicht die Subduktion globaler Platten. Mit ihr ist die Entstehung und Umwandlung wichtiger Gesteine unmittelbar verbunden. Dies gilt beispielsweise für die meisten Arten der in allen Kontinenten verbreiteten Granite und auch für Vulkanite an tektonischen Plattengrenzen, an denen Subduktion stattfindet. Ohne in der Tiefe verfügbares Wasser würden granitisch zusammengesetzte Magmen kaum entstehen. Granite sind bei all ihrer Vielfalt zusammen so etwas wie Charaktergesteine der kontinentalen Kruste und der Erde überhaupt.

Abb. 21: Schmelzwasser und schmelzendes Gletschereis in einem Gletschertor. Abgesehen von seiner Schmelzbarkeit bei sommerlichen Temperaturen und von seiner Fließfähigkeit im festen Zustand hat Gletschereis gesteinsartige Eigenschaften. So wie Marmor aus Kalzitkristallen besteht, ist Gletschereis aus Eiskristallen zusammengesetzt. Besondere geologische Bedeutung hat Gletschereis dadurch, dass es Gesteinsbrocken nahezu beliebiger Größe transportieren kann und dass es im Zuge seiner Bewegung aufgrund mitgeführter Steine und Kieskörner Felsen abschleifen kann. Gletschertor des Gaisbergferner, Ötztaler Alpen bei Obergurgl, Tirol.

Abb. 22: Mikrofoto: Durch Wasseraufnahme weitgehend in Serpentin umgewandelter Olivin. Die mengenmäßig dominierenden, grau und z. T. weißlich erscheinenden, faserig strukturierten Bereiche bestehen aus Serpentin $Mg_3Si_2O_5(OH)_4$, der unter Zufuhr von Wasser bei Temperaturen < 400 °C aus Olivin $(Mg,Fe)_2SiO_4$ entstanden ist. Restolivin ist an den bunten Farben (Interferenzfarben) erkennbar. Gleiche Interferenzfarben benachbarter Olivinrelikte zeigen, dass die Einzelkörner ursprünglich zum gleichen Olivinkorn des Ausgangsgesteins gehörten. Das Ausgangsgestein Dunit entstammt dem Oberen Erdmantel. Beim tektonischen Aufstieg durch die kontinentale Erdkruste ist es unter Zufuhr von wässriger fluider Phase zur Umwandlung zu Serpentinit gekommen (vgl. Kasten auf S. 58). Waldheim, Sächsisches Granulitgebirge. Breite des Bildausschnitts 4,5 mm.

Jedes Gesteinsvorkommen hat eine individuelle Entstehungsgeschichte. Gesteine sind nicht nur einfach das felsige Material in der Landschaft, das irgendwie schon immer und selbstverständlich existiert. Die Gesteine im Gelände sind irgendwann unter rekonstruierbaren Bedingungen entstanden. Gesteine bilden unser ältestes Naturerbe. Gesteinsvorkommen verdienen ebenso wie Fauna und Flora Respekt und Schutz. Nach menschlichem Zeitmaßstab sind sie im Gegensatz zu Fauna und Flora nicht „nachwachsend“.

Viele Gesteine sind aufgrund ihrer Farben und internen Strukturen attraktiv. Dies ist der Hauptgrund dafür, dass Personen sich an Stränden und im Gebirge nach Steinen bücken und diese auch als recht schweres Gepäck wegtragen. Gesteine prägen besonders die spektakulärsten Landschaften, z. B. Hochgebirge und Steilküsten.

Abb. 23: Felsige Hochgebirgslandschaft in ca. 2700 m ü. NHN. Die nahezu vegetationslose Landschaft unterliegt intensiver Abtragung. Besonders galt dies während der quartären Eiszeiten. Die glatte Felsfläche links im Bildvordergrund besteht aus Marmor, der durch fließendes Gletschereis angeschliffen ist. Die lose herumliegenden Steine sind vom Eis umgelagerte Glazialgeschiebe, die die Gesteinsvielfalt der Umgebung reflektieren. Wegen des höhenbedingten Fehlens von Bewuchs und chemischer Verwitterung zeigen die Steine „frische“ Oberflächen, die das einfache Erkennen der Gesteinsarten ermöglichen: u. a. Marmor, Gneis, Amphibolit, Glimmerschiefer. Sockelbereich des Kirchenkogels am Talschluss des Rotmoostals. Ötztaler Alpen, Tirol.

Abb. 24: Exponierte und von der Brandung des Tyrrhenischen Meers vegetationslos gehaltene Felswände aus jurazeitlichem Kalkstein. Die Wasserlöslichkeit des Kalksteins trägt zur Bildung von Brandungshohlkehlen und Höhlen bei. Cilento-Nationalpark östlich Marina di Camerota, Campanien, Süditalien.

6 Beobachtungsmöglichkeiten, Verlust und Schonung von Gesteinsvorkommen

Im Naturschutz steht ganz überwiegend der Erhalt von Flora und Fauna im Mittelpunkt. Im Gegensatz dazu fehlt selbst in Naturschutzbehörden häufig ein Verständnis für die Schutzwürdigkeit von Gesteinsvorkommen, obwohl gerade diese prinzipiell nicht nachwachsend sind. So wie es bei botanischen Studien nicht sinnvoll ist, die Untersuchungsobjekte in ihrem Bestand zu gefährden, ist es erst recht nicht angebracht, sensible und oft kleine Gesteinsvorkommen zu beschädigen. Sichtbar an exponierten Stellen vorgenommene Abschläge von Gesteinsproben sind dauerhaft störend und eigentlich immer überflüssig, im Fall von Flint (Abb. 25) sind sie an Stränden wegen der Möglichkeit von Fußverletzungen obendrein gefährlich. In jedem Fall beeinträchtigen sie das Bild der Felswand oder des Gesteinsblocks. Am wenigsten schädlich ist die Entnahme von Gesteinsproben in aktiven Steinbrüchen, in denen Gestein ohnehin fortlaufend gewonnen wird.

Gelegentlich gibt es auch kuriose Sonderfälle von missglückten Gesteinszerstörungen. Ein Beispiel hierfür ist der größte erhaltene Findling Dithmarschens, der „Harkestein" im Waldgebiet Riesewohld bei Tensbüttel-Röst. In diesem Fall stand der Stein unter dem Schutz

Abb. 25: Scherben eines von Steinesammlern am Strand zerschlagenen kleinen Flints. Abgesehen davon, dass es wegen mangelnder Fundaussichten meist völlig unsinnig ist, Flinte zu zerschlagen, bilden die Abschlagscherben eine Störung des natürlichen Bilds und vor allem eine unverantwortliche Gefahr für Kinder und Barfußläufer. Ein Teil der Scherben liegt auf dem Gneisblock, andere im Strandkies links davor, wo sie wegen ihrer geringen Größe nicht auffallen. Ostseesteilufer von Wangels-Katharinenhof, Hohwachter Bucht, Schleswig-Holstein.

Abb. 26: Vom Gewitter geretteter Stein: Findling „Harkestein" im Riesewohld, einem geschützten Waldgebiet in der Dithmarscher Geest (Schleswig-Holstein). Der aus Gneis bestehende Stein zeigt in Form einer Reihe von Keillöchern Spuren eines Spaltungsversuchs im 19. Jahrhundert. Ein Teil des ursprünglichen Findlings (künstliche Abbruchkante des Steins links im Bild) war vorher schon abgetrennt worden. Aus dem Stein sollten Pflastersteine für eine Landstraße hergestellt werden. Solche Findlinge mussten im Norddeutschen Tiefland als Steinbruchersatz herhalten, weil anstehendes Felsgestein fehlte. In diesem Fall ist der Findling, der als verwunschen galt, durch Aberglauben vor der im Norddeutschen Tiefland allgemein üblich gewesenen „Steinrodung" bewahrt worden (Details im Netz unter „Harkestein", Webseite des Museums Albersdorf). Einzelne andere Findlinge sind erhalten geblieben, weil sie als Eigentum des Teufels galten. Mit ihm wollte ja niemand Streit haben. Dies hat den größten Findling Schleswig-Holsteins vor der Zerstörung bewahrt, den Düvelsteen (plattdeutsch für „Teufelsstein") bei Groß Königsförde in der Nähe von Kiel.

der vorchristlichen Göttin Harke, die der Sage nach jeden mit einem schweren Gewitter bedroht hatte, der sich an dem Stein vergreifen sollte. Schließlich galt der Stein als Grabmal ihres Verehrers. Ein tatsächlich aufkommendes, schweres Gewitter vertrieb schließlich einen mit dem Spalten des Steins beschäftigten Steinschläger. Er traute sich danach nicht mehr, die Arbeit fortzusetzen und auch niemand anderes. Allerdings hat der vom Gewitter vertriebene Steinschläger seine bleibenden Spuren in Form einer Reihe von Keillöchern auf dem Stein hinterlassen.

Geröllablagerungen an Meeresküsten und Flussufern werden zwar immer wieder auf natürliche Weise ergänzt. Dies bedeutet aber nicht, dass intensives Absammeln bestimmter Gesteinsarten nicht doch zur Verfälschung der jeweiligen Gesteinsspektren führt. Gerölle sind von Natur aus gerundet. Deshalb ist es auch störend, wenn Gerölle aufgeschlagen werden und deren kantige Bruchstücke anschließend herumliegen. Nur in Kies- und Schottergruben, in denen ohnehin ständig Material entfernt wird, bildet die Entnahme von Gesteinen keinen zusätzlich störenden Eingriff in die Natur.

7 Natursteinverwendung

Die Allgegenwart von Beton und von z. T. aus Übersee bezogenem Natursteinmaterial in Außenanlagen ist eine geschichtlich junge Entwicklung. Bis in die erste Hälfte des 20. Jahrhunderts war es üblich, Naturstein aus größtmöglicher Nähe des Verwendungsorts zu beziehen. Dies führte dazu, dass Gebäude und Außenanlagen regionaltypisch gestaltet waren und dadurch auch einen Eindruck von den in der Region vorkommenden Gesteinen vermittelten. Aufwändige Ferntransporte von Gestein wurden möglichst vermieden. Aus diesem Grund waren die Ortsbilder z. B. entweder durch roten Sandstein, grauen Kalkstein, hellen Granit, dunkle Grauwacke oder die bunte Gesteinsvielfalt der eiszeitlichen Geschiebe des Norddeutschen Tieflands geprägt. Kirchen, Steinbrücken, Straßenpflaster und sogar Bahnhofsgebäude vermittelten einen ersten Eindruck von der Geologie der Umgebung. Gesteine prägten nicht nur Landschaften, sondern auch das Bild historischer Ortskerne.

Diese Beziehung zwischen dem Gesicht von Städten und der näheren geologischen Umgebung wird inzwischen ausgelöscht. Günstige Schiffstransportkosten über große Entfernungen und rücksichtslose Arbeitsbedingungen in weit entfernten Ländern führen dazu, dass überall das gleiche Durcheinander von möglichst billigen Natursteinen zu sehen ist. Das Ausmaß des Einsatzes von Graniten und sonstigen Gesteinen aus Übersee hebt die historische regionale Prägung von Ge-

Abb. 27: Traditionelles Kleinpflaster aus seit Jahrhunderten bewährtem Material: „Bernburger Pflaster“ aus Kalkstein, vor allem aus Rogenstein des Unteren Buntsandsteins aus dem Saaletal in der näheren Umgebung Bernburgs (Sachsen-Anhalt). Rogenstein ist ein oolithischer Kalkstein des Unteren Buntsandsteins Nord- und Mitteldeutschlands (Abb. 295).

Abb. 28: Für Straßenpflasterzwecke offensichtlich nicht geeignetes Gesteinsmaterial in der Innenstadt Bernburgs (Sachsen-Anhalt). Anstelle z. B. des für die Region kennzeichnenden und bewährten Rogensteins ist hier ein Importmaterial mit dem Handelsnamen „Indische Grauwacke“ verwendet worden. Die Bezeichnung „Grauwacke“ ist für dieses Gestein petrografisch unzutreffend. Anders als bei den Grauwacken z. B. des Harzes (Abb. 278 und 280) und des Flechtinger Höhenzugs (Abb. 279) handelt es sich hier um einen geschichteten bzw. unvollkommen geschieferten Feinsandstein, der unter Abplatzen von einzelnen Lagen zum Zerfall neigt.

bäuden, Pflasterflächen und Außenmauern auf. Auch die über Jahrhunderte gesammelten Erfahrungen zur Beständigkeit und Bearbeitungseignung der lokalen Gesteine gehen verloren. In Städten reflektieren jüngere Gebäude vor allem das günstigste Protz/Preis-Verhältnis. In Verbindung mit der im Natursteinhandel verbreiteten Tendenz, Gesteine durch Fehlbenennungen aufzuwerten, kommt es immer wieder aus Unerfahrenheit mit bisher nicht verwendetem Material zu Bauschäden (Abb. 28).

Die Massenprodukte Bruchschotter und Splitt sind nur konkurrenzfähig, wenn sie aus allernächster Nähe bezogen werden. Ein besonderes Beispiel ist der Großraum Hamburg, in dem nutzbare Natursteinvorkommen fehlen. Ersatzweise dominiert regional ein rötlicher Granit aus dem Großsteinbruch Glen Sanda an der schottischen Westküste in verschiedenen Körnungen. Das Material, in der regionalen Baubranche schlicht als „Glen Sanda" bezeichnet, wird direkt am Steinbruch in Spezialschiffe gefüllt und von dort u. a. zu einem eigenen Lagerplatz im Hamburger Hafen verfrachtet, ebenso nach Antwerpen und an die amerikanische Ostküste. Von dort sind jeweils nur kurze Transporte per Lkw zu den Verwendungsorten nötig. Trotz des Schifftransports hat „Glen Sanda" in Hamburg und der nahen Umgebung entsprechendes Material verdrängt, das in Großsteinbrüchen im Harz und im Flechtinger Höhenzug bei Magdeburg gewonnen wird. Ein Lkw-Transport aus über 250 km Entfernung würde das eigentlich in größerer Nähe produzierte Gesteinsmaterial mehrfach teurer machen als das im Hamburger Hafen vorrätig gehaltene schottische Granit-Granulat nach über 1000 km Schifftransport.

Abb. 29: Schotter aus Granit eines westschottischen Steinbruchs als Wegbestreuung in einem Naherholungsgebiet ca. 40 km nordwestlich Hamburgs. Im Hamburger Hafen wird dieser Granit in verschiedenen Körnungen vorrätig gehalten. Der Hamburger Hafen ersetzt in dieser Weise als Gesteinslieferant die Rolle der in bis zu 250 km Entfernung von Hamburg fehlenden Steinbrüche. Die dunklen Brocken in dem Schotter entstammen Einlagerungen im Granit des Ursprungsvorkommens, z. B. Lamprophyrgängen (Abb. 209).

8 Gesteinsbildende Minerale

Alle Gesteine, außer reinen vulkanischen Gläsern, bestehen aus Mineralen. Minerale sind kristallin, d. h. sie weisen eine dreidimensonale geometrische Anordnung der sie zusammensetzenden Atome bzw. Ionen auf. Minerale liegen als Kristalle vor, mit je nach Mineralart spezifischer chemischer Zusammensetzung. Oft zeigen die einzelnen Kristalle in Gesteinen keine äußerlich erkennbare Kristallgestalt. Sie sind dann nicht **idiomorph**, d. h. nicht mit mineralspezifischer Eigengestalt entwickelt, sondern aufgrund der Platzkonkurrenz mit benachbarten Mineralkörnern unregelmäßig (**xenomorph**) ausgebildet. Allerdings ist es für bestimmte Minerale kennzeichnend, dass sie ihre idiomorphe Konfiguration gegenüber manchen Nachbarmineralen durchsetzen (Abb. 40 und Abb. 71).

Von den knapp 5000 gegenwärtig bekannten und von der International Mineralogical Association (IMA) anerkannten Mineralen gelten ca. 300 als gesteinsbildend. Von diesen setzen ca. zwei Dutzend die allgegenwärtigen Gesteine wie Granite, Basalte, Kalkstein und Sandstein zusammen. Dies bedeutet, dass die Kenntnis der allermeisten Minerale für ein Verständnis von gewöhnlichen Gesteinen nicht notwendig ist. Selbst in der professionellen Geologie sind z. B. Rosenbuschit (Abb. 105) oder Eudialyt (Abb. 106) kaum bekannt. Hinsichtlich der gesteinsbildenden Minerale kommt es auch nicht darauf an, sie in allen Farbvariationen zu kennen, sondern nur in ihrer üblichen Erscheinungsform und mit ihren mineralspezifischen Eigenschaften.

Die meisten gesteinsbildenden Minerale sind **Silikatminerale**. Dies bedeutet, dass ihre Grund-Baueinheiten aus jeweils vier Sauerstoffatomen bestehen, die in tetraedrischer Anordnung ein zentrales Siliziumatom umgeben (SiO_4^{4-}). Die O-Atome sind im Raum angeordnet wie die vier Ecken eines Tetraeders (SiO_4-Tetraeder). Die Kombination von vier Sauerstoffatomen mit einem Si-Atom bedingt eine vierfach negative Überschussladung, die bei der Kristallisation von Silikaten durch jeweils vier positive Ladungen ausgeglichen werden muss. Beim einfachen Beispiel von z. B. Olivin gelingt der Ladungsausgleich durch zwei zweiwertig positive Mg- bzw. Fe-Atome: $(Mg,Fe)_2SiO_4$. In den Kristallen der Minerale sind die negativen und positiven Ladungen immer mit der Summe Null ausgeglichen.

Neben Silikatmineralen können z. B. Karbonatminerale, Oxidminerale und Phosphatminerale an der Zusammensetzung von Gesteinen beteiligt sein. Mengenmäßig überwiegen Silikate. Dies gilt, obwohl der sehr häufige Quarz mit der Zusammensetzung SiO_2 entgegen verbreiteter Auffassung kein Silikatmineral ist, sondern ein Oxidmineral. Im Fall von Quarz erfolgt der Ladungsausgleich nicht durch Kationen wie Mg, Na, Ca oder Fe, sondern dadurch, dass die SiO_4-Tetraeder über gemeinsame Sauerstoffatome an den Tetraederecken miteinander verknüpft sind. Jedes Sauerstoffatom teilt sich hierdurch jeweils zwei benachbarte SiO_4-Tetraeder. Hierdurch wird die Ladungsbilanz durch Halbierung der von Silizium zu kompensierenden Negativladung des Sauerstoffs zu SiO_2 statt SiO_4^{4-}.

Nachfolgend werden die wichtigsten Minerale charakterisiert, die häufig vorkommende Gesteine zusammensetzen. Seltenere Minerale werden ggf. im Zusammenhang mit der Beschreibung der Gesteine charakterisiert, in denen sie auftreten. Die Fotos in diesem Buch zeigen die Minerale so, wie sie gewöhnlich in Gesteinen auftreten, statt in möglichst spektakulärer Ausbildung in Form von sogenannten Mineralstufen. Alle Minerale haben aufgrund ihrer kristallinen Natur spezifische mechanische und optische Eigenschaften. Der kristalline Aufbau besteht unabhängig von der äußeren Gestalt der einzelnen Mineralkörner im Gestein.

Helle Minerale und dunkle Minerale

In der Petrografie kommt der Unterscheidung zwischen hellen und dunklen gesteinsbildenden Mineralen eine große Bedeutung zu, vor allem für die Klassifikation magmatischer Gesteine (Abb. 88). Hierzu gilt, dass helle Minerale zwar überwiegend hell aussehen und dass dunkle Minerale meistens auch dunkel aussehen. Aber es gibt für beide Mineralgruppen reichlich Ausnahmen. Die Unterscheidung zwischen hellen und dunklen Mineralen in der Petrografie beruht auf den jeweiligen chemischen Zusammensetzungen der Minerale. Dunkel bedeutet hierbei, dass Eisen und/oder Magnesium essenziell für die chemischen Zusammensetzungen sind oder deren geochemische Vertreter, die in Kristallgittern die Positionen von Eisen bzw. Magnesium einnehmen können, wie z B. Mangan, Titan, Kalzium (z. T.). Helle Minerale bestehen nur aus Aluminium, Kalium, Natrium, Kalzium (z. T.) und Silizium. Allerdings sind viele der dunklen Minerale Silikate, sodass Silizium auch an deren Zusammensetzungen maßgeblich beteiligt ist. Das reine SiO_2-Mineral Quarz ist allemal ein helles Mineral.

Wichtige helle Minerale sind außer Quarz alle Feldspäte und Feldspatvertreter. Die meisten gesteinsbildenden

Abb. 30: Plagioklaseinsprenglinge in einem Basalt bis basaltischen Andesit. Die weißen Plagioklaskristalle konnten ihre tafelförmige, idiomorphe Eigengestalt verwirklichen. Sie konnten frei wachsen, weil sie ohne Wachstumskonkurrenz von benachbarten Mineralen früh aus der Schmelze des Magmas auskristallisiert sind. Typisch für idiomorph entwickelte Kristalle sind geradlinig verlaufende Kanten, von denen häufig einige parallel zueinander orientiert sind. Die idiomorphen Kristalle im abgebildeten Geröll sind in eine relativ feinkörnige Grundmasse eingebettet. Sie entspricht der Schmelze zu der Zeit, als die Plagioklase auskristallisiert sind. Das Gesteinsgefüge, das durch relativ große Kristalle (Einsprenglinge) in einer umgebenden, feinkörnigeren Grundmasse geprägt ist, heißt porphyrisch. Glazialgeschiebe, schleswig-holsteinische Ostseeküste. Originalherkunft Norddalarna, Mittelschweden. Größte Achsenlänge 16 cm.

Mineralien oder Minerale? Der Quarz, die Quarz oder das Quarz, Kalzit, Chlorit usw.? Welche Artikel gehören zu den Mineralen?

Der in der Petrografie und Mineralogie übliche Name ist Mineral, im Plural Minerale. Der häufig verwendete und laut Duden auch zulässige Plural „Mineralien“ hat seinen Platz im Mineralienhandel, in der Sammlerszene und in der Esoterik, wo oft nicht einmal zwischen Gesteinen und Mineralen unterschieden wird. So sind viele der sogenannten „Heilsteine“ in Wahrheit Minerale. Im Extremfall ist sogar von Mineralien im Mineralwasser die Rede. Dies ist unsinnig. Im Mineralwasser stecken keine Gips- oder Kalzitkristalle, sondern Ionen z. B. des Na^+, des Ca^{2+}, des Mg^{2+}, des CO_3^{2-} und des Cl^-. Entgegen der zunehmenden Tendenz, selbst in seriösen Medien von „das Grafit“, „das Quarz“, „das Dolomit“ zu sprechen, d. h. letztlich alle Minerale als Neutrum anzusehen, sollte in petrografischem und mineralogischem Zusammenhang für Minerale deren korrektes Geschlecht eingesetzt werden. Einfache Regel: Im Duden nachsehen. Ansonsten: Minerale sind anders als die chemischen Elemente (z. B. „das Silizium, das Natrium“) grundsätzlich als männlich zu werten, z. B. „der Quarz“, „der Kalzit“, „der Olivin“. Ausnahmen bestehen nur für Mineralnamen mit Endungen, die auch außerhalb der Mineralogie/Petrografie vorkommen und die allgemein als weiblich oder Neutrum anzusehen sind. Beispiele: „die Hornblende“, „die Zinkblende“, „die Pechblende“, „das Fahlerz“, „das Roteisen“, „das Steinsalz“.

Minerale gehören zu den dunklen Mineralen: Pyroxene, Amphibole, Biotit, Olivin, Cordierit, Granat. Eine Inkonsequenz gibt es bezüglich der Glimmer. Nach ihrer Chemie eindeutig hell sind der Kaliumglimmer Muskovit und der Natriumglimmer Paragonit. Für diese gilt jedoch, dass sie entgegen ihrer Chemie zusammen mit allen Glimmern als dunkle Minerale gewertet werden.

Mineraleigenschaften

Das Erkennen der einzelnen Minerale im Gesteinsverband mit makroskopischer Methodik wird durch die Beachtung von diagnostisch relevanten Mineraleigenschaften ermöglicht. Dies sind vor allem die Härte, die Anzahl und Orientierung von Spaltbarkeiten, der Glanz sowie von Fall zu Fall die Farbe und Strichfarbe, die

Abb. 31: Granitgeröll mit überwiegend xenomorphem, weißem Kalifeldspat. Die meisten Kalifeldspatkristalle sind bei ihrem Wachstum wegen der Platzkonkurrenz untereinander und mit anderen Mineralen ohne äußerlich erkennbare kristalline Konfiguration, d. h. xenomorph, ausgebildet. Nur einzelne Kristalle lassen ihre grundsätzlich immer vorhandene Tendenz zur Idiomorphie erkennen. Glazialgeschiebe von der mecklenburgischen Ostseeküste mit unbekannter Ursprungsherkunft.

Dichte, Verzwillingungen, magnetische Eigenschaften, innerkristalline Entmischungen und das Verwitterungsverhalten.

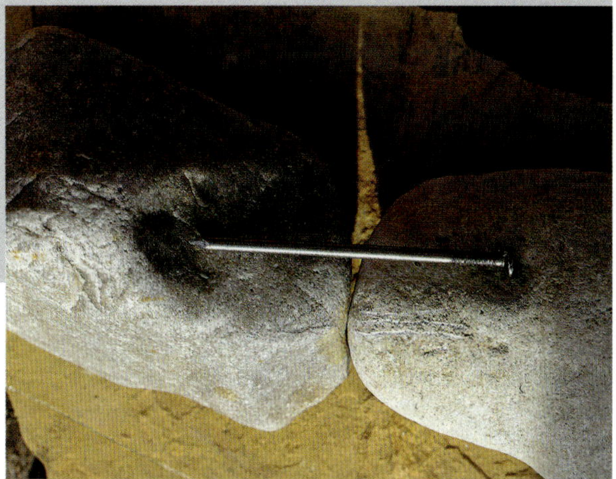

Abb. 32: Einfacher Härtevergleich „mit Bordmitteln" zwischen einem gewöhnlichen Stahlnagel mit einem aus Quarz bestehenden Gestein (links) sowie einem aus Kalzit bestehenden Kalkstein (rechts). Die beiden farblich ähnlichen Gesteine mit ihren jeweiligen mineralogischen Zusammensetzungen könnten bei flüchtiger Betrachtung verwechselt werden. Die Ritzprobe mit dem Stahlnagel hat zum Ergebnis: Auf dem aus Quarz (Härte 7) bestehenden Gestein (links) hat der Nagel (Stahl mit Härte 5) eine metallische Abriebspur hinterlassen, auf dem aus Kalzit (Härte 3) bestehenden Gestein Einritzungen samt danebenliegendem Abriebpulver.

Mineralhärte

Unter der Härte eines Minerals im Zusammenhang mit der Gesteinsbestimmung ist der Widerstand zu verstehen, den das Mineral dem Versuch entgegensetzt, seine Oberfläche zu ritzen (Ritzhärte). Das Grundprinzip beruht darauf, dass mit einem Stück eines relativ harten Minerals die Oberflächen weicherer Minerale eingeritzt werden können. Weichere Minerale hingegen nutzen bei einem Ritzversuch eines härteren Minerals ab, ohne auf dem härteren Mineral einen Kratzer zu bewirken. Die in der Natur vorkommenden Minerale lassen sich aufgrund von wechselseitigen Ritzversuchen in eine Abfolge nach ihren Härten einordnen. Von Mohs wurde 1822 eine Reihung von zehn nach ihrer Ritzhärte abgestuften Referenzmineralen eingeführt, die unter der Bezeichnung Mohs'sche Härteskala gebräuchlich ist. Das weichste Mineral (Talk) nimmt den Platz 1 ein, das härteste (Diamant) den Platz 10. Für eine zu prüfende Mineralprobe lässt sich ermitteln, zwischen welchen Abstufungen der Härteskala ihre Härte liegt. Eine normale Härteskala besteht gewöhnlich aus Brocken der Minerale der Härteskala außer Diamant. Das Fehlen von Diamant ist für die Gesteinsbestimmung irrelevant, weil es keine gesteinsbildenden Minerale gibt, die die Härte von Korund übertreffen.

Eine häufig vorkommende Fragestellung, zu deren Beantwortung eine Härteprüfung entscheidend sein kann, ist die Unterscheidung zwischen Quarz und Kalzit. Beide Minerale kommen häufig mit sehr ähnlichem Aussehen als Gangfüllungen („Adern") in Gesteinen vor oder sie bilden in feinkörniger Ausbildung Gesteine. Hier ist der Härteunterschied zwischen Quarz (Härte 7) und Kalzit (Härte 3) ausschlaggebend, wenn man ein Prüfmaterial mit einer dazwischenliegenden Härte einsetzt. Dies kann ein spitzes Stück Stahl sein (Härte 5), z. B. ein Nagel, ein Schraubendreher oder eine Messerklinge. Beim Ritzversuch von Kalzit entsteht eine Pulverspur aus weißem Kalzitabrieb, beim Ritzen von Quarz wird Metall vom Stahlobjekt abgerieben, sodass auf dem Quarz ein metallischer Strich zurückbleibt, ähnlich wie ein Bleistiftstrich auf Papier.

Mohs'sche Härteskala

1 Talk	6 Feldspat
2 Gips	7 Quarz
3 Kalzit	8 Topas
4 Fluorit	9 Korund
5 Apatit	10 Diamant

Spaltbarkeit/Bruch

In Abhängigkeit von den Bindungskräften zwischen den Atomen bzw. Ionen in Kristallen gibt es in den meisten Mineralen vom Kristallbau abhängige Flächenorientierungen, entlang derer die Kristalle unter mechanischer Beanspruchung bevorzugt aufspalten. Diese „Sollbruchrichtungen" sind keine definiert platzierten Ebenen, sondern Flächenrichtungen, die überall im Kristall, aber nur in gegebener Orientierung aktiviert werden können. Beim Zerteilen des Kristalls entstehen ebene Spaltflächen in je nach Mineralart einer oder auch mehreren Spaltbarkeitsrichtungen (Abb. 34). Die Qualität, Anzahl und Schnittwinkel der Spaltbarkeiten untereinander sind mineralspezifisch. In Richtungen, in denen keine Spaltbarkeit existiert, zeigt der betreffende Kristall starken Zusammenhalt bzw. allenfalls unebenflächigen Bruch. Dieser kann rau sein oder, ähnlich wie es für Glas üblich ist, glatte, rundlich gewölbte Bruchflächen zeigen. Letztere Art von Bruchflächen ähneln bezüglich ihrer Formung den glatten Innenflächen von Muschelklappen. Hierauf hebt die in der Mineralogie gebräuchliche Bezeichnung „muscheliger Bruch" ab. Dieser ist z. B. für Quarz charakteristisch (Abb. 35).

Kristalle, die mehr als zwei gut ausgebildete Spaltbarkeiten aufweisen, zerfallen bei ihrer Zertrümmerung in jeweils charakteristisch geformte Spaltstücke. Diese können z. B. würfel- bzw. quaderförmig sein (z. B. Steinsalz) oder bei nicht rechten Winkeln zwischen den Spaltflächen wie gestauchte Quader geformt sein. Wenn die einzelnen Spaltflächen, die das Spaltstück begrenzen, entsprechend Rhomben- bzw. Parallelogrammform zeigen, spricht man von Spaltrhomboedern (z. B. Kalzit, Abb. 34).

Glanz

Die wesentlichen gesteinsbildenden Minerale zeigen gemeinen (= allgemeinen) Glanz, der unauffällig ist und als normal empfunden wird. Im Gegensatz zum allgemeinen oder gemeinen Glanz steht metallischer Glanz. **Gemeiner Glanz** bedeutet, dass Licht nur unvollständig und abhängig von der Orientierung der Oberfläche zur Lichtquelle reflektiert wird. Ein wesentlicher Anteil des Lichts dringt in den Kristall ein. Dies bedeutet, dass der Kristall wenigstens in dünnen Schichten transparent ist und dass ein reflektierter und gebrochener Anteil des Lichts aus der Tiefe des Kristalls zurück zur Oberfläche gelangt. Dies gilt für die üblichen gesteinsbildenden Minerale, soweit sie nicht sehr dunkel gefärbt sind. Minerale mit **metallischem Glanz**, gewöhnlich sind dies sogenannte Erzminerale, reflektieren Licht wie Metalloberflächen. Diese Kristalle sind auch als dünne Schich-

Abb. 33: Am Boden zutage austretender Gang (Spaltenfüllung) aus weißem Kalzit in hellgrauem Kalkstein der Unteren Kreide. Der Kalzit liegt in Form dezimetergroßer Kristalle vor. Die losen Brocken sind Spaltstücke, die entlang der Spaltbarkeitsrichtungen der Kalzitkristalle herausgebrochen sind. Monte Bulgheria, nördlich San Giovanni a Piro, Südcampanien, Süditalien.

Abb. 34: Kalzit zerbricht schon unter sanften Hammerschlägen entlang seiner drei Spaltbarkeitsrichtungen in charakteristische Spaltstücke. Die hier gezeigten Brocken sind beim Zerschlagen eines einzigen Kalzitkristalls entstanden. Die ebenen Flächen der Spaltstücke sind keine Außenflächen idiomorpher Kristalle, sondern Flächen, die den Spaltbarkeiten im ursprünglich einheitlichen Kristall gefolgt sind. Die beim Spalten entstandenen neuen Flächen unterscheiden sich von den braun verschmutzten ursprünglichen Außenflächen des noch nicht zerschlagen gewesenen Kalzitkristalls durch ihre Sauberkeit. Für Kalzit ist kennzeichnend, dass die Spaltstücke von drei Flächenrichtungen begrenzt sind. Die einzelnen Spaltflächen schneiden sich mit Winkeln um ca. 70 °, sodass die Spaltkörper die Form von Rhomboedern haben („Spaltrhomboeder"). Ideale Rhomboedergestalt hätten die Spaltstücke allerdings nur, wenn alle Außenflächen des jeweiligen Spaltstücks gleich groß ausgebildet wären. Im allgemeinen Fall bilden sich stattdessen „Parallelogrammoeder". Herkunft des Kalzits: Monte Bulgheria, nördlich San Giovanni a Piro, Südcampanien, Süditalien.

Abb. 35: Quarz ist ein Mineral, das in keiner Richtung Spaltbarkeit zeigt. Durch unorientiertes Zerbrechen entsteht anstelle ebener Spaltflächen wie z. B. bei Kalzit unebenflächiger, in diesem Fall „muscheliger" Bruch. In der Abbildung verläuft ein Bereich aus glasklar-transparentem, grau erscheinendem Quarz in der Bildmitte von unten nach oben. Wenig unterhalb der Mitte ist der Quarz granuliert und weiß. An dieser Stelle ist der Quarz durch Aufprall eines anderen Steins intern zerbrochen. Rechts und links des Quarzstreifens treten weißer Feldspat (Plagioklas) und rötlicher Feldspat (Kalifeldspat, Mikroklin) auf, die außer rauem Bruch auch Spaltflächen zeigen. Granitpegmatit in einem Findling, der von eiszeitlichem Inlandeis aus Baltoskandien nach Norddeutschland verfrachtet worden ist. Gelände des Hofs Dannwisch bei Horst im Kreis Steinburg, Südholstein.

ten lichtundurchlässig. Das Licht wird unmittelbar an der Oberfläche reflektiert, ohne dass ein Lichtanteil in den Kristall eindringen kann.

Farbe und Strichfarbe

Minerale für sich oder im Gesteinsverband sind entweder farblos oder auch unterschiedlich gefärbt. Hierbei gilt, dass in manchen Fällen die Farben mineralspezifisch sind. So ist z. B. Mg-reicher Olivin, wie er in Erdmantelgesteinen oder in manchen Basalten üblich ist, zuverlässig blassgrün gefärbt (Abb. 61). Kalifeldspat hingegen ist in manchen Graniten weiß, in anderen rot oder braun oder orange oder auch als einzelner Kristall unterschiedlich farbig. Die direkt auf der Mineraloberfläche sichtbare Farbe ist für viele Minerale nicht einheitlich festliegend.

Mineralspezifisch ist hingegen die Farbe im durchscheinenden Licht. Diese lässt sich einfacher als bei der durchlichtmikroskopischen Untersuchung sehr dünnschichtiger Präparate (Gesteinsdünnschliffe von ca. 25 µm Dicke) dadurch erkennen, dass feines Pulver des zu untersuchenden Minerals auf einer weißen Unterlage liegt. Dies lässt sich durch Abreiben eines Strichs der Mineralprobe auf einer unglasierten und daher rauen, weißen und gegenüber den meisten Mineralen

Abb. 36: Aus heißer, wässriger (hydrothermaler) Lösung abgesetztes Buntmetallerz des Oberharzer Gangerzreviers um Clausthal-Zellerfeld. Die Mineralisation ist in einer tektonischen Spalte im umgebenden Gestein als Gangfüllung abgesetzt worden. Die Mineralisation selbst gilt nicht als Gestein, sondern als Gangerz. Die Erzminerale sind braune Zinkblende (Zn,Fe)S und metallisch goldglänzender Kupferkies $CuFeS_2$. Zusätzlich enthält das Gangerz Gangart, d. h. Minerale wie Kalzit oder Schwerspat $BaSO_4$, die keine Wertmetalle enthalten. Die Gangart in der abgebildeten Erzprobe ist weiß mit allgemeinem Glanz. Besonders deutlichen metallischen Glanz zeigt der Kupferkies. Der Glanz der Zinkblende ist nicht ausgeprägt metallisch („halbmetallisch").

ausreichend harten Porzellanplatte erreichen. Solche Porzellanplatten sind als „Strichtafeln" im Fachhandel erhältlich. Der darauf aufgeriebene Strich zeigt die Strichfarbe des Minerals. Sie ist für manche nicht ohnehin farblose Minerale diagnostisch ausschlaggebend. So kann ein äußerlich schwarzes Mineral einen grünlichen Strich zeigen, ein anderes einen braunen Strich. Statt einer regulären Strichtafel kann auch der unglasierte, angeschliffene untere Rand eines Porzellantellers eingesetzt werden oder ein weißes Gestein aus Quarz.

Dichte

Die Dichte oder das spezifische Gewicht von an Gesteinszusammensetzungen beteiligten Mineralen streut in einem weiten Bereich. Während z. B. Magnetit eine Dichte von 5,2 g pro cm^3 hat, liegt die von Quarz und Alkalifeldspäten um 2,5 g/cm^3. Plagioklas hat als häufigster Feldspat eine Dichte zwischen 2,62 und 2,76 g/cm^3. Den in Gesteinen mengenmäßig besonders wichtigen Feldspäten und Quarz als „leichten Mineralen" stehen sogenannte Schwerminerale gegenüber, die Dichten über 2,85 g/cm^3 haben. Hierzu gehören z. B. Granat (3,1 – 4,3 g/cm^3) und Pyroxene (3,0 – 4,0 g/cm^3). Die „unrunde" Abgrenzung zwischen „leichten Mineralen" und Schwermineralen bei 2,85 g/cm^3 ist historisch bedingt. Lange Zeit wurde die Flüssigkeit Bromoform (Tribrommethan mit der Dichte 2,85 g/cm^3) zur Abtrennung loser Körner von Schwermineralen von denen leichter Minerale verwendet. Inzwischen gibt es auf die gleiche Dichte eingestellte Ersatzflüssigkeiten, die anstelle des giftigen Bromoforms eingesetzt werden können.

Abb. 37: Unglasierte, raue Porzellantafel (Strichtafel) mit farbigen Strichen der vier neben der Tafel gruppierten Minerale: Pyrit („Py" links oben, FeS_2), Chromit („Cr" rechts oben, $FeCr_2O_4$), Ilmenit („Il" rechts unten, $FeTiO_3$) und Hämatit („Hä" links unten, Fe_2O_3). Die Strichfarben sind unabhängig von z. B. verwitterungsbedingten Anlauffarben und daher mineralspezifisch.

Abb. 38: Schwermineralsand im Brandungsbereich am Strand der Ostsee. Der Sand mit hohem Schwermineralanteil bildet den dunklen Bereich im Bildzentrum. Die wesentlichen vorhandenen Schwerminerale sind Magnetit (schwarz) Fe_3O_4, Ilmenit (schwarz) $FeTiO_3$ und Granat (rot) $(Fe,Mg,Ca,Mn)_3(Al,Fe,Ti)_2(Si,Fe)_3O_{12}$. Die Anreicherung der Schwerminerale ist eine Folge des Auswaschens des mengenmäßig dominierenden Quarzanteils des Strandsands. Dies geschieht durch das Strömen des ablaufenden Wassers in der Brandung. Strand von Haväng NW Kivik, Ostküste Schonens, Südschweden. Solche Anreicherungen von Schwermineralen (Strandseifen) sind unter den Steilufern der südlichen Ostsee an zeitlich wechselnden Positionen verbreitet.

Unter Geländebedingungen fallen manche Minerale mit hoher Dichte und Gesteine, in denen sie maßgeblich vorkommen, schon beim Anheben in Beziehung zur Probengröße als schwer auf. Dies gilt z. B. für Gesteine mit hohen Anteilen von Granat oder Baryt (Schwerspat) mit einer Dichte um 4,5 g/cm^3. Das gelegentlich auch im Gesteinsverband auftretende Erzmineral Bleiglanz erreicht Dichten um 7,5 g/cm^3.

An Stränden können durch die Sortierungswirkung der ablaufenden Brandung Schwerminerale unter selektivem Fortspülen des Quarzes und anderer leichter Minerale angereichert werden. Das sichtbare Ergebnis sind dann dunkle, z. T. auch rote (granatreiche) Schwermineralsande.

magnetische Eigenschaften

Nur wenige Minerale haben magnetische Eigenschaften (Ferromagnetismus bzw. Ferrimagnetismus), die schon bei Annäherung von Magneten deutlich wirksam werden. Beispiele sind Magnetit und Magnetkies, die in manchen Gesteinen vorkommen, obwohl sie nicht zu den gesteinsbildenden Mineralen gerechnet werden, sondern als Erzminerale gelten. Auch Ilmenit, der von schwächeren, herkömmlichen Magneten kaum merklich

Abb. 39: Ein starker Magnet haftet an dunklen Streifen eines Gneises, an deren Zusammensetzung das Mineral Magnetit beteiligt ist. Der Gneis (Halmstad-Gneis) hat eine besonders hochtemperierte (granulitfazielle) Metamorphose erlitten. Hierdurch sind die in Gneisen sonst üblichen, OH-haltigen, dunklen Minerale Biotit und Hornblende z. T. durch Magnetit ersetzt. Der Magnetismus der dunklen Schlieren ist ein Merkmal des in SW-Schweden beheimateten Halmstad-Gneises (Abb. 375). Er ist ein in Teilen des Norddeutschen Tieflands verbreitetes Glazialgeschiebe, vor allem im nördlichen Schleswig-Holstein (Schleswig). Strandgeröll am Stohler Ufer nahe Kiel.

beeinflusst wird, lässt sich von den sehr kräftigen Neodym-Eisen-Bor-Magneten anziehen. Schon kleine Anteile von Magnetit im einstelligen Prozentbereich, wie sie in vielen gabbroiden und basaltischen Gesteinen und in Serpentinit die Regel sind, lassen Neodym-Eisen-Bor-Magnete an senkrechten und überhängenden Gesteinsoberflächen zuverlässig haften. Gemische loser Mineralkörner, z. B. in Schwermineralsanden, lassen sich leicht in eine magnetische Fraktion (z. B. Magnetit, Ilmenit) und unmagnetische Fraktion (z. B. Granat, Zirkon, Epidot) trennen.

Schwache, nur unter Laborbedingungen erfassbare magnetische Eigenschaften weisen etliche gesteinsbildende Minerale auf. Dies gilt z. B. für viele Pyroxene, die in Form isolierter Körner beim freien Fall durch ein starkes Magnetfeld messbar abgelenkt werden. Die hellen gesteinsbildenden Minerale Quarz, Feldspäte und Feldspatvertreter sind unmagnetisch.

Abb. 40: Idiomorph ausgebildete, leistenförmige, dunkelgrün durchscheinende Porphyroblasten des Amphibols Aktinolith $\square Ca_2(Mg,Fe)_5Si_8O_{22}(OH)_2$ in einer Matrix aus überwiegend Talk $Mg_3Si_4O_{10}(OH)_2$. Der Aktinolith hat bei seinem Wachstum seine Eigengestalt gegenüber dem angrenzenden, feinschuppigen Talk weitgehend ungestört durchsetzen können. Aktinolith-Talkschiefer, Zillertal, Tirol. Breite des abgebildeten Ausschnitts ca. 10 cm.

Kristallgestalt

Jedes Mineral gehört von seinem internen Aufbau her einem von sieben möglichen Kristallsystemen an. Die Kenntnis der Zugehörigkeit zu einem der Kristallsysteme (kubisch, tetragonal, trigonal, hexagonal, orthorhombisch, monoklin, triklin) könnte die Mineralidentifikation wirksam unterstützen. Allerdings ist sie für xenomorphe Kristalle makroskopisch überhaupt nicht ermittelbar und für idiomorphe Kristalle nur unter selten erfüllten Idealbedingungen, sodass die Darlegung der komplexen Regeln hier wenig hilfreich wäre. Im Groben kann sich die Zugehörigkeit zu einem der Kristallsysteme hingegen doch auswirken. So lässt sich für stängelig geformte oder für tafelig ausgebildete Kristalle jedenfalls eine Zugehörigkeit zum kubischen Kristallsystem ausschließen.

Für das Erkennen von Mineralen im Gesteinsverband reicht es gewöhnlich aus, darauf zu achten, ob individuelle idiomorphe Kristalle z. B. blättchenförmig ausgebildet sind oder nadelig, stängelig, prismatisch, dipyramidal, tönnchenförmig, tafelig oder isometrisch. Isometrisch bedeutet, dass der Kristall keine Längserstreckung oder flächige Ausdehnung zeigt, sondern dass die Oberflächen rundum gleichen Abstand vom Kristallzentrum haben, wie es z. B. für Würfel der Fall ist oder für Rhombendodekaeder. Letztere sind von 12 Rhombenflächen vollständig umschlossen, ebenso wie Pentagon-Dodekaeder mit 12 Fünfecken als Außenflächen. Solche Beispiele von isometrischer Kristallgestalt sind für Kristalle mit kubischer Symmetrie kennzeichnend, sofern sie idiomorph ausgebildet sind.
Oft kommen Minerale nicht in Form einzelner, voneinander abgesetzter Kristalle vor, sondern als Aggregate aus vielen Einzelkristallen. Diese können z. B. faserig, divergentstrahlig, radialstrahlig, schalig, schuppig oder körnig sein. Sehr feinkörnige Massen von Kristallen oder auch nichtkristallines, amorphes Material kann z. B. derb, erdig, kreidig, dicht oder knollig erscheinen.

Einsprenglinge/Porphyroblasten: Viele Gesteine zeigen uneinheitliche Korngrößen ihrer Mineralbestände. Unter magmatischen und metamorphen Gesteinen gibt es häufig Beispiele, die dadurch geprägt sind, dass relativ große, meist idiomorphe Kristalle einer oder einiger Mineralarten in einer deutlich feinkörnigeren Umgebung eingebettet sind. Diese sich durch ihre auffällige Größe abhebenden Kristalle heißen Einsprenglinge, wenn das Gestein magmatischer Entstehung ist (Abb. 30). Entsprechende relativ große Kristalle in metamorphen Gesteinen dürfen nicht als Einsprenglinge bezeichnet werden. Sie heißen Porphyroblasten (Abb. 40 und Abb. 363).

Verzwillingungen

Manche Minerale kommen häufig, überwiegend oder fast ausnahmslos in verzwillingter Form vor. Das Auftreten und die Art der Verzwillingung kann mineraldiagnostisch ausschlaggebend sein. Das Wesen der Verzwillingung ist, dass ein äußerlich einheitlich konfigurierter Kristall intern aus zwei oder mehreren, gesetzmäßig miteinander verwachsenen Teilindividuen besteht. Zwischen den Teilindividuen gibt es chemisch und vom innerkristallinen Gitterbau her keine Unterschiede. Lediglich die Orientierung der internen Kristallgitter ist an den Verwachsungsflächen der Teilindividuen z. B. gegeneinander gedreht oder gespiegelt. Bei idiomorpher Ausbildung sind verzwillingte Kristalle immer dann gut als solche erkennbar, wenn sie einspringende Winkel (Hohlkanten) zeigen. Unverzwillingte Kristalle haben ausschließlich vorspringende Kanten.

Am häufigsten ist Verzwillingung von Kristallen im Gesteinsverband daran zu erkennen, dass Spaltflächen keine über den gesamten Kristallquerschnitt einheitliche Orientierung zeigen, sondern zu beiden Seiten der Verwachsungsnaht eigene Orientierungen zeigen. Am zuverlässigsten lässt sich Verzwillingung bzw. deren Fehlen auf sauberen, nicht angewitterten Gesteinsbruchflächen erkennen. Bei Drehen in Beziehung zur Lichtquelle spiegeln die Spaltflächen der einzelnen Kristall-Teilindividuen im Wechsel ein. Viellinge lassen sich daran erkennen, dass parallele Lamellen durch Einspiegeln periodisch abwechselnd sichtbar werden. Die Beachtung von Verzwillingungen hat besondere Bedeutung bei der Unterscheidung der verschiedenen Feldspäte.

Abb. 41: Granit mit verzwillingtem Kalifeldspat. Rechts oberhalb der Bildmitte zeigt ein günstig zur Lichtquelle orientierter Kalifeldspatkristall durch Reflexion einer Hälfte seines Querschnitts seinen Zwillingscharakter an (einfache Verzwillingung). Nur die untere Hälfte der die Kristalloberfläche bildenden Spaltfläche des Kristalls befindet sich in Reflexionsstellung. Die Spaltbarkeitsrichtungen sind in den beiden Teilindividuen des verzwillingten Feldspats geringfügig unterschiedlich orientiert, sodass bei nur einer Lichtquelle nicht beide Anteile gemeinsam reflektieren. Einfache Verzwillingung ist im Gegensatz zur polysynthetischen Verzwillingung („Verviellingung") des Plagioklas (Abb. 46) ein diagnostisches Merkmal von Kalifeldspäten. Glazialgeschiebe vom Strand der Hohwachter Bucht der Ostsee, Schleswig-Holstein. Breite des abgebildeten Ausschnitts ca. 20 cm.

Entmischungen

In magmatischen und hochgradig metamorphen Gesteinen ist die Kristallisation der Minerale zwangsläufig bei hohen Temperaturen erfolgt. Hierbei ist wegen großer Amplituden der thermischen Molekülschwingungen die Toleranz zur Aufnahme solcher Atome und Ionen erhöht, die z. B. relativ groß sind und nicht ideal ins Kristallgitter passen. Bei der irgendwann erfolgenden Abkühlung verringert sich diese Toleranz, sodass die dann irgendwann nicht mehr in das Kristallgitter passenden Atome bzw. Ionen sich zu eigenen, anderen Mineralen arrangieren müssen. Diese verbleiben als feine, entmischte Einlagerungen in den abgekühlten Kristallen. Besonders nach sehr langsamer Abkühlung können die entmischten Einlagerungen so grob strukturiert sein, dass sie mit oder sogar ohne Lupe erkennbar sind oder eine besondere Färbung bzw. einen spezifischen Schillereffekt bewirken oder auch mattes Aussehen von Spalt- und Außenflächen. Besondere Bedeutung haben direkt sichtbare Entmischungen von Feldspat in Feldspat für die Unterscheidung der Feldspäte (Abb. 50). Entmischungsbedingt matte Oberflächen kennzeichnen manche Pyroxene gegenüber den äußerlich sehr ähnlichen Amphibolen, in denen jedoch nicht entsprechend den Pyroxenen (Abb. 42) Amphibol aus einem anderen Amphibol entmischen kann.

Anfälligkeit gegen chemische Verwitterung

Chemische Verwitterung ist an die Wirkung von Wasser an der Erdoberfläche gebunden. Dieses bewirkt u. a., dass in Mineralen enthaltenes zweiwertiges Eisen unter Einwirkung des Wassers in Lösung geht, um dann oft gleich *in situ* in dreiwertiger, oxidierter Form als rostig braunes FeOOH ausgefällt zu werden. Dies bedeutet z. B., dass Fe-freier Kalzit unter Verwitterungseinwirkung weiß bzw. klar transparent bleibt, während das Ca-Fe-Mischkarbonatmineral Ankerit an seinen Oberflächen rostig braun verfärbt wird.

Manche Minerale werden an den der Witterung ausgesetzten oder von Pflanzenwurzeln angegriffenen Oberflächen in mürbe Verwitterungsprodukte zersetzt, die dann unter Hinterlassen von Löchern herausfallen oder ausgespült werden. So verrät sich Cordierit (Abb. 66) in manchen Gneisen zunächst durch löcherige Gesteinsoberflächen, sofern er angewittert ist, bevor er dann im frischen Bruch des Inneren des Gesteins direkt erkennbar wird. Olivin (Abb. 61) verwittert an der Gesteinsoberfläche relativ schnell, sodass manchmal nur noch Löcher seine ehemalige Existenz anzeigen. Nur im Inneren des Gesteins sind dann noch intakte Olivine erhalten.

Abb. 42: Mikrofoto: Entmischung von Ca-armem Pyroxen (Orthopyroxen $(Mg,Fe)_2Si_2O_6$) im Inneren von Ca-reichem Pyroxen (Diopsid $Ca(Mg,Fe)Si_2O_6$). Die Farben sind Interferenzfarben, die durch geeignete Einschaltung der zwei Polarisationsfilter im Mikroskop entstehen. Die blau interferierenden Bereiche bestehen aus Diopsid. Die überwiegend orangefarbenen Lamellen bestehen aus entmischtem Ca-freiem Pyroxen in Form von Orthopyroxen, dessen optische Eigenschaften aufgrund schrägen Einfallens der Lamellen vom angrenzenden und z. T. im Strahlengang überdeckenden Diopsid beeinflusst werden. Ohne die Entmischungen würde der Orthopyroxen einheitlich graue Interferenzfarbe zeigen. Die breiteren, unterschiedlich grauen Bereiche außerhalb der Entmischungslamellen sind Plagioklas und eigenständiger Orthopyroxen. Die Entmischungslamellen sind ungewöhnlich breit. Dies ist Folge einer extrem langsamen Abkühlung des Gesteins (Pyroxenit), das im Zuge einer Orogenese als Teil einer tektonischen Decke aus dem Erdmantel aufgestiegen ist. Massiv von Carratraca, Betische Cordillere, Andalusien. Bildbreite 2,5 mm.

Abb. 43: Angewitterte Oberfläche von Lamprophyr (Abb. 209 und Abb. 210), der wie für Lamprophyre typisch keine Feldspat- oder Quarzeinsprenglinge enthält, sondern ausschließlich Einsprenglinge von dunklen Mineralen: Klinopyroxen und Olivin. An der Oberfläche des Gerölls zeigt sich ein gravierender Unterschied des Verwitterungsverhaltens zwischen den beiden Mineralen: Die Klinopyroxen-Einsprenglinge (grün ohne Beteiligung von rostbraun) sind nur in geringem Maße angegriffen, was sich darin zeigt, dass sie nahe der Oberfläche von Rissen durchzogen sind. Der Olivin hingegen ist bis auf minimale, braun verfärbte Belege an den Rändern und Rückseiten der Löcher, die er ursprünglich ausgefüllt hatte, aus der Gesteinsoberfläche herausgewittert. Glazialgeschiebe vom Ostseesteilufer Klütz Höved, Nordwestmecklenburg. Originalherkunft Südschonen, Südschweden. Größte Achsenlänge 10 cm.

9 Wichtigste gesteinsbildende Minerale

Quarz (SiO_2)
Quarz ist wesentlicher Bestandteil vieler Gesteine aus allen Bildungsbereichen der kontinentalen Erdkruste (Magmatite, Sedimentite, Metamorphite). In Gesteinen des Erdmantels fehlt er. Zu 100 % aus Quarz bestehende Gesteine gibt es nicht als Magmatite, jedoch unter den Sedimentiten in Form von Quarzsandstein (Abb. 244) und als aus Sandstein hervorgegangene Metamorphite in Form von Quarzit (Abb. 394 und 395).

Quarz von ausreichender Korngröße lässt sich in Gesteinen meist leicht und sicher erkennen. Er hat die Ritzhärte 7 entsprechend seiner Stellung in der Mohs´schen Härteskala. Je nach der bei der Kristallisation wirksam gewesenen Temperatur kann Quarz mit hexagonaler interner Symmetrie gewachsen sein und dann bei Idiomorphie sechseckige Querschnitte zeigen (Hochquarz) oder mit trigonaler Symmetrie (Tiefquarz). Die Temperatur, oberhalb derer sich bei Oberflächendruck (1 bar) Hochquarz bildet, ist 573 °C. Bei tieferer Temperatur kristallisiert Tiefquarz mit trigonaler interner Symmetrie. Mit einer Dichte von 2,65 g/cm^3 gehört Quarz zu den relativ leichten Mineralen. Gemeinsam mit den in der kontinentalen Kruste ebenfalls häufigen Feldspäten bewirkt er die „Unsinkbarkeit“ kontinentaler Kruste, die im Zuge der Plattentektonik im Gegensatz zu ozeanischer Kruste nicht subduziert wird. Quarz lässt sich meist sicher anhand einer Kombination von möglichst vielen der nachfolgend genannten Eigenschaften erkennen:

1. meist farblos transparent, oft auch milchig-weiß, selten bläulich, selten rauchig braun
2. Glasglanz
3. Härte 7
4. keine Spaltbarkeit, stattdessen muscheliger Bruch
5. im Gesteinsverband keine makroskopisch erkennbare Verzwillingung
6. in magmatischen Gesteinen fast immer xenomorph, selten sechseckige Querschnitte

Abb. 44: Xenomorpher Quarz in Granit. Der Granit besteht aus rotem Kalifeldspat, grauweißem Quarz und vereinzelten Kristallen von gelblichem Plagioklas. Die völlig unregelmäßig („amöboid“) geformten, xenomorphen Umrisse des Quarzes sind z. T. durch dünne, schwarze Randsäume nachgezeichnet, die aus Hornblende bestehen. Hierdurch wird das Fehlen jeglicher Tendenz zu Idiomorphie besonders auffällig. Quarz, der als frei gewachsener Bergkristall spektakuläre Kristallgestalt zeigen kann, ist im Gesteinsverband, z. B. in Graniten, fast immer xenomorph. Glazialgeschiebe, Ostseeküste Nordwestmecklenburg.

Der im Gesteinsverband typischerweise xenomorphe Quarz zeigt nur in seltenen Gesteinsbeispielen (manche Rapakivigranite) idiomorphe Ausbildung, die sich abhängig von der Orientierung im Gestein in Form sechseckiger Querschnitte zeigt. Gegenüber den meisten anderen in Gesteinen neben Quarz vorkommenden Mineralen, wie Feldspäten, hebt er sich durch muscheligen Bruch mit glasartig glänzenden, glatten Flächen ab. Allerdings kann der Quarz in tektonisch beansprucht gewesenen Gesteinen stattdessen intern feinkörnig granuliert sein, sodass der muschelige Bruch durch eine raue, körnige Oberfläche ersetzt ist. Vor allem ist feinkörnig granulierter Quarz im Gesteinsverband weiß (Abb. 91), weil das eindringende Licht an den vielen Trennflächen reflektiert wird. Es ist derselbe Effekt, der eigentlich farblos transparentes Eis in Form von Schnee leuchtend weiß erscheinen lässt.

Die allgemein übliche glasklare Transparenz des Quarzes bewirkt, dass er in einer Umgebung aus anderen Mineralen grau getönt zu sein scheint. Die Ursache hierfür ist, dass die hinter dem transparenten Quarz liegende Rückseite schwächer beleuchtet ist als die an der Gesteinsoberfläche benachbarten, hellen, nicht transparenten Feldspäte. Die meisten gefärbten Quarzmodifikationen wie Amethyst (violett), Citrin (gelb) und Rosenquarz (blass rötlich) treten nur als unabhängige Mineralbildungen auf, nicht aber als Gesteinsbestandteile. Dies gilt teilweise auch für Quarz, der durch mikroskopisch kleine Gas- und Flüssigkeitseinschlüsse weiß gefärbt ist (Milchquarz) (Abb. 201). Hingegen ist blauer Quarz regional Bestandteil mancher Granite (z. B. Ostsmåland). Blauquarz tritt anders als z. B. Amethyst als Gesteinsbestandteil und nicht isoliert für sich auf. In manchen Rapakivigraniten Südfinnlands ist der Quarz braunschwarz getönt (Rauchquarz).

Feldspäte

In den allermeisten an der Erdoberfläche vorkommenden nichtsedimentären Gesteinen, einschließlich derer am Ozeanboden, gehören Feldspäte zu den mengenmäßig dominierenden Mineralen. Für die Bestimmung vieler plutonischer Gesteine, wie z. B. Granit, Diorit oder Syenit, kommt es auf die Unterscheidung zwischen Alkali-

Abb. 45: Zwei Arten von Feldspäten, Kalifeldspat und Plagioklas in Granit (I-Typ-Granit, Abb. 91): Kalifeldspat (Mikroklin) rot und rotbraun, Plagioklas gelblich weiß, z. T. grünlich getönt. Weitere Minerale sind Quarz (weiß mit bläulicher Tönung) und Biotit (schwarz bis dunkelgrün durch Umwandlung in Chlorit). Die Grüntönung vieler der Plagioklaskristalle geht auf eine niedriggradig metamorphe (grünschieferfazielle) Überprägung bzw. Alteration des Granits zurück. Der Kalifeldspat ist dadurch nicht betroffen. Die Weißfärbung des normalerweise in Granit glasklar transparenten Quarzes zeigt feinkörnige interne Granulation durch tektonische Beanspruchung an, evtl. auch Umkristallisation unter Einbau von mikroskopisch kleinen Gas- und/oder Flüssigkeitseinschlüssen. Glazialgeschiebe, Filipstad-Granit, Stohler Ufer nahe Kiel. Originalherkunft Ostsmåland.

feldspat (meist Kalifeldspat: $KAlSi_3O_8$) und Plagioklas $(Na,Ca)Al_{1-2}Si_{3-2}O_8$ an. Die Klassifikation magmatischer Gesteine gründet maßgeblich auf die Mengenanteile der verschiedenen Feldspäte. Diese haben zentrale Bedeutung in den meisten Gesteinen. Sie sind Minerale der kontinentalen und ozeanischen Erdkruste. Im unterhalb der Erdkruste liegenden Erdmantel fehlen die chemischen und physikalischen Voraussetzungen für ihre Existenz. Zusammen mit dem ebenfalls in Erdmantelgesteinen fehlenden Quarz (Dichte 2,65 g/cm^3) bewirken die gesteinsbildenden Feldspäte wegen ihrer relativ geringen Dichten von zumeist zwischen 2,55 g/cm^3 und 2,7 g/cm^3 die isostatische Stabilität und damit den Auftrieb der kontinentalen Erdkruste auf dem unterlagernden Erdmantel. Die feldspatreichen Gesteine der Erdkruste wie Granite und Gneise sowie daraus hervorgegangene Sedimentgesteine bewirken, dass diese nicht im Zuge der Plattentektonik subduziert wird oder auch sonstwo in die heißen und daher deformierbaren Erdmantelgesteine einsinkt.

Trotz unterschiedlicher Zusammensetzungen und Kristallstrukturen haben Feldspäte eine Reihe gemeinsamer Merkmale, die sie zusammen recht sicher als solche erkennen lassen:

1. oft farblos, überwiegend helle Farbtöne oder kräftiges Rot (Kalifeldspat)
2. nichtmetallischer Glanz
3. Härte 6
4. zwei gute Spaltbarkeiten, die Winkel von ca. 90 ° einschließen (> 84 °)
5. Neigung zu Verzwillingungen
6. in magmatischen Gesteinen Tendenz zu idiomorpher, tafeliger Ausbildung

Plagioklas

Chemisch bildet Plagioklas eine Reihe stufenlos variabel zusammengesetzter Mischkristalle aus den zwei Anteilen: Na-Feldspat (Albit $NaAlSi_3O_8$) und Ca-Feldspat (Anorthit $CaAl_2Si_2O_8$). Grundlage der chemischen Variabilität innerhalb dieser Plagioklas-Mischkristallreihe ist die gekoppelte Austauschbarkeit von Na und

Abb. 46: Plagioklas mit besonders großmaßstäblich entwickelter polysynthetischer Verzwillingung, die daher im Gelände selbst aus mehreren Metern Abstand unübersehbar ist. Die Verzwillingung im abgebildeten Beispiel ist erkennbar, weil der Plagioklas quer zur Ebene der Zwillingslamellen angeschnitten ist und sich gerade eine der Scharen von Zwillingslamellen in Reflexionsstellung zum Sonnenlicht befindet. Die zur Beobachtung der Verzwillingung von Plagioklas geeignet orientierten Schnittflächen sind gewöhnlich die eher länglich konfigurierten. Die Oberflächen großflächig plattig erscheinender Plagioklaskristalle hingegen fallen gewöhnlich mit den Verwachsungsebenen der Zwillingslamellen zusammen, sodass die Verzwillingung in dieser Schnittlage unbeobachtbar ist. Dies bedeutet, dass selbst gut entwickelte polysynthetische Verzwillingung nur an günstig orientierten Plagioklaskristallen im Gestein erkennbar ist. Dies gilt auch für das abgebildete Gestein, das ausschließlich aus Plagioklas besteht. Grobkörniger Anorthosit der Schäre Västersten im Åland-Archipel, SW-Finnland. Länge des Plagioklaskristalls ca. 10 cm.

Si einerseits gegen Ca und Al andererseits. Plagioklase haben individuelle Mengenverhältnisse ihrer Anorthitkomponente zur Albitkomponente. Dieses wird durch Angabe der Mol-% der Anorthitkomponente angegeben, z. B. als An_{30} oder An_{65}. Der Anorthitgehalt hat besondere Bedeutung bei der Unterscheidung der magmatischen Gesteine Gabbro mit $An_{>50}$ des Plagioklas und Diorit mit $An_{<50}$ des Plagioklas. Die An-Gehalte der Plagioklase bzw. deren Streubreiten in einem gegebenen magmatischen Gestein sind einheitlich, variieren jedoch von Gestein zu Gestein.

Merkmale von Plagioklas und anderen Feldspäten

1. Polysynthetische Verzwillingung: Sie ist das entscheidende und sichere Merkmal zum Erkennen von Plagioklas. Die allermeisten Plagioklaskristalle sind Viellinge (polysynthetische Zwillinge) aus parallel zueinander angeordneten, plattenförmigen Segmenten, die im Wechsel einspiegeln können. Plagioklaskristalle zeigen in günstiger Orientierung zur Lichtquelle ein Muster aus geradlinigen, schmalen Streifen. Die Streifung ähnelt bezüglich strenger Parallelität, Geradlinigkeit und variabler Breite den Strichcodes auf Verkaufsverpackungen. Sie ist gewöhnlich sehr fein strukturiert, sodass sie ohne Lupe oft kaum sichtbar, mit Lupe aber recht zuverlässig auffindbar ist. Im Mikroskop ist sie immer auffällig sichtbar, außer im Plagioklas mancher hochgradig metamorpher Gesteine. Dort kann Plagioklas ausnahmsweise auch mal unverzwillingt auftreten.

2. Färbung: Die allermeisten Plagioklase sind farblos oder weiß, seltener auch farblos transparent. In seltenen Fällen kann der Plagioklas in sehr dunklen magmatischen Gesteinen, in Gabbros und in hochdruckmetamorphen Gesteinen grau bis braungrau getönt sein, in manchen Fällen mit schwachem Violettstich. Sehr vereinzelt, jedoch regional konzentriert (z. B. „postorogene" südfinnische Granite) sind die Randbereiche größerer Plagioklaskristalle und kleine Plagioklase kräftig rot gefärbt.

Abb. 47: Mikrofoto eines Plagioklaskristalls (im Bildzentrum) mit konzentrisch variablem Mengenverhältnis von Albit- zu Anorthitkomponente. Die umlaufenden Streifen der Grau- bis Weißtönung sind Zonen von in sich jeweils einheitlichen Albit- zu Anorthitverhältnissen. Der abgebildete Plagioklaskristall ist oszillierend (rekurrierend) zonar. Dies bedeutet, dass sich manche Ab/An-Verhältnisse in unterschiedlichen Abständen zum Kristallzentrum wiederholen. Die sichtbaren, jahresringartigen Zonen bilden Wachstumsphasen des Kristalls ab. Gewöhnlich nimmt der Anorthitanteil insgesamt von innen nach außen ab. Der Zonarbau von Plagioklas kann wie beim abgebildeten Beispiel durch Einschalten beider Polarisationsfilter des Mikroskops in den Strahlengang sichtbar gemacht werden. Bei Beleuchtung ohne oder nur mit einem Polarisationsfilter im Strahlengang wäre die zonierte Internstruktur des Plagioklas nicht erkennbar. Die Kristalle, die bunte Interferenzfarben zeigen, sind Biotite. Die außer dem zonar gebauten Plagioklas auch grau, hell („weiß"), jedoch einheitlich interferierenden Kristalle samt den schwarz erscheinenden (dunklen) interferierenden Kristallen der Umgebung sind Quarz und kleinere Plagioklase. Quarzdiorit, Marktredwitz, Oberfranken. Bildbreite 4,5 mm.

3. Zonarbau: Magmatisch kristallisierter Plagioklas zeigt in den meisten Fällen einen chemischen Zonarbau. Dieser besteht darin, dass individuelle Plagioklaskristalle aus konzentrisch angeordneten Zonen mit jeweils eigenen Anorthitgehalten aufgebaut sind. Gewöhnlich sind die An-Gehalte im Kristallkern am höchsten, um zum Rand hin kontinuierlich oder sprungweise abzunehmen. Hierbei kann es im Einzelnen zu abruptem Hin und Her (Rekurrenzen) der An-Gehalte kommen.

4. Alterationsanfälligkeit: Unter Einwirkung von heißer fluider Phase entstehen im Inneren von Plagioklaskristallen typischerweise u. a. mikroskopisch feine Körnchen von Epidot $Ca_2Al_2FeSi_2O_7SiO_4O(OH)$. Dieser ist grün gefärbt und pigmentiert die in dieser Weise alterierten Plagioklaskristalle. Solch alterierter Plagioklas zeigt makroskopisch eine grünliche Tönung, geminderte Spaltbarkeit und ausgelöschte Zwillingsstreifung. Die Verfärbung ist oft im Kernbereich der Plagioklaskristalle am intensivsten, um zum Rand hin schwächer zu werden oder zu fehlen. Hierdurch wird ein in magmatischen Plagioklasen üblicher Zonarbau abgebildet. Die Kerne sind dann Ca-reicher als die Ränder. Der in den Randbereichen geringere Anorthitgehalt erhöht die Stabilität des Plagioklas gegenüber Alteration.

5. Oft Begleiter von dunklen Mineralen: In Gesteinen, die einen hohen Anteil von dunklen Mineralen enthalten und daher insgesamt dunkel wirken, ist der dominierende Feldspat mit höherer Wahrscheinlichkeit Plagioklas als Alkalifeldspat.

Abb. 48: Bruchfläche an eiszeitlich verfrachtetem Findling aus Växjö-Granit (gleichkörniger Granit aus Ostsmåland, Südschweden). Der frisch exponierte Granit ist zusammengesetzt aus: Kalifeldspat (blass rötlich), Quarz (farblos transparent), Biotit (schwarz mit dunkelgrünen, in Chlorit umgewandelten Bereichen), Plagioklas (gelblich weiß, z. T. durch blasses Grün überlagert). Die Grünfärbung geht darauf zurück, dass der Plagioklas durch heiße, wässrige Fluide zu geringem Anteil in grünen Epidot umgewandelt wurde, der den Plagioklas pigmentartig durchsetzt (Abb. 343). Es ist charakteristisch, dass der Kalifeldspat anders als der Plagioklas trotz gleicher erlebter Druck-Temperatur-Geschichte und Fluid-Zufuhr völlig unverändert geblieben ist. Unter den Feldspäten ist vor allem Plagioklas mit deutlichem Anorthit-Gehalt der Alteration zu Epidot unterworfen. Die Grüntönung des Plagioklas durch Epidot ist neben seiner in diesem Foto unsichtbaren polysynthetischen Verzwilligung ein Erkennungsmerkmal für Plagioklas. Aus der Elbe gehievter Findling am Strand von Schulau, Westgrenze Hamburgs am Nordufer der Elbe. Der abgebildete Ausschnitt der Granitoberfläche ist 25 cm breit.

Alkalifeldspäte

Die Alkalifeldspäte Sanidin, Orthoklas und Mikroklin sind Kalifeldspäte. Trotz gleicher chemischer Zusammensetzung unterscheiden sie sich bezüglich ihrer Kristallstrukturen und ihres Aussehens. Sie sind an jeweils eigene Entstehungsbedingungen gebunden und damit auch an unterschiedliche Gesteine. Albit ist der einzige in Gesteinen auftretende Na-Alkalifeldspat. Anorthoklas ist ein selten vorkommender Alkalifeldspat, der Natrium und Kalium zu ungefähr gleichen Mengenanteilen enthält, samt einer geringen Beteiligung von Kalzium (als Anorthitkomponente).

Albit $(Na,K)AlSi_3O_8$ bildet die an der Zusammensetzung von Plagioklas beteiligte, nicht als eigenes Mineral entwickelte Albitkomponente. Als eigenständiger Alkalifeldspat ist Albit (mit < 5 % Anorthitkomponente) der übliche Feldspat niedriggradiger metamorpher Gesteine, vor allem von Grünschiefer und Grünstein. In magmatischen Gesteinen ist das Vorkommen von Albit auf seltene syenitische Gesteine beschränkt, die zusätzlich Na-reiche Feldspatvertreter enthalten, vor allem Nephelin (Abb. 55). Albit ist farblos transparent. In Grünschiefer und Grünstein bleibt er deswegen oft makroskopisch unsichtbar. Hier bewirkt sein Vorkommen gewöhnlich eine signifikant erhöhte Festigkeit gegenüber albitfreiem Grünschiefer, dessen geringerer Zusammenhalt durch den blättchenförmig kristallisierten Chlorit bedingt ist. Im mikroskopischen Bild kann Albit polysynthetisch verzwillingt sein wie Plagioklas oder oft auch unverzwillingt.

Sanidin $(K,Na)AlSi_3O_8$ ist der Kalifeldspat schnell abgekühlter vulkanischer Gesteine und von Metamorphiten, die nach extrem heißer Kontaktwirkung von recht unmittelbar angrenzenden Magmen schnell abgekühlt sind. Aufgrund der schnellen Abkühlung ist die an hohe Temperaturen angepasste Kristallstruktur erhalten geblieben. Auch eine Entmischung von Na-

Abb. 49: Sanidineinsprenglinge in dunklem Trachyt. Die glasklar transparenten, dünn-tafelförmigen Sanidine sind mit ihren Tafelebenen parallel zur Gesteinsoberfläche eingeregelt. Wegen des dunklen Hintergrunds wirken sie als transparente Kristalle ebenfalls dunkel. Die intensive Reflexion des Sonnenlichts ist für Sanidin typisch. Ursache hierfür ist die schnelle Abkühlung der Lava, durch die die zeitbedürftige Entmischung des Feldspats unterblieben ist. Selbst mikroskopisch feine Entmischungslamellen würden die Oberflächen und Spaltflächen matter erscheinen lassen. Brandungsplattform bei Costa Adeje, Südwestküste von Teneriffa. Breite des abgebildeten Ausschnitts ca. 20 cm.

Abb. 50: Mikroklin-Spaltfläche mit perthitischer Entmischung, die sich in Form von maserungsartig erscheinenden, hellen, subparallel eingelagerten Lamellen zeigt. Die deutlichen Entmischungslamellen verlaufen im Foto in Rechts-Links-Orientierung. Zusätzliche, sehr fein strukturierte Entmischungslamellen verlaufen gerade noch erkennbar im Bildzentrum nahezu senkrecht zur Hauptlamellierung. Sie sind bei niedrigerer Temperatur als „zweite Entmischungsgeneration" entstanden. Für das Zustandekommen der Entmischungen ist diffusiver Stoffaustausch innerhalb der Kristalle erforderlich. Die Entmischungen finden im festen, kristallinen Zustand statt, wenn im Zuge der postmagmatischen Abkühlung die ursprünglich gleichmäßige Verteilung der hier relevanten Elemente K und Na im Kalifeldspat instabil wird und das Na in Form von Albit eine eigene Feldspatphase aufbaut. Die zunächst, bei noch hoher Temperatur entstehenden Entmischungslamellen nehmen relativ große Abstände zueinander ein, weil bei hoher Temperatur längere Diffusionswege der beteiligten Ionen möglich sind. Mit abnehmender Temperatur werden die verwirklichten Diffusionswege kürzer. Dies bilden die sehr fein strukturierten Querlamellen ab. Durch die verschiedenen Entmischungslamellen wird die Abkühlungsgeschichte des Kalifeldspats und damit des Gesteins insgesamt abgebildet. Weitere Minerale im Bildausschnitt sind farblos transparenter Quarz und gelblich weißer Plagioklas. Granitpegmatit in einem eiszeitlich verfrachteten Findling, Außengelände des Hofs Dannwisch in Horst, Südholstein. Breite des abgebildeten Ausschnitts ca. 8 cm.

Abb. 51: Mikrofoto: Mikroklin im mikroskopischen Bild unter Einschaltung von Polarisator und Analysator. Der Mikroklin erfüllt die obere Bildhälfte. Er ist an einer für ihn kennzeichnenden, makroskopisch jedoch unsichtbaren Zwillingsvergitterung erkennbar, die immer diffus und unscharf erscheint. Sie ist nur bei Verwendung beider Polarisationsfilter des Mikroskops sichtbar. Die Vergitterung beruht auf der Kombination zweier polysynthetischer Verzwillingungen, deren Lamellen unterschiedlich orientiert sind. Die diffuse Konfiguration rührt daher, dass die Verzwillingungen Inversionsverzwillingungen sind. Die Verzwillingung ist erst nach abkühlungsbedingter struktureller Veränderung des Feldspat-Kristallgitters möglich geworden. Bei submagmatischen Temperaturen ist die ursprüngliche monokline Symmetrie des zunächst magmatisch kristallisiert gewesenen Sanidins zur triklinen Symmetrie des geringeren Temperaturen angepassten Mikroklins verändert worden. In der Bildmitte unten ist ein polysynthetisch verzwillingter Plagioklas mit präzise geradlinigen Zwillingslamellen und scharfen Lamellengrenzen erkennbar. Die bunt interferierenden Kristalle in der linken unteren Bildecke sind u. a. Biotit. Die beulenförmigen Gebilde knapp unterhalb der Bildmitte sind Myrmekit, Kalifeldspat verdrängende Verwachsungen von wurmförmigen Quarzeinlagerungen in Plagioklas. Myrmekit ist nur mikroskopisch erkennbar. Breite des abgebildeten Ausschnitts 4,5 mm. Glazialgeschiebe von Växjö-Granit aus Ostsmåland, Südschweden.

Feldspat fehlt, obwohl ein geringer Anteil von Natrium in Sanidin üblich ist. Dreiwertiges Eisen, das bei hoher Temperatur meist in geringer Menge anstelle von Aluminium in Kalifeldspat eingebaut wird, ist nicht in Form von Hämatit (Roteisen) entmischt, sodass Sanidin anders als Mikroklin nie Rotfärbung zeigt. Infolge der schnellen Abkühlung ist Sanidin durch Farblosigkeit und glasklare Transparenz gekennzeichnet. Eine weitere Wirkung der schnellen Abkühlung sind eng gescharte Risse als Folge von abrupt erfolgter thermischer Kontraktion (Abb. 162).

Mikroklin $KAlSi_3O_8$ ist der Kalifeldspat von granitischen und verwandten Plutoniten, deren Magmen in relativ heiße Nebengesteine in mittleren Tiefen der kontinentalen Kruste intrudiert sind. In solcher Umgebung ist schnelle Abkühlung nicht möglich. Ebenso tritt Mikroklin in hochgradig metamorphen Gneisen auf. Dies bedeutet, dass die Kristalle durch Entmischung von Albit geprägt sind (= perthitische Entmischung), die sich bei langsamer Abkühlung zwangsläufig entwickelt. Parallel kommt es sehr oft auch zur Bildung von Hämatitpigment und damit zu einer Rotfärbung. Den Entmischungslamellen von Na-Feldspat (Albit) fehlt im Gegensatz zum ihn einbettenden K-Feldspat das Hämatitpigment, sodass die Entmischungslamellen nicht rot gefärbt sind. Von Albit-Entmischungslamellen durchsetzter Mikroklin zeigt in Form von Farbunterschieden auf seinen Spaltflächen eine Struktur, die der von manchen Holzmaserungen ähnelt. Mikroklin ist als Niedrigtemperatur-Kalifeldspat der Gegenpol zum Hochtemperatur-Kalifeldspat Sanidin.

Orthoklas $(K,Na)AlSi_3O_8$ ist der Kalifeldspat in verzögert abgekühlten Vulkaniten, Subvulkaniten und in Graniten, deren Ursprungsmagma in seichtem Krustenniveau in einer Umgebung aus relativ kühlen Nebengesteinen mäßig schnell abgekühlt ist. Er ist ein Übergangsstadium zwischen Sanidin und Mikroklin. Vom Aussehen her vermittelt er zwischen beiden. Statt der glasklaren Transparenz von Sanidin zeigt Orthoklas eher ein milchiges Weiß oder auch eine blasse rötliche Tönung. Entmischungslamellen von Albit treten auf, sind aber kaum ohne Mikroskop erkennbar. Die Übergänge zu Sanidin und Mikroklin sind fließend. Kalifeldspäte können einen zonaren Wechsel des beigemischten Natriums aufweisen. Dieser kann in den Kalifeldspäten in langsam abgekühlten Gesteinen, vor allem in Orthoklas, in Form eines konzentrischen Wechsels von stark und schwach entmischten Zonen sichtbar sein.

Anorthoklas

Aus Na-, K- und Ca-reichen Magmen kann bei magmatischen Temperaturen anstelle mehrerer Feldspäte (Albit + Sanidin + Plagioklas) als einziger Feldspat Anorthoklas kristallisieren, der chemisch einer Kombination der drei genannten Feldspäte entspricht (chemisch „drei Feldspäte in einem“ = ternärer Feldspat). Bei der für Plutonite üblichen langsamen Abkühlung ist Anorthoklas im Gegensatz zu seinen drei Einzelkomponenten für sich nicht bestandsfähig. Stattdessen sind die bei der ursprünglichen magmatischen Kristallisation von Anorthoklas angelegten und dann nicht mehr veränderbaren Kristallumrisse mit komplexen Feldspatgemengen ausgefüllt. Diese sind das Produkt von Entmischung des ursprünglichen Anorthoklas. Hierbei können Entmischungslamellen mit Breiten und Abständen, die den Wellenlängen des sichtbaren Lichts ähneln, einen farbigen Schillereffekt bewirken (labradorisieren). Es treten vor allem Blautöne auf, aber auch andere Farben. Sehr gut zeigen manche der weltweit als Fassadenverkleidung verwendeten südnorwegischen Larvikite dieses Labradorisieren. In Vulkaniten, in denen idiomorphe Anorthoklas-Einsprenglinge unbehindert durch Nachbarkristalle kristallisieren konnten, sind diese an rhomben- oder parallelogrammförmigen Querschnitten erkennbar (Rhombenporphyr, Abb. 52). Intern sind die Anorthoklas-Einsprenglinge in Rhombenporphyren aufgrund der Entmischungen inhomogen getrübt, oft in zonar uneinheitlicher Anordnung.

Unterscheidung von Kalifeldspat und Plagioklas

Schon wegen ihrer für die Gesteinsbestimmung ausschlaggebenden Bedeutung, wie es z. B. im QAPF-Klassifikationsdiagramm (Abb. 88) deutlich wird, kommt es auf die sichere Unterscheidung der dominierenden Feldspäte an, Kalifeldspat einerseits und Plagioklas andererseits. Die nachfolgende Tabelle zeigt im Überblick, worauf vor allem zu achten ist.

Abb. 52: Glazialgeschiebe aus dem vulkanischen Gestein Latit („Rhombenporphyr“) mit Einsprenglingen von Anorthoklas. Die Anorthoklase sind am Auftreten von rhomben- bzw. parallelogrammförmigen Querschnitten erkennbar. Glazialgeschiebe am Ostseesteilufer von Friederikenhof, Hohwachter Bucht. Herkunft: Oslo-Region in Südnorwegen. Größter Durchmesser ca. 12 cm.

Abb. 53: Larvikit (Monzonit), der überwiegend aus invertiertem und entmischtem Anorthoklas besteht. Dieser zeigt in diesem Fall einen besonders deutlichen, bläulichen Schiller. Dieses Labradorisieren entsteht durch Interferenz von Licht. Diese wird optisch wirksam, weil die Entmischungslamellen Abstände und Breiten haben, die im Größenordnungsbereich der Wellenlängen des sichtbaren Lichts liegen. Die Interferenz entsteht durch Zusammentreffen von Lichtanteilen, die von der gleichen Lichtquelle stammen (kohärentes Licht), im Kristall aber unterschiedliche Wegstrecken durchlaufen haben. Als Folge der Wegunterschiede (Gangunterschiede) ergeben sich Phasenverschiebungen zwischen den Lichtanteilen. In Abhängigkeit von den Beziehungen zwischen den Phasenverschiebungen und den jeweiligen Wellenlängen werden manche Farben durch Interferenz ausgelöscht und andere verstärkt. Das Licht der verstärkten Wellenlängen wird in Form von Interferenzfarben als farbiger Schiller sichtbar. Umgebung von Larvik am Südende des Oslo-Fjords, Südnorwegen. Breite des abgebildeten Ausschnitts 15 cm. Foto: Matthias Bräunlich.

Tab. 1: Feldspat-Unterscheidungsmerkmale

	Plagioklas	Orthoklas, Mikroklin	Sanidin
Zwillinge	polysynthetische Verzwillingung	nur einfache Zwillinge	nur einfache Zwillinge
Entmischungen	keine Entmischung makrosk. sichtbar	Entmischungslamellen	keine Entmischung
Zonarität	häufig: nach Alteration makrosk. sichtbar	konzentrische Streifen stärkerer Entmischung	nicht erkennbar
Farben	weiß, farblos, selten tiefrot	weiß, blass rötlich, rot, braun, orange	farblos transparent
Alteration	grünlich, vor allem in Kernbereichen	selten, kreidig weiß	kaum alteriert

Abb. 54: Vulkanit (Leucitit) voller Einsprenglinge des Feldspatvertreters Leucit. Die Leucite sind anteilig glasklar-transparent, überwiegend jedoch schneeweiß. Die schneeweißen Bereiche in den Leucit-Einsprenglingen bestehen offenbar aus Pseudoleucit, einem mikrokristallinen Leucit-Umwandlungsprodukt, das gewöhnlich aus K-reichem Feldspat, Nephelin, Analcim $NaAlSi_2O_6 \cdot H_2O$ und Zeolithen besteht (z. B. Natrolith $Na_2Al_2Si_3O_{10} \cdot 2H_2O$). Die Leucite zeigen kugelähnliche, isometrische Korngestalt. Die dicht und homogen erscheinende, hellgraue, einbettende Grundmasse besteht aus mikroskopisch feinkörnigen Leucit-, Sanidin- und Pyroxenkristallen. Vereinzelte kleine, schwarze Einsprenglinge sind Pyroxen (Augit). Für ausreichend groß ausgebildete Leucitkristalle ist es kennzeichnend, dass sie kleine Einschlüsse von Grundmasse enthalten. Diese können girlandenförmig um das Kristallzentrum herum angeordnet sein („Schlackenkränzchen"). Das abgebildete Gestein ist ein charakteristisches Beispiel aus der mittelitalienischen Vulkanprovinz, die durch K-reiche Vulkanite gekennzeichnet ist. Vulkan des Lago di Vico, südlich Viterbo, Region Latium, Mittelitalien. Breite des abgebildeten Bereichs ca. 6 cm.

Abb. 55: Nephelin in Nephelinsyenit aus farblos-transparentem bzw. weißem Kalifeldspat, schwarzem Klinopyroxen und transparentem, xenomorphem Nephelin, der ähnlich wie Quarz grau getönt erscheint, weil sein Hintergrund nur schwach beleuchtet ist. Während der Kalifeldspat gute Spaltbarkeit zeigt, ist es für Nephelin kennzeichnend, dass er wie in diesem Foto muscheligen Bruch zeigt. Dies macht ihn zusätzlich mit Quarz verwechselbar, wenn eine Härteprüfung nicht zuverlässig durchführbar ist. Nephelin hat die Ritzhärte 6, ähnlich wie Feldspäte, während Quarz mit der Härte 7 deutlich härter ist. Kvelde, Oslo-Region, Südnorwegen. Breite des abgebildeten Ausschnitts 5,5 cm. Foto: Matthias Bräunlich.

Feldspatvertreter

Als Feldspatvertreter (= Foide) werden helle Minerale bezeichnet, die wie Feldspäte Aluminium und Kalium und/oder Natrium enthalten, im Unterschied zu Feldspäten aber weniger SiO_2. Sie entstehen magmatisch bei einem Defizit von SiO_2 im Magma. Dies bedeutet, dass Feldspatvertreter nicht mit Quarz zusammen im gleichen magmatischen Gestein vorkommen, weil Quarz nur bei einem SiO_2-Überschuss entstehen kann. Feldspatvertreter zeigen mit ihrem Auftreten an, dass das einbettende Gestein ein Alkali-betonter Magmatit mit SiO_2-Defizit ist. Die wichtigsten Feldspatvertreter sind Nephelin $(Na,K)AlSiO_4$ und Leucit $KAlSi_2O_6$. Nur Nephelin tritt in Plutoniten ebenso wie in Vulkaniten auf. Leucit kommt nur in K-betonten Vulkaniten vor. In Plutoniten fehlt er. Insgesamt kommen Feldspatvertreter sehr viel seltener vor als Feldspäte. Wenn ein nephelinführender Magmatit einer Gesteinsmetamorphose unterworfen ist, kann auch der Metamorphit (z. B. Nephelingneis) Nephelin enthalten.

Glimmer

Kennzeichnend für alle wichtigen gesteinsbildenden Glimmer ist eine meist dünn plättchenförmige Kristallgestalt, verbunden mit einer einzigen, perfekt ausgebildeten Spaltbarkeit. Hinzu kommt, dass Glimmer, ungewöhnlich für Minerale, elastisch biegsam sind. In Abhängigkeit von den genannten Eigenschaften ergibt sich, dass angenähert parallel zu Gesteinsoberflächen eingeregelte Glimmerplättchen das Licht auf ihren glatten Spaltflächen gut reflektieren. Bei hellen, durchscheinenden Glimmern können Reflexionen an Ablösungsflächen unter der Oberfläche hinzukommen. Diese Eigenschaften sind die Grundlage des Namens Glimmer. Glimmerplättchen in den Oberflächen von Gesteinen können infolge tektonischer Deformation bruchlos gebogen sein, erkennbar an einem kontinuierlichen Durchlaufen der Lichtreflexion bei langsamem Drehen des Gesteinsstücks. Das besonders prägnante Reflexionsvermögen ist durch das Fehlen von Querspaltbarkeiten oder Entmischungen bedingt, die ein mattes Erscheinungsbild der Oberflächen bewirken würden. Nur im Querbruch zeigen Glimmer in Form eines streifigen Reliefs ihren Aufbau aus beim Zerreißen oberflächlich aufgeblätterten Plättchen. Auch hierin kommt, wie für alle Glimmer typisch, nur eine Spaltbarkeit zum Ausdruck. Bei der makroskopischen Gesteinsuntersuchung lassen sich helle und dunkle Glimmer unterscheiden. Helle Glimmer sind, makroskopisch nicht unterscheidbar, Muskovit und Paragonit. Dunkle, in der Regel schwarze Glimmer sind durchweg Biotit. Mit einer Tendenz zur Aufhellung in Richtung auf braune Farbtöne kommen auch Phlogopit und Lithiumglimmer in Betracht. Die Härten und Dichten der Glimmer sind für ihre makroskopische Bestimmung schwer fassbar und wegen eindeutiger sonstiger Merkmale irrelevant.

Biotit ist der häufigste Glimmer. Er ist komplex zusammengesetzter dunkler, gewöhnlich schwarzer Glimmer, der kein Lithium enthält. Das Vorkommen von Lithium ist naturgemäß makroskopisch nicht erkennbar, jedoch außer in manchen speziellen Graniten gewöhnlich auszuschließen. Manche Lithiumglimmer, die selten vorkommen, sehen ähnlich dunkel aus wie Biotit, obwohl sie Ansätze von brauner Tönung auf den Spaltflächen zeigen können. Bei alternativ vorkommender violetter Färbung sind sie überhaupt nicht mit Biotit verwechselbar. Die Schwarzfärbung von Biotit kann hingegen eine Tendenz zu grüner Tönung zeigen, die unter Lithiumglimmern nicht vorkommt. Chemisch sind Biotite Mischkristalle aus vier reinen Komponenten zu wechselnden Anteilen: Phlogopit $KMg_3AlSi_3O_{10}(OH)_2$, Annit $KFe_3AlSi_3O_{10}(OH)_2$, Eastonit $KMg_2AlAl_2Si_2O_{10}(OH)_2$, Siderophyllit $KFe_2AlAl_2Si_2O_{10}(OH)_2$. Biotit ist der gewöhnliche schwarze Glimmer in Graniten und verwandten Plutoniten sowie in hochgradig metamorphen Gesteinen, vor allem in Gneisen.

Muskovit $KAl_2AlSi_3O_{10}(OH)_2$ ist der farblose, hell glänzende Glimmer in hellen Glimmerschiefern, in Gneisen und in manchen Graniten. Wenn er neben dem in Graniten fast immer enthaltenen Biotit auftritt, qualifiziert er den jeweiligen Granit als Zweiglimmergranit. Seine Hauptverbreitung hat Muskovit in hellen Glimmerschiefern. Er ist makroskopisch und selbst mikroskopisch nicht vom Natriumglimmer Paragonit $NaAl_2AlSiO_3(OH)_2$ unterscheidbar, sodass statt von Muskovit bzw. Paragonit sicherheitshalber oft einfach von Hellglimmer die Rede ist. Der chemische Unterschied liegt im Einbau von Na in Paragonit anstelle von K in Muskovit. Für die Gesteinsbestimmung ist es unerheblich, ob der helle Glimmer Muskovit oder Paragonit ist. Paragonit tritt bevorzugt in Metamorphiten auf, die unter hohen Drücken entstanden sind.

Phlogopit $K(Mg,Fe)_3AlSi_3O_{10}(OH)_2$ bildet nicht nur eine Komponente der Biotit-Mischkristalle, sondern auch ein selbstständiges Glimmermineral. Real vorkommender Phlogopit enthält anders als die reine Phlogopit- Misch-

Abb. 56: Biotit als überwiegendes dunkles Mineral in Gneis. Der Biotit tritt in Form von dunklen, glänzenden Schuppen auf, die den Gesteinscharakter prägen. Der Biotit ist lagenweise konzentriert und die Biotitschüppchen sind tektonisch eingeregelt (rechts-links in der Abbildung) und z. T. gebogen. Für Glimmer allgemein und so auch für Biotit gilt, dass er im Gegensatz zu Feldspäten, Quarz und den allermeisten Mineralen bruchlos biegsam ist. Die hellen Bereiche des Gesteins bestehen aus Feldspäten und Quarz. Glazialgeschiebe vom Ostseesteilufer Wangels-Friederikenhof, Hohwachter Bucht, Holstein. Bildbreite ca. 20 cm.

Abb. 57: Muskovit in Granit als silbrig-helles, reflektierendes Glimmermineral neben Feldspäten und Quarz. Das silbrig-helle Glitzern hat nichts mit metallischem Glanz zu tun, sondern resultiert aus der Transparenz und guten Spaltbarkeit des Muskovits. Das Vorkommen von reichlich Muskovit in Granit zeigt an, dass das Gestein eine Al-betonte chemische Zusammensetzung hat. Glazialgeschiebe vom Ostseesteilufer Wangels-Friederikenhof, Hohwachter Bucht, Holstein. Breite des Gerölls ca. 13 cm.

kristallkomponente gewöhnlich etwas Eisen anstelle von Magnesium. Hierbei gibt es die Komplikation, dass Fe-freier Phlogopit ähnlich farblos und hell sein kann wie Muskovit bzw. Paragonit. Zumeist ist Phlogopit bräunlich getönt. Während die Unterscheidung zwischen Phlogopit einerseits und Muskovit/Paragonit andererseits auf Grundlage kristalloptischer Eigenschaften unter dem Mikroskop unproblematisch ist, helfen bei der Einstufung auf makroskopischer Grundlage am ehesten die Regeln des Vorkommens. Muskovit bzw. Paragonit wird oft von Quarz und Kalifeldspat begleitet, während Phlogopit vor allem zusammen mit Kalzit bzw. Dolomit oder neben Plagioklas, Olivin und/oder Pyroxenen auftritt, gewöhnlich ohne begleitenden Kalifeldspat und Quarz. Phlogopit ist der Glimmer in unreinem Marmor und in Erdmantelperidotit.

Chlorite $(Mg,Fe,Al,Mn)_{5\text{-}6}(SiAl)_4O_{10}(OH,O)_8$ bilden eine Gruppe von glimmerähnlich plättchenförmig kristallisierenden Mineralen, die vor allem in niedriggradig meta-

Abb. 58: Chlorit (grün) in Migmatit, dessen ursprünglicher Biotitanteil im Zuge retrograder Metamorphose durch Chlorit ersetzt worden ist. Der Chlorit ist als glimmerähnlich schuppig ausgebildetes Mineral lagenweise konzentriert. Er zeigt ein ähnliches Reflexionsvermögen wie die Glimmer Biotit und Muskovit. Strandgeröll am Stohler Ufer nahe Kiel, Landesteil Schleswig. Längste Achse des Gerölls 16 cm.

Abb. 59: Gerölle aus Granatamphibolit (links) bzw. aus mafischem Granulit (rechts) zeigen den unterschiedlichen Glanz und die Farbwirkung der jeweils dominierenden dunklen Minerale: Der Granatamphibolit besteht zu wesentlichem Anteil aus Hornblende, die eine für sie kennzeichnende klare, tiefschwarze Färbung zeigt. Der mafische Granulit enthält als gesteinsprägendes dunkles Mineral mattgrau getönten Klinopyroxen (Augit/Diopsid). Von ihrer chemischen Zusammensetzung her gleichen sich beide Gesteine. Der auffällige Unterschied beruht darauf, dass der Granatamphibolit des Gerölls links unter Wasseraufnahme bei absinkender Temperatur (retrograd) aus mafischem Granulit von der Art des Gerölls rechts hervorgegangen ist. Bezüglich der am Ende wirksam gewordenen Metamorphosegrade gehört der Granatamphibolit in die Amphibolitfazies, während der mafische Granulit seinen unter granulitfazieller Metamorphose entstandenen Mineralbestand unverändert beibehalten hat. Die Ursache des Unterschieds der beiden Gesteine rührt daher, dass der Granatamphibolit während seiner Abkühlung durch den Temperaturbereich der Amphibolitfazies eine zur Bildung von Hornblende ausreichende Wasserzufuhr erlebt hat und im Zuge rückläufiger (retrograder) Metamorphose aus mafischem Granulit von der Art des Gerölls rechts im Bild entstanden ist. Der mafische Granulit konserviert hingegen den Höchststand der Metamorphose, weil er über die gesamte Abkühlungsdauer keine Zufuhr wässriger fluider Phase erlebt hat. Weitere Minerale sind in beiden Geröllen roter Granat und weißer Plagioklas. Letzterer bildet im Granatamphibolit markante Reaktionssäume um die Granate, während er im mafischen Granulit gemeinsam mit den gerade noch makroskopisch erkennbaren Granaten feinkörnig und unauffällig geblieben ist. Geröllstrand der Bucht Wallengrens grotta, Kattegatküste der Kullen-Halbinsel nordwestlich Mölle, Schonen, Südschweden. Größte Achsenlänge des Granatamphibolits ca. 13 cm.

morphen Gesteinen vorkommen sowie als Alterationsprodukte dunkler Minerale in Magmatiten und als retrograde Bildungen in ursprünglich höhergradig metamorphen Gesteinen. Für Chlorite ist grüne Färbung kennzeichnend. Die glimmerähnlich plättchenförmig kristallisierenden Chlorite unterscheiden sich von Glimmern außer durch die Grünfärbung dadurch, dass frei endende oder abgelöste Plättchen unelastisch sind. Bei mäßigem Verbiegen federn sie anders als Glimmer nicht zurück, sondern behalten irreversible Knickfalten oder sie zerbrechen.

Hornblende $Ca_2(Mg,Fe)_4AlSi_7AlO_{22}(OH)_2$ ist das am häufigsten in Gesteinen anzutreffende Mineral aus der chemisch komplexen und artenreichen Gruppe der Amphibole. Hornblende tritt sowohl in vielen Magmatiten wie z. B. Gabbros, Andesiten und manchen Basalten auf als auch in höhergradig metamorphen Gesteinen wie Gneisen und Amphiboliten. Hornblende ist tiefschwarz mit zumeist glänzenden Oberflächen, seien es Kristallaußenflächen oder Spaltflächen. Besonders kennzeichnend für alle Amphibole, so auch für Hornblende, ist die Existenz von zwei sehr gut aktivierbaren Spaltbarkeits-Flächenrichtungen, die sich mit ca. 60 ° bzw. komplementär mit 120 ° schneiden. Dies bedeutet, dass Hornblende in Gesteinsoberflächen eher Spaltflächen zeigt als die ursprünglichen Kristallaußenflächen. Diese Spaltflächen sind typischerweise ebenso oder sogar prägnanter schwarz glänzend als Kristallaußenflächen, zumal sie oft über die gesamten Kristallquerschnitte ebenflächig ausgebreitet sind. Der auffällige Glanz ist vor allem dadurch bedingt, dass Hornblenden völlig homogen sind. Anders als im ähnlich aussehenden und leicht mit Hornblende verwechselbaren, zur Mineralgruppe der Pyroxene gehörenden Augit treten in Hornblende keine mikroskopisch feinen Entmischungen auf, die die Oberflächen matt erscheinen lassen würden. Das Fehlen solcher Entmischungen hat seine Ursache darin, dass das kompliziert aufgebaute Kristallgitter der Amphibole bei der Kristallisation wie auch im Zuge der Abkühlung besondere Toleranz für verschiedenste Ionenradien und Wertigkeiten der zur Verfügung stehenden chemischen

Elemente aufweist. Amphibole können in diesem Sinne als chemische „Allesfresser" verstanden werden. Hierin liegt ein wesentlicher Unterschied zu den Pyroxenen und damit zum Augit.

Augit $(Ca,Na)(Mg,Fe,Al,Ti)(SiAl)_2O_6$ ist der in vielen Magmatiten und hochgradigen Metamorphiten übliche Pyroxen. Ein wesentlicher chemischer Unterschied der Pyroxene gegenüber den Amphibolen ist das Fehlen von OH-Gruppen im Kristallgitter der Pyroxene. Hiermit ist eine besondere Anpassung an hohe Temperaturen unter „trockenen" Bedingungen verbunden. Hoher H_2O-Partialdruck im Magma oder während der Metamorphose begünstigt Amphibol. Augit ist der übliche Pyroxen z. B. in Gabbros, Basalten und in hochgradigen Metamorphiten wie Granuliten und manchen Amphiboliten. In Letzteren tritt Augit z. T. neben Hornblende auf. Augit kann ähnlich schwarz wie Hornblende sein. Dies gilt jedoch nur für Augit in Vulkaniten, weil dort die schnelle Abkühlung die Tendenz zur feinlamellaren Entmischung von Ca-armem Pyroxen (Orthopyroxen) unterdrückt. Als wichtigstes Unterscheidungsmerkmal gegenüber Hornblende wird gewöhnlich die Orientierung der ähnlich wie in Amphibolen vorkommenden zwei Spaltbarkeiten angeführt. Die beiden Spaltbarkeitsrichtungen in Pyroxenen schneiden sich mit ca. 90 ° statt mit 120 ° wie in Amphibolen. Dieses vielfach angepriesene Unterscheidungsmerkmal ist allerdings für makroskopische Bestimmungversuche selten hilfreich, weil die Spaltbarkeiten in Pyroxenen oft unvollkommen ausgebildet sind. Dies führt dazu, dass Pyroxene, besonders wenn sie in Vulkaniten auftreten, eher unregelmäßigen Bruch zeigen als gut entwickelte Spaltbarkeiten. Das faktische Ausbleiben deutlicher Spaltflächen ist dann eher ein Unterscheidungsmerkmal gegenüber Hornblende.

Ein weiterer grundsätzlicher Unterschied zwischen Amphibolen und Pyroxenen ist die besonders in Magmatiten, außer in Alkaligesteinen, übliche Parallelexistenz zweier Pyroxene anstelle von einem Amphibol. In Amphibolen lässt sich in einem Kristall jedes Mengenver-

Abb. 60: Idiomorpher Klinopyroxen-Einsprengling (Augit-Megakristall) in schlackigem Basanit. Die löcherige Oberfläche des Augits ist Ausdruck von interner Siebstruktur des Kristalls. Diese ist die Folge von adiabatischer Teilaufschmelzung im Inneren des Kristalls, bedingt durch isotherme Druckentlastung des aus Tiefen des Oberen Erdmantels schnell aufgestiegenen und daher zunächst kaum abgekühlten Basanitmagmas. Die im Pyroxenkristall entstandenen Schmelztropfen sind bei der schließlich näher an der Erdoberfläche stattgefundenen Abkühlung ohne Wiederherstellung des geordneten Kristallgitterbaus erstarrt. Die chemische Zusammensetzung des Augits gleicht der des umgebenden Basanitmagmas, sodass die ehemaligen Schmelztropfen der umgebenden basanitischen Grundmasse ähneln. Ostküste Teneriffas, westlicher Ortsrand von Los Roques. Durchmesser des Augitkristalls 2,5 cm.

Abb. 61: Überwiegend (zu > 90 %) aus transparentem, hell gelblich grünem Olivin (Forsterit) $(Mg,Fe)_2SiO_4$ bestehender Peridotit. Die intensiv grünen Kristalle sind Chrom-haltiger Klinopyroxen, die olivbraunen Körner sind Orthopyroxen (Enstatit). Der Peridotit ist ein Auswürfling von Erdmantelgestein aus einer Tephra-Ablagerung vom Rand eines Trockenmaars in der Eifel. Die braune Kruste um den Peridotit ist anhaftendes basaltisches bzw. basanitisches Gestein. Rand des Dreiser Weihers, nordwestlich Daun, Eifel.

hältnis von Kalzium gegenüber Magnesium plus Eisen unterbringen. Pyroxene können die gleiche, letztlich von der Magmen- bzw. Gesteinschemie vorgegebene Stoffbilanz nur durch das gemeinsame Vorkommen von Ca-reichem Pyroxen wie z. B. Augit neben Ca-freiem bis Ca-armem Pyroxen wie Enstatit $(Mg,Fe)_2Si_2O_6$ verwirklichen. Hierbei gibt es bei hohen Temperaturen, also besonders bei der magmatischen Kristallisation, eine gewisse Mischbarkeit der beiden Pyroxenzusammensetzungen. Diese lässt bei abnehmender Temperatur nach, sodass sich dann die beiden Pyroxenarten innerkristallin entmischen. Unter plutonischen Bedingungen entsprechend langsam abgekühlter Augit (Kalzium-reich) ist dann von mikroskopisch feinen Entmischungslamellen aus Kalzium-armem Pyroxen durchsetzt. Diese Entmischungen führen dazu, dass die Augite in Plutoniten und in manchen hochgradigen Metamorphiten auf ihren Außen- und Spaltflächen anders als Hornblende stumpfen Glanz entwickeln. In der Bestimmungspraxis hängt die Unterscheidung zwischen Hornblende und Augit insgesamt von der Qualität der beobachtbaren Spaltbarkeiten und vom matten bzw. prägnanten Glanz der Außenflächen und Spaltflächen ab (Abb. 59).

Olivin $(Mg,Fe)_2SiO_4$ bildet eine Mischkristallreihe zwischen den Endgliedern Mg_2SiO_4 (Forsterit) und Fe_2SiO_4 (Fayalit).

Olivin ist gegenüber Ca-freien Pyroxenen SiO_2-defizitär ($(Mg,Fe)_2SiO_4$ = Olivin gegenüber $(Mg,Fe)_2Si_2O_6$ = Pyroxen). Dies bedeutet, dass Olivin in der Regel nicht neben Quarz bestandsfähig ist, der gerade Ausdruck eines Überschusses von SiO_2 im Gestein bzw. Magma ist. Entsprechend fehlt Olivin in quarzführenden Magmatiten wie z. B. Graniten und in Quarz enthaltenden Metamorphiten wie z. B. Gneisen, die für die kontinentale Kruste kennzeichnend sind. Magnesium-betonter Olivin (Forsterit) ist das im oberen Erdmantel dominierende Mineral, ähnlich wie Feldspäte und Quarz die kontinentale Kruste prägen.

In der kontinentalen und viel mehr noch in der ozeanischen Kruste findet sich Olivin vor allem in basaltischen Vulkaniten. Hier tritt er aufgrund der schnellen Abkühlung der Vulkanite oft unalteriert auf.

Die Bezeichnungen Forsterit und Fayalit werden auch für die Olivin-Mischkristalle verwendet, in denen die dann namengebende Komponente überwiegt. Ein Olivin mit 60 % Forsteritkomponente wird entsprechend als Forsterit bezeichnet statt als Hortonolith. Ebenso sind die Bezeichnungen Chrysolith und Hyalosiderit für spezifische intermediäre Olivinzusammensetzungen obsolet. In den meisten olivinführenden Gesteinen ist der Olivin Mg-betont und Fe-arm mit Forsteritgehalten zwischen 70 und 95 % (Fo_{70} – Fo_{95}). Solch Olivin zeigt das für ihn charakteristische Bild. Er ist transparent, glasglänzend und hellgrün gefärbt. Die Härte erreicht knapp 7. Gute Spaltflächen sind selten ausgebildet. Es überwiegt muscheliger Bruch. Gegenüber Alteration und Verwitterungseinwirkung ist solch Mg-betonter Olivin äußerst empfindlich. Verwitterung führt zu einer von

Abb. 62: Durch Zufuhr von Wasser aus Peridotit des Oberen Erdmantels entstandener Serpentinit. Der Olivin des ehemaligen Peridotits ist in Serpentin $Mg_3Si_2O_5(OH)_4$ umgewandelt, der außer dem mengenmäßig dominierenden Serpentin Magnetit Fe_3O_4 enthält, in dem nach der Serpentinisierung das in geringer Menge im forsteritischen Olivin enthalten gewesene Eisen Platz gefunden hat. Der im Gestein fein verteilte, ferromagnetische Magnetit bewirkt, dass der im Bild sichtbare Magnet an der abschüssigen Außenfläche des Serpentinitblocks haften bleibt. Aufgelassener Serpentinitbruch am Haidberg in Zell, südlich Münchberg, Landkreis Hof, Oberfranken. Größte Achsenlänge des Serpentinitbrockens ca. 20 cm.

der Oberfläche ausgehenden Ocker- bis Gelbfärbung. In Plutoniten überlebt Olivin die Zeit der allmählichen Abkühlung nicht unalteriert, weil unter der Einwirkung von H_2O bei immer noch erhöhten Temperaturen aus Olivin eine schwarz gefärbte (pigmentierte), feinstkörnig-dichte Serpentinmasse entsteht (Abb. 119). Das schwarze Pigment ist eingestreuter Magnetit Fe_3O_4, der das ursprünglich im Olivin enthalten gewesene Eisen bindet.

Serpentinisierung und Wasserstoffgas

Bei der Serpentinisierung von Olivin wirkt molekulares Wasser (H_2O) auf den „trockenen" Olivin ein mit der Folge, dass Serpentinminerale den Olivin ersetzen. Hierbei baut der Serpentin OH-Gruppen in sein Kristallgitter ein. Bei der Entstehung der OH-Gruppen aus Wasser bleibt pro Formeleinheit des Serpentins in der Bilanz ein Wasserstoff (H) übrig, der zur Bildung von Wasserstoffgas beiträgt. Auf diese Weise sammelt sich in dem Kluftnetz des Serpentinits „grünes" Wasserstoffgas, das prinzipiell durch Bohrungen angezapft werden könnte, statt energieaufwändig durch Elektrolyse hergestellt zu werden.

Abb. 63: Mikrofoto von Serpentinit mit Olivinrelikten, die der Serpentinisierung entgangen sind. Bei der Aufnahme waren der Polarisator und der Analysator des Polarisationsmikroskops in den Strahlengang geschaltet. Die noch erhalten gebliebenen Olivinreste zeigen klare, bunte Interferenzfarben, während der aus Olivin hervorgegangene Serpentin gelblich und grau sowie feinfaserig bis verwaschen wirkt. Gleichfarbige und unmittelbar benachbarte Olivinrelikte sind die Reste von ehemals einheitlichen Olivinkristallen, die ursprünglich vom Rand und von Rissen ausgehend in Serpentin umgewandelt worden sind. Westlich Waldheim, Landkreis Mittelsachsen. Breite des abgebildeten Ausschnitts 4,5 mm.

Dieses kann nicht in die Kristallstruktur des nur Magnesium tolerierenden Serpentins eingebaut werden. Hieraus folgt, dass Olivin in Plutoniten und in langsam tektonisch aufgestiegenen Erdmantelgesteinen üblicherweise durch schwarz pigmentierte Serpentinmasse ersetzt ist. In Plutoniten darf man keinen erhalten gebliebenen grünen Olivin erwarten.

Kalzit $CaCO_3$ ist farblos klar oder milchig-weiß. In manchen Vorkommen kann er blass rötlich getönt sein. Kalkstein ist mehr oder weniger reiner Kalzit in meist feinkörnig-massiger Ausbildung. Kalkstein bildet ganze Gebirgszüge und mächtige Schichtstapel in Sedimentabfolgen. In Form deutlich erkennbarer, größerer Kristalle bildet Kalzit Einlagerungen in Kalksteinen und in anderen Gesteinen sowie Füllungen von Gängen, d. h. von verfüllten Fugen und Spalten in Gesteinen. Diese Form des Auftretens ähnelt der von Quarz (Milchquarz), wenn er aus wässriger Lösung ausgefällt worden ist. Kalzit ist daran erkennbar, dass seine Kristalle drei sehr gute Spaltbarkeiten zeigen, die sich mit Winkeln von 70 bis 75 ° schneiden. Beim Zerbrechen der Kristalle entstehen „schiefe" Spaltstücke, die als Spaltrhomboeder bezeichnet werden. Da die einzelnen Flächen und Kanten jedoch zufällige, unterschiedliche Größen bzw. Längen haben, sind die Spaltstücke in der Realität gewöhnlich „Parallelogrammoeder", d. h. gestaucht wirkende Quader. Die Härte von Kalzit, der Bestandteil der Härteskala nach Mohs ist, ist mit 3 relativ gering. Dies ermöglicht die einfache Unterscheidung gegenüber Quarz (Härte 7), der ähnlich wie auch Kalzit milchig-weiße, feinkörnig derbe Massen bilden kann. Ein Stahlwerkzeug (z. B. Messer, Nagel) hinterlässt auf Quarz, der härter ist als Stahl, eine Metallspur, auf Kalzit eine Kratzspur samt weißem Kalzit-Abriebpulver (Abb. 32).

Abb. 64: Kalzitsegregationen (weiß) in dünnplattig geschiefertem Mergelstein (dunkelgrau). Kalzit (Abb. 33 und 34) ist in Wasser löslich, so im Porenwasser von Sedimentgesteinen. Er wird bevorzugt in Bereichen verringerten Umgebungsdrucks und in Hohlräumen ausgefällt. Uferfelsen am Tyrrhenischen Meer bei Pisciotta, Provinz Salerno, Campanien, Süditalien.

Granat $(Fe,Mg,Ca,Mn)_3(Al,Fe,Ti)_2(Si,Fe)_3O_{12}$ bildet Mischkristalle aus sechs wesentlichen Komponenten. In diesem Sinne gibt es nicht den Granat, sondern eine Mineralgruppe der Granate. Manche Arten von Granat kommen nur unter selten erfüllten Bedingungen, d. h. in sehr speziellen Gesteinen vor. Als gesteinsbildend wesentliche Minerale kommen vor allem Mischkristalle aus den reinen Endgliedern Almandin $Fe_3Al_2Si_3O_{12}$ und Pyrop $Mg_3Al_2Si_3O_{12}$ vor, seltener unter zusätzlicher Beteiligung von Ca-haltigen Komponenten wie Grossular $Ca_3Al_2Si_3O_{12}$. Granat wird oft als typisch metamorphes Mineral angesehen, sodass sein Auftreten als Beleg für eine metamorphe Entstehung des einbettenden Gesteins gewertet wird. Dem steht entgegen, dass rote Granate auch in manchen Graniten sowie in deren vulkanischen Entsprechungen, in Rhyolithen auftreten. Andere Vulkanite, die Granat enthalten können, sind Dacite und Andesite. Plutonite, die granatführend sein können, sind außer manchen Graniten z. B. Granodiorite und Tonalite.

Für alle Granate ist eine ausgeprägte Tendenz zu idiomorpher Ausbildung kennzeichnend, die jedoch vor allem in manchen Gneisen und Migmatiten aufgrund metamorpher Deformation nicht verwirklicht ist. Die übliche Kristallgestalt ist isometrisch in Form von Zwölfflächnern, deren Einzelflächen Rhombengestalt haben: Rhombendodekaeder. Besonders aus den Oberflächen von Glimmerschiefern ragen solche Granatkristalle oft plastisch hervor (Abb. 65), neben Ausbruchslöchern (Negativformen). Je nach Zusammensetzung variiert die Härte individueller Granate zwischen 6½ – 8 und die Dichten zwischen 3 – 4 g/cm^3. Die häufigsten Farben, besonders die der in Gesteinen verbreitetsten Mischkristalle aus Pyrop und Almandin, sind tiefrot bis braunrot, bei intensivem Glasglanz, oft verbunden mit Transparenz dünnerer Späne und an Kristallecken. Die transparenten und tiefroten Schmuckgranate z. B. sind pyropbetont zusammengesetzt. Granate zeigen keine Spaltbarkeiten, sie brechen unregelmäßig, oft mit einer Trendenz zu muscheligem Bruch.

Besonders häufig treten idiomorphe Granate in manchen Glimmerschiefern auf und xenomorphe, oft zusätzlich zerlappte Granate in Gneisen (Abb. 66) sowie Migmatiten. In völlig andersartiger Umgebung können tiefrote Granate wesentlicher Gesteinsbestandteil von Erdmantelgesteinen sein. Dies gilt für manche Peridotite und für daraus hervorgegangene Serpentinite (Abb. 405 und Abb. 407). Ferner ist pyropbetonter Granat wesentlicher Bestandteil des metamorphen Hochdruckgesteins

Abb. 65: Idiomorphe Granat-Porphyroblasten (dunkelrot) in Granatglimmerschiefer. Die meisten der Granatkristalle sind zerbrochen und zeigen durch unregelmäßigen Bruch das granatspezifische Fehlen von Spaltbarkeit an. Ein intakter Kristall links oberhalb der Bildmitte und Abdrücke herausgefallener Granate zeigen rhombenförmige Formen der einzelnen Kristallaußenflächen an. Kristalle mit jeweils 12 Rhombenflächen (Rhombendodekaeder) sind für idiomorphen Granat charakteristisch. Die die Granatkristalle einbettende Matrix besteht aus Quarz und hellem Glimmer (Muskovit bzw. Paragonit). Moräne des Gletschers Rotmoosferner bei Obergurgl im Inneren Ötztal, Tirol. Breite des abgebildeten Bereichs 12 cm.

Eklogit (Abb. 388), das sowohl in der tiefen kontinentalen Kruste gebildet worden sein kann wie auch als Einlagerungen in Erdmantelgesteinen. In Sanden können Granatkörnchen lokal als Schwerminerale angereichert sein.

Cordierit $(Mg,Fe)_2Al_4Si_5O_{18}$ wird besonders häufig übersehen. Dies gilt sogar für Gesteinsmusterungen mit dem Polarisationsmikroskop. In gewisser Weise ist Cordierit, der fast ausschließlich in metamorphen Gesteinen auftritt, ein „Meister der Tarnung". Nur selten zeigt er seine blassbläuliche oder ins Grünliche tendierende Eigenfarbe und Glasglanz samt quarzähnlicher Transparenz und Idiomorphie mit einer Tendenz zu sechseckigen Querschnitten oder rechteckigen Längsschnitten. Üblich ist das Auftreten in xenomorpher Ausbildung und in Verwachsung mit feinkörnigen Gesteinsbestandteilen, die im Cordierit eingebettet dessen Färbung und seinen Bruch bestimmen. Auch ohne Einschlüsse entwickelt Cordierit keine Spaltbarkeit. Mit Einschlüssen bildet er ausgesprochen matte Oberflächen. Vor allem in Metamorphiten, die aus ehemaligen tonigen Gesteinen wie Tonschiefern hervorgegangen sind, kommt Cordierit als Al-reiches Mineral vor. Der üblicherweise relativ hohe Al-Gehalt von Tonen begünstigt die Bildung des Al-reichen Cordierits. Der in Tonschiefern gewöhnlich hohe Anteil von kohligen Partikeln (Phytoklasten), die auf ursprüngliche organische Beimengungen zurückgehen, wird oft vom Cordierit umwachsen, d. h. einverleibt. Dies führt zu einer kohlig schwarzen Pigmentierung des Cordierits (Abb. 348). Eine weitere tarnende Eigenschaft des Cordierits ist eine ausgeprägte Neigung zur Alteration. In Gesteinen mit ansonsten völlig intaktem primärem Mineralbestand aus z. B. Feldspäten, Quarz und Biotit kann Cordierit teilweise oder vollständig pinitisiert sein. Pinitisierung bedeutet, dass die Cordieritkristalle bei erhalten gebliebenen äußeren Umrissen durch feinkörnige Mineralgemenge von z. B. Chlorit und Serizit (feinstkörnigem Muskovit bzw. Paragonit) ersetzt sind, unter Erhalt der möglicherweise schon ursprünglich enthaltenen Phytoklasten. Die schon im Gelände sichtbare Folge können Vertiefungen in der Gesteinsoberfläche sein, an deren Hintergrund noch dunkles Material haftet. Pinitisierte Cordierite wittern besonders schnell aus der Oberfläche heraus.

Die Entstehung von Cordierit als Al-reiches Mineral wird durch relativ geringen Druck begünstigt, während Granat als chemisch ähnlich zusammengesetztes Mineral eher an hohe Drücke angepasst ist. Dies hat zur Folge, dass Cordierit im Gegensatz zu Granat ein häufig in hochtemperierten Kontaktmetamorphiten auftretendes Mineral ist.

Abb. 66: Cordierit neben Granat in migmatitischem Paragneis (Formationsname Sörmlandgneis). Beide Minerale sind xenomorph ausgebildet. Der Granat tritt in Form tektonisch zerlegter, hellroter Körner auf. Der Cordierit ist für seine Verhältnisse geradezu auffällig. Durch eine schwache Blautönung hebt er sich von den umgebenden farblosen, hellen Mineralen Kalifeldspat und Quarz ab. Die schwarzen Gesteinsbestandteile sind Biotit, der teilweise aufgrund von Verwitterung kupferbraun verfärbt ist. Oberfläche eines Felsens am Fähranleger der Fähre zur Insel Oaxen auf der Insel Mörkö in dem Ostseefjord Himmerfjärden, Södermanland, Südostschweden, südlich Stockholm. Breite des Bildausschnitts ca. 6 cm.

Abb. 67: Mikrofoto: Von Glimmern, Quarz und Kalifeldspat durchsetzter poikiloblastischer Cordieritkristall, der den Bildausschnitt vollständig ausfüllt. Aufnahme unter Einschaltung beider Polarisationsfilter in den Strahlengang des Polarisationsmikroskops. Es ist für Cordierit kennzeichnend, dass er andere Minerale umwächst und einschließt, statt sie bei seinem Wachstum wegzuschieben. Der Cordierit zeigt eine einheitlich hellgraue Interferenzfarbe. Die eingeschlossenen Kristalle mit bunten Interferenzfarben sind überwiegend Biotit, untergeordnet Muskovit. Die überwiegend hellgrauen, vom Cordierit umschlossenen Kristalle sind Quarz und Kalifeldspat. Unter den kleinen, tiefschwarzen Einschlüssen gibt es kohlige Phytoklasten. Ausschnitt aus einem poikiloblastisch gewachsenen Cordieritkristall in Västervik-Cordieritfleckengranofels (Abb. 68). Glazialgeschiebe, Booknis, Ostseeküste im Landesteil Schleswig. Breite des Bildausschnitts 4,5 mm.

Abb. 68: Aus Cordierit bestehende dunkle Flecken in Granofels, der abgesehen von den Cordieritflecken vor allem aus Quarz und Kalifeldspat besteht („Västervik-Fleckengestein"). Der Granofels ist durch statische Metamorphose aus ursprünglich tonig-sandigem Sedimentgestein hervorgegangen. Die für sich eigentlich farblosen bzw. blass bläulich getönten Cordierite sind durch poikiloblastisch eingeschlossene Biotitflöckchen und kohlige Phytoklasten (Abb. 67) schwarz pigmentiert. Die roten, hellen Säume um die Cordierit-Poikiloblasten bestehen aus mikrokristallinem Kalifeldspat mit begleitendem Quarz. Aus ihrem Bereich ist während der Metamorphose das zur Cordierit-Kristallisation benötigte Eisen ebenso wie Magnesium zum wachsenden Cordierit hindiffundiert, sodass sie in dessen unmittelbarer Umgebung fehlen. Die zusammenhängende Zwischenmasse ist durch Minerale unter Beteiligung von an Ort und Stelle gebliebenem Eisen graubraun gefärbt. Uferfelsen am Gamlebyviken, Kasimirsborg bei Västervik, Ostsmåland, Südostschweden. Breite des Bildausschnitts 20 cm. Die Felsoberfläche ist von Pilzen und Flechten bewachsen.

Andalusit, **Sillimanit** und **Disthen** Al_2SiO_5 sind drei verschiedene, in metamorphen Gesteinen auftretende Minerale mit gleicher chemischer Zusammensetzung, jedoch unterschiedlicher Kristallstruktur („Al_2SiO_5-Trimorphe"). Jedes der drei Minerale, die alle an Al-reiche Gesteinszusammensetzungen gebunden sind, entsteht unter spezifischen metamorphen Druck-Temperatur-Bedingungen. Die einbettenden Gesteine sind außer für manche Vorkommen von Disthen kaum einmal aus ehemaligen Magmatiten hervorgegangen. Die Al_2SiO_5-Minerale Andalusit und Sillimanit zeigen durchweg eine sedimentäre Vorgeschichte des Gesteins an. Alternativ könnten die Al-reichen Edukte durch Verwitterungseinwirkung oder Alteration von Magmatiten zustande gekommen sein. Verwitterung von Feldspäten kann zur Bildung von tonigem (d. h. Al-reichem) Rückstandsmaterial geführt haben. Da sowohl die Ablagerung von tonigem Material wie auch die Verwitterung von Prozessen an der Erdoberfläche abhängen, verdanken die Al_2SiO_5-Minerale ihre Existenz allesamt einer Vorgeschichte des einbettenden Gesteins als suprakrustale Bildung. Suprakrustal bedeutet, dass man mit Gesteinen zu tun hat, die ursprünglich an der Erdoberfläche geprägt worden sind. In der Tiefe der Erdkruste entstandene Gesteine wie z. B. Granite sind infrakrustale Gesteine. Andalusit kommt vor allem in kontaktmetamorph veränderten Tonschiefern und Hornfelsen vor. Sillimanit tritt in hochtemperiert regionalmetamorphen Gesteinen auf und in Gesteinsbrocken (Xenolithen), die allseitig von Magma umgeben gewesen sind und dadurch anders als an magmatischen Außenkontakten bis auf magmatische Temperaturen aufgeheizt worden sind. Disthen erfordert zu seiner Bildung hohe Drücke bei der Metamorphose des Ausgangsgesteins. Die Druck-Temperatur-Bedingungen, unter denen das eine oder andere der Al_2SiO_5-Minerale sich bilden kann, sind aus Abb. 342 ersichtlich (metamorphe Fazieseinteilung). Anders als Sillimanit und Andalusit kann Disthen auch in Eklogit vorkommen, der gewöhnlich aus einem magmatischen Edukt (z. B. aus Basalt oder Gabbro) hervorgegangenen ist. Zusätzlich kann Eklogit als Pyroxenitlage in Erdmantelperidotit auftreten.

Alle drei Al_2SiO_5-Minerale sind meistens idiomorph ausgebildet und zeigen langgestreckte, leistenförmige bis nadelige Kristallgestalt. Am ausgeprägtesten ist diese beim Sillimanit, der nadelige bis faserige Kristallbüschel bildet, während **Disthen** zu flach leistenförmigem (brettartigem) Wuchs neigt. Die Härten von Disthen streuen erheblich. Für Ritzversuche quer zur Längs-

Abb. 69: Andalusit-Knotenschiefer („Chiastolithschiefer"). Ursprünglich schwarzer Tonschiefer ist durch die Kontaktwirkung und Fluidaktivität eines in der Nähe aufgestiegenen Granitmagmas aufgehellt und rötlich getönt. Hierbei sind die ursprünglich im Tonschiefer enthalten gewesenen kohligen Partikel (Phytoklasten) oxidiert worden und dadurch verschwunden. Die Rottönung geht auf Oxidation geringer Mengen von zweiwertigem Eisen im Tonschiefer zurück. Hierbei ist Hämatit (Roteisen, Fe_2O_3) als feinkörniges Pigment entstanden. Die auffälligste metamorphe Neubildung sind die hellen, leistenförmigen Kristalle von Andalusit („Chiastolith"), die durch dunkle Kernbereiche gekennzeichnet sind. Deren Entstehungsursache wird im Zusammenhang mit Abb. 70 erläutert. Sinen Gill in der Kontaktaureole des Skiddaw-Granits im Lake District, Cumbria, Nordwestengland. Breite des abgebildeten Ausschnitts 19 cm.

erstreckung gilt Härte 7. Bei Ritzversuchen parallel zur Längserstreckung zeigt Disthen eine deutlich geringere Härte von 4 – 4½ (Härteanisotropie).

Die Farben von Andalusit und Sillimanit sind unauffällig, **Andalusit** zeigt zumeist graue oder bräunliche Färbung mit oder ohne rosafarbene Tönung. In kontaktmetamorphen Tonschiefern ist in den Andalusitleisten ein im Querbruch erkennbares, dunkles Kreuz eingelagert (Abb. 70), dessen Schnittlinie in der zentralen Längsachse des jeweiligen Kristalls liegt und dessen Kreuzbalken die Längskanten der Leisten verbinden. Im Längsschnitt ergibt dies eine zentrale, dunkle Mittelachse. Vor allem in älterer Literatur wird diese spezifisch kontaktmetamorphe Ausbildungsform von Andalusit als Chiastolith bezeichnet.

Abb. 70: Mikrofoto: Andalusitkristall („Chiastolith") in kontaktmetamorphem Knotenschiefer. Während Cordierit begleitende kleine Kristalle anderer Minerale und Gesteinsbestandteile umwächst (Abb. 67), ist es für Andalusit kennzeichnend, dass er Fremdbestandteile nicht einschließt, sondern beim Wachstum an seinen Außenflächen zu den Seiten schiebt. Hierbei kommt es zur Verlagerung der Fremdpartikel auf den Wachstumsaußenflächen in Richtung zu den Flächenrändern. Dadurch, dass dies auf allen Außenflächen geschieht, sammeln sich die Fremdkörper an den Längskanten der Kristalle zusammen mit Kristallbaufehlern. Dadurch, dass die Flächen und Kanten nach außen gewachsen sind, bleiben die Spuren der Längskanten in X-förmiger Anordnung im Kristall. In kontaktmetamorphen Schiefern sind dies gewöhnlich kohlige Partikel (Phytoklasten), die aus den organischen Anteilen der Edukt-Tonschiefer entstanden sind. Bildbreite 2,5 mm. Sinen Gill in der Kontaktaureole des Skiddaw-Granits im Lake District, Cumbria, Nordwestengland.

Abb. 71: Disthen (hellblau) in Staurolith-Disthen-Glimmerschiefer. Die Blaufärbung (helles Himmelblau) ist für Disthen kennzeichnend. Sowohl der Disthen als auch der Staurolith (rot) $Fe_2Al_9Si_4O_{23}(OH)$ bilden leistenförmige, idiomorphe Porphyroblasten, die im Zuge mittelgradiger Regionalmetamorphose gewachsen sind. Disthen und Staurolith sind beides Minerale, die zu ihrer Entstehung ein Al-reiches Edukt und eine Metamorphose bei hohen Drücken und mäßigen Temperaturen benötigen. Gewöhnlich tritt Disthen in Form eher unscheinbarer, kleiner, blauer Kristalle auf, die zumeist nicht die gut ausgebildete Leistenform der hier gezeigten Kristalle entwickeln konnten. Eine Bestimmung als Disthen ist dann aber oft trotzdem möglich, zumal es nur wenige andere ähnlich hellblau gefärbte Minerale gibt. Cala, westlich Chironico, Tessin, Schweiz. Breite des abgebildeten Ausschnitts 10 cm.

Sillimanit bildet farblos transparente Nadeln, die je feinfaseriger sie entwickelt sind, umso eher eine weiße Färbung der Nadel- bzw. Faserbüschel zeigen. Am häufigsten tritt Sillimanit in Gneisen und Granofelsen auf, besonders wenn diese bei granulitfaziellen Temperaturen geprägt worden sind. **Disthen** kann weiß sein oder seltener grau, auch blass grünlich, gelblich oder rötlich. Besonders typisch ist jedoch ein leuchtendes Himmelblau, das im gleichen Kristall in scheckiger oder streifiger Anordnung mit Weiß abwechselt. Disthen dokumentiert hohe Drücke bei der Metamorphose, Sillimanit hohe Temperaturen und Andalusit relativ geringe Drücke wie

Abb. 72: Weiße Büschel von Sillimanitnadeln (Ausrichtung rechts – links) in granulitfaziellem Gneis, der im Wesentlichen aus Quarz und Feldspäten besteht. Die z. T. diffus konfigurierten roten Flecken gehen auf Hämatitpigment zurück, das die Gesteinsminerale äußerlich überfärbt. Ufer des Kattegats am Jachthafen Stensjöstrand, Halland, Südwestschweden. Breite des Bildausschnitts ca. 10 cm.

Abb. 73: Mikrofoto: Sillimanitnadeln in Gneis. Aufnahme mit zwei Polarisationsfiltern im Strahlengang. Die Farben sind Interferenzfarben. Bunte Farben treten im Bild nur für Sillimanit auf, orientierungsabhängig auf die leistenförmigen Längsschnitte beschränkt. Das einbettende Mineral mit grauer Interferenzfarbe ist Cordierit, der den Sillimanit poikiloblastisch umschließt. Die isometrisch erscheinenden, kräftig konturierten Kristalle sind Sillimanite, die quer zur Längserstreckung angeschnitten sind. Sörmlandgneis wie der von Abb. 66. Vagnhärad, Södermanland, Südostschweden. Breite des Bildausschnitts 4,5 mm.

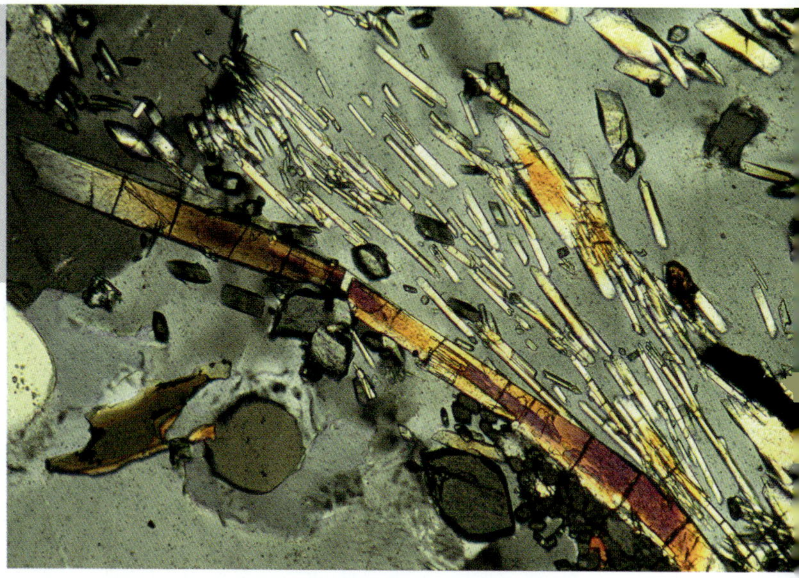

auch relativ geringe Temperaturen. Dies bedeutet, dass Andalusit vor allem in kontaktmetamorphen Gesteinen auftritt.

Turmalin, z. B. $NaFe_3Al_6Si_6O_{18}(BO_3)_3(OH)_4$, tritt in Gesteinen am häufigsten in der Varietät **Schörl** auf, deren Zusammensetzung hier angegeben ist. Andererseits gibt es eine Vielfalt von schön gefärbten, z. B. grünen oder roten Varietäten, die als Schmucksteine Verwendung finden. Schörl ist tiefschwarz. Nur in sehr dünnen Schichten, so in Gesteinsdünnschliffen, ist eine dunkelgrüne Tönung erkennbar. In anderen Turmalinbeispielen ist vor allem das Eisen des Schörl zu großem Anteil durch z. B. Magnesium und/oder die Kombination Lithium plus Aluminium ersetzt. Für Schörl ist wie für alle Turmaline eine Härte von 7 – 7½ kennzeichnend. Er gehört damit zu den wenigen gesteinsbildenden Mineralen, die tendenziell härter als Quarz sind. Es besteht eine deutliche Neigung zu idiomorpher Ausbildung. Die Kristalle sind dann leistenförmig mit gerundet dreieckigem Querschnitt oder dünn nadelig ausgebildet. Nadelförmige Schörl-Kristalle können zu divergent strahligen Rosetten angeordnet sein (Turmalinsonnen), die in Fugen im Gestein ausgebreitet sind. Turmaline haben keine Spaltbarkeiten. Dies hat zur Folge, dass Turmalinleisten quer zur Längserstreckung unregelmäßig brechen. Querbrüche können auch schon im Gesteinsverband deutlich ausgebildet sein (Abb. 74). Es ist eine chemische Besonderheit von Turmalin, dass Bor ein essenzieller Bestandteil zum Aufbau des Kristallgitters ist. Bor reichert sich geochemisch in manchen marin abgelagerten Tonen und damit auch in Tonstein und Tonschiefer an. Oft zeigen Tonschiefer bei mikroskopischer Betrachtung winzige Turmalinkriställchen. Bei schließlicher partieller Aufschmelzung geht das Bor in die gewöhnlich granitisch zusammengesetzte Schmelzfraktion. Dies bedeutet, dass Turmalin als borhaltiges Mineral ein Indikator für eine sedimentäre Vorgeschichte des von der Teilschmelzbildung betroffenen Gesteins ist (S-Typ-Granit, Abb. 93).

Abb. 74: Schwarzer Turmalin (Schörl) in Granitpegmatit aus überwiegend Feldspäten und Quarz. Links unten im Bild sind zwei schwarze Turmalinleisten quer zur Längserstreckung angeschnitten, wenig oberhalb der Bildmitte hingegen in Längserstreckung. Die Längsschnitte zeigen ungeradlinig entwickelte Querbrüche wie sie für Turmalin kennzeichnend sind. Der größere der beiden Querschnitte links unten lässt eine unebenflächige Bruchfläche erkennen. Zusätzlich typisch ist die dreizählige idiomorphe Konfiguration, die der kleine Turmalinquerschnitt links unten im Bild am besten zeigt. Glazialgeschiebe im Nationalpark Skuleskogen, nordöstlich Docksta, Västernorrland, Nordschweden.

Abb. 75: Pyritkonkretion mit partiell angewitterter (rostiger) Oberfläche. Oberflächenanteile ohne Rostüberzug glänzen goldmetallisch, wie es für Pyrit kennzeichnend ist. Eine Herkunft aus der Schreibkreide wird durch einen vom Pyrit umschlossenen kleinen Flint rechts unten angezeigt. Die norddeutsch/dänische Schreibkreide ist reich an Pyritkonkretionen, die knollige Aggregate aus vielen kleinen Pyritkristallen sind. Die abgebildete Pyritknolle ist ein aus der Schreibkreide stammendes Glazialgeschiebe und Strandgeröll vom Ostseesteilufer Klütz Höved in Nordwestmecklenburg. Längste Achse des Pyrits 15 cm.

Pyrit FeS_2 gilt als Erzmineral, ist aber trotzdem in vielen Gesteinen enthalten. Er tritt als metallisch glänzender Bestandteil mit messingähnlicher Färbung sowohl in vielen Magmatiten wie auch in Metamorphiten auf. Auch in Sedimentgesteinen wie Tongesteinen und in Kalkstein wie z. B. Schreibkreide ist er verbreitet. In Sandstein ist er seltener. Am ehesten tritt er in Grünsandstein auf (Abb. 330). Außer dem messingfarben metallischen Glanz ist für Pyrit eine Härte von 6 – 6½ kennzeichnend, mäßig entwickelte Spaltbarkeiten und eine Neigung zu Idiomorphie, vor allem in Sedimentgesteinen. Hierbei zeigen die Kristalle alternativ verschiedene isometrische Kristallausbildung von z. B. würfelförmiger, oktaederförmiger oder pentagondodekaedrischer Gestalt (12 Außenflächen mit Fünfeckform). Gewöhnlich treten die verschiedenen Ausbildungsformen nicht nebeneinander im gleichen Gesteinsvorkommen auf, sondern im gegebenen Gestein in jeweils einheitlicher Gestalt. In Tongesteinen und in Kalkstein, besonders in Schreibkreide, bildet Pyrit häufig knollenartige Aggregate (Konkretionen) aus strahlig vom Zentrum aus gewachsenen und miteinander verwachsenen Nadeln. Unter Verwitterungseinwirkung entsteht auf Pyrit ein rostiger Überzug aus Eisenoxidhydrat (FeOOH). Ein Pyritgehalt im Gestein zeigt sich auf angewitterten Gesteinsflächen durch rostige, schlierige Flecken.

10 Gesteinsgruppen

Keines der erreichbaren Gesteine der Erde stammt aus ihrer 4,6 Milliarden Jahre zurückliegenden Entstehungszeit. Damals entstand das gesamte Sonnensystem. Manche Meteorite sind außerirdische Zeugnisse aus dieser Frühzeit. Die ältesten irdischen Gesteine haben immerhin Alter um 4,0 Milliarden Jahre. Gesteine sind sukzessive im Laufe der Erdgeschichte durch geologische Prozesse entstanden oder maßgeblich geprägt worden. Auch gegenwärtig entstehen weiterhin Gesteine. Im Zusammenhang mit Vulkanismus und Sedimentation ist Gesteinsbildung z. T. direkt beobachtbar. Auf Grundlage ihrer jeweiligen Entstehung werden vier große Gruppen von Gesteinen unterschieden. Mit der Bestimmung eines Gesteins ist immer auch eine Zuordnung zu einer dieser Gruppen verbunden, es gibt z. B. nicht so etwas wie einen sedimentär entstandenen Basalt.

10.1 Magmatische Gesteine (Magmatite)

verdanken ihre Entstehung der Abkühlung von heißem, fließfähigem Magma, das zumindest teilweise aus flüssiger Gesteinsschmelze bestand. Magmen entstehen in der Tiefe der Erdkruste (z. B. granitische) oder im Erdmantel (basaltische). Bei Abkühlung und Auskristallisation in der Tiefe der Erdkruste entstehen Plutonite wie z. B. Granit, bei Ausfließen an der Erdoberfläche entstehen im Zusammenhang mit Vulkanismus Vulkanite wie z. B. Basalt.

Alkaligesteine und Subalkaligesteine, saure, basische, intermediäre und ultramafische Magmatite

In Beschreibungen magmatischer Gesteine findet sich häufig die eine oder andere chemische Grobklassifizierung, die einen flüchtigen Eindruck zum allgemeinen Charakter des jeweiligen Gesteins vermittelt. Hierbei geht es um magmatische Gesteine und allenfalls zusätzlich auch um metamorphe Gesteine, die aus entsprechenden Magmatiten hervorgegangen sind. Als ultramafisch werden auch entsprechende Erdmantelgesteine klassifiziert.

Alkaligesteine enthalten so viel Natrium und/oder Kalium, dass der aufgrund begrenzten SiO_2-Gehalts mögliche Feldspatanteil nicht zu deren Unterbringung ausreicht. Dies bedeutet, dass Alkaligesteine Feldspatvertreter und/oder Alkaliamphibole und/oder Alkalipyroxene enthalten. Beispiele sind Nephelinsyenit und Phonolith.

Subalkaligesteine sind nahezu alle magmatischen Gesteine, die keine Alkaligesteine sind. Beispiele sind Diorit und Andesit.

Saure magmatische Gesteine müssen mindestens 63 Gew.-% SiO_2 enthalten. Dies trifft z. B. auf Granite und Rhyolithe zu.

Basische magmatische Gesteine haben SiO_2-Gehalte zwischen 45 und 52 Gew.-%.

Magmatische Gesteine mit weniger als 45 Gew.-% SiO_2 gelten als ultrabasisch.

Ultramafisch sind alle magmatischen und Erdmantelgesteine, die höchstens 10 Vol.-% helle Minerale enthalten, d. h. mindestens 90 Vol.-% dunkle (mafische) Minerale wie z. B. Olivin, Pyroxene und/oder Amphibole. Ultramafische Gesteine müssen nicht auch ultrabasisch sein.

Abb. 76: Plutonitmassiv aus Granit, der in mehreren Kilometern Tiefe innerhalb der kontinentalen Erdkruste durch langsame Abkühlung und Auskristallisation aus Granitmagma hervorgegangen ist. Das Foto zeigt nur einen geringen Anteil eines Granitmassivs, das insgesamt ein Volumen von vielen Kubikkilometern hat. Rapakivigranitmassiv von Nordingrå zwischen Docksta und der Insel Ulvö, Höga Kusten in Västernorrland, Nordschweden.

10.2 Sedimentgesteine (Sedimentite)

sind die Produkte einer Abfolge von Verwitterungs-, Umlagerungs- und Ablagerungsprozessen an der Erdoberfläche. Beispiele: Sandstein, Kalkstein, Tonstein. Sedimentgesteine können unter günstigen Ablagerungs- und Erhaltungsbedingungen Fossilien als Zeugnisse früheren Lebens auf der Erde enthalten. Unter besonders günstigen Bedingungen können Gehäuse von z. B. Muscheln, Schnecken und Kopffüßern („Tintenfischen") unzerdrückt plastisch erhalten geblieben sein. Dies ist dann möglich, wenn die diagenetische Sedimentverfestigung der Sediment-Kompaktion zuvorkam.

Abb. 77: Beispiel eines offensichtlichen Sedimentgesteins: Fossilien als Indiz für den Sedimentcharakter. Durch einen Hammerschlag geöffneter, pyritführender Kalkstein, in dessen freigelegtem Inneren Fossilien (Ammoniten) enthalten sind. Der Kalkstein war in stark kompaktiertem schichtigem Schieferton des Unteren Jura eingelagert. Die Fossilien sind durch frühe Sedimentverfestigung aufgrund von Kalzit-Ausfällung vor Zerdrückung (Abb. 261) geschützt geblieben. Der Pyrit bildet goldglänzende Überzüge auf und in den Fossilien. Anteilig sind sie aufgrund von Verwitterung durch rostfarbenes Brauneisen (FeOOH) ersetzt. Nordseeküste nahe Whitby, North Yorkshire, England.

10.3 Metamorphe Gesteine (Metamorphite)

entstehen bei der Umwandlung schon bestehender Gesteine unter veränderten, meist erhöhten Drücken und Temperaturen. In den meisten Metamorphiten (Regionalmetamorphiten) kommt eine bis in den Einzelkornbereich durchgreifende Deformation hinzu (Abb. 78, Abb. 79). Beispiele: Gneis, Glimmerschiefer.

Abb. 78: Verfältelter, glimmerführender Chloritschiefer mit Quarz-Segregationen (weiß). Eine regionalmetamorphe Prägung wird durch den auffälligen Anteil von Chlorit (grün) und hellem Glimmer (farblos reflektierend) und durch die Verfältelung als Ausdruck dynamischer Verformung angezeigt. Das ursprünglich tonig-sandige Ausgangsgestein ist im Zuge einer Gebirgsbildung (Orogenese) deformiert und mäßiggradig aufgeheizt worden. Glazialgeschiebe, Ostseesteilufer Stohler Ufer bei Kiel, Landesteil Schleswig. Größte Achsenlänge des Blocks ca. 45 cm.

Abb. 79: Mikrofoto: Metamorph deformierter, verfalteter Schiefer (Phyllit) unter dem Polarisationsmikroskop: Ehemals toniges Sedimentgestein, das durch Metamorphose in Phyllit umgewandelt worden ist. Die bunten Farben sind Interferenzfarben, die aufgrund des Einschaltens beider Polarisationsfilter des Polarisationsmikroskops als Ausdruck der kristalloptischen Eigenschaften (Doppelbrechung) der Glimmer zustande kommen. Das grau-weiß-dunkle Mosaik besteht aus Quarz- und Albitkörnchen. Unabhängig von den Einzelheiten der an der Entstehung der Abbildung beteiligten Kristalloptik zeigt der Bildausschnitt, dass in glimmerreichen und daher leicht deformierbaren Gesteinen die metamorphe Deformation bis in den Einzelkornbereich des eng verfältelten Gesteins durchgreift. Hierbei haben die parallel eingeregelten Glimmer als Gleitebenen die Bewegungen im Zuge der Gesteinsverformung aufgenommen. Breite des Bildausschnitts 4,5 mm. Crianlarich, Grampian Highlands, Schottland.

Abb. 80: Rippelmarkenabdrücke an einer Schichtunterseite in hochtemperiertem, jedoch statisch zu Quarzit metamorphosiertem ehemaligem Sandstein. Das abgebildete Beispiel einer trotz Regionalmetamorphose gut erhaltenen Sedimentstruktur zeigt, dass Regionalmetamorphose nicht zwangsläufig mit Deformation verbunden sein muss. Böschungsanschnitt an der E22 zwischen Västervik und Gamleby, Nordostsmåland, Südostschweden.

10.4 Gesteine des Erdmantels

Abb. 81: Von tektonisch angelegten Klüften kreuz und quer durchsetzter Serpentinit. Er ist ein tektonisch aufgestiegenes und intern zu Blöcken fragmentiertes Gestein des Erdmantels (Abb. 406). Das Gestein ist durch Wasseraufnahme im Zuge des tektonischen Aufstiegs bis hoch innerhalb der kontinentalen Kruste aus Dunit des Erdmantels hervorgegangen. Der Serpentinit liegt an der Basis einer tektonischen Schubdecke (Münchberger Gneismasse) und hat deren tektonischen Transport durch seine leichte Deformierbarkeit begünstigt. Haidberg bei Zell im Fichtelgebirge, Oberfranken.

Gesteine des Erdmantels kommen nur unter Ausnahmesituationen an der Erdoberfläche vor. Von den Gesteinen der ersten drei Gruppen unterscheiden sie sich vor allem dadurch, dass sie durchweg nur aus dunklen Mineralen bestehen. Diese sind vor allem Olivin und untergeordnet z. T. auch Pyroxene. Die in Gesteinen der Erdkruste oft dominierenden Feldspäte fehlen hingegen ebenso wie Quarz, abgesehen von seltenen und untypischen Ausnahmen von Plagioklasperidotit im Grenzbereich Kruste/Mantel. Ihre Prägung verdanken die Erdmantelgesteine magmatischen wie auch metamorphen Prozessen in großer Tiefe.

„Kreislauf der Gesteine"(?)

Die bei der Gesteinsbildung von Fall zu Fall wirksamen Prozesse Aufschmelzung, Auskristallisation, Verwitterung, Transport, Ablagerung und Metamorphose lassen im Laufe der Erdgeschichte immer wieder neue Gesteine entstehen. Oft geschieht dies durch Rekombination von Anteilen älterer Gesteine. Alle Gesteine können verwittern. Aus den Verwitterungs- und Abtragungsprodukten entstehen Sedimente und Sedimentgesteine. Diese können metamorph umgewandelt oder bei geeigneter Zusammensetzung partiell aufgeschmolzen werden. Das dann aus der Schmelze hervorgegangene Magma kann zu einem magmatischen Gestein erstarren. Solche Ereignisfolgen sind der Hintergrund der Anschauung vom „Kreislauf der Gesteine".

Tatsächlich ist Gesteinsbildung zumeist mit dem Verlust oder der Zufuhr von signifikanten Anteilen der Ursprungs-Stoffbestände verbunden wie auch mit der Vermischung von Material unterschiedlicher Herkunft. Gesteinsbildung findet in offenen Systemen statt. Die hochdifferenzierte Gesteinsvielfalt der Erde steht im Gegensatz zur Vorstellung von Kreislaufprozessen. Manche Gesteine, wie z. B. reiner Quarzsandstein und Steinsalz, sind nicht „recycelfähig". Jedenfalls entsteht nicht im Rahmen eines geschlossenen Kreislaufs aus z. B. Basalt nach einigen Zwischenstadien wieder Basalt. Daher ist der „Kreislauf der Gesteine" Ausdruck einer grob pauschalisierenden Betrachtung. Wohl können aus Magmatiten Sedimentgesteine entstehen, aus diesen Metamorphite und daraus schließlich auch Teilschmelzen und damit wieder Magma und Magmatite. Irgendwann können so wieder Magmatite entstehen, jedoch nicht einmal näherungsweise mit der zu Anfang zumeist vorhanden gewesenen basaltischen Zusammensetzung.

Die im Laufe der Erdgeschichte zustande gekommene Gesteinsvielfalt der Erde ist jedenfalls nicht durch Kreislaufprozesse erklärbar, sondern durch gerichtete Prozesse fortschreitender Differenzierung der vorhandenen Stoffbestände. Zusammensetzungen wie die von Kalkstein, Quarzsandstein, Tongestein oder gar Salzgesteinen sind Produkte von Fraktionierungsvorgängen unter Einbeziehung von z. B. Verwitterung, mechanischer Sortierung, Auflösung und Ausfällung. Die früher einmal als „Urgesteine" angesehen gewesenen Granite sind durch Teilaufschmelzung von Produkten vorangegangener Teilaufschmelzungsereignisse entstanden. Ihr Stoffbestand ist in Abfolgen von unterschiedlich weit zurückliegenden Einzelschritten, zu denen auch Verwitterung und Sedimentation samt Gesteinsmetamorphose gehören können, letztlich dem Oberen Erdmantel entzogen worden. Die kontinentale Kruste mit Gesteinsaltern von bis zu 4 Milliarden Jahren ist insgesamt ein Produkt der weitgehend irreversiblen Verlagerung vor allem der chemischen Elemente Aluminium, Silizium, Kalium, Natrium und Kalzium aus dem Oberen Erdmantel in die Erdkruste. Die kontinentale Erdkruste besteht aus den über lange Zeit angesammelten Fraktionierungs- und Selektionsprodukten von Anteilen ursprünglichen Erdmantelmaterials. Granit der Kruste wird nicht wieder Peridotit, aus dem der Obere Erdmantel hauptsächlich besteht und dem das Material der Granite im Laufe der Erdgeschichte über eine Kaskade von Teilschmelz-Ereignissen entzogen worden ist. Hinzu kommt die Auswirkung von magmatischer Differentiation. Ihr ist zu verdanken, dass z. B. aus basaltischem bzw. gabbroidem Magma eine Fraktion von z. B. rhyolitischem bzw. granitischem Magma und entsprechenden Gesteinen entsteht. Aus Rhyolith bzw. Granit lässt sich nicht wieder Gabbromagma entwickeln, wie ein „Kreislauf der Gesteine" es suggerieren würde.

11 Verwitterung, Alteration

Alle Gesteine können irgendwann nach ihrer Entstehung Veränderungen erfahren, die nicht oder nur bedingt in den Bereich der Metamorphose gehören. Dies sind vor allem Verwitterung und Alteration. Beide werden oft verwechselt, zumal in manchen Fällen die Ergebnisse ähnlich sein können.

Verwitterung tritt an oder nahe der Erdoberfläche auf. Sie ist Folge der Einwirkung der an der Erdoberfläche herrschenden Bedingungen. **Physikalische Verwitterung**, z. B. aufgrund häufiger und starker Temperaturwechsel zusammen mit oder ohne Frostsprengung, führt zu Rissen und schließlich zum Zerfall von Gesteinen zu Schutt, ohne dass die ursprünglichen Mineralbestände verändert werden.

Chemische Verwitterung findet an der Grenzschicht der Lithosphäre zur Atmosphäre bzw. Hydrosphäre statt, oft unter zusätzlicher Beteiligung von Organismen. Chemische Verwitterung wird vor allem durch Oberflächenwasser und darin gelöste Ionen bewirkt bzw. durch Abtransport von Ionen in wässriger Lösung. Hierbei kommt es zum Zerfall chemisch angreifbarer Minerale: Aus Feldspäten kann unter Verlust von Alkali- und Kalziumionen ausgehend von den Korngrenzen und Spaltrissen toniges Material gebildet werden. Aus dunklen Mineralen, besonders bei Fe-betonter Zusammensetzung, können rostig-braune Krusten oder Flecken werden. Von Organismen produzierte Säuren begünstigen die chemische Verwitterung.

Chemische Verwitterung ist sehr viel mehr als die unmittelbar sichtbare Zerstörung von ursprünglich „felsenfestem“ Gestein. Vielmehr profitiert die Vegetation u. a. der Wälder und auf Kulturland von dem Lockermaterial, das die Grundlage zum Aufbau von Böden bildet. Auf

Abb. 82: Durch physikalische Verwitterung zu Blockschutt zerfallener Basalt am Nordhang der Basaltkuppe des Schafsteins (832 m ü. NHN) in der Kuppenrhön. Der Basalt des Schafsteins ist im festen Felsverband polygonal-säulig gegliedert. Durch physikalische Verwitterung, vor allem durch eiszeitliche Frostsprengung, ist der Zusammenhalt nahe der Oberfläche zerstört worden. Der hierbei entstandene Blockschutt hat sich an der Flanke und am Fuß der Kuppe angehäuft. Trotz allem besteht er immer noch aus Basalt. Die gerundeten Kanten der Blöcke gehen auf nacheiszeitliche chemische Einwirkung zurück. Eine der Ursachen ist der deutlich erkennbare Flechtenbewuchs, der Gesteinsoberflächen chemisch angreift. Rhön, ostsüdöstlich Fulda.

einer Felsoberfläche ohne Bodendecke (Abb. 2) findet höhere Vegetation keine Grundlage. Die bei chemischer Verwitterung freigesetzten Ionen vor allem des Kalziums und des Magnesiums bilden ein seit Jahrmilliarden funktionierendes Klima-Regulativ, dem wir die Bewohnbarkeit der Erde verdanken. Sie ermöglichen die Fixierung von CO_2 in Kalkstein und Dolomit, nachdem diese Ionen ins Meer gelangen. Eine Situation wie die in Abb. 83 gezeigte Silikatverwitterung ist die Voraussetzung für die schließliche Bindung von atmosphärischem CO_2 in Form von massiven Karbonatgesteinen. Silikatverwitterung besteht somit nicht allein daraus, dass Gesteine zerstört werden, sondern sie wirkt dahingehend aufbauend, dass Kalkstein entstehen kann und die Erde ihr gemäßigtes Klima aufrechterhält. Anderenfalls hätten sich schon längst lebensfeindliche Verhältnisse eingestellt, wie sie ähnlich auf der Venus herrschen. In diesem Zusammenhang wirken Gebirgsbildungen (Abb. 5) in geologischen Zeiträumen klimaregulierend, indem Gesteine wie Granit, Basalt und Gabbro exponiert und intensiver Verwitterungseinwirkung ausgesetzt werden.

Es ist nicht sinnvoll, für die petrografische Untersuchung von Gesteinen verwitterte Teilbereiche heranzuziehen. Günstiger sind „frische", d. h. unverwitterte und unbewachsene Flächen. Diese lassen sich zumeist durch Aufsuchen eines weniger angewitterten Teils des Gesteinsvorkommens durch Abschlagen der Verwitterungskruste herstellen. Hierzu bieten sich Kernsteine an, d. h. noch feste, erkennbar intakte Restbereiche innerhalb des stärker verwitterten Materials. Solche Kernsteine heben sich durch rundliche Umrisse aus der Umgebung ab.

Alteration erfolgt unter chemischer Einwirkung von heißer, wässriger Lösung aus der Tiefe. Die Folge ist die vollständige oder teilweise Umwandlung der ursprünglichen Mineralbestände und damit des Gesteins insgesamt. Alteration ist oft mit z. B. Ausbleichung, Grünfärbung oder Rotfärbung verbunden. Zwischen Alteration und niedrig temperierter Metamorphose gibt es fließende Übergänge.

Abb. 83: Granitvergrusung: Aufgrund der chemischen Zersetzung der Feldspäte verliert ursprünglich fester, in orogener Umgebung exponierter Granit *in situ* seinen Zusammenhalt. Der Aufschluss liegt in einem Gebiet mit sommerwarmem Regenwaldklima. Die Klüftung des ursprünglichen Granits ist verwitterungsbedingt akzentuiert. Die in vielen Graniten vorkommenden Einschlüsse (Xenolithe) dunklen Gesteins (Abb. 90) sind auch im angewitterten Zustand noch erkennbar. Der Granit ist so gelockert, dass immer wieder loser Grus aus der steilen Böschung herabrieselt. Weganschnitt in Ayder bei Çamlihemşin im Pontischen Gebirge, Provinz Rize, Nordosttürkei.

Abb. 84: Aus dem verwittertem Granitanschnitt der Abb. 83 herausgerieselter loser Granitgrus. Die Feldspäte und Quarze des chemisch verwitterten Granits sind allenfalls einige Meter umgelagert und wegen fehlenden Wassertransports nicht gerundet. Weganschnitt in Ayder bei Çamlihemşin im Pontischen Gebirge, Provinz Rize, Nordosttürkei.

Abb. 85: Durch Grünfärbung im Bildvordergrund sich abhebender alterierter Bereich in variabel zusammengesetzter Vulkanit- und Pyroklastitabfolge. Die übrigen Gesteine sind lediglich aufgrund von Anwitterung an der Oberfläche verbraunt. Im vergrünten Abschnitt haben agressive, aus dem vulkanischen System in der Tiefe stammende Fluide das Gestein entlang ihrer Aufstiegsbahn in diesem Fall zu einer mürben, tonigen Masse zersetzt. Klare Begrenzungen zu den Seiten und eine steil einfallende Lage des alterierten, grün verfärbten Bereichs sind im Gegensatz zur rundum flächig wirksamen Verwitterung Folgen des kanalisierten Fluidaufstiegs aus der Tiefe. Cañadas del Teide südlich des Teide-Gipfels, Teneriffa, Kanarische Inseln.

12 Magmatische Gesteine

12.1 Magmatische Fazies: Plutonite, Vulkanite, Ganggesteine

Jedes magmatische Gestein gibt mit seinem Gefüge Aufschluss über seine Entstehungsgeschichte. Magmatische Gesteine reflektieren ihre Abkühlungsgeschichte und die damit verbundene Kristallisation der Minerale aus glutflüssigem Magma. Sie bilden Prozesse ab, die zumeist im Verborgenen ablaufen und zumeist vor der Existenz von Menschen abgeschlossen waren. Nur manche Vulkanite, die vor kurzer Zeit an der Erdoberfläche erstarrt sind oder dort gerade entstehen, bilden Ausnahmen (Abb. 142, Abb. 144).

Magmen sind glühend heiße Stoffsysteme aus Schmelze samt zumeist darin eingelagerten Kristallen. Zusammen machen sie später den Stoffbestand des jeweiligen magmatischen Gesteins aus, sei es ein in der Tiefe auskristallisierter Plutonit oder ein an der Erdoberfläche erstarrter Vulkanit. Nur selten besteht Magma nur aus Schmelze. Ein ursprünglich ebenfalls im Magma enthaltener Anteil von fluider Phase, z. B. von H_2O und CO_2, entweicht überwiegend vor der endgültigen Abkühlung aus dem System und bleibt nur zu geringem Anteil im Gestein bzw. in dessen Mineralen in Form von OH-Gruppen oder als CO_3^{2-} gebunden. Die bei Vulkanausbrüchen oft explosiv freigesetzte Gasphase geht zumindest anteilig auf die Entmischung des fluiden Anteils der Magmen zurück. Zusätzlich kann die Gasabgabe eine phreatische Ursache haben, d. h. es kann flüssiges Wasser im Untergrund mit dem heißen Magma in Kontakt kommen und einen entsprechenden Dampfdruck aufbauen.

Gefüge von Magmatiten als Abbild der Kristallisationsbedingungen:

Magmatische Gesteinsgefüge bilden das Kristallisationsgeschehen in ihrem Ursprungsmagma ab. Wenn z. B. ein rhyolithisches Magma sich in der Tiefe der kontinentalen Kruste bildet und sammelt, ist es für das spätere Gestein entscheidend, ob das Magma in der Tiefe verbleibt und dort im Zuge seiner allmählichen Abkühlung zu plutonischem Granit wird oder ob es bis zur Erdoberfläche oder in deren Nähe aufsteigen kann, dort schnell abkühlt und als vulkanischer oder subvulkanischer Rhyolith erstarrt. Diese Alternativen prägen das jeweils entstehende Gefüge. Die Entwicklung jedes Magmas beginnt in Zehnerkilometern Tiefe. Hierbei gilt, dass die zur Auskristallisation und damit zur Gesteinsbildung erforderliche Abkühlung in der Tiefe wegen der dort ohnehin heißen und obendrein wärmeisolierenden Nebengesteine sehr viel langsamer erfolgt als an der Erdoberfläche oder im Kontakt zu kühlen Nebengesteinen nahe der Erdoberfläche. Generell gilt, dass langsame Abkühlung die Bildung relativ großer Kristalle begünstigt, wie sie für Plutonite kennzeichnend sind. Schnelle Abkühlung hingegen führt zu kleinen Kristallen, wie sie Vulkanite bzw. deren Grundmassen kennzeichnen. Die Ursache für die unterschiedlichen Korngrößen liegt im Wechselspiel zwischen der spontanen Bildung von Kristallisationskeimen bei der Abkühlung des Magmas und dem Weiterwachstum schon vorhandener Kristalle. Die Bildung von Kristallisationskeimen erfordert ein um einige Grade Celsius kühleres Magma, als es zum Weiterwachsen schon vorhandener Kristalle der gleichen Mineralart Voraussetzung ist. Zusätzlich gilt, dass bei der Kristallisation Wärme freigesetzt wird, die im Nahbereich um den wachsenden Kristall der Abkühlung entgegenwirkt. Die Bildung neuer Kristallisationskeime ist daher in der unmittelbaren Nähe von gerade wachsenden Kristallen erschwert. Die Folge verzögerter Abkühlung sind wenige, aber dafür relativ große Kristalle in einem gegebenen Volumen des Gesteins. In der Geschichte von Vulkaniten gibt es oft einen Wechsel der Abkühlungsbedingungen. Grobkörnige Einsprenglinge reflektieren die Abkühlungsgeschichte während der Zeit, als das Magma noch in der Tiefe steckte und schon begonnen hatte, sich wie ein Plutonit zu entwickeln. Erst der Magmenaufstieg in eine kühlere Umgebung an oder nahe der Erdoberfläche führt dann zu einer beschleunigten Abkühlung, sodass sich nun in der noch vorhandenen Restschmelze in großer Menge spontan Kristallisationskeime bilden können, die bis zur endgültigen Magmenerstarrung nur wenig Zeit zum Weiterwachstum, aber viel Konkurrenz um sich herum haben. Vulkanite haben daher immer eine Grundmasse als feinkörnigen Anteil oder sie sind vollständig feinkörnig (einsprenglingsfrei = aphyrisch). Im Extremfall unterbleibt die Auskristallisation, sodass ein Anteil unterkühlter Schmelze in Form von Gesteinsglas an der Zusammensetzung der Grundmasse beteiligt ist (Abb. 152).

Die Freisetzung großer Mengen von Gas ist die Ursache der Entstehung von Pyroklastiten, d. h. von bei explosivem Vulkanismus gebildeten Ablagerungen von Gesteinsfragmenten verschiedenster Größe. Tuffe und Ignimbrite sind Beispiele für Pyroklastitablagerungen.

Abhängig von der jeweiligen Magmenzusammensetzung und der Abkühlungsgeschwindigkeit kann die Entstehung von Kristallen in Magmen unterdrückt werden. So wird in rhyolithischem Magma die Kristallisation im Gegensatz z. B. zu basaltischem Magma erschwert. Im

Abb. 86: Vergleich eines Plutonits (Granit, rechts) und eines Vulkanits (Rhyolith, links): Die beiden Gesteine haben nahezu identische Mineralbestände und chemische Zusammensetzungen. Die unterschiedlichen Gefüge beruhen auf jeweils eigenen Abkühlungsverläufen. Das Magma des tiefroten Ryoliths ist als vulkanisches Gestein an der Erdoberfläche schnell abgekühlt und erstarrt. Lediglich die in geringer Menge eingestreuten Einsprenglinge sind vor dem endgültigen Magmenaufstieg noch in der Tiefe auskristallisiert: Plagioklas (blass gelblich), Kalifeldspat (rötlich) und Hornblende (schwarz). Die feinkörnig dichte, rote Grundmasse repräsentiert den bei der endgültigen Platznahme noch schmelzflüssigen Anteil des Magmas. Sie besteht, makroskopisch nicht erkennbar, aus Quarz und Kalifeldspat. Der Granit rechts im Foto ist die plutonische Entsprechung des vulkanischen Rhyoliths links im Foto. Der Mineralbestand ist vollständig und so grobkörnig auskristallisiert, dass der gesamte Mineralbestand ohne optische Hilfsmittel erkennbar ist (holokristallin): Quarz (farblos transparent), Kalifeldspat (rot, gelb, orange), Plagioklas (relativ kleine, gelbliche Kristalle), Biotit/Hornblende (winzig, schwarz). Strandgerölle (Glazialgeschiebe nördlicher Herkunft) von Steilufern der südlichen Ostsee. Größte Achsenlänge des Rhyolithgerölls 11 cm.

Extremfall besteht ein magmatisches Gestein strukturell aus unterkühlter Schmelze, d. h. aus Glas. Viele vulkanische Gesteine enthalten neben Kristallen einen Glasanteil, der sich durch Glasglanz der Grundmasse zu erkennen geben kann (Abb. 165). Im Gegensatz hierzu enthalten Plutonite kein Glas. Sie sind vollständig kristallin.

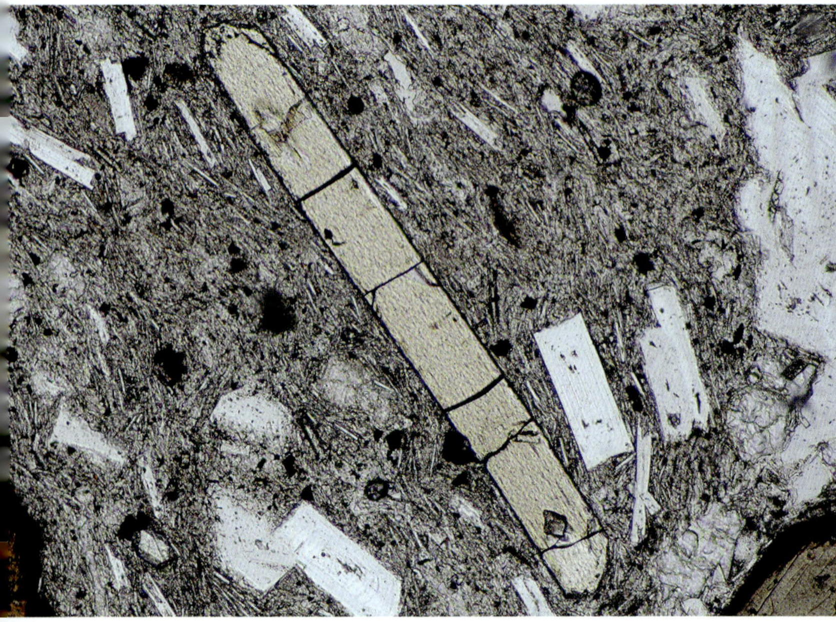

Abb. 87: Mikrofoto eines porphyrischen Andesits (Vulkanit). Aufnahme ohne Einschaltung des zweiten Polarisationsfilters. Die sichtbaren Farben bzw. die Farblosigkeit geben die Eigenfarben der Minerale bzw. deren Fehlen wider. In einer Grundmasse voller farbloser, mikroskopisch gerade noch gut erkennbarer Plagioklas-Mikrokristalle stecken idiomorphe Einsprenglinge von völlig farblosem Plagioklas, der lediglich in Form konzentrisch angeordneter Zonen von leicht unterschiedlicher Helligkeit wechselnde Albit/Anorthit-Verhältnisse anzeigt (Zonarbau). Über die Bildmitte erstreckt sich ein länglicher, blass bräunlich getönter, idiomorpher Pyroxenkristall (Orthopyroxen). In den Ecken links unten und rechts unten sind Hornblendekristalle gerade noch angeschnitten. Sie sind intensiv braun getönt und von dunklen Säumen aus lichtundurchlässigem (opakem) Material umrandet (Opacitsäume). Die Opacitsäume sind Folge des randlichen Verlusts des OH-Anteils der Hornblende bei geringem Druck nahe der Erdoberfläche bei kaum verminderter magmatischer Temperatur. Opacitsäume fehlen am von vornherein OH-freien Pyroxenkristall. Pyroxen-Hornblende-Andesit. Sammlungsprobe ohne präzise Fundortangabe, Türkei. Breite des abgebildeten Bereichs im Gestein 4,5 mm.

12.2 Klassifizierungsprinzip magmatischer Gesteine (Gefüge, Mineralbestand, Chemie)

Vorrangige Grundlagen der Klassifikation von Magmatiten und damit auch der Bestimmung im Sinne einer Namenszuordnung sind das Gefüge und der quantitative Mineralbestand. Das jeweilige Gefüge lässt erkennen, ob das Gestein ein Vulkanit oder ein Plutonit ist und welches Klassifikationsschema entsprechend einzusetzen ist.

Vulkanite bestehen immer zu wesentlichem Anteil aus einer dichten Masse, die so feinkörnig ist, dass sie mit bloßem Auge homogen wirkt. Ohne Lupe oder Mikroskop ist kaum erkennbar, dass solche Masse (die Grundmasse des Gesteins) aus dicht an dicht gepackten winzigen Kristallen besteht. Zusätzlich kann Glas beteiligt sein. Die Grundmasse bildet ein zusammenhängendes Kontinuum, in dem voneinander abgesetzte, größere Kristalle als Einsprenglinge inselartig eingebettet sind. Das Gesamtgefüge heißt dann porphyrisch. In manchen Vulkaniten können Einsprenglinge fehlen. Das Gefüge ist dann aphyrisch.

Plutoniten fehlt ein makroskopisch homogen aussehender, feinkörniger Anteil. In Plutoniten sind alle Kristalle groß genug, um ohne Lupe einzeln erkennbar zu sein.

Für die meisten magmatischen Gesteine, d. h. für die, die zu mindestens 10 Vol-% aus hellen Mineralen bestehen, nämlich aus Quarz, Alkalifeldspat, Plagioklas und/oder Feldspatvertretern, ergibt sich die Benennungsgrundlage dadurch, dass die Mengenverhältnisse dieser hellen Minerale im QAPF-Doppeldreieck für Plutonite bzw. für Vulkanite nach Le Maitre et al. (2004) dargestellt werden können. Hierbei gilt hinsichtlich der dunklen Minerale im Gestein lediglich, dass ihr Anteil 90 Vol.-% nicht überschreiten darf. Die Gesteine dürfen also nicht ultramafisch sein.

Magmatitklassifikation auf Grundlage des QAPF-Doppeldreiecks

Zur Klassifikation der wichtigen magmatischen Gesteine dient die grafische Darstellung eines Rhombus, der aus zwei gleichseitigen Dreiecken besteht, die eine gemeinsame Seite haben: QAPF-Doppeldreieck = Streckeisen-Doppeldreieck (Abb.88). Die Grundlage der Anwendbarkeit des QAPF-Doppeldreiecks zur Gesteinsklassifikation ist die mathematische Tatsache, dass die summierte Länge von drei Loten auf den drei Seiten eines gleichseitigen Dreiecks, die in einem gemeinsamen Punkt innerhalb eines gleichseitigen Dreiecks enden, unabhängig von der Lage des gemeinsamen Endpunktes immer gleich ist. Die Summe der Einzellängen kann mit 100 % gleichgesetzt werden. Die Einzellängen der drei Lote lassen sich dann als grafischer Ausdruck der Prozentanteile von drei Komponenten verstehen, in diesem Fall der drei Minerale, die zusammen den gesamten Bestand (100 %) der bestimmungsrelevanten hellen Minerale ausmachen. Der gemeinsame Schnittpunkt der drei Lote bildet dann den Projektionspunkt, der die Mengenanteile der drei hellen Minerale des betrachteten Gesteins zum Ausdruck bringt.

Das Doppeldreieck (Rhombus) aus zwei gleichseitigen Dreiecken ermöglicht darüber hinaus sogar die Darstellung der Mengenverhältnisse von vier Komponenten, wenn zwei der vier Komponenten einander ausschließen. Dies gilt für Quarz und Feldspatvertreter, die nicht gemeinsam in einem magmatischen Gestein auftreten können. Sie schließen einander aus, weil Quarz einen SiO_2-Überschuss im Gestein erfordert, Feldspatvertreter hingegen ein SiO_2-Defizit. Zusätzlich gilt, dass die beiden Einzeldreiecke eine gemeinsame Seite in Form der Verbindungslinie zwischen Alkalifeldspat und Plagioklas haben, die als Kontaktlinie der beiden Dreiecke darstellbar ist (waagerechte Mittellinie des Doppeldreiecks).

Die Bennenung des jeweiligen Gesteins ergibt sich durch Ermittlung der Mengenanteile der vier relevanten Minerale bzw. Mineralgruppen im Gestein und deren Projektion in das Klassifikations-Doppeldreieck. Je näher der Projektionspunkt einer der Dreiecksecken kommt, desto länger ist das auf den betreffenden Projektionspunkt gerichtete Lot, das auf der gegenüberliegenden Dreiecksseite aufgestellt ist und desto größer ist entsprechend der Mengenanteil des der Ecke zugeordneten Minerals. Die Benennung ergibt sich aus der Bezeichnung des Teilfelds, in den der Projektionspunkt des Mineralbestands fällt. Die Feldergrenzen sind auf Grundlage von Streckeisen (1976) durch die dafür eingesetzte Kommission der IUGS (*International Union of Geological Sciences*) quantitativ festgelegt. Grundlage der Feldergrenzen sind nicht petrografische Gesetzmäßigkeiten, sondern Übereinkünfte der IUGS-Kommission in dem Bemühen um möglichst gute Annäherung an traditionelle Benennungskonventionen.

12.3 Magmatische Tiefengesteine (Plutonische Gesteine)

Granit

Granit ist das wohl bekannteste plutonische Gestein. Auch ist es recht einfach, einen Granit als solchen zu erkennen. Andererseits muss ein in irgendeinem Zusammenhang als Granit angepriesenes Gestein nicht wirklich Granit im petrografischen Sinne sein. So wird die Benennung im Natursteinhandel recht großzügig verwendet, wohl weil Granit ähnlich wie Marmor als besonders hochwertiges Material gilt, wodurch die Kundschaft womöglich eher vom Knausern absieht. In der Petrografie kommt es beim Bestimmen von Granit nicht auf einen flüchtigen Gesamteindruck an und schon gar nicht auf den Marktwert, sondern auf das Vorliegen eines ausreichenden Quarzgehalts (> 20 %) und auf das Mengenverhältnis der Feldspäte untereinander. Die zusätzlich vorkommenden dunklen Minerale (z. B. Glimmer, Hornblende, Pyroxen) bzw. deren Fehlen sind für die Bestimmung unerheblich, außer wenn ihr Mengenanteil 90 % überschreitet. In solchem Fall ist das QAPF-Doppeldreieck nicht anwendbar.

Quarz muss in Granit einen Anteil von mindestens 20 % der hellen Minerale erreichen. Die Feldspäte Kalifeldspat und Plagioklas müssen in einer festgelegten Streubreite ihrer Mengenverhältnisse auftreten, die das QAPF-Doppeldreieck anzeigt (Abb. 88).

Granite sind ausreichend grobkörnig, sodass ihr maßgeblicher Mineralbestand ohne optische Hilfsmittel oder allenfalls mit einer Lupe gut erkennbar ist. Das Gefüge kann gleichkörnig sein oder porphyrisch. Die großen Einsprenglinge von Graniten mit porphyrischem Gefüge sind immer Kalifeldspatkristalle. Sie können leicht 5 cm Größe erreichen, in manchen Beispielen auch mal mehr.

1a Quarzolith
1b quarzreiche Granitoide
2 Alkalifeldspatgranit
3a Syenogranit
3b Monzogranit
4 Granodiorit
5 Tonalit
6 Alkalifeldspatsyenit
6* Quarz-Alkalifeldspatsyenit
6´ Foidführender Alkalifeldspatsyenit
7 Syenit
7* Quarzsyenit
7´ Foidführender Syenit
8 Monzonit
8* Quarzmonzonit
8´ Foidführender Monzonit
9 Monzodiorit/Monzogabbro
9* Quarz-Monzodiorit/-gabbro
9´ Foidführender Monzodiorit/-gabbro
10 Diorit, Gabbro, Anorthosit
10* Quarzdiorit, Quarzgabbro
10´ Foidführender Diorit/Gabbro
11 Foidsyenit
12 Foid-Monzosyenit
13 Foid-Monzodiorit/-gabbro
14 Foiddiorit/Foidgabbro
15 Foidolith

QAPF-Doppeldreieck für Plutonite (Streckeisen-Doppeldreieck)

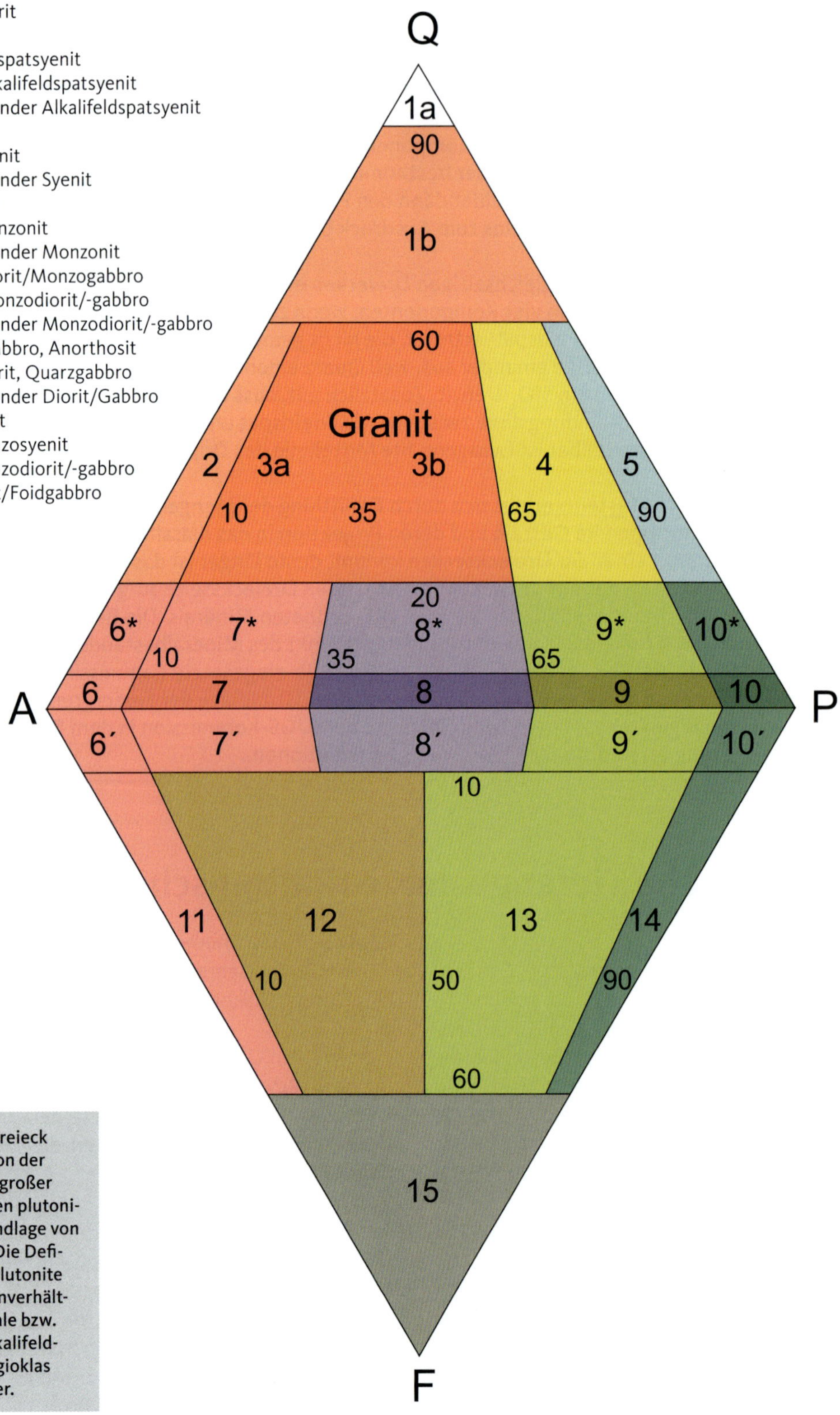

Abb. 88: QAPF-Doppeldreieck als Basis der Klassifikation der nicht ultramafischen, in großer Verbreitung auftretenden plutonischen Gesteine auf Grundlage von Le Maitre et al. (2004). Die Definitionen der einzelnen Plutonite beruhen auf den Mengenverhältnissen der hellen Minerale bzw. Mineralgruppen: A = Alkalifeldspat, Q = Quarz, P = Plagioklas und F = Feldspatvertreter.

Granitvielfalt unter den Glazialgeschieben des nordischen Inlandeises

Die Eisvorstöße des nordischen Inlandeises, die während des quartären Eiszeitalters nach Norddeutschland gelangt waren, haben eine einmalige Vielfalt von Gesteinsbrocken (Glazialgeschieben) aus dem Norden mitgebracht. Die Herkunftsregionen des Baltischen Schilds in Schweden, Finnland und Norwegen stecken voller Granitvorkommen. So kann selbst die dänische Insel Bornholm auf ihrer Fläche von nur knapp 600 km² mit fünf verschiedenen Granitvorkommen aufwarten.

Unter den Granitgeschieben an den Steilufern der südlichen Ostsee und im norddeutschen Binnenland gibt es Granite aus Hunderten von Ursprungsvorkommen (Abb. 89). Oft können sie aufgrund ihres Äußeren ihren anstehenden Vorkommen weit entfernt im Norden zugeordnet werden. Solche unverwechselbaren Glazialgeschiebe mit erkennbarer Herkunft werden als „Leitgeschiebe" bezeichnet. Granite machen einen großen Anteil von ihnen aus. Leitgeschiebespektren können die jeweiligen Eistransportpfade abbilden.

Abb. 89: Zusammenstellung von Granitgeröllen (Glazialgeschieben) des Norddeutschen Tieflands. Die Gerölle repräsentieren die Vielgestaltigkeit von Graniten im Allgemeinen. In diesem Fall stammen die Proben aus einem Radius von nur 50 m am Geröllstrand unterhalb eines Ostsee-Steilufers. Allerdings repräsentieren sie ein Einzugsgebiet von mehreren hunderttausend Quadratkilometern Fläche des Grundgebirges des Baltischen Schilds, aus dem eiszeitliches Inlandeis die Granite neben vielen anderen Gesteinen mitgeführt hat. Die Zufallszusammenstellung in diesem Foto soll zeigen, dass Granite trotz ihres eigentlich simplen Mineralbestands aus zwei Feldspatarten (Plagioklas und Kalifeldspat), Quarz und untergeordneten dunklen Mineralen (Biotit und/oder Hornblende) individuelle Merkmalskombinationen zeigen. Diese beruhen auf den Farben vor allem der Kalifeldspäte und auf den Gefügen hinsichtlich Korngrößen und z. T. Kornformen. Ein signifikanter Unterschied zwischen den Graniten des Baltischen Schilds (Skandinavien sowie Finnland) und denen der mitteleuropäischen variszischen Gebirgsrümpfe ist eine besondere Häufigkeit rot gefärbter Granite im Baltischen Schild. Weitere Beispiele der Verschiedenartigkeit von Graniten zeigen die Abb. 90, Abb. 91 und Abb. 93 – 95. Die hier in Abb. 89 gezeigten Granite sind am Steilufer Klütz Höved in Nordwestmecklenburg zusamengetragen und fotografiert worden. Im Gegensatz zu schleswig-holsteinischen Ostseestränden dominieren in Mecklenburg Granitgeschiebe. Die ostschwedischen Granitgebiete Smålands, Östergötlands, Södermanlands und Upplands sind hier besonders reichlich repräsentiert.

Gleichkörnige Granite sind gewöhnlich richtungslos körnig ausgebildet, ohne erkennbare Einregelung der Kristalle. Dies ergibt sich dadurch, dass in solchen Graniten die Kristalle weder länglich noch plattig ausgebildet sind. Porphyrisches Gefüge wird durch Einsprenglinge aus Kalifeldspat bewirkt. Diese sind dann gewöhnlich tafelförmig ausgebildet, sodass sie immerhin eine bevorzugte Ausrichtung zeigen können. Wenn dies der Fall ist, bilden sie mit ihrer Einregelungsebene interne Fließbewegungen des Magmas ab.

Granite zeigen gemeinsam mit eng verwandten Plutoniten wie Granodiorit und Quarzmonzonit eine besonders große Farbvielfalt. Allein die Kalifeldspäte von Graniten können weiß, hellrosa, rot, braun, grau oder orangefarben sein. Selbst innerhalb individueller Kristalle können die Farben der Kristallkerne sich von denen der Ränder der gleichen Kristalle unterscheiden. Der Plagioklas von Graniten ist ganz überwiegend weiß, kann aber auch gelb oder grünlich sein, selten auch rot.

Der Quarz in Graniten ist zumeist glasklar farblos, kann aber auch milchig weiß sein, rauchig braun oder blau getönt. Die Glimmer glänzen silbrig hell, braunschwarz oder tiefschwarz. Durch Alteration können die dunklen Glimmer ganz oder teilweise durch grünen Chlorit ersetzt sein. Wenn Hornblende vorkommt, ist sie glänzend schwarz oder grünschwarz.

Aus einigem Abstand als Gesamtgestein betrachtet, sind manche Granite weiß, andere tiefrot, manche grau oder graubraun und andere gelblich oder blassrötlich. Es ist nicht sinnvoll, sich anhand weniger Bilder so etwas wie das Aussehen von Granit einzuprägen, womöglich unter Festlegung auf ein zufällig beobachtetes Farbbeispiel.

Die unterschiedlichen Farben und Gefüge bewirken, dass manche Granite selbst im großregionalen Rahmen unverwechselbar sind. Die Vielfalt an Gefügen, Farben und Farbkombinationen ist riesig (Abb. 89). Viele Granite sind auffallend schön. Dies lässt sich besonders gut beim Mustern der vom eiszeitlichen Inlandeis mitgebrachten Steine auf Geröllstränden der südlichen Ostsee beobachten. Dort ist vor allem ab der Lübecker Bucht ostwärts eine riesige Vielfalt von Graniten versammelt. Auch weiter westlich und nördlich fehlen sie nicht, treten aber zugunsten von z. B. Gneisen eher in den Hintergrund.

Granit und Schmelzminimum: viele Wege führen zum Granit

Granit ist so etwas wie das Charaktergestein der kontinentalen Kruste. Dies gilt für alle Kontinente. Die Vielfalt der Möglichkeiten des Aussehens von Graniten übertrifft die von anderen plutonischen Gesteinen wie z. B. Gabbros. Dies ist kein Zufall. Granitmagma entsteht bei ausreichender Temperaturerhöhung als erste und oft einzige Teilschmelze aus sehr unterschiedlichen Ausgangsgesteinen. Hierzu gehören u. a. Gneise, quarz- und feldspatreiche Magmatite, Grauwacken und Glimmerschiefer. Die partiell aufgeschmolzenen Ausgangsgesteine hinterlassen ihre Signatur in Form mineralogischer und chemischer Details und damit auch sichtbarer Merkmale wie z. B. den Farben der am Ende entstandenen Granite.

Die Grundzusammensetzung von Granit aus Feldspäten und Quarz ist hingegen einheitlich durch das physikalisch-chemisch festgelegte Schmelztemperaturminimum von vielen Gesteinszusammensetzungen der kontinentalen Erdkruste festgelegt. Bei ausreichend hoch ansteigender Temperatur und der üblichen Verfügbarkeit von (OH)-Gruppen bzw. von molekularem H_2O in der kontinentalen Kruste entstehen zunächst aus den allermeisten Ausgangsgesteinen granitisch zusammengesetzte Teilschmelzen. Die Entwicklung in Richtung granitisch zusammengesetzter Schmelzen verläuft aufgrund physikalischer Gesetzmäßigkeiten „wie auf Gleisen". Die Teilschmelzen können sich bei ausreichender Menge zu großen Volumen von Granitmagma sammeln. Schwerer schmelzbare Anteile der Ausgangsgesteine verbleiben als Aufschmelzungsrückstand in der Tiefe. Kleine Bröckchen davon können vom Magma umschlossen mit diesem aufsteigen. Sie finden sich dann schließlich in vielen Graniten als dunkle Einschlüsse (Abb. 90).

Heißes, fließfähiges Granitmagma hat aufgrund der hohen Temperatur und wegen seiner Zusammensetzung aus überwiegend leichten chemischen Elementen eine geringere Dichte als die üblicherweise angrenzenden und überlagernden Gesteine. Der hierdurch bedingte Auftrieb führt dazu, dass ausreichend große Volumen von Granitmagma aktiv in höhere Krustenniveaus aufsteigen. Der Vorgang ähnelt dem Aufstieg von Salzstöcken (Abb. 307). Granitmagmenkörper haben oft Dimensionen von Hunderten von Kubikkilometern. In solchen Fällen reichen der Auftrieb und der Wärmeinhalt, um sich gegen den Widerstand der überdeckenden und angrenzenden Nebengesteine Bahn zu brechen.

Wie der nach der Abkühlung und Auskristallisation am Ende vorliegende Granit im Detail beschaffen ist und aussieht, hängt von vielen Faktoren ab. Hierzu gehört außer der Art des partiell aufgeschmolzenen Ausgangsgesteins auch dessen prozentualer Aufschmelzungsgrad. Zusätzlich prägend sind der Aufstiegs- und Abkühlungsverlauf des Magmas, das Ausmaß der Einwirkung von Wasser vor, bei und nach der Auskristallisation und das

Abb. 90: Granit mit Einschlüssen von Aufschmelzungsrückständen („Grüße aus der Granitküche"). Das Foto zeigt einen Ausschnitt der Oberfläche des 218 t-Großfindlings „Alter Schwede", der 1999 auf dem Strand am Nordufer der Elbe in Hamburg-Övelgönne von einem Schwimmkran abgesetzt worden ist. Zuvor hatte er dieses „Felsriff" aus der Schifffahrts-Fahrrinne der Elbe gehievt. Der Granit ist ein aus Ostsmåland in Schweden stammender „grauer bis rötlich grauer Växjögranit". Das Herkunftsvorkommen in Kronobergs län, Ostsmåland (Südschweden) ist Bestandteil des Transskandinavischen Granit-Porphyr-Gürtels, der zumeist als ehemaliger aktiver Kontinentalrand gedeutet wird. Auslöser der Granitmagmenbildung in der damaligen Tiefe der kontinentalen Kruste war mit großer Wahrscheinlichkeit Subduktion am Rand des damaligen Kontinents Baltica, aus dem das heutige Osteuropa von der Ostsee bis zum Schwarzen Meer und im Osten bis zum Ural hervorgegangen ist. Der abgebildete Oberflächenanteil zeigt außer hellen Scheuerspuren, die durch die Stahlseile beim Heben und Absetzen des Steins verursacht worden sind, zentimeter- bis gerade eben dezimetergroße dunkle Xenolithe. Diese haben innerhalb des einbettenden Granitmagmas an dessen Aufstieg in der Erdkruste teilgenommen. Sie repräsentieren den nicht in den Schmelzanteil des Granitmagmas aufgenommenen Restbestand der Teilaufschmelzung, wie er in der Tiefe in größerer Menge in festem Zustand zurückgeblieben ist. Für das überwiegend aus dunklen Mineralen wie Amphibol und Biotit bestehende Gestein der Xenolithe war die für die Granitmagmenbildung ausreichende Temperatur zu gering, um auch ihre Aufschmelzung zu bewirken. Die Entstehungsgeschichte des Granitmagmas samt des Restitgesteins liegt 1,7 Milliarden Jahre zurück. Der Eistransport des Findlings erfolgte wahrscheinlich vor ca. 400.000 Jahren während der Elster-Kaltzeit. Der Findling liegt als „größter Felsen Hamburgs" am Sandstrand der Elbe in Hamburg-Övelgönne.

Tiefenniveau der endgültigen Platznahme. Wasser wird in der kontinentalen Erdkruste bei ansteigender Temperatur aufgrund der thermischen Instabilität von OH-haltigen Mineralen, wie Glimmern, Chloriten und Amphibolen, laufend freigesetzt. Zusätzliche Beeinflussungen können sich durch Vermengung mit anderen Magmen und durch Reaktionen mit Nebengesteinen ergeben. Es gibt viele Faktoren, die am Ende die Eigenschaften des Granits beeinflussen.

Granit und „unsinkbare" kontinentale Kruste

Granitmagmen entstehen aus Teilschmelzen, in denen sich vor allem die leichteren chemischen Elemente aus den Ausgangsgesteinen der Aufschmelzung anreichern. Die Ausgangsgesteine ihrerseits gehen, wenn auch oft über Zwischenstadien von Verwitterung, Umlagerung, Sedimentation und Metamorphose, letztendlich immer auf magmatische Vorläufergesteine zurück. Bis zum Granit ist gewöhnlich eine Kaskade von Aufschmelzungsereignissen wirksam, um aus Erdmantelgesteinen Granitmagma zu erhalten. Granit entsteht durch wiederholte Teilaufschmelzungsereignisse über Zwischenstufen wie z. B. Gabbro, Diorit, Granodiorit oder Tonalit bzw. Basalt, Andesit oder Dacit. Auch Sedimentgesteine bzw. ihre metamorphen Entsprechungen, wie vor allem Grauwacken und Tonschiefer, können Ausgangsgesteine der Bildung von granitisch zusammengesetzten Schmelzen sein.

Granit hat eine geringere Dichte sowohl als die üblichen Ausgangsgesteine samt den Restiten der Teilaufschmelzung als auch die Gesteine des Erdmantels. Im Sinne eines gerichteten Prozesses hat sich im Laufe der Erdgeschichte eine von Granit und Gneis geprägte kontinentale Kruste von insgesamt vergleichsweise geringer Dichte gebildet. Diese „schwimmt" isostatisch auf dem Erdmantel. Granit macht die Kontinente zusammen mit den von Granit abgeleiteten Sedimentgesteinen und Metamorphiten „unsinkbar". Deshalb ist kontinentale Kruste nur unter Ausnahmebedingungen und dann nur in geringer Menge subduzierbar. Entsprechend gibt es in manchen Kontinenten Gesteine aus dem Archaikum mit Altern von bis zu vier Milliarden Jahren. Die älteste bisher der Subduktion entgangene ozeanische Kruste in den großen Ozeanen stammt hingegen mit Altern von (nur) 200 Millionen Jahren aus der Übergangszeit Trias/Jura. Kleine ältere Krustenfragmente früherer Ozeane gibt es an Land in Faltengebirgen. Die wohl älteste in ozeanischem Rahmen erhaltene, nicht subduzierte ozeanische Kruste gibt es mit einem karbonischen Alter von 340 Millionen Jahren im östlichen Mittelmeer unter jüngerer sedimentärer Überdeckung.

Granite und Geotektonik

Die meisten Granitmagmen entstehen im Zuge von Gebirgsbildungen (Orogenesen) aufgrund von plattentektonischer Aktivität. Durch Subduktion gelangt partiell aufschmelzfähiges Gestein an Inselbögen und an aktiven Kontinenträndern bis in Tiefen und Temperaturbereiche des Oberen Erdmantels.

Granitmagmen können auch ohne Orogenese entstehen, wenn über 1100 °C heißes Basaltmagma aus dem Erdmantel in die Untere Kruste eindringt und dort mit aufschmelzfähigem Gestein in Kontakt kommt. Die Bildung riesiger Mengen von Basaltmagma im Erdmantel kann auch unabhängig von Plattengrenzen und überhaupt Plattentetonik im Inneren von Kontinenten ausgelöst werden. Basaltmagma neigt wegen seiner relativ hohen Dichte dazu, in der Unteren Kruste steckenzubleiben, statt weiter aufzusteigen. Hierdurch kann es seinen Wärmeinhalt mitsamt der bei seiner Auskristallisation freiwerdenden Kristallisationswärme an das in der Tiefe ohnehin schon heiße Nebengestein abgeben. Granitische Schmelze benötigt zu ihrer Bildung Temperaturen, die um einige hundert Grade geringer sind als die Kristallisationstemperaturen von Basaltmagma. Aufgrund dieser Temperaturdifferenz und der anhaltenden Wärmeabgabe des in der Tiefe auskristallisierenden Basaltmagmas ist ein lange wirksamer Wärmefluss gewährleistet, der zur Aufschmelzung großer Mengen von Granitmagma ausreicht.

Die auf unterschiedliche Weise am Ende auskristallisierenden Granite bestehen immer aus den gleichen Hauptmineralen Quarz und zwei Feldspatarten. Unterschiede zwischen den Graniten unterschiedlichen Ursprungs liegen u. a. in der Art und Menge der Nebenminerale. Eine verbreitete Einteilung der wesentlichen Granite mitsamt einigen nahe verwandten Plutoniten (sonstige Granitoide) hebt auf die Ausgangsgesteine der Magmenentstehung ab bzw. auf die geotektonische Situation bei der Magmenentstehung. Ein individueller Granit ist immer auch ein Berichterstatter über die Bedingungen zur Zeit seiner Entstehung. Im Einzelnen werden unterschieden: I-Typ-Granitoide, S-Typ-Granite, A-Typ-Granite und M-Typ-Granitoide. Alle diese Granitgruppen haben eigene Charakteristika. Nur S-Typ-Granite und A-Typ-Granite sind in aller Regel immer Granite im engeren Sinne. Der Name „Granitoid“ ist weiter gefasst. Er schließt auch die granitähnlichen Plutonite Quarzmonzonit, Granodiorit und Tonalit ein.

I-Typ-Granitoide

I steht für *igneous*, englisch für magmatisch. Die Benennung bezieht sich darauf, dass die bei der Magmenentstehung partiell aufgeschmolzenen Gesteine ihrerseits schon magmatischen Ursprungs waren. Dies gilt unabhängig davon, dass vor der Aufschmelzung in der tieferen Kruste zunächst eine metamorphe Überprägung unvermeidlich ist. Auch Differentiate aus basischeren Magmen können zur Bildung von I-Typ-Granitoidmagmen beitragen. Geotektonisch ist die Entstehung von I-Typ-Granitoiden an Subduktion entlang aktiver Kontinentränder und an Inselbögen gebunden.

I-Typ-Granitoide sind hinsichtlich Färbung und Gefügeausbildung besonders vielgestaltig. I-Typ-Granitoide sind oft „bunt“, mit z. B. rötlichen, braunen, grauen oder orangefarbenen Kalifeldspäten, die obendrein vom Kern zum Rand einen Wechsel zwischen den genannten Farben zeigen können. Kräftig rot gefärbte Granite können auch A-Typ-Granite sein (Abb. 94). Im Gelände sind I-Typ-Granitoide oft Teil von Serien untereinander verwandter Magmatite, die nicht durchgängig Granite im strengen Sinne sein müssen (Granitoide). Sie können vor allem zusammen mit Granodioriten und Quarzmonzoniten kontinuierliche Abfolgen mit fließenden Übergängen bilden.

Besonders kennzeichnend für I-Typ-Granitoide ist das Vorkommen von kleinen Titanit-Kriställchen $CaTiSiO_5$, die allerdings oft nur mit einer Lupe erkennbar sind. Sie sind bei durchweg brauner Färbung auffällig glänzend. Die an Gebirgsbildungen gebundene Entstehung von I-Typ-Granitoiden bringt es mit sich, dass ein Teil der Minerale Anzeichen von mechanischer Deformation erkennen lässt. So kann dem Quarz der sonst quarztypische muschelige Bruch fehlen und er kann stattdessen intern granuliert sein, sodass er Würfelzucker ähnelt. Die vom Wuchs her ebenflächig-plattenförmigen Glimmerkristalle können gebogen sein und gewölbte Spaltflächen zeigen.

M-Typ-Granitoide

Diese Granitoide haben eine geochemische Signatur, die auf einen Beitrag von Magmen mit einer Herkunft aus dem Mantel (Erdmantel) deutet. Dies ist dann der Fall,

Abb. 91: Beispiel eines I-Typ-Granits (hier Granit im engeren Sinne) mit granuliertem, weiß aussehendem Quarz, rotem, xenomorphem Kalifeldspat, dunkelgrünem Chlorit als Umwandlungsprodukt von Hornblende und/oder Biotit. Der nicht erkennbar verzwillingte Plagioklas ist durch sein Umwandlungsprodukt Epidot hellgrün verfärbt. Insgesamt zeigt das Gestein eine nach der primären Kristallisation erfolgte intensive orogene bzw. metamorphe Überprägung an. Der weiße, granulierte Quarz dokumentiert eine bis in den Einzelkornbereich durchgreifende Deformation. Chlorit anstelle der magmatischen Minerale Hornblende/Biotit und Epidot anstelle von Plagioklas zeigen eine niedriggradige (amphibolitfazielle) metamorphe Überprägung an, die in Bezug auf die primären magmatischen Minerale als retrograd bzw. als Alteration verstanden werden kann. Einem abkühlenden Magmatit muss keine Wärme im Zuge einer Metamorphose zugeführt werden, weil das Gestein sowieso alle metamorphen Temperaturen durchläuft. Die Fluide, die die Alteration bewirkt haben, können demselben magmatischen System während der Abkühlungsphase angehört haben, an dessen Anfang das Granitmagma aufgestiegen war. Ebenso kann eine der zahlreichen in Skandinavien im Proterozoikum wirksam gewesenen Orogenesen die retrograde Überprägung bewirkt haben. So sind vor allem westliche Anteile des vor ca. 1,7 Milliarden Jahren aktiven Transskandinavischen Granit-Porphyr-Gürtels von der vor ca. 1,0 Milliarden Jahren in Südwestskandinavien erfolgten Svekonorwegischen Orogenese beeinflusst worden. Glazialgeschiebe am Stohler Ufer nahe Kiel, Landesteil Schleswig. Größte Achsenlänge ca. 12 cm.)

Abb. 92: Ozeanischer Plagiogranit (Trondhjemit), der, wie es für diese Gesteinsgruppe allgemein üblich ist, keinen Kalifeldspat enthält und daher kein Granit im Sinne der QAPF-Klassifikation ist. Das abgebildete, helle Gestein besteht aus Quarz, Plagioklas und Amphibol und müsste somit als Tonalit eingestuft werden. Hinzu kommt eine für Plutonite ungewöhnlich geringe Korngröße, sodass es sich hier um einen Mikrotonalit handelt. Abgesehen vom tonalitischen Mineralbestand enthält das Gestein grünschwarze Xenolithe, die hauptsächlich aus Amphibol bestehen. Die links im Bild und andeutungsweise auch am oberen Rand sichtbare braune Kruste besteht überwiegend aus Fe- und Mn-Oxidhydraten. Sie ist ein am Tiefseeboden gebildetes Gemenge von Ausfällungsprodukten, das anzeigt, dass der Felsbrocken gegen das Ozeanwasser in der Tiefsee exponiert war. Der Tonalit bzw. Plagiogranit ist aus einem Magma auskristallisiert, das durch partielle Aufschmelzung von geringgradig metamorph verändertem Ozeanbodenbasalt entstanden ist. Ozeanische Plagiogranite treten als untergeordnete Bestandteile der ozeanischen Erdkruste auf. Gestein des aktuellen (rezenten) Ozeanbodens aus ca. 4000 m Wassertiefe, Philippinensee, südwestlicher Pazifik. Breite des abgebildeten Ausschnitts ca. 10 cm.

wenn es nur wenige Teilschmelzereignisse bis zur Entstehung des Edukts der granitischen Teilschmelzbildung gibt. Es werden zwei sehr unterschiedliche Plutonitgruppen als M-Typ-Granitoide eingestuft.

Vorkommen der größeren der beiden Gruppen sind im Gelände im Einzelfall kaum von denen von I-Typ-Granitoiden unterscheidbar und sie kommen auch mit diesen zusammen vor. Häufig sind die Gesteine nicht granitisch, sondern als Quarzdiorite oder Tonalite ausgebildet, besonders in Inselbögen sowie in deren Überbleibseln in Orogenen. An aktiven Kontinenträndern treten Misch- und Übergangsgesteine zusammen mit I-Typ-Granitoiden auf.

In der zweiten, kleineren Gruppe von M-Typ-Granitoiden fehlen wirkliche Granite. Kalifeldspat fehlt ihnen vollständig. Die Gesteine sind durchweg relativ feinkörnige, auffällig helle Tonalite, Quarzdiorite oder Anorthosite. Der einzige vorkommende Feldspat ist Na-reicher Plagioklas. Hieraus erklärt sich die in der Geologie recht übliche, wenn auch petrografisch fragwürdige Benennung als **„ozeanische Plagiogranite"**. Eine alternative Bezeichnung ist Trondhjemit. Sie bilden untergeordnete, oft nur kleine Einschaltungen in Gabbros und Basalten der ozeanischen Kruste, auch wenn diese aufgrund tektonischer Heraushebung an Land Bestandteil von Gebirgen sind.

S-Typ-Granite

Das S bezieht sich auf **s**edimentär. S-Typ-Granite verdanken ihre Entstehung der partiellen Aufschmelzung von Gesteinen, deren Stoffbestand zuvor durch Sedimentation zustande gekommen ist, als Produkt von Gesteinsverwitterung, Abtragung, Transport, Vermengung und Sortierung. Metamorphite, die aus Tonen, den häufigsten Sedimentiten, hervorgegangen sind, unterliegen schon bei Temperaturen um 700 °C der partiellen Aufschmelzung, wenn ausreichend Wasser im System zur Verfügung steht. Hingegen erfordern reine Quarzsandsteine als Sedimentite bzw. als metamorphe Quarzite so hohe Schmelztemperaturen, dass sie der Aufschmelzung entgehen. S-Typ-Granite entstehen im Zuge von plattentektonischer Kontinent-Kontinent-Kollision

Abb. 93: Zweiglimmergranit (S-Typ-Granit). Das abgebildete Beispiel ist typischerweise gleichkörnig (nicht porphyrisch) und farblos hell. Eine Besonderheit von Zweiglimmergranit unter der Gesamtheit der Granite ist das Vorkommen von reichlich hell-silbrig glänzendem Muskovit neben dem für die meisten Granite üblichen Biotit. Der Muskovit $KAl_2\square AlSi_3O_{10}(OH)_2$ ist aufgrund der Einwirkung von reichlich Wasser statt Kalifeldspat $KAlSi_3O_8$ gebildet worden. Wasser wird bei der Erhitzung des für S-Typ-Granite erforderlichen, aus Ton hervorgegangenen Teilschmelzedukts in großer Menge freigesetzt. Bei der Bildung von Muskovit statt Kalifeldspat wird bei gegebenem SiO_2 eine signifikant größere Menge Aluminium gebunden: 3 Al pro Formeleinheit gegenüber 1 Al pro Formeleinheit. Dies bedeutet, dass Zweiglimmergranite Al-reicher sind als andere Granitoide. Der relativ hohe Al-Gehalt hat auch die für S-Typ-Granite recht übliche Bildung von Granat ermöglicht (roter Kristall wenig rechts der Bildmitte). Hierdurch zeigen sie ihre Abkunft aus Teilschmelzen an, die aus ursprünglich tonhaltigen Edukten mobilisiert worden sind. Bruchfläche eines Pflastersteins aus dem Gesteinshandel, Herkunft Portugal. Breite des abgebildeten Ausschnitts ca. 8 cm.

und tendenziell weiter kontinenteinwärts von Plattengrenzen entfernt, als es für I-Typ-Granite gilt.

S-Typ-Granite lassen durch ihre Zusammensetzung eine Abkunft von Ausgangsgesteinen erkennen, die maßgeblich Ton enthalten haben müssen. In Tonen wird Aluminium angereichert, ebenso Bor. Dieses führt häufig zur Beteiligung von feinkörnigem, makroskopisch übersehbarem Turmalin in Metamorphiten. Dieser ist auch in S-Typ-Graniten in dann gröberer Körnung nicht ungewöhnlich. S-Typ-Granite zeichnen sich entsprechend durch relativ hohe Al-Gehalte aus. Sie zeigen die stoffliche Beziehung zu ihren primär tonigen Ausgangsgesteinen durch relativ hohe Aluminium-Gehalte in Form von hohen Anteilen Al-reicher Minerale, wie z. B. Muskovit, Granat und auch gelegentlich Cordierit, an. Anders als viele magmatische Gesteine enthalten Tone nur in geringer Menge Metalle wie Fe, Ti und Mn, die eigentlich farblose Minerale wie vor allem Feldspäte färben könnten. Dies führt dazu, dass S-Typ-Granite typischerweise weiß bis hellgrau sind. Der regelmäßig in ihnen vorkommende Muskovit glänzt zusätzlich silbrig hell. Biotit fehlt jedoch auch nicht. Typische S-Typ-Granite sind zumeist als Zweiglimmergranite entwickelt. S-Typ-Granite sind im Gegensatz zu I- und M-Typ-Granitoiden immer richtige Granite, also keine Quarzmonzonite oder Granodiorite.

A-Typ-Granite

Granite dieses Typs werden unabhängig von aktiver Gebirgsbildung, d. h. anorogen, im Inneren von Kontinenten gebildet. Die zur partiellen Gesteinsaufschmelzung erforderliche Wärmezufuhr verdanken sie großen Mengen basaltischen Magmas, das aus dem Oberen Erdmantel in die Untere Kruste aufsteigt. Hierbei ermöglichen die besonders hohen Temperaturen von basaltischen Magmen die Teilaufschmelzung auch von relativ „trockenen" Gesteinen der Unteren Kruste, in denen Minerale mit OH-Gruppen knapp sind. So fehlt die Möglichkeit der Absenkung der Schmelztemperaturen durch Freisetzung signifikanter Mengen von Wasser.

A-Typ-Granite bilden entsprechend der Abhängigkeit von Basaltmagmen im Gelände häufig bimodale Ge-

Abb. 94: Geröll von A-Typ-Granit, das auf wasserbedecktem, anstehendem Granit der gleichen Art liegt. Der im Foto erkennbare Mineralbestand beschränkt sich auf intensiv roten Kalifeldspat, farblos klaren Quarz und geringe Mengen schwarzer Hornblende. Plagioklas steckt als Entmischungsprodukt in Form winziger Einschlüsse in den Kalifeldspäten. Keines der Minerale zeigt, typisch für A-Typ-Granit, interne Deformationsspuren. Die weißen, granuliert aussehenden Quarze in dem Geröll verdanken ihre raue Oberflächenbeschaffenheit dem Rollen in der Brandung am felsigen Ufer. Granitinsel Blå Jungfrun im Kalmarsund zwischen der Insel Öland und der småländischen Festlandsküste, Südostschweden. Größte Achsenlänge des Gerölls ca. 10 cm.

steinsassoziationen zusammen mit basischen Magmatiten wie Gabbro, Anorthosit oder Dolerit. Die extrem gegensätzlichen Gesteine Gabbroide und Granit treten typischerweise nebeneinander und mit gleichen Altern auf. Intermediäre Zwischenglieder wie z. B. Diorite oder Granodiorite fehlen, wie es hingegen häufig im Zusammenhang mit I-Typ-Granitoiden der Fall ist.

Die Kalifeldspäte von A-Typ-Graniten und damit die Gesteine insgesamt sind zumeist intensiv rot gefärbt. Dies bedeutet allerdings nicht, dass jeder rote Granit ein A-Typ-Granit ist.

Wegen der anorogenen Magmenentstehung zeigen A-Typ-Granite anders als viele I-Typ-Granite keine Anzeichen für Deformation ihrer Kristalle. Glimmer fehlen oft. Die dunklen Minerale sind Pyroxene, Amphibole und z. T. auch Fe-reicher Olivin (Fayalit). Plagioklas tritt häufig zurück. Statt eigene freie Kristalle zu bilden, kann er in Form vieler kleiner, ohne Lupe kaum erkennbarer Einschlüsse getarnt in den Kalifeldspäten stecken.

Sowohl die Rotfärbung der Kalifeldspäte als auch deren Einlagerung von Plagioklas sind direkte Folgen besonders hoher Magmentemperaturen von größenordnungsmäßig um z. B. 900 °C. Bei diesen Temperaturen kristallisieren „ternäre“ Feldspäte, die außer Kalium relativ viel Natrium und auch Kalzium in ihr Kristallgitter einbauen. Ternär bedeutet hier, dass alle drei Feldspatkomponenten zunächst in einheitliche (ternäre) Kristalle eingebaut werden: Orthoklas + Albit + Anorthit. Bei fortschreitender Abkühlung kommt es nach der ursprünglichen Kristallisation zur Entmischung von Na-reichem Plagioklas aus dem Kalifeldspat. Die Rotfärbung geht auf rot färbendes Hämatitpigment Fe_2O_3 im Inneren der Kalifeldspatkristalle zurück. Dessen dreiwertiges Eisen wird bei hoher Temperatur in geringer Menge anstelle von Aluminium im Feldspat eingebaut. Mit beginnender Abkühlung wird das Eisen zunehmend aus dem Feldspat-Kristallgitter eliminiert. Die Folge sind große Mengen staubfeiner Fremdkörper aus dem Oxid des dreiwertigen Eisens (Hämatit) im Feldspat, die sich als rotes Farbpigment auswirken.

Rapakivigranite
Sie bilden eine eigene Gruppe von speziellen A-Typ-Graniten, die vor allem wegen kugelrunder bis ellipsoidischer Aggregate aus Kalifeldspat und Plagioklas bekannt sind. Der Plagioklas umhüllt dabei den Kalifeldspat. Diese Art der konzentrischen Feldspatverwachsung heißt Rapakivigefüge, die einzelnen Feldspataggregate werden als ummantelte Feldspatovoide bezeichnet. Allerdings gibt es solches Rapakivigefüge auch in Graniten, die weder Rapakivigranite noch überhaupt A-Typ-Granite sind. Umgekehrt zeigen viele Rapakivigranite kein Rapakivigefüge. Wie so oft in der Geologie und Petrografie sind auch hier die Regeln nicht so geradeaus und klar, wie es wünschenswert wäre. Ein aktueller, umfassender Überblick zu Rapakivigraniten findet sich (in dänischer Sprache) in Madsen (2022).

Für Rapakivigranite gelten einige besondere Regeln bzw. Merkmale: Sie haben durchweg proterozoische Alter zwischen 1,0 und 1,7 Milliarden Jahren. Entsprechend kommen Rapakivigranite in Mitteleuropa mit dessen jüngerer kontinentaler Kruste auch deshalb nicht vor. Ausnahmen bilden lediglich während des Eiszeitalters in großer Menge verfrachtete Glazialgeschiebe im ehemaligen Verbreitungsgebiet der eiszeitlichen nordischen Inlandeisdecken. Sie stammen aus dem Proterozoikum des Baltischen Schilds, vor allem aus Finnland, besonders vom Åland-Archipel. In der Regel ist es einfacher, schö-

Rapakivigranite als A-Typ-Granite aus einer Zeit ohne Plattentektonik

Es ist schon lange bekannt, dass Rapakivigranite als prominente Beispiele von A-Typ-Graniten nur zwischen 1,0 bis 1,7 Milliarden Jahren vor heute, im Proterozoikum, entstanden sind. Dies ist nach Stern (2020) dadurch bedingt, dass es zu der Zeit global keine Plattentektonik gab, sondern eine Phase von *single-lid tectonic*. Damit ist gemeint, dass es statt der sich relativ zueinander bewegenden Lithosphärenplatten und dadurch bedingten Orogenesen (Gebirgsbildungen) eine stagnierende, weltumspannende, nicht fragmentierte, einheitliche Lithosphäre gab, wie es gegenwärtig für den Mars gilt. Es fehlte die abkühlende Wirkung der Plattentektonik, z. B. durch Subduktion kühler ozeanischer Kruste, sodass es unter der stagnierenden, anhaltend isolierenden Lithosphäre zu einem Stau der aus der Asthenosphäre aufsteigenden Wärme kam. Die Folge war lokale Überhitzung und der Aufstieg anorogener, „trockener“ Magmen (A-Typ-granitisch und gabbroid). Hierbei kam es bei der tektonischen Ruhe in den gabbroiden Intrusionen zur gravitativen Sonderung plagioklasreicher Dachbereiche aus Anorthositen und Leukogabbros, wie sie regelhaft mit Rapakivigraniten assoziiert sind.

Abb. 95: Rapakivigranit der Varietät Wiborgit als spezifischer A-Typ-Granit. Kennzeichnend für Wiborgit ist „Rapakivigefüge". Es besteht darin, dass einzelne größere Kalifeldspatkristalle bzw. Kalifeldspataggregate rundlich konfiguriert und von Plagioklassäumen eingehüllt sind (ummantelte Feldspatovoide). Die Kalifeldspäte der Ovoide sind im hier abgebildeten Beispiel gelblich, die einhüllenden Plagioklase heben sich durch Graufärbung ab. Die Matrix zwischen den Ovoiden besteht aus kleineren, selbständigen Feldspäten, dunklen Mineralen (Pyroxene und Amphibole) und aus filigran strukturierten Verwachsungen von Quarz mit Kalifeldspat (grafische Verwachsung). Die ummantelten Ovoide sind Ausdruck einer Abfolge aus Kristallisation, Resorption des Kalifeldspats im Magma und nachfolgender Kristallisation von Plagioklas während des Magmenaufstiegs. Zunächst sind in größerer Tiefe der kontinentalen Kruste im aufsteigenden Granitmagma die Kalifeldspäte der Ovoide kristallisiert. Aufgrund der mit fortgesetztem Magmenaufstieg eingetretenen Druckentlastung sind die ursprünglich tendenziell idiomorphen und daher eckigen Kalifeldspatkristalle gegen die umgebende Schmelze chemisch instabil geworden und daher randlich resorbiert und gerundet worden. Weitere Druckentlastung hat die Kristallisation von Plagioklas innerhalb des gegebenen Granitmagmas begünstigt. Er ist daraufhin unter Ausnutzung der Kristallstruktur des freiliegenden Kalifeldspats an dessen Oberfläche gewachsen, ohne weitere Kristallisationskeime nötig zu haben. Die Kalifeldspat-Ovoide sind ein günstiges Substrat für die Plagioklaskristallisation gewesen. Schließlich ist das von den Ovoiden durchsetzte Magma nach Aufstieg bis in wenige Kilometer Tiefe relativ schnell abgekühlt. Hierbei sind die grafischen Quarz-Kalifeldspat-Verwachsungen ähnlich wie eine Grundmasse in einem Vulkanit entstanden. Die wechselseitige Durchdringung von Kalifeldspat und Quarz weist auf synchrone Auskristallisation hin. Strandgeröll und Glazialgeschiebe aus Wiborgit vom Åland-Archipel bzw. aus dessen angrenzenden Seegebieten in SW-Finnland. Ostseesteilufer Klütz Höved, Nordwestmecklenburg. Längste Achse des Gerölls 18 cm.

ne Rapakivigranite mit deutlich erkennbarem Rapakivigefüge als Glazialgeschiebe zu finden als in einigen der Herkunftsgebiete.

Im Gegensatz zu anderen A-Typ-Graniten enthalten Rapakivigranite zumeist in wesentlicher Menge Plagioklas, so in Form der Plagioklassäume der ummantelten Ovoide (Abb. 95). Quarz kommt in zwei Generationen vor. Er kann sowohl idiomorph mit sechseckigen Querschnitten als Hochquarz auftreten als auch in filigraner (grafischer) Verwachsung mit Kalifeldspat (Abb. 95). Die üblichen dunklen Minerale in Rapakivigraniten sind schwarzer Pyroxen, manchmal schwarze Hornblende, kaum einmal Biotit und gelegentlich schwarzer, Fe-betonter Olivin (Fayalit). Das sichere Erkennen von Rapakivigraniten ohne Rapakivigefüge kann selbst für petrografisch erfahrene Geologen eine Herausforderung sein. Allerdings lässt sich ein roter Granit mit Rapakivigefüge, zwei Generationen von Quarz, ohne Anzeichen von interner Deformation und ohne Biotit zuverlässig als Rapakivigranit einstufen. Für solchen besonders typischen Rapakivigranit gibt es die Bezeichnung Wiborgit. Die allgemein bekannten und gut erkennbaren Rapakivigranite sind immer Wiborgite. Hierzu gehört auch der viel für Gebäudefassaden verwendete rötlich braune Granit mit dem Handelsnamen „*Baltic Brown*".

Allein entscheidend zur Einstufung eines plutonischen Gesteins als Granit, unabhängig von der Typ-Zuordnung, sind die Mengenverhältnisse der hellen Minerale.

Granit

Quarz mindestens 20 % der hellen Minerale
Kalifeldspat 35 – 90 % des Gesamtfeldspats
Plagioklas 10 – 65 % des Gesamtfeldspats

Zentrale Stellung von Granit
im Q-A-P-F-Doppeldreieck
(Streckeisen-Doppeldreieck)

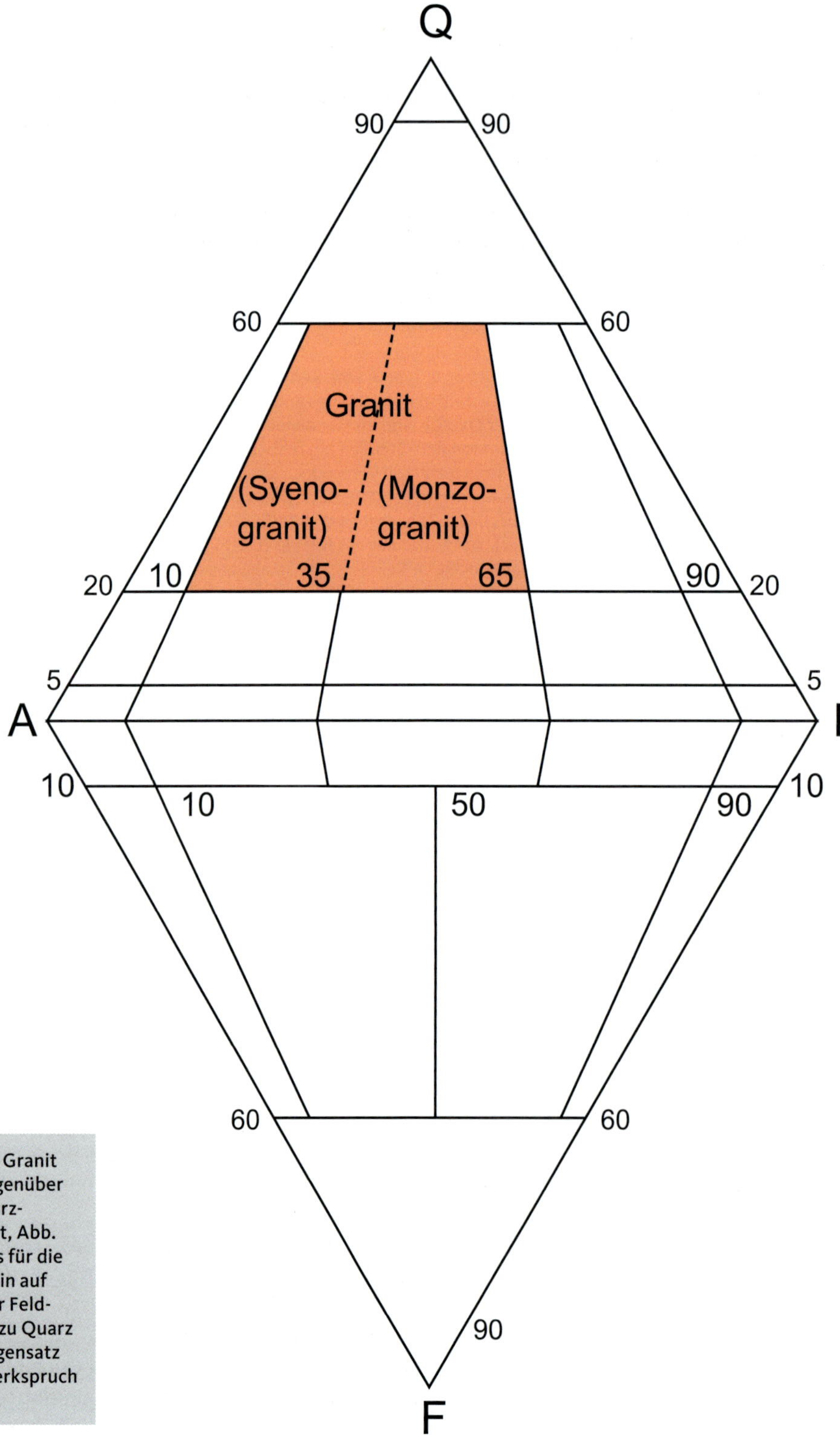

Abb. 96: Die Stellung von Granit (in klarer Abgrenzung gegenüber Alkaligranit und z. B. Quarzmonzonit und Granodiorit, Abb. 88). Tatsächlich kommt es für die Definition von Granit allein auf das Mengenverhältnis der Feldspäte untereinander und zu Quarz an. Glimmer spielt im Gegensatz zu einem verbreiteten Merkspruch überhaupt keine Rolle.

Vorgehen bei der systematischen Bestimmung eines Plutonits am Beispiel von Granit

Granit muss wie alle Plutonite massig sein und so grobkörnig, dass seine Kristalle individuell erkennbar sind. Das Gestein soll richtungslos-körnig, also nicht metamorph deformiert sein.

Für die Einstufung eines Plutonits als Granit ist ausschlaggebend:

- **Isotropes (richtungslos körniges) Gefüge: Abgesehen von möglicherweise vorhandenen Einsprenglingen dürfen die Kristalle keine Einregelung zeigen. Anderenfalls qualifiziert die Einregelung ein vom Mineralbestand her granitartiges Gestein als Gneis, d. h. als metamorphes Gestein.**

- **Abschätzung der Flächenanteile der hellen Minerale Quarz, Kalifeldspat und Plagioklas in den Gesteinsoberflächen. Feldspatvertreter kommen in Granit nicht vor. Es darf nicht schon beim Schätzen der Flächenanteile der einzelnen Minerale eine Summe von 100 % bewusst als Ziel angestrebt werden. Gerade die Größe der Abweichung der Summe der Prozentanteile von 100 bei unvoreingenommener Abschätzung der Mengenanteile der einzelnen Minerale bietet eine grobe Möglichkeit der Ergebniskontrolle. Eine erhebliche Abweichung der Summe von 100 weist auf mindestens einen bedeutenden Fehler hin. Eine Summe von 100 ist hingegen kein Beweis für korrekte Einzelabschätzungen. Mehrere Fehler können sich gegenseitig ausgleichen.**

- **Rechnerisches Normieren der Summe der Prozentanteile auf 100. Projektion der normierten Mineral-Mengenverhältnisse in das QAPF-Doppeldreieck. Dies ist beim für Plutonite üblichen richtungslos körnigen Gefüge berechtigt, weil die Flächenprozente den Volumenprozenten entsprechen. Diese sind die Grundlage der Projektion in das QAPF-Doppeldreieck.**

- **Mit der korrekten Einordnung in das QAPF-Feld, in das die Mineralkombination projiziert, ist der Gesteinsname wenigstens angenähert festgelegt. Ein zuverlässigeres Ergebnis ist durch Auszählung von „Mineraltreffern" unter dem Mikroskop erzielbar. Hierbei wird ausgezählt, wie viele Zufallstreffer auf die einzelnen beteiligten Minerale bei gerasterter Verschiebung des im Mikroskop beobachteten Präparats entfallen. Bezugspunkt ist hierbei das Fadenkreuzzentrum des verwendeten Mikroskop-Okulars. Das am Ende errechnete Trefferverhältnis aller im Gestein enthaltenen Minerale entspricht dann ab einer Treffersumme von insgesamt ca. 1000 ausreichend angenähert deren Prozentanteilen, wenn gleichzeitig die wesentliche Präparatfläche abgerastert worden ist.**

Orbicularplutonite (z. B. Kugelgranit)

Äußerst selten und ausschließlich in Form kleiner Vorkommen, deren Durchmesser im Bereich von höchstens einigen Zehnermetern liegen, kommen Plutonite vor, die durch rundliche, konzentrisch-schichtig aufgebaute Mineralaggregate (engl. *orbs* bzw. *orbicules*) auffällig gekennzeichnet sind. In Europa ist Finnland mit größenordnungsmäßig ca. 100 Vorkommen besonders reich an Orbicularplutoniten. Die meisten der bekannten finnischen Vorkommen sind vom eiszeitlichen Inlandeis verschleppte, lose Einzelfindlinge bzw. Findlingsgruppen, nur ca. 30 % sind im Felsgrund anstehende Vorkommen (Lahti 2005). Gemäß der üblichen Klassifikation der magmatischen Gesteine sind die meisten Vorkommen Gabbros, danach folgen Tonalite und an dritter Stelle Granite. Trotzdem werden Orbicularplutonite (Orbicularite) gelegentlich insgesamt als „Kugelgranite" bezeichnet. Außer den genannten Gesteinen gibt es allein unter den finnischen Orbiculariten ein breites Spektrum von Plutoniten wie z. B. Diorite, Peridotite, Monzonite und Syenite. Weil eiszeitliches Inlandeis mehrmals Norddeutschland erreicht hat, gibt es einige, mindestens drei, Geschiebefunde mit jeweils unbekannter Herkunft im Norddeutschen Tiefland. Vereinzelte außerfinnische anstehende Vorkommen gibt es in Europa z. B. in Schweden (Abb. 97), auf Korsika und im Odenwald.

Typischerweise bestehen Orbicularplutonite meist überwiegend aus Aggregaten (*orbs*) von kugelschalig angeordneten Schichten aus überwiegend Feldspat +/- Quarz im Wechsel mit Schichten aus Amphibol und/oder Biotit. Es gilt allgemein für Orbicularite, dass die beteiligten dunklen Minerale in jedem Fall solche mit Beteiligung von OH-Gruppen sind wie Biotit und Am-

Abb. 97: Quarzmonzonit mit Orbiculargefüge („Kugelgranit"). Die mehrere Zentimeter großen runden Gefügeelemente (engl. *„orbs"*) bestehen ihrem Wesen nach aus konzentrisch angeordneten, umlaufenden magmatischen Schichten aus abwechselnd Feldspat +/- Quarz und dunklen Mineralen. Das abgebildete Vorkommen von kaum 10 m Durchmesser wird im Abstand von ca. 100 m von einem zweiten, gleichartigen Vorkommen begleitet. Sie sind vom eiszeitlichen Inlandeis glattgeschliffene Felsbuckel im Waldboden. Es sind räumlich eng begrenzte Sonderentwicklungen in der geologischen Einheit „Oskarshamn-Jönköping-Gürtel", die aus Metasedimentiten und Plutoniten mit Gesteinsaltern um 1,8 Milliarden Jahre besteht. Slättemossa, südlich Järnforsen, Ostsmåland, Südschweden.

phibole anstelle von Pyroxenen. Die einzelnen Aggregate haben kugelige oder ellipsoidische Formen mit größten Durchmessern bis ca. 15 cm. Den Zwischenraum zwischen den Orbs bilden gewöhnliche Plutonite aus z. B. Feldspäten, Quarz und dunklen Mineralen mit normalem, richtungslos-körnigem Plutonitgefüge.

Orbicularite treten als Einlagerungen in „normalen" größeren Plutonitvorkommen auf und ähneln diesen jeweils hinsichtlich der Zusammensetzungen. Sie scheinen gewöhnlich mit schlauchförmiger Konfiguration erheblich mehr Tiefgang als Oberflächenquerschnitt zu haben. Die dunklen Minerale sind ausschließlich solche mit OH-Gruppen in der Kristallstruktur, d. h. vor allem Amphibol und Biotit. Der konzentrische Aufbau der *orbs* weist auf zunächst von deren späterem Zentrum ausgehende initiale Nukleation (Kristallkeimbildung) hin mit nachfolgendem alternierendem bis rhythmischem Wechsel der Kristallisation von überwiegend Feldspat einerseits und überwiegend dunklen Mineralen andererseits. Es ist wahrscheinlich, dass fokussiert im Magma aus der Tiefe aufsteigende fluide Phase, vor allem H_2O, die Kristallisation der einander abwechselnden Minerale kleinräumig begünstigt hat. Jedenfalls müssen zur Entstehung der Orbicularite subtile und nur sehr lokal zu verwirklichende physikalische und chemische Sonder-

Abb. 98: *Orbs* der Lokalität Slättemossa in Nahaufnahme, Ausschnitt aus dem in Abb. 97 gezeigten Vorkommen. In einer Einbettung aus Feldspäten und wenig Quarz liegen die konzentrisch aufgebauten Aggregate, deren Zentralbereiche dem umgebenden Quarzmonzonit gleichen. Die umlaufenden Lagen bestehen aus Hornblende und Biotit (dunkle Anteile) samt einer hellen Zone aus vor allem Feldspat. Die in einheitlicher Richtung elongierten elliptischen Querschnitte deuten auf eine vor der endgültigen Erstarrung erfolgte Druckeinwirkung hin, die zu Verformungen im noch plastischen Zustand ausreichend war. Auch wenn die Entstehung der konzentrischen Aggregate im Einzelnen nicht einfach begründbar ist, lässt sich erkennen, dass sie schon im magmatischen Stadium bei Anwesenheit von wenig Schmelze erfolgt sein muss. Lokalität wie Abb. 97.

Abb. 99: Granodiorit, zusammengesetzt aus rötlichem Kalifeldspat und farblosem bis weißem Plagioklas. Der weiße Farbeindruck für den Plagioklas beruht auf Innenreflexen an Spaltflächen im Kristallinneren. Weitere Hauptbestandteile sind farblos-transparenter Quarz, der wegen des Fehlens von Spaltrissen in der Tiefe den jeweils nur mäßig beleuchteten Hintergrund grau getönt erscheinen lässt. Die auffälligen grünschwarzen Leisten sind Amphibol. Strontian, südwestlich Fort William, Westschottland. Breite des abgebildeten Ausschnitts ca. 5 cm.

bedingungen eingestellt gewesen sein. Wenn Orbicularite nicht im Gelände zu beobachten wären, würde wohl niemand auf die Idee kommen, dass es sie geben könnte. Auf alle Fälle sind sie geologische Kuriositäten.

Granodiorit

Granodiorite sind wie Quarzmonzonite Plutonite, die auf den ersten Blick mit manchen Graniten verwechselt werden können. Für die zuverlässige Unterscheidung kommt es auf die Mengenbilanz der Feldspäte an. In Granodioriten dominiert Plagioklas anders als in Granit signifikant über Kalifeldspat. Anders als manche Granite (besonders A-Typ-Granite) zeigen Granodiorite nur selten rote Färbung des Gesteins insgesamt (Abb. 99), wie sie in Graniten durchweg von den Kalifeldspäten ausgeht. Nur in Einzelfällen können auch Plagioklase rot gefärbt sein.

Geotektonisch sind Granodiorite oft an ehemalige Inselbögen oder aktive Kontinentalränder gebunden und damit an Orogene. Dies bedeutet, dass interne Deformation erkennbar sein kann, z. B. durch gebogene Biotitschüppchen und/oder durch granulierten Quarz. Oft sind Granodiorite regional mit anderen I-Typ-Granitoiden einerseits und mit Dioriten andererseits assoziiert. Auch Gabbros können als Begleitgesteine auftreten.

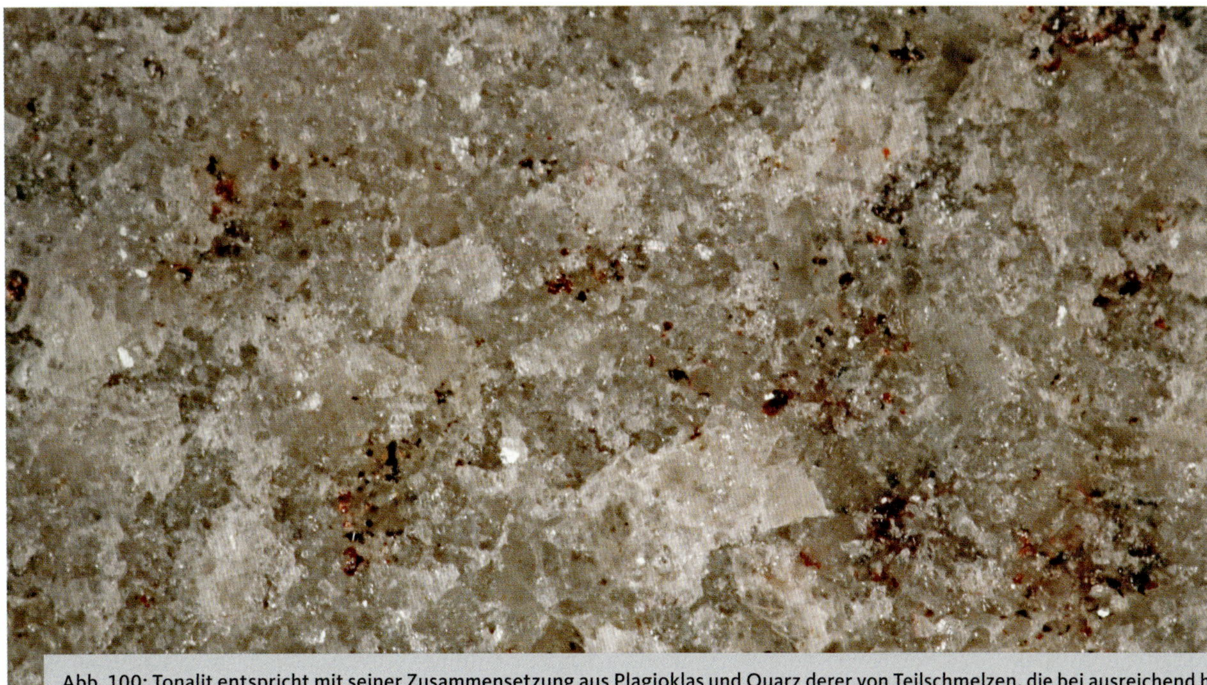

Abb. 100: Tonalit entspricht mit seiner Zusammensetzung aus Plagioklas und Quarz derer von Teilschmelzen, die bei ausreichend hoher Temperatur in Gesteinen entstehen, die basaltähnliche Zusammensetzungen haben, jedoch reich an Mineralen sind, die OH-Gruppen in ihre Kristallgitter einbauen wie u. a. Amphibole und Chlorit. Dementsprechend haben ozeanische Plagiogranite (Abb. 92), die Teilaufschmelzungsprodukte ozeanischer Kruste sind, zu großem Anteil tonalitische Mineralbestände. Abb. 100 zeigt einen Tonalit, der ein Bestandteil des altproterozoischen Svekofennischen Orogens mit Gesteinsaltern um 1,8 Milliarden Jahren ist. Das insgesamt sehr helle Gestein enthält neben den Hauptmineralen Plagioklas und Quarz kleine Kristalle von rotem Granat. Lämmetorp, nordwestlich Norrköping, Östergötland, Südschweden.

Tonalit

Tonalite waren während des Archaikums wesentlicher Bestandteil der frühen kontinentalen Kruste. Aus ihnen sind in großer Menge durch Metamorphose tonalitisch zusammengesetzte Gneise entstanden, die in alten Kontinentkernen (Kratonen) mit Gesteinen aus dem Archaikum immer noch verbreitet sind. Im Zuge der jüngeren Erdgeschichte sind Tonalite weiterhin, aber in geringerer Menge, entstanden. Tonalite unterscheiden sich von Graniten durch das gewöhnlich fast vollständige Fehlen von Kalifeldspat und damit entsprechend durch das Fehlen von intensiv roten Gesteinsfarben. Quarz ist in ähnlichen Mengenanteilen enthalten wie in Graniten. Der Mafitanteil ist oft gering, sodass Tonalite heller aussehen können als gewöhnliche Granite.

In mafischen Ausgangsgesteinen, vor allem in Amphiboliten, kommt es bei partieller Aufschmelzung zur Bildung von tonalitischen Teilschmelzen (Abb. 370), ähnlich wie es bei der Teilaufschmelzung von gewöhnlichen Gneisen zur Bildung von granitischen Schmelzen kommt. Massive Tonalitvorkommen sind in postarchaischer kontinentaler Kruste seltener als Granitvorkommen. Ozeanische Kruste hingegen enthält keine wirklichen Granite, wohl aber sogenannte ozeanische Plagiogranite, von denen einige nach der verbindlichen Klassifikation der Plutonite als Tonalite einzustufen sind.

Monzonit

Monzonite können auf den ersten Blick aus der Ferne als granitähnliche Gesteine erscheinen. Bei genauerer Musterung sollten das Fehlen von Quarz oder ein nur spärlicher Quarzgehalt erkennbar sein. Das Mengenverhältnis von Alkalifeldspat zu Plagioklas liegt im für Granite üblichen Bereich. In diesem Sinne kann Monzonit gewissermaßen als quarz-defizitärer Granit aufgefasst werden. In Magmatitprovinzen aus alkalibetonten Gesteinen, wie dem Oslo-Rift in Südnorwegen, kann anstelle des Nebeneinanders von Kalifeldspat und Na-betontem Plagioklas (Albit) der ternäre K-Na-Ca-Feldspat Anorthoklas der einzige primär kristallisierte Feldspat sein. Aufgrund der langsamen Abkühlung entmischt er in Plutoniten zu komplex verwachsenen Feldspatgemengen. Für die Klassifikation solcher Gesteine, von denen der **Larvikit** des Oslo-Rifts das prominenteste Beispiel ist, gibt es eine Nichtübereinstimmung zwischen der Einstufung auf Grundlage des makroskopisch erkennbaren Mineralbestands (Alkalifeldspat als einziger Feldspat) und der Benennung aufgrund der chemischen Zusammensetzung. Ausgehend von dem Vorkommen von Alkalifeldspat (Anorthoklas) ohne begleitenden Plagioklas müsste das Gestein als Syenit gelten. Der Sonderfall der chemischen Feldspat-Zusammensetzung des Anorthoklas', die der Kombination von Plagioklas plus Kalifeldspat entspricht, berechtigt die Einstufung des Gesteins als Monzonit. Letztlich bewirkt die in Plutoniten unvermeidbare Anorthoklas-Entmischung ohnehin, dass tatsächlich Plagioklas und Alkalifeldspat eigene, wenn auch mikroskopisch kleine Bereiche innerhalb der Feldspatumrisse bilden. Eine für Larvikite typische Neigung zum Labradorisieren, d. h. zum farbigen Schillern der Feldspäte bei passendem Lichteinfall (Abb. 53, Abb. 102), geht auf Entmischungslamellen im Kristall zurück, deren Breiten und Abstände größenordnungsmäßig den Wellenlängen des sichtbaren Lichts entsprechen. Es handelt sich um eine Folge der Interferenz von Lichtanteilen, die von verschiedenen Flächen innerhalb des Kristalls zurückgeworfen werden.

Abb. 101: Monzonit mit großem Anteil von relativ grobkörnigem Kalifeldspat (Orthoklas), z. T. mit rötlicher Färbung. Ein Kristall rechts unten zeigt die für Kalifeldspat kennzeichnende einfache Verzwillingung. Feinkörniger, farbloser Plagioklas steckt in großer Menge überwiegend in Form von nur mikroskopisch erkennbaren Einschlüssen in den Kalifeldspäten. Die schwarzen Kristalle sind Hornblende. Die großen Kalifeldspäte deuten mit subparalleler Ausrichtung ein Fluidalgefüge an, das auf laminare Fließbewegung des Magmas kurz vor dessen Erstarrung hinweist. Das „getarnte" Vorkommen der Hauptmenge des Plagioklas hat dazu geführt, dass das gleiche Gestein des gleichen Plutons, in dem der Plagioklas zunächst nicht ausreichend wahrgenommen wurde, als Syenit eingestuft wurde. Für längere Zeit galten Steinbrüche im Plauenschen Grund bei Dresden, in denen das gleiche Gestein des gleichen Plutons abgebaut wurde, sogar als weltweit gültige Typlokalität für Syenit. Erst die Beachtung des reichlich in den Kalifeldspäten eingeschlossenen Plagioklas erwies das Gestein als Monzonit. Der „Mustersyenit" früherer Zeiten ist inzwischen ein einfacher Monzonit und das Vorkommen hat den Rang einer Typlokalität verloren. Triebischtal südlich Robschütz, südwestlich Meißen, Sachsen. Bildbreite 8 cm.

Syenit

Syenite sind vergleichsweise selten auftretende alkalireiche Plutonite, deren heller Mineralbestand ganz überwiegend aus Alkalifeldspat, meist Kalifeldspat, besteht. Albit und der Feldspatvertreter Nephelin können hinzukommen. Nephelin ist ein Feldspatvertreter in dem Sinne, dass er einem Feldspat, in diesem Fall

Abb. 102: Monzonit (Lokalname: Larvikit). Das Gestein besteht maßgeblich aus Feldspatkristallen (invertierte und entmischte Anorthoklase), die z. T. einen farbigen, hier überwiegend blauen, durch Lichtinterferenz bedingten Schiller zeigen. Die mengenmäßig untergeordneten schwarzen Gesteinsbestandteile sind Pyroxenkristalle (Augit). Strandgeröll (Glazialgeschiebe). Ostseesteilufer von Wangels, Ostholstein, Hohwachter Bucht. Achsenlänge 9 cm.

Albit, entspricht, allerdings mit einem gegenüber Feldspat verringerten SiO_2-Gehalt. Nephelin $NaAlSiO_4$ vertritt bei einem SiO_2-Defizit im Magma den Natriumfeldspat Albit $NaAlSi_3O_8$. Ab einem Nephelingehalt von mindestens 10 % gilt das Gestein als Nephelinsyenit. Im Gegensatz zu manchen äußerlich ähnlichen Graniten fehlen in Syenit Plagioklas und Quarz vollständig oder weitgehend. Bei Auftreten von Nephelin, der ein SiO_2-Defizit anzeigt, kann kein Quarz aus dem gleichen Magma auskristallisiert sein. Er würde statt eines Defizits einen SiO_2-Überschuss repräsentieren, der nicht in Feldspat oder anderen Silikatmineralen untergebracht werden konnte. Gewöhnlich prägt der große Anteil von Kalifeldspat das Aussehen von Syeniten. Hierbei bedingt die für Kalifeldspat häufig vorkommende Rotfärbung, dass viele Syenite eine rötliche bis tiefrote Gesteinsfarbe zeigen. Dominierende dunkle Minerale sind Alkaliamphibole (z. B. Arfvedsonit $NaNa_2Fe_4FeSi_8O_{22}(OH)_2$) und Alkalipyroxene (z. B. Ägirin $NaFeSi_2O_6$). Je nach Beteiligung von Quarz, Nephelin oder einer mindestens 90 %-igen Dominanz von Kalifeldspat über Plagioklas werden gemäß der im QAPF-Diagramm ausgedrückten Klassifikationsregeln spezielle Syenite definiert: Quarzsyenit, Alkalifeldspatsyenit, Foidsyenit (Nephelinsyenit), foidführender Syenit, foidführender Alkalifeldspatsyenit. Vor allem manche Nephelinsyenite können als peralkaline Magmatite „exotische" Minerale enthalten, die in anderen Gesteinen nicht vorkommen. Kein Gestein einer anderen Gruppe von Magmatiten kann eine vergleichbare Vielfalt von ungewöhnlichen Mineralen führen. Peralkalin bedeutet, dass das Verhältnis ($Na_2O + K_2O) / Al_2O_3 > 1$ ist. Ein besonders auffälliges Beispiel ist magentafarbener Eudialyt als komplex zusammengesetztes Mineral. In orogener Umgebung treten Syenite nur selten auf. Ihre Hauptverbreitung haben sie in Form von meist relativ kleinen anorogenen Intrusionen

Abb. 103: Syenit, bestehend aus tendenziell idiomorphen, roten Kalifeldspatkristallen und schwarzer, z. T. grünlicher Hornblende. Vereinzelte kleine Plagioklase (weiß) sind zusätzlich eingestreut. Quarz fehlt fast vollständig. Makroskopisch identifizierbarer Quarz ist als Einzelexemplar ca. in der Mitte des links unten liegenden Viertels des Steins anhand seiner farblosen Transparenz erkennbar. Strandgeröll vom anstehenden Vorkommen im Bereich des Nordingrå-Plutonitmassivs südlich Örnsköldsvik, Västernorrland, Nordschweden.

Abb. 104: Nephelinsyenit aus weißem Kalifeldspat und transparentem, grau erscheinendem Nephelin, der bezüglich seiner Transparenz und Farblosigkeit samt muscheligem Bruch Quarz ähnelt. Bratthagen, Oslo-Region, Südnorwegen. Breite des abgebildeten Ausschnitts 5,5 cm. Foto: Matthias Bräunlich.

Abb. 105: Nephelinsyenit aus Nephelin, Albit, schwarzem Alkaliamphibol (Arfvedsonit) +/- schwarzem Alkalipyroxen (Ägirin), mit zusätzlicher Beteiligung komplexer Zirkonium- und Titanminerale, die das Gestein für eine Benennung mit dem Sondernamen Agpait qualifizieren. Im abgebildeten Fall enthält das Gestein Rosenbuschit $(Ca,Na)_6ZrTi(F,O)_4Si_4O_{14}$. Rosenbuschit bildet die gelben Büschel aus langgestreckten Kristallen in der Bildmitte. Gehöft Norra Kärr bei Kaxtorp nördlich Gränna, Grenze Småland/Östergötland, Südschweden. Breite des abgebildeten Ausschnitts 3,8 cm. Foto: Matthias Bräunlich.

Abb. 106: Nephelinsyenit (Agpait), der ähnlich zusammengesetzt ist wie der in Abb. 105 gezeigte. Neben geringen Mengen von Rosenbuschit enthält das Gestein jedoch als weiteres „exotisches“ Zr-Mineral einen erheblichen Anteil von magentafarbenem Eudialyt $Na_{15}Ca_6(Fe,Mn)_3Zr_3(Si,Nb)Si_{25}O_{73})(O,OH,H_2O)_3(Cl,OH)_2$. Die dunklen, z. T. erkennbar leistenförmigen Kristalle sind der Alkaliamphibol Arfvedsonit. Flussspat (Fluorit) CaF_2 tritt in geringer Menge links der Bildmitte mit violettblauer Färbung auf. Gehöft Norra Kärr bei Kaxtorp nördlich Gränna, Grenze Småland/Östergötland, Südschweden. Breite des abgebildeten Ausschnitts 4,8 cm. Foto: Matthias Bräunlich.

im Inneren von kontinentalen Platten in Umrahmungen aus sehr viel älteren Gesteinen.

Gabbro, Gabbroide

Gabbros sind die namengebenden Gesteine für eine Gruppe einander ähnlicher Plutonite, den Gabbros im weiteren Sinne (Gabbroide). Vorkommen von Gabbroiden sind seltener als die von Graniten und granitähnlichen Gesteinen (Granitoide). Auch sind Gabbroidplutone der kontinentalen Erdkruste zumeist erheblich kleiner als die meisten Granitoidplutone.

Als plutonische Gesteine zeigen Gabbroide keine Einregelung, sofern sie nicht im Zuge orogener Beanspruchung intern deformiert worden sind. Sie bestehen aus Plagioklas und dunklen Mineralen. Eine Komplikation liegt darin, dass der **Plagioklas kalziumbetont** (An > 50) zusammengesetzt sein muss und nicht natriumbetont. Anderenfalls wäre das Gestein trotz gleichen Mineralbestands nach Definition ein Diorit. Weil der An-Gehalt des Plagioklas makroskopisch nicht ermittelbar ist, gilt als ersatzweise Näherungsregel zur **Unterscheidung zwischen Gabbroiden und Diorit**, dass Gabbroide > 40 % dunkle Minerale enthalten sollten, Diorit < 40 %. Stark alterierte (vergrünte) Plagioklase sind ein Hinweis auf hohe Anorthitgehalte der Plagioklase und eine damit erhöhte Wahrscheinlichkeit des Vorliegens von Gabbro statt Diorit.

Zusammengefasst gilt für Gabbroide:

- Plagioklas mindestens 90 % des Gesamtfeldspats
- Anorthitgehalt des Plagioklas mindestens 50 % (makroskopisch nicht erkennbar)
- Ersatzregel: mindestens 40 % dunkle Minerale
- Kalifeldspat maximal 10 % des Gesamtfeldspats, meistens fehlend
- Quarz maximal 5 % der hellen Minerale (bis 20 % in Quarzgabbro), meistens fehlend

Die gabbroiden Gesteine Gabbro, Norit, Gabbronorit, Olivinnorit, Olivingabbronorit und Troktolith sind plutonische Entsprechungen des auf der Erde dominierenden vulkanischen Gesteins Basalt bzw. Abkömmlinge von basaltischem Magma. Basalt und Gabbro sind Kristallisate bzw. Erstarrungsprodukte der gleichen Art von Magma. Solch basaltisches Magma erstarrt an der Erdoberfläche zu Basalt. In der Tiefe entsteht im einfachsten Fall Gabbro als plutonisches Äquivalent von Basalt. Die anderen oben genannten Gesteine sind Produkte der magmatischen Differentiation von Basaltmagma, das in der Tiefe langsam auskristallisiert, sodass es zu einer Fraktionierung in Kristallisat und temporärer Restschmelze kommt. Zur hierdurch bedingten Differentiation des Magmas kann in manchen Fällen eine Entmischung der Schmelze beitragen, neben der Abtrennung frühen Kristallisats von dem gleichzeitig noch im Schmelzzustand verbliebenen Anteil. Je nach den in den sukzessiven Sta-

Klassifikation Hbl-freier Ultramafitite (oben) und Gabbroide (unten)

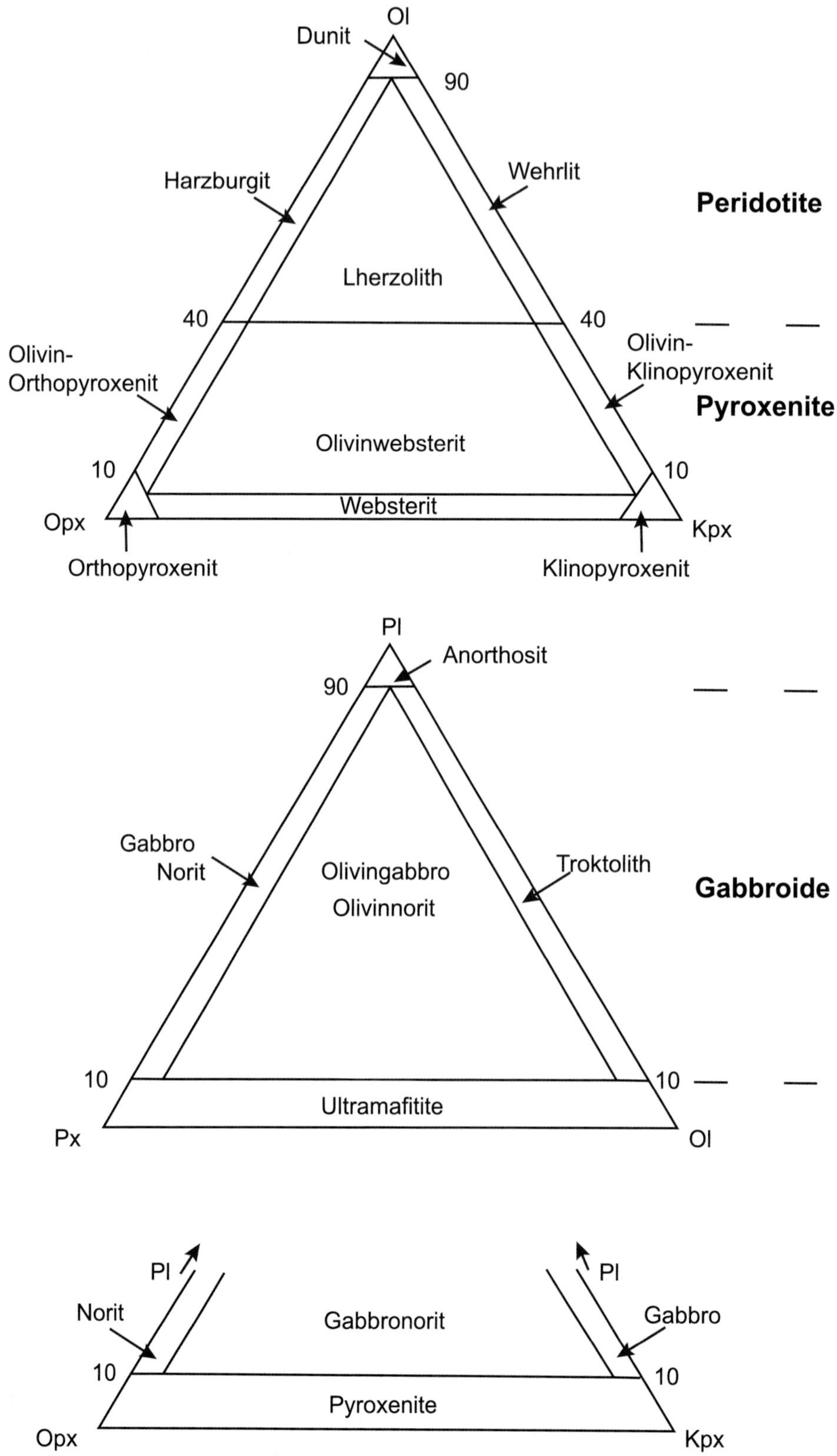

Abb. 107: Klassifikation gabbroider Plutonite gemäß Le Maitre et al. (2004) auf Grundlage der quantitativen Mineralbestände. Bei einem Anteil der Gesamtmenge der dunklen Minerale Olivin und/oder Pyroxene von mindestens 90 % (d. h. für Ultramafitite) gilt das obere Sonderdreieck für Peridotite und Pyroxenite. Für ultramafische Erdmantelgesteine gelten die gleichen Bezeichnungen wie für ultramafische Plutonite.

Abb. 108: Gabbrofelsen im Gelände. Gabbro als dunkel erscheinendes Gestein in einem Straßenanschnitt. Der Gabbrofelsen ist durch eine weitständige Klüftung gegliedert. Besonders an der Originaloberfläche oben im Bild und weniger auch von den Klüften aus unterliegt der Gabbro intensiver chemischer Verwitterung. Diese wirkt sich in Form von Braunfärbung und durch Vergrusung aus. Daneben hat sich die Verwitterungseinwirkung auf Kluftfugen auch im Inneren des Gesteins ausgewirkt. Hiervon ausgehend sind die restlichen Gabbropolygone an den Schnittkanten der Klüfte leicht kantengerundet. Nordingrå östlich Kramfors, Västernorrland, Nordschweden.

dien der Auskristallisation entstandenen Zusammensetzungen des Kristallisats und komplementär dazu der Restschmelze können aus basaltischem Magma Gesteine z. B. aus Olivin und Ca-armem Pyroxen unter Beteiligung von Plagioklas entstehen: Olivinnorit oder z. B. aus Olivin und Plagioklas: Troktolith.

Gabbro im engeren Sinne ist ein Plutonit aus Plagioklas und Ca-reichem Pyroxen (Klinopyroxen, zumeist Augit). Gabbro besetzt im QAPF-Klassifikationsdiagramm ein gemeinsames Feld zusammen mit Diorit. Die Unterscheidungskriterien sind nachfolgend unter „Diorit" erläutert. Es gibt eine Reihe weiterer gabbroider Gesteine, die im QAPF-Diagramm in das gleiche Feld projizieren wie Gabbro im engeren Sinne. Die Unterschiede beruhen hierbei auf der Art der vorkommenden dunklen Minerale. So dominiert in Hornblendegabbro schwarzer Amphibol als dunkles Mineral.

Für die Klassifikation der gabbroiden Gesteine gelten quantitative Regeln, die in Abb. 107 (Klassifikationsdreieck für gabbroide Gesteine) dargestellt sind: In **Gabbro im engeren Sinne** sind mindestens 90 % der Pyroxene Klinopyroxen. **Norit** ist ein selteneres gabbroides Gestein, in dem Orthopyroxen mindestens 90 % des gesamten Pyroxens ausmacht. **Gabbronorit** bildet mit jeweils signifikanten Anteilen von Orthopyroxen und Klinopyroxen den weiten Übergang zwischen Norit und Gabbro. **Anorthosit** ist ein Sonderfall eines gabbroidverwandten, jedoch nicht zu den gabbroiden Gesteinen gerechneten Plutonits, dessen Plagioklasanteil 90 % übertrifft. Anorthosite sind gewöhnlich Differentiate von basaltischem bzw. gabbroidem Magma. Oft erreicht der Plagioklasanteil allerdings nur nahezu 90 %. Auch solche Gesteine, die mit korrektem Namen Leukogabbros oder Leukonorite heißen, werden in geologischen Beschreibungen oft unzutreffend als Anorthosite bezeichnet. Tatsächlich kommt es auch unter erfahrenen Geologen zu „Übertreibungen" hinsichtlich von Gesteinsnamen. Offenbar wird es als spannender empfunden, mit extremen Gesteinszusammensetzungen zu tun zu haben. Ein anderes Beispiel sind die „Harzburgite" des Harzburger Gabbronoritmassivs: Sie sind mit > 10 % Plagioklas nicht ultramafisch, wie der Name „Harzburgit" es erfordert, sondern nur Olivinnorite mit besonders hohem Anteil dunkler Minerale (Melaolivinnorit). Hinsichtlich des Gesteinsnamens Harzburgit ist es bemerkenswert, dass der Harzburgit der Typlokalität (Harzburger Gabbronoritmassiv) kein Harzburgit ist, sondern durchweg Melaolivinnorit.

Die Farben gabbroider Gesteine bei makroskopischer Betrachtung beschränken sich weitgehend auf Schwarz, Weiß und Grau, während granitische Gesteine bunte Farben samt auch Weiß und Grau zeigen können, jedoch kein Schwarz. Die fehlende Farbigkeit der Gabbroide

Abb. 109: Nahaufnahme des in Abb. 108 abgebildeten Gabbros. Die hellen Kristalle sind Plagioklas, die schwarzen, aufgrund von Verwitterung braun überfärbten Kristalle sind Pyroxene (Augite). Die Braunfärbung deutet darauf hin, dass die Augite, die grundsätzlich Mischkristalle hinsichtlich Eisen und Magnesium sind, in diesem Fall relativ Fe-betont sein dürften. Der Gabbro zeigt keinerlei interne Deformation. Dies hat damit zu tun, dass das Gabbromagma unter anorogenen Bedingungen, d. h. ohne Zusammenhang mit einer Orogenese, aufgestiegen und auskristallisiert war. Der Gabbro ist Anteil eines Magmatitkomplexes, dessen Hauptanteil Rapakivigranit ist. Es ist geradezu ein Merkmal von Rapakivi-Granitplutonen, dass sie von altersgleichem Gabbro bzw. Dolerit oder auch Anorthosit begleitet werden. Zusammen bilden der Granit und der Gabbro eine bimodale Magmatitassoziation ohne vermittelnde (intermediäre) Übergänge wie z. B. Diorit oder Granodiorit. Nordingrå östlich Kramfors, Västernorrland, Nordschweden. Breite des abgebildeten Ausschnitts 15 cm.

Abb. 110: Norit bestehend aus farblos-transparentem bis weißem Plagioklas und gelblich braunem, transparentem Orthopyroxen (Ca-freier Pyroxen) ungefähr im Mengenverhältnis 1:1. Das Gestein ist relativ feinkörnig, sodass es sich genau genommen um einen Mikronorit handelt. Das Gestein ist Teil einer nicht mehr zugänglichen Abfolge magmatischer Schichten im Wechsel mit anderen gabbroiden Gesteinen, die dem Pluton des Harzburger Gabbronoritmassivs angehören. Das mengenmäßig dominierende Gestein des Plutons ist Gabbronorit. Der Mikronorit repräsentiert eine frühe Phase im Kristallisationsgeschehen des gabbroiden Plutons, als die zuvor dominierende Kristallisation von Olivin (Abb. 116) abgeschlossen war und bevor die Kristallisation von Klinopyroxen (Augit) eingesetzt hatte. Die helle Farbtönung des Orthopyroxens ist dadurch bedingt, dass er in der für Eisen und Magnesium gleichermaßen geeigneten Kristallgitter-Position fast nur das nicht färbende Magnesium eingebaut hat. Orthopyroxene bilden eine Mischkristallreihe mit den reinen Endgliedern Enstatit $Mg_2Si_2O_6$ und Ferrosilit $Fe_2Si_2O_6$. Bei dem Orthopyroxen im Foto handelt es sich um Enstatit mit nur unbedeutendem Fe-Anteil. Bei signifikant erhöhtem Fe-Gehalt wäre der Orthopyroxen schwarz. Radaubruch südlich Bad Harzburg, Westharz. Breite des abgebildeten Oberflächenausschnitts 5 cm.

Abb. 111: Gabbronorit bestehend aus farblos transparentem, z. T. auch bräunlich getöntem Plagioklas und nicht transparentem, kupferbraun schillerndem Orthopyroxen, der Enstatit- und Ferrosilitkomponente ungefähr im Mengenverhältnis 1:1 enthält. Die schwarzen Anteile sind Klinopyroxene. Das gemeinsame Auftreten von Orthopyroxen und Klinopyroxen zu jeweils signifikantem Anteil qualifiziert das Gestein als Gabbronorit. Insel Smøla, Møre og Romsdal, Norwegen. Breite des abgebildeten Ausschnitts 5 cm.

Abb. 112: Mikrofoto von Gabbronorit (Olivingabbronorit), Aufnahme mit beiden Polarisationsfiltern im Strahlengang des Mikroskops. Die Farben sind dementsprechend Interferenzfarben. Der Mineralbestand setzt sich zusammen aus: Klinopyroxen, Orthopyroxen, Olivin und Plagioklas (hellgrau bis völlig dunkel, mit Zwillingsstreifung). Klinopyroxene sind alle Kristalle mit bunten Interferenzfarben, die eine feine Entmischungsstreifung bzw. geradlinige Spaltbarkeitsrisse zeigen, so der grün interferierende Kristall in der Bildmitte und der oberhalb folgende kleinere blau erscheinende Kristall. Der Orthopyroxen zeigt keine bunten Interferenzfarben, sondern Grautöne und eng gescharte, geradlinige Entmischungsstreifen (dunkelgrauer, streifiger Kristall links unterhalb des Klinopyroxens in der Bildmitte, der die grüne Interferenzfarbe zeigt). Olivin zeigt die gleichen bunten Interferenzfarben wie die Klinopyroxene, jedoch keine Entmischung oder geradlinigen Spaltrisse. Stattdessen sind für ihn unregelmäßig und gebogen verlaufende Spaltrisse typisch. Berg Ruten im Fongen-Hyllingen-Gabbromassiv, südöstlich Trondheim, Norwegen. Breite des abgebildeten Ausschnitts im Gestein 4,5 mm.

Abb. 113: Gabbro aus farblosem, z. T. leicht bräunlichem Plagioklas und schwarzem bis braunschwarzem Klinopyroxen. Ein mikroskopisch nachweisbarer geringer Anteil von Olivin zeigt sich makroskopisch nicht. Der Gabbro im engeren Sinne hat alttertiäres, eozänes Alter. Er ist eine plutonische Entsprechung von Basalten, die sich bei der beginnenden Öffnung des Nordatlantiks in Westschottland und Ostgrönland ausgebreitet haben. Sanna, Halbinsel Ardnamurchan, Westschottland. Breite des abgebildeten Ausschnitts 6 cm.

liegt am Fehlen von Kalifeldspat, der in Graniten der Träger der roten, orangenen, gelben und braunen Färbungen ist. Nur alterierte Gabbroide können ebenso wie auch Granitoide vergrünten Plagioklas enthalten, der den insgesamt dunklen Gesteinen von Fall zu Fall eine grüne Tönung verleihen kann.

In **Hornblendegabbros** übernimmt schwarze Hornblende die Rolle der dunklen Minerale. In allen Gabbroiden können Olivin und/oder Biotit untergeordnet hinzukommen.

Ohne Labormethoden bzw. Polarisationsmikroskopie lassen sich Gabbro, Norit und Gabbronorit nicht immer sicher unterscheiden. In der geologischen Geländepraxis ist oft vereinfachend nur von Gabbro die Rede. So besteht das „Harzburger Gabbromassiv" im Westharz aus Gabbronorit mit Anteilen von Norit, Gabbronorit, Olivinnorit und Troktolith, während Gabbro im engeren Sinne nicht vorkommt.

Gewöhnliche Gabbroide sind mit Ausnahme von eher seltenen Leukovarianten zumeist merkmalsarme, schwarze oder dunkelgraue Gesteine. Nur aus der Nähe lässt sich ein Nebeneinander von weißem oder farblos-transparentem Plagioklas und zumeist schwarzem Pyroxen oder schwarzer Hornblende erkennen. Grüne oder farblos-fahle Tönungen gehen auf Alteration zurück. In den hell getönten Leukovarianten, die zu Anorthosit überleiten, dominiert Plagioklas mengenmäßig signifikant über den dann geringen Anteil dunkler Minerale. Die Folge ist eine oft hellere Tönung, als die meisten Granite sie aufweisen.

Gabbros gehen auf basaltisches Magma zurück, das bei seinem Aufstieg aus dem Erdmantel innerhalb der Kruste steckengeblieben ist. Die Gründe hierfür sind einerseits eine relativ hohe Dichte (spezifisches Gewicht) und andererseits eine geringe Viskosität mit der Folge ausgeprägter Fließfähigkeit. Die hohe Dichte begünstigt eigentlich ein Steckenbleiben in großer Tiefe, während die gute Fließfähigkeit es dem basaltischen Magma unter ausreichendem Druck ermöglicht, selbst in engen Fugen schnell bis an die Erdoberfläche aufzusteigen und als Basalt zu erstarren. Anders als die wegen geringer Dichte und Zähflüssigkeit oft in Form großer Magmenkörper diapirisch aufsteigenden Granitmagmen bleiben basaltische Magmen selten mit größeren Volumen in mittleren Niveaus der kontinentalen Kruste stecken. Gabbros bilden vor allem einen großen Anteil der ozeanischen Kruste unterhalb eines oberen Stockwerks aus Basalten. Da solche ozeanische Kruste durch gebirgsbildende Vorgänge Bestandteil von Orogenen werden kann, können Vorkommen ozeanischer Gabbros in Faltengebirgen auftreten.

Abb. 114: Gabbro mit alteriertem Mineralbestand, wie viele Gabbros ihn zeigen. Die Plagioklase (helle Bestandteile des Gesteins) sind grün getönt und die dunklen Minerale zeigen nicht die für Klinopyroxene (Augite) übliche schwarze Färbung. Stattdessen weisen Letztere aufgrund von zumindest teilweisem Ersatz durch grünschwarzen Amphibol und wahrscheinlicher Neubildung von zusätzlichem, dunkelgrünem Chlorit auf eine durch Alteration bedingte Überprägung des primären, magmatischen Mineralbestands hin. Die Alteration kommt allein schon durch die Grüntönung des gesamten Gesteins zum Ausdruck. Gabbroide Gesteine sind aufgrund ihres Mineralbestands aus Ca-reichem Plagioklas und Pyroxen anfälliger für Alterationseinwirkung als z. B. Granite, deren Na-reichere Plagioklase, Kalifeldspäte und Quarz weniger anfällig für die Einwirkung fluider Phase sind. Ostseesteilufer von Wangels, Hohwachter Bucht, Kreis Plön, Schleswig-Holstein. Längste Achse ca. 20 cm.

Abb. 115: Grobkörniges Orthokumulat aus idiomorphen, hellgrau getönten Kumulus-Plagioklaskristallen. In den Zwickeln zwischen den Plagioklasen steckt in geringer Menge xenomorpher, schwarzer Klinopyroxen (Augit) als Interkumulusmaterial. Das Gefüge lässt die Kristallisationsreihenfolge erkennen: Plagioklas vor Pyroxen. Ufergeröll aus Leukogabbro (= Gabbro mit weniger als 35 % dunklen Mineralen). Das Gestein kommt in seiner Zusammensetzung mit gerade noch > 10 % dunklen Mineralen dem Plagioklasgestein Anorthosit (mindestens 90 % Plagioklas) sehr nahe. Kumulate sind Produkte „magmatischer Sedimentation" mit spezifischen Gefügen. Im hier gezeigten Beispiel entsprechen die Plagioklaskristalle den detritischen Körnern z. B. in einem Sandstein. Die dunklen Pyroxene in den schmalen Zwischenräumen entsprechen dem Bindemittel in z. B. Sandstein. Das Gesteinsgefüge ist dadurch geprägt, dass zur Zeit der magmatischen Auskristallisation des Leukogabbros kurzfristig Kristalle (die Plagioklase) in noch verbliebener Restschmelze (jetzt vertreten durch die Pyroxene) eingebettet und darin gravitativ aufgestiegen waren. Bönhamn, südöstlich Nordingrå, Höga Kusten, Västernorrland, Nordschweden. Längste Achse des Gerölls 20 cm.

Kumulatgesteine: „magmatische Sedimentgesteine“

Von „magmatischen Sedimentgesteinen“ zu sprechen, erscheint angesichts der strengen, lehrbuchmäßigen Gliederung der Gesteinswelt in magmatische, sedimentäre und metamorphe Gesteine paradox. In der Petrografie wie überhaupt in der Geologie kann jedoch starres Denken im Sinne einer Sortierung in „verfestigte Schubladen“ auch eine sachwidrige Einengung bedeuten. So kommen Schichtung und Ablagerungsgefüge auch in manchen magmatischen Gesteinen vor (Abb. 117, Abb. 118), wenn auch sehr viel seltener als in Sedimentgesteinen („Schichtgesteinen“). Schichtung ist kein Alleinstellungsmerkmal von Sedimentgesteinen. Außer Wasser, Luft (Wind) und Eis kann auch Magma Ablagerungsmedium sein. Besonders gabbroide und verwandte Gesteine können magmatische Schichtung zeigen und damit auf Sedimentationsvorgänge in Magmen hinweisen. Oft geht magmatische Schichtung mit dem Auftreten gut entwickelter Kumulatgefüge einher.

Früh in einem Magma gebildete Kristalle können aus der einbettenden Schmelze als Kumuluskristalle abgelagert werden. Gemeinsam bilden sie dann ein Kumulat. Temporär noch vorhandene Restschmelze (Interkumulusschmelze) kann zu zwickelfüllendem Interkumulusmaterial auskristallisieren. Dieses Grundmodell von magmatischer Sedimentation ergibt das Gefügebild von Kumuluskristallen, die in Interkumulusmaterial eingebettet sind. Diese Gefügebeziehung, die der von z. B. Sandkörnern und Bindemittel in Sandstein entspricht, heißt Orthokumulat. Diese Bezeichnung gilt allein hinsichtlich des Gefügebilds, unabhängig von der tatsächlichen Art der Entstehung. So gibt es neben der Ablagerung unter Schwerkrafteinwirkung (gravitative Saigerung) weitere in Magmen mögliche Sedimentationsmechanismen. Kumulatgesteine können auch durch *in situ*-Ausfällung aus dem Schmelzanteil eines Magmas entstehen. Unabhängig von jeglicher Deutung ist die Existenz geschichteter Plutonite mit oder ohne Kumulatgefüge eine beobachtbare Tatsache.

Für Kumulatgesteine gibt es eine parallele Terminologie neben den QAPF-Benennungen der magmatischen Gesteine. Der Nutzen der Kumulatbezeichnungen liegt darin, dass die Namen außer der mineralogischen Zusammensetzung zusätzlich Informationen zu den Gefügen enthalten. Die Gesteine sind so umfassender charakterisierbar. Im Wesentlichen gibt es drei Arten von Kumulatgesteinen: Orthokumulate, Adkumulate und Mesokumulate.
Orthokumulate bestehen aus Kumuluskristallen und Interkumulusmaterial, das die Zwickel zwischen den Kumuluskristallen ausfüllt. So kann ein Anorthosit oder Leukogabbro ein Plagioklas-Orthokumulat mit Klinopyroxen-Interkumulus sein (Abb. 115).

Adkumulaten fehlt Interkumulusmaterial bis auf mögliche geringfügige Anteile. Die ursprünglichen Kumuluskristalle berühren sich gegenseitig flächenhaft (Abb. 116), sodass Adkumulate im Extremfall aus nur einem oder zwei Mineralen bestehen können, den Kumuluskristallen, die aus der Interkumulusschmelze so lange weitergewachsen sind, bis die Schmelze verbraucht oder verdrängt war.

Mesokumulate bilden den Übergang zwischen Ortho- und Adkumulaten, mit gegenüber Orthokumulaten deutlich verringertem Interkumulusanteil.

Gesteinsvielfalt aufgrund von magmatischer Differentiation

Wenn Magmen von basaltischer Zusammensetzung nicht als Laven an der Erdoberfläche oder gar unter Wasser als Vulkanite entsprechend schnell abkühlen, haben sie besonderes Potenzial zur magmatischen Differentiation in Form von Kristallisationsfraktionierung (fraktionierte Kristallisation). Das Wesen der fraktionierten Kristallisation beruht darauf, dass es eine zeitliche Abfolge der Kristallisation der sich bildenden Minerale gibt. Hierbei haben die einzelnen Minerale nicht die gleiche Zusammensetzung wie die Schmelze, aus der sie jeweils gerade kristallisieren. Jedes Mineral entzieht bei seiner Kristallisation der umgebenden Schmelze selektiv die chemischen Elemente, die es zum Aufbau seiner Kristalle benötigt und hinterlässt eine Schmelze, die an den nicht bei der Kristallisation entzogenen chemischen Elementen relativ angereichert ist. Der jeweilige Schmelzanteil und die schon auskristallisierten Minerale unterscheiden sich daher zunehmend bezüglich ihrer chemischen Zusammensetzungen. Eine Abtrennung des Kristallisats von der Schmelze ist ein Mechanismus zur

Abb. 120: Ausschnitt eines Felsufers der Bottensee, das vollständig aus Leukogabbro besteht. Der Leukogabbro erscheint trotz seiner Stellung in der Gesteinsklassifikation als Gabbro heller als die meisten Granite. Das Gestein ist Orthokumulat von der in Abb. 115 gezeigten Art. Das Foto vermittelt einen Eindruck von der Größe des Volumens des Orthokumulats, das den Dachbereich eines ehemaligen gabbroiden Magmenreservoirs repräsentiert. Die Konzentration von Plagioklas ist Folge des Aufschwimmens von Plagioklaskristallen im Gabbromagma. Die Plagioklase hatten eine geringere Dichte als das einbettende Magma, sodass sie sich auftriebsbedingt im oberen Stockwerk des gabbroiden Magmenkörpers konzentriert haben. Das Gabbromagma war mit eng benachbartem Rapakivigranitmagma assoziiert (Nordingrå-Rapakivimassiv). Der Leukogabbro ist eine lokale Ausbildungsform des in Abb. 108 gezeigten Nordingrå-Gabbros. Bönhamn, südöstlich Nordingrå, Höga Kusten, Västernorrland, Nordschweden.

Abb. 121: Angewitterte Oberfläche von Leukogabbro, der aufgrund eines Plagioklasanteils von > 80 % zu Anorthosit tendiert. Schwarzer Klinopyroxen (Augit) tritt zwickelfüllend zwischen den weitgehend idiomorphen Plagioklasen auf. Die Gesteinsoberfläche ist unter ehemaliger saurer Bodenbedeckung (Nadelwaldboden) ausgebleicht und aufgeraut. Bönhamn, südöstlich Nordingrå, Höga Kusten, Västernorrland, Nordschweden. Breite des abgebildeten Ausschnitts 17 cm.

Anorthosit ist sehr viel seltener als Gabbro, von dem er sich durch weitgehendes Fehlen dunkler Minerale (< 10 Vol-%) unterscheidet. Entsprechend hell sieht er aus. Den Klassifikationsübergang zwischen normalem Gabbro und Anorthosit bildet Leukogabbro mit geringfügig über 10 % Anteil dunkler Minerale. Anorthosite wie auch Leukogabbros sind übliche Begleiter von Rapakivigraniten. Mit diesen zusammen bilden sie bimodale Gesteinsassoziationen, d. h. Vorkommen aus zwei extrem gegensätzlich zusammengesetzten Magmatiten: Granit einerseits und Anorthosit bzw. Leukogabbro/Gabbro andererseits ohne Auftreten vermittelnder Gesteine, wie es z. B. Granodiorite oder Diorite wären. Anorthosite und Leukogabbros sind in der Regel Anreicherungen von Plagioklas in höheren Stockwerken von gabbroiden oder noritischen Magmenreservoirs.

Manche „Anorthosite" geologischer Regionalbeschreibungen enthalten geringfügig mehr als 10 Vol-% dunkle Minerale, meist Augit, sodass sie nach den Klassifikationsregeln für magmatische Gesteine Leukogabbros sind, d. h. besonders helle Gabbros. Aufgrund ihres hellen Gesamteindrucks und eines oft ausgeprägten Orthokumulatgefüges aus Kumulus-Plagioklas und zwickelfüllendem Interkumulus-Pyroxen sind sie nur durch präzise Ermittlung der Mengenverhältnisse von Plagioklas zu Pyroxen sicher bestimmbar. Die Entstehung solch massiver Anhäufungen von durchweg zentimetergroßen Plagioklaskristallen wird zumeist mit dem Auftrieb der Plagioklaskristalle im Magma erklärt. Dieser ist umso wirksamer, je größer die Kristalle sind. Hierin liegt ein möglicher Grund der Grobkörnigkeit der meisten Anorthosite und Leukogabbros. Kleinere Plagioklaskristalle bleiben offenbar eher in der Tiefe zurück. Die Kumulatbildung der Anorthosite und Leukogabbros beruht in diesem Fall nicht auf dem „Normalfall" des Absinkens von Kristallen hoher Dichte, sondern auf gravitativer Akkumulation durch Aufschwimmen von Kristallen mit

Abb. 122: Grobkristalliner Anorthosit als magmatisches Differentiat von gabbroidem Magma. Solch Anorthosit ist neben gewöhnlichem Gabbro und Gangdoleriten ein typisches Begleitgestein von Rapakivigraniten. Im hier abgebildeten Fall besteht der Zusammenhang mit dem Rapakivi-Granitpluton des Åland-Archipels. Wie die assoziierten Rapakivigranite auch sind die altersmäßig und räumlich mit ihnen verknüpften Anorthosite und Gabbros anorogen entstandene Magmatite ohne jegliche Anzeichen von interner Deformation. Tektonische Ruhe hat die ungestörte Ansammlung der Plagioklaskonzentrate begünstigt. Das abgebildete Vorkommen besteht aus bis zu dezimetergroßen Plagioklaskristallen ohne begleitende dunkle Minerale. Der große, verzwillingte Plagioklas der Abb. 46 stammt von der gleichen Lokalität. Die gelblichen Flecken sind Flechtenbewuchs auf der Gesteinsoberfläche. Schäre Västersten südwestlich der Hauptinsel Fasta Åland des Åland-Archipels, Südwestfinnland.

Abb. 123: In Gabbro eingebettete Anorthosit-Großxenolithe in der Peripherie des Åland-Rapakivigranit-Plutons. Anorthosit, ähnlich dem in Abb. 122 gezeigten, ist von einem nach der Anorthositbildung aufgetretenen Aufstiegspuls des Gabbromagmas, aus dem der Anorthosit differenziert worden war, durchstoßen und dabei zu einer Brekzie (Abb. 240 – 243) geworden. In diesem Fall sind die Plagioklaskristalle nur tendenziell kleiner als die des massiven Anorthosits der Abb. 122. Die Brekziierung des Anorthosits durch einen späten Puls des Gabbromagma-Aufstiegs ist Folge von magmatischer Dynamik in einer zunehmend auskristallisierten Magmenkammer. Schäre Västersten südwestlich der Hauptinsel Fasta Åland des Åland-Archipels, Südwestfinnland.

relativ geringer Dichte bis unter das Dach des Magmenreservoirs.

Anorthosite und manche Leukogabbros sind zumindest im angewitterten Zustand gewöhnlich nahezu weiß oder fahl-hellgrau aussehende Gesteine, deren Korngrößen oft im Zentimeterbereich liegen. Auch dezimetergroße Plagioklaskristalle sind in manchen Vorkommen möglich. In solchen Fällen tritt die polysynthetische Zwillingsstreifung der Plagioklase so auffällig in Erscheinung, dass sie schon aus mehreren Metern Entfernung erkennbar ist (Abb. 46).

Anorthosite, Leukogabbros und Dolerite mit oder ohne eingestreute große Plagioklaseinsprenglinge stehen häufig mit Rapakivigraniten zeitlich und räumlich in Zusammenhang. Zwischen den beiden Polen der bimodalen Magmatitassoziationen besteht ein genetischer, wenn auch nicht stofflicher Zusammenhang. Die großen Mengen von in der Tiefe verbliebenem und dort auskristallisiertem Basaltmagma haben mit ihrem aus dem Erdmantel stammenden Wärmeinhalt samt der in der unteren Kruste freigesetzten Kristallisationswärme für die Bildung der schließlich aufgestiegenen granitischen Rapakivimagmen gesorgt. Die Wärme für die Teilaufschmelzung von Gesteinen der unteren Kruste stammt aus dem Basalt- bzw. Gabbromagma. Die Gabbros, Dolerite und Anorthosite, die manche Rapakivigranit-Vorkommen begleiten, repräsentieren einen kleinen aufgestiegenen Anteil der riesigen Mengen basaltischen Magmas in der Tiefe, dem das Granitmagma seine Entstehung verdankt.

Diorit ist makroskopisch bei nur flüchtiger Betrachtung nicht sicher von Gabbro unterscheidbar. Beide Gesteine bestehen aus Plagioklas sowie dunklen Mineralen und besetzen dasselbe Feld im QAPF-Klassifikationsdiagramm. Gabbro und Diorit sind daher makroskopisch leicht verwechselbar. Entscheidend ist das Ca/Na-Verhältnis in den Plagioklasen der Gesteine. Es ist üblich, dieses als Anteil der Ca-Plagioklas-Komponente Anorthit (An) in den Plagioklas-Mischkristallen auszudrücken. Ein Plagioklas-Pyroxen- bzw. Plagioklas-Amphibol-Plutonit mit Ca-dominiertem Plagioklas (An > 50 Mol-%) gilt als Gabbro, ein entsprechender Plutonit mit An < 50 Mol-% als Diorit. Makroskopisch lässt sich einem Plutonit der An-Gehalt des Plagioklas nicht ansehen. Es gibt aber alternative Gesteinsmerkmale, die in günstigen Fällen Gabbro und Diorit mit einiger Wahrscheinlichkeit dennoch unterscheiden lassen.

Abb. 124: Diorit mit unter 40 % dunklen Mineralen, wie für Diorite im Unterschied zu Gabbros üblich. Die hellen Minerale sind ausnahmslos Plagioklas mit < 50 % An-Komponente (mikroskopisch geprüft). Der Anteil der dunklen Minerale besteht ganz überwiegend aus braunschwarzem Biotit mit untergeordneter Beteiligung von schwarzer Hornblende. In Zusammenhang damit, dass der Diorit Bestandteil eines ehemaligen (kaledonischen) Inselbogens orogener Entstehung ist, sind die Biotite gebogen. Insel Smøla, Møre og Romsdal, Norwegen.

Abb. 125: Subvulkanischer (feinkörniger) Foid-Monzodiorit (Essexit), aus weitgehend nur mikroskopisch sicher bestimmbaren Mineralen: weißer Plagioklas, farblos transparenter, grau erscheinender Nephelin, Klinopyroxen, Amphibol. Roztoky (Rongstock), östlich Ústí nad Labem (Aussig an der Elbe), Tschechien. Breite des abgebildeten Ausschnitts 5 cm.

Die dominierenden dunklen Minerale in Dioriten sind Hornblende und Biotit, in Gabbros überwiegt hingegen Pyroxen (Augit). Der Anteil dunkler Minerale liegt in Dioriten meist zwischen 25–50 %, in Gabbros zwischen 35–65 %. Diorite sind dementsprechend tendenziell heller als Gabbros. Gewöhnlich wirken sie obendrein aufgrund meist gröberer Körnung hell-dunkel gesprenkelt, während die meisten Gabbros aufgrund geringerer Korngrößen schon aus geringer Entfernung eher einheitlich grau erscheinen. Olivin, der in manchen Gabbros vorkommt, fehlt in Dioriten. Dies gilt naturgemäß ebenso für aus Olivin hervorgegangenen Serpentin.

Diorite kommen eher zusammen mit Granodioriten vor, oft als Teil eines nahezu kontinuierlichen Spektrums von Plutoniten hinsichtlich der SiO_2-Gehalte, das sich von Gabbro bzw. Gabbronorit über Diorit und Granodiorit bis hin zu Granit (I-Typ-Granit) erstreckt. Der geologische Rahmen solcher Plutonitassoziationen ist durchweg orogen, z. B. als Bestandteile von ehemaligen Inselbögen. Anders als gewöhnliche Diorite treten Gabbros häufig anorogen im Inneren stabiler kontinentaler Plattenbereiche auf sowie als wesentlicher Bestandteil ozeanischer Kruste.

Unter besonderen Bedingungen, z. B. in Alkalimagmatitgebieten, können Diorite oder Monzodiorite mit einem Anteil von Nephelin auftreten. In Monzodiorit tritt neben dem in Diorit üblichen Plagioklas zusätzlich Kalifeldspat auf.

12.4 Magmatische Oberflächengesteine (Vulkanische Gesteine und Pyroklastite)

Vulkanite einschließlich Pyroklastiten sind Gesteine, die im Zuge vulkanischer Aktivität an der Erdoberfläche entstehen. Vulkanite im engeren Sinne werden durch Abkühlung und Erstarrung ausgeflossenen Magmas gebildet, d. h. von Lava. Pyroklastite sind Ablagerungen von Material, das durch explosive vulkanische Aktivität zerteilt und in Form von festen oder auch glutflüssigen Partikeln verschiedenster Größen zersprengt worden ist. Unter günstigen (oft allerdings gefährlichen) Umständen ist die Entstehung von Vulkaniten und Pyroklastiten direkt beobachtbar oder es zeigt sich wenigstens noch einige Zeit nach der vulkanischen Entstehung

Suprakrustale und infrakrustale Gesteine

Für Gesteine steht immer die Frage nach der Situation bei ihrer Entstehung im Raum. Für metamorphe Gesteine geht es auch darum, „durch die Metamorphose hindurchzusehen". So ist es von besonderem Interesse, ob das gerade betrachtete Gestein eine Vorgeschichte an der Erdoberfläche hatte, wie alle Sedimentgesteine und Vulkanite, oder ob es sich um ein Gestein aus der Tiefe der Kruste gehandelt hat, wie z. B. Granit und überhaupt alle Plutonite. Unter magmatischen Gesteinen nicht mögliche chemische Zusammensetzungen sind immer Hinweise auf sedimentäre und damit suprakrustale Ursprungszusammenhänge. So haben die weltweit häufigsten Sedimentgesteine, die Tone und Tonsteine, relativ hohe Al-Gehalte, wie sie unter Magmatiten nicht vorkommen. Petrografische Anzeichen für ehemalige Al-reiche Sedimentgesteine, die in jedem Fall zu den suprakrustalen Gesteinen gehören, ist das Vorkommen von Al-reichen Mineralen wie z. B. Andalusit, Sillimanit oder Disthen sowie von Cordierit, Granat und Muskovit. So hat der in Abb. 66 als Ausschnitt gezeigte Gneis voller Granat und Cordierit eindeutig eine sedimentäre Vorgeschichte.

Abb. 126: Vulkanische Landschaft mit mehreren basaltischen Schlackenkegeln im Bild-Mittelgrund und schlackiger Oberfläche eines ehemaligen Lavastroms im Vordergrund. Der Auswurf von Lavafetzen, die zu Schlackenbrocken erstarren, ist Folge des gemeinsamen Aufstiegs größerer Mengen von Gas und von Lava im Förderkanal. Die völlig ungestörten vulkanischen Oberflächenformen zeigen an, dass die vulkanische Aktivität im abgebildeten Bereich geologisch jung ist. Malpais de Güímar, Teneriffa, Kanarische Inseln.

Abb. 127: Stricklava aus dunklem Trachyt. Die durch konzentrisch angeordnete Faltenwülste gekennzeichnete Oberfläche eines Lavastroms deutet auf eine gegenüber Basaltlava erhöhte Viskosität der ehemaligen Trachytlava hin. Costa Adeje, Teneriffa, Kanarische Inseln.

eine kaum gestörte Prägung durch ehemals fließfähig gewesene Lava oder durch explosive vulkanische Tätigkeit. Oft dokumentieren vulkanische Geländeformen wie Schlackenkegel, Krater und erstarrte Lavaströme eine vulkanische Entstehung der beteiligten Gesteine. Vulkanite und Pyroklastite sind wie Sedimentgesteine an der Erdoberfläche entstandene Bildungen. In geologischen Beschreibungen werden diese häufig unter der Bezeichnung **suprakrustale Gesteine** zusammengefasst. Dies gilt besonders für manche Edukte metamorpher Gesteinsserien. Suprakrustale Gesteine stehen im Gegensatz zu **infrakrustalen Gesteinen**, die in der Tiefe entstanden sind, wie z. B. Granite. Besonders in alten, präkambrischen, zumeist metamorphen Gesteinsprovinzen ist die ursprünglich suprakrustale bzw. infrakrustale Entstehung der prämetamorphen Ausgangsgesteine (Edukte) von Bedeutung. Das Auftreten suprakrustaler Gesteinsserien bedeutet, dass man sich im Bereich der ehemaligen Erdoberfläche befindet.

Die Produkte des Vulkanismus umspannen einen weiten Bereich von mineralogisch-chemischen Zusammensetzungen und daran gebunden ein Spektrum von Gesteinsnamen. Parallel zur Zusammensetzung kann ein durch Vulkanismus entstandenes Gestein auch nach seinem vom jeweiligen Bildungsmechanismus abhängigen Erscheinungsbild benannt werden. In diesem Sinne ist ein vulkanogenes Gestein, das von seiner Zusammensetzung her, nicht aber hinsichtlich des Gefüges einem Granit entspricht, zunächst immer ein Rhyolith. Ebenso zutreffende, jedoch durch die Gefüge begründete parallele Bezeichnungen können von Fall zu Fall z. B. sein: Porphyr, Obsidian, Ignimbrit. Letztere drei Namen beziehen sich auf jeweils spezifische Ausbildungsformen. Die Zusammensetzungen von mit diesen Bezeichnungen erfassten Gesteinen müssen nicht rhyolithisch sein, sondern von Fall zu Fall z. B. auch trachytisch, dacitisch oder phonolithisch.

Viele eher helle Vulkanite sind bei weit streuender mineralogisch-chemischer Zusammensetzung als **Porphyre** ausgebildet. Dies bedeutet, dass sie ein **porphyrisches Gefüge** zeigen. Dieses besteht bei den allermeisten Porphyren darin, dass Feldspäte plus/minus Quarz als relativ große, individuelle **Einsprenglingskristalle** in eine feinkörnige, meist dichte **Grundmasse** eingebettet sind. Zwischen den Korngrößen der Kristalle, die die Grundmasse zusammensetzen, und denen der Einsprenglinge fehlen Zwischengrößen. Porphyrisches Gefüge bedeutet in diesem Sinne auch, dass es eine Korngrößen-Verteilungslücke gibt. Im Gegensatz zu porphyrischen Vulkaniten stehen einsprenglingslose, vollständig feinkörnig ausgebildete Vulkanite. Solch einsprenglingsloses Gefüge heißt **aphyrisch**.

Manche Vulkanite, vor allem Basalte, können blasenförmige Hohlräume enthalten, die auf die Abgabe von ursprünglich im Magma gelöstem Gas zurückgehen oder auf Wasserdampf, der durch die Hitze von Lava freigesetzt worden ist, die über eine feuchte Unterlage geflossen ist.

Obwohl es nach den Regeln der IUGS-Klassifikation magmatischer Gesteine zulässig ist, jedes magmatische Gestein mit porphyrischem Gefüge als Porphyr zu bezeichnen, ist es nicht üblich, plutonische Gesteine mit porphyrischem Gefüge als Porphyr zu benennen. Ebenso werden basaltisch zusammengesetzte Vulkanite, selbst wenn sie relativ große, auffällige Einsprenglinge enthalten (Abb. 30), nicht als Porphyr bezeichnet. In geologischen Beschreibungen ist dann z. B. in eher umständlicher Weise von *„big feldspar basalt"* die Rede oder von „Basalt mit Plagioklaseinsprenglingen" bzw. von plagioklasphyrischem Basalt. Wenn Basalt auffällige Einsprenglinge führt, sind diese gewöhnlich Plagioklas. Wenn z. B. Pyroxen oder Amphibol die Einsprenglinge bilden, würde erst recht nicht von Porphyr die Rede sein. Die Verwendung der Gesteinsbezeichnung „Porphyr" ist weitgehend auf Rhyolithe, Trachyte und Latite beschränkt. Allenfalls noch manche Phonolithe mit Sanidineinsprenglingen kommen auch als Porphyre in Betracht. Besonders in älteren Gesteinsbeschreibungen und im Zusammenhang mit Glazialgeschieben kann von „Porphyrit" die Rede sein, wenn die Autoren eher petrografiefern orientiert sind. Diese Bezeichnung ist eine überholte und überflüssige Benennung für alterierte bzw. geologisch ältere Andesite (älter als Tertiär) mit oder ohne Einsprenglingen. Sie führt eher zu Verwirrung als zu relevanter Information.

Klassifikation von vulkanischen Gesteinen
Für die Einordnung und Benennung von vulkanischen Gesteinen gibt es konkurrierende Ansätze. Die Grundlagen sind alternativ die chemischen Zusammensetzungen oder die quantitativ zu ermittelnden Mineralbestände. Die Ermittlung der chemischen Zusammensetzungen erfordert die Verfügbarkeit von chemischen Analysen, die spezialisierte Labormethoden und -geräte zur Voraussetzung haben. Am üblichsten ist hierzu Röntgenfluoreszenzanalytik, deren Grundlage physikalisch ist. Sie beruht auf Vergleichen der Intensitäten von sekundärer Röntgenstrahlung zwischen den zu messenden Proben und von Standardproben mit bekannten Elementgehalten. Die Ermittlung der Anteile der einzelnen Minerale in Vulkaniten ist makroskopisch kaum möglich. Sie erfordert quantitative mikroskopische Untersuchungen der vollständigen Mineralbestände. Dies ist nur realistisch, wenn auch der feinkörnigste Anteil der Grundmassen sich vollständig erkennen lässt.

Abb. 128: Beispiel für Porphyr: trachytischer Vulkanit (rot) mit porphyrischem Gefüge. Idiomorphe Einsprenglinge von Plagioklas (weiß, z. T. grünlich getönt) und untergeordnetem Kalifeldspat (rötlich) heben sich von einer kräftig roten Grundmasse ab. Schwarze bis dunkelgrüne, irregulär geformte Einschlüsse in der Grundmasse sind Fragmente basaltähnlichen Gesteins, die entweder im festen Zustand oder als Magmentropfen in das Porphyrmagma gelangt sind. Glazialgeschiebe von „rotem Grönklittporphyr" mit Herkunft aus Norddalarna, Mittelschweden. Ostseesteilufer von Wangels, Hohwachter Bucht, Kreis Plön, Schleswig-Holstein. Größte Achsenlänge ca. 9 cm.

Abb. 129: Tiefschwarzer Basalt mit aphyrischem (einsprenglingslos dichtem) Gefüge als Ganggestein in Kontakt zu rötlichem Orthogneis. Dem basaltischen Gang fehlt der ursprünglich vorhanden gewesene Gegenkontakt. Nur eine Andeutung des roten Orthogneis' haftet in der Mitte des unteren Bildrands als lückenhafter Belag auf dem Basalt. Das aphyrische Gefüge des Basalts, der in diesem Fall kein Vulkanit, sondern ein Ganggestein ist, geht darauf zurück, dass das Basaltmagma beim Aufstieg keine Einsprenglinge enthielt und in kühles Nebengestein eingedrungen ist. Das Basaltmagma ist in geringer Krustentiefe in schon vollständig abgekühlten Gneis gelangt. Glazialgeschiebe (Findling) aus Kossau, Kreis Plön, Ostholstein. Aktueller Standort im Außengelände des Schleswig-Holsteinischen Eiszeitmuseums in Lütjenburg, Kreis Plön.

Abb. 130: Basalt voller blasenförmiger Hohlräume aufgrund der Entmischung von Gas vor der Erstarrung der Lava. Magmen und damit auch Laven enthalten gewöhnlich einen Anteil von fluider Phase, deren Hauptkomponenten zumeist Wasser und Kohlenstoffdioxid CO_2 sind. Je nach Mengenanteil der fluiden Phase kommt es bei Druckentlastung des Magmas, also vor allem beim Erreichen von Oberflächennähe, zur Entmischung von Gas. Das Spektrum der Auswirkungen reicht von explosiver Förderung von Magmenfetzen oder -tropfen im explosiven Gasstrom bis zur sanften Entstehung von isolierten Gasblasen in ruhig ausfließender Lava, die wie im hier gezeigten Beispiel im erstarrten Vulkanit eingeschlossen bleiben. Malpais de Güímar, Teneriffa, Kanarische Inseln.

Wenn die Grundmasse zu feinkörnig ist oder wenn sie Glas enthält, ist auch die mikroskopische Methodik zur Gesteinsbestimmung oft nicht ausreichend. Makroskopisch lässt sich nur der Anteil der direkt erkennbaren Einsprenglinge bestimmen.

Wenn es gelingt, den Mineralbestand eines Vulkanits vollständig zu ermitteln, lässt sich das Gestein ähnlich wie ein Plutonit anhand des **QAPF-Doppeldreiecks** einstufen, das in diesem Fall für Vulkanite zugeschnitten ist (Abb. 131). Jenseits der systematischen Bestimmung auf Grundlage von chemischen oder mikroskopischen Befunden sind die meisten Vulkanite auch anhand ihrer makroskopischen und Geländemerkmale einigermaßen zuverlässig klassifizierbar.

In manchen Fällen ist es zunächst zweitrangig, ob ein Vulkanit nach seiner chemischen oder mineralogischen Zusammensetzung z. B. ein Rhyolith oder ein Trachyt ist. Der jeweilige Fördermechanismus bedingt, ob das Gestein effusiv ist, also als Lava ausgeflossen ist, oder ob es durch Ablagerung aus einer Glutwolke als Ignimbrit ausgebildet ist. Die Ignimbritnatur ist zumeist direkt und klar erkennbar, während es zunächst offen bleiben muss, welche Zusammensetzung das Gestein hat. Im Gelände wird solcher Ignimbrit dann gewöhnlich mit einem lokalen Formationsnamen benannt wie z. B. Kizilkaya-Ignimbrit (Zentralanatolien) oder Arico-Ignimbrit (Teneriffa).

Basalte und basaltartige Gesteine

Basalte sind dunkel aussehende, feinkörnige Gesteine. Die Oberflächen wirken homogen und dicht, meist ohne zusätzliche Gefügemerkmale. Eher ausnahmsweise enthalten Basalte Einsprenglingskristalle von Plagioklas oder Pyroxen. Das unscheinbare Aussehen basaltischer Gesteine entspricht nicht ihrer herausragenden Bedeutung, die sie für den Aufbau der Erde haben. Sie bauen alleine oder zusammen mit ihren Differentiaten die größten kontinentalen und ozeanischen Vulkangebiete auf. Die Ozeanböden der Tiefsee bestehen, abgesehen von großflächiger Sedimentüberdeckung, weitgehend aus Basalten. Der Obere Erdmantel gibt in Form von Basaltmagma in großem Maßstab Material an die ozeanische und kontinentale Erdkruste ab. Basalte sind das Ausgangsmaterial einer Kaskade von gesteinsbildenden Prozessen innerhalb und auf der kontinentalen Kruste, die am Ende zu so andersartigen Gesteinen wie z. B. Granit, Sandstein, Gneis und Kalkstein führen. Darüber hinaus sind Basaltmagmen eine Wärmequelle für magmatische und metamorphe Prozesse in der Erdkruste. Basalte bilden hinsichtlich ihrer Entstehung und ihres Stoffbestands eine Brücke zwischen dem Oberen

1 keine Vulkanite
2 Alkalifeldspatrhyolith
6 Alkalifeldspattrachyt
6* Quarz-Alkalifeldspattrachyt
6´ Foidführender Alkalifeldspattrachyt
7 Trachyt
7´ Foidführender Trachyt
8 Latit
8´ Foidführender Trachyt
11 Phonolith
13 Phonolithischer Basanit/ Phonolithischer Tephrit
14 Basanit (Ol > 10%)/Tephrit (Ol < 10%)
15a Phonolithischer Foidit
15b Tephritischer Foidit
15c Foidit

QAPF-Doppeldreieck für Vulkanite (Streckeisen-Doppeldreieck)

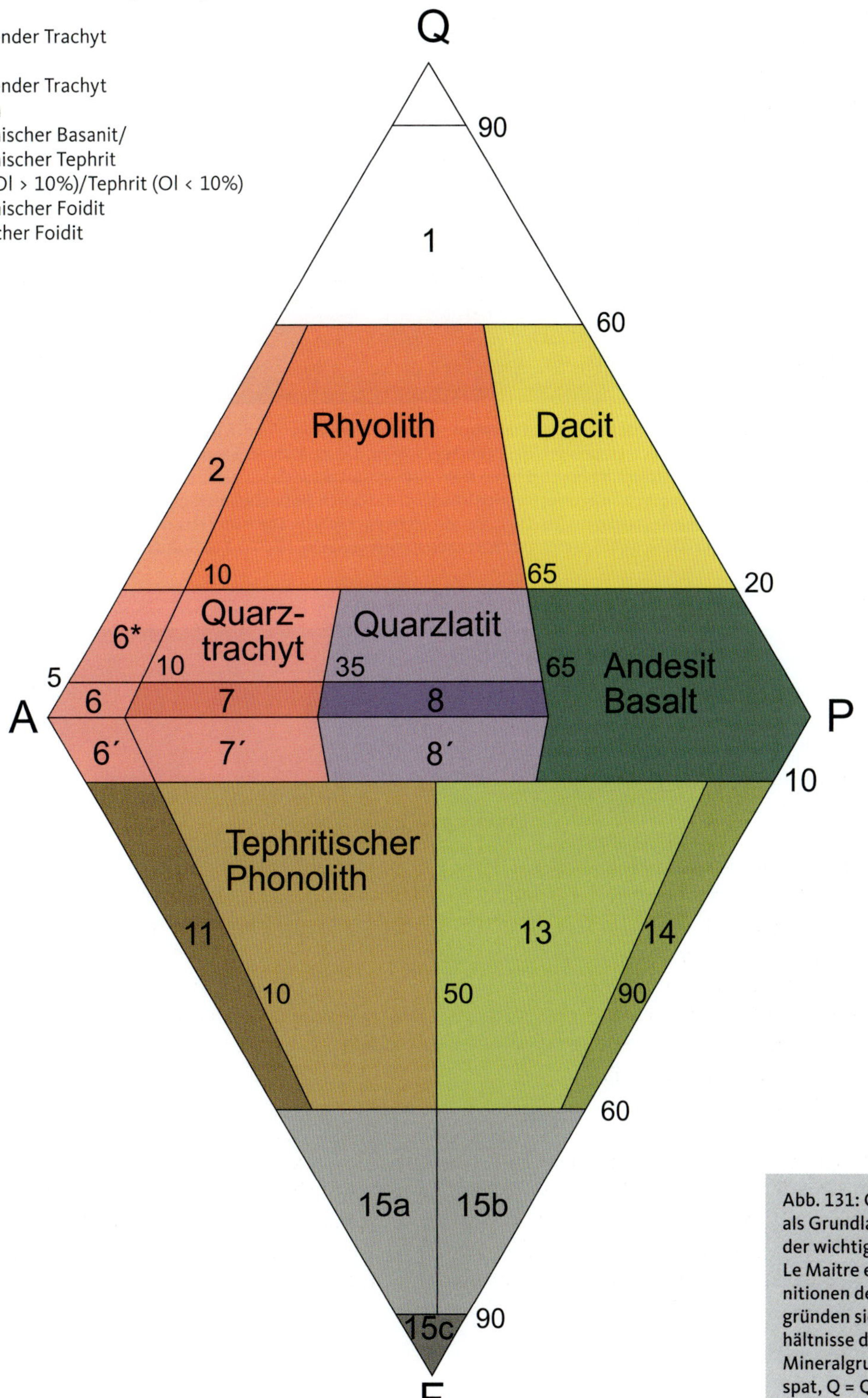

Abb. 131: QAPF-Doppeldreieck als Grundlage der Klassifikation der wichtigsten Vulkanite gemäß Le Maitre et al. (2004). Die Definitionen der einzelnen Vulkanite gründen sich auf die Mengenverhältnisse der hellen Minerale bzw. Mineralgruppen A = Alkalifeldspat, Q = Quarz, P = Plagioklas und F = Feldspatvertreter.

Abb. 132: An der Flanke eines Erosionstals angeschnittener Basalt-Lavastrom, dessen ehemalige Fließrichtung von rechts im Bild nach links gerichtet war. Der schwarze Basalt überlagert gelblich graue Pyroklastitablagerungen, die im Bildvordergrund freiliegen. Die unmittelbare Unterlage des ehemals glühend heißen Lavastroms ist durch dessen thermische Kontaktwirkung gefrittet und ziegelrot verfärbt. Der darüber liegende Basalt zeigt ein System aus komplex konfigurierten Hohlräumen, die durch Abfließen restlicher Basaltschmelze zustande gekommen sind, als unter einer schon erstarrten Kruste keine frische Lava von oben nachfolgte. Die früh erstarrt gewesene Oberfläche des Lavastroms ist durch eine schlackig-raue Oberfläche gekennzeichnet. Barranco de San Joaquin, südlich Los Roques, Teneriffa, Kanarische Inseln.

Abb. 133: Ufer einer ozeanischen Insel im Atlantischen Ozean. Basaltische Schlacke (rot) über massivem Basalt (schwarz) über steil abfallender untermeerischer Böschung. Punta de Abades, Südosten Teneriffas, Kanarische Inseln.

Abb. 134: Mikrofoto von Alkali-Olivinbasalt, dessen Gefüge durch Plagioklaskristalle bestimmt wird, die in alle Richtungen orientiert sind. Die Plagioklase sind die zumeist Zwillingsstreifung zeigenden, im Anschnitt leistenförmig erscheinenden Kristalle mit weißer und grauer Interferenzfarbe. Dreidimensional bilden die im Anschnitt leistenförmig erscheinenden Plagioklase tafelförmige Kristalle. Kleine Anteile des Plagioklas sind im Bild völlig dunkel. Für die Aufnahme waren beide Polarisationsfilter des Mikroskops in den Strahlengang geschaltet. Die Farben der einzelnen Kristalle sind daher Interferenzfarben. Die Kristalle mit bunten Interferenzfarben sind z. T. Olivin, z. T. Klinopyroxen (Augit). Die Olivine zeigen tendenziell gedrungene, relativ kompakte Kornkonfigurationen. Hierzu gehört der relativ großflächig angeschnittene, türkisfarbene Kristall rechts oben im Bild. Die rundlichen Aussparungen im tendenziell idiomorphen Olivin („Hopper-Olivin") sind Folge sehr schnellen Wachstums. Die Augite bilden filigran zerlappte Kristalle, die zu erheblichem Anteil von Plagioklas durchwachsen sind. Die völlig dunklen Bereiche zwischen den aufgehellten Kristallen sind zwickelfüllendes Glas sowie lichtundurchlässige Magnetitkörner. Das Gefüge dokumentiert eine Kristallisations- bzw. Erstarrungsreihenfolge: Olivin + Magnetit – Plagioklas – Augit – Glas. Basalt des Hohen Hagen, südlich Dransfeld bei Göttingen, Südniedersachsen. Breite des abgebildeten Gesteinsausschnitts 4,5 mm.

Erdmantel und der ozeanischen wie kontinentalen Erdkruste.

Schließlich können zunächst geradezu langweilig erscheinende Basalte bei geeigneter Betrachtung attraktiv aussehen. Ihre verborgene Schönheit und damit auch ihre Mineralbestände werden unter dem Polarisationsmikroskop sichtbar (Abb. 134 und Abb. 151).

Die Mengen basaltischen Magmas, die ein Vulkansystem über längere Zeit fördern kann, können riesig sein. Ozeanische Inseln ragen gewöhnlich aus mehreren Kilometern Wassertiefe oft hoch über den Meeresspiegel auf. Sie bestehen aus einem Sockel von zunächst submarin ausgeflossenem Basalt und aus einem Oberbau aus Basalten und deren Differentiaten. Der Aufbau aus Basalt ist für ozeanische Inseln kennzeichnend, die sich auf ozeanischer Kruste erheben. Das Vorkommen einer Granitinsel im Ozean würde diese als Fragment eines im Zuge der Plattentektonik zerlegten Kontinents ausweisen. Ein solches Beispiel sind die Inseln der Seychellen im Indischen Ozean.

In der Geologie ist es üblich, den Gesteinsnamen Basalt weiter zu fassen als in der Petrografie. Allerdings ist selbst dort die Klassifikation basaltischer Vulkanite nicht vollständig geregelt. Nachfolgend wird der Gesteinsname Basalt in weit gefasstem Sinne verwendet, sofern nicht von spezifischen Arten von Basalten oder basaltähnlichen Vulkaniten die Rede ist.

Die wesentlichen Minerale, die basaltische Vulkanite zusammensetzen oder von Fall zu Fall beteiligt sein können, sind Plagioklas, Augit, Olivin, Nephelin, Magnetit und Ilmenit. Manche Basalte enthalten anstelle von Plagioklas und/oder Nephelin Gesteinsglas. Die einzelnen basaltischen Gesteine enthalten oft nur einen Teil der hier angegebenen Minerale und diese in unterschiedlichen Mengenanteilen. Nur Augit und Magnetit fehlen außer in reinen Glasgesteinen nie. Die genannten Minerale sind in basaltischen Vulkaniten wegen deren Feinkörnigkeit nur teilweise oder auch überhaupt nicht ohne Polarisationsmikroskop und geeignete Präparate (Gesteinsdünnschliffe) bestimmbar.

Basaltische Vulkanite sind zumeist arm an auffälligen makroskopischen Merkmalen. Ausnahmen bilden Beispiele mit deutlichen Einsprenglingskristallen oder mit eingeschlossenen Gasblasen. Durch Alteration unter Einwirkung von heißen Fluiden können Basalte grünlich, braun oder rot verfärbt sein.

Im Gelände sind Basaltfelsen oft säulig gegliedert. Üblich sind parallel zueinander angeordnete Säulen von oft vielen Metern Länge mit überwiegend unregelmäßig fünfeckigen oder sechseckigen Querschnitten. Die Säulendicken und die Perfektion der Säulengeometrie sind innerhalb der Einzelvorkommen recht einheitlich, von Vorkommen zu Vorkommen jedoch unterschiedlich. Die säulige Gliederung ist eine Folge der thermischen Kontraktion bei fortschreitender Abkühlung im Anschluss an die ursprüngliche Erstarrung. Die Säulenachsen orientieren sich lotrecht zu den Abkühlungsflächen. Dies sind entweder Kontakte gegen kühles Nebengestein oder gegen Luft an der Erdoberfläche. Der säulige Aufbau von Basaltfelsen kann spektakuläre Landschaftsformen bewirken (Abb. 139). Säulendicken zwischen einem Dezimeter und einem Meter sind am häufigsten. In manchen Basaltvorkommen fehlt jegliche Säulengliederung.

Abb. 135: Querschnitt durch einen im weitesten Sinne basaltischen (evtl. basanitischen) Lavastrom, der eine ehemalige Geländerinne in älterem Basalt ausfüllt. Das Foto zeigt mehrere Eigenschaften von basaltischer Lava: Die nahezu vollständige Ausfüllung der Rinne ist Folge einer geringen Viskosität der Lava, die eine gute Fließfähigkeit bedingt hat. Die innerhalb des Lavastrom-Querschnitts entwickelte, umlaufend orientierte Säulenausrichtung bildet mustergültig die Orientierung der ehemaligen Temperaturgradienten im Zuge der Basalterstarrung ab. Die Abkühlung erfolgte in jedem Fall ausgehend vom Außenkontakt. Die unterschiedliche Säulendicke zeigt unterschiedliche Abkühlungsgeschwindigkeiten an. Die relativ dünnen Säulen im unteren Außenkontakt belegen eine besonders schnelle Abkühlung, die dicksäulige bis fehlende Gliederung im Lavastromzentrum belegt eine dort verzögerte Wärmeabgabe. La Caleta, Südwestküste Teneriffas, Kanarische Inseln.

Abb. 136: Zu Pillowbasalt erstarrte, submarin ausgeflossene ehemalige Basaltlava. Die einzelnen Basaltpillows sind ehemalige Lavaportionen, die im Kontakt zum Wasser abrupt eine Abschreckungskruste gebildet haben und daraufhin nicht mehr weiter gefüllt werden konnten. Die so entstandenen kissenförmigen Basaltkörper (Pillows) haben sich sukzessive übereinander abgelagert. Sie sind Bildungen vom Grund des ehemaligen (mesozoischen) Ozeans Tethys. Der Aufschluss liegt im küstenfernen Landesinneren im Osten der Türkei. Böschung an der Straße Artvin-Ardahan, nordwestlich Köprüyaka, Provinz Artvin, Türkei.

Am Kontakt gegen Wasser entstehen unter Abschrecken der Lava Pillowstrukturen aus kissenförmigen Basaltkörpern (Abb. 136), die gewöhnlich von Krusten aus basaltischem Glas (Sideromelan) eingehüllt sind. In den Zwickeln zwischen den einzelnen Pillows liegt gewöhnlich feinkörniges, meist glasiges, basaltisches Material, das am unmittelbaren Lava-Wasserkontakt durch Abschreckung und Zerspringen der zunächst noch glühend heißen Pillowkrusten entsteht. Pillowbasalt ist ein Indiz für Ausfließen von Basaltlava unter Wasserbedeckung. Zumeist handelt es sich um Bildungen an ehemaligen Ozeanböden.

Abb. 137: Schwarze, glasglänzende Sideromelankrusten mit Fließwülsten auf Ozeanbodenbasalt. Die Fließwülste verkörpern die kurze Phase des Ausfließens der Basaltlava am Meeresgrund, bevor sie im unmittelbaren Kontakt zum Ozeanwasser abrupt oberflächlich erstarrt war. Die unter den Sideromelankrusten z. T. freigelegten, weniger abrupt thermisch abgeschreckten Basalte sind mattgrau mit in der Tiefsee ausgefällten Anflügen von Brauneisen. Die Tiefseebasalt-Brocken stammen aus ca. 4000 m Wassertiefe. Philippinensee, südwestlicher Pazifik.

Abb. 138: Aufgrund von natürlicher Erosion freiliegende Klippe aus Alkali-Olivinbasalt mit schrägstehender Säulengliederung. Die Felsklippe ist an einen Lava-Förderschlot in Nachbarschaft eines sich oberhalb erstreckenden Basaltplateaus gebunden. Die Säulen sind anders als die der Abb. 139 geometrisch unvollkommen ausgebildet, zeigen aber dennoch, wie für Basaltsäulen üblich, eine weitgehend einheitliche Dicke, die Ausdruck der Abkühlungsgeschwindigkeit und der Art des Basalts ist. Die Schrägstellung der Säulen weist auf eine ehemalige, seitwärts gelegene Kontaktfläche zu ehemals angrenzendem Sand des Tertiär hin. Basaltfelsen Kitzkammer bei Hausen am Westhang des Hohen Meißner, Nordhessen.

Abb. 139: Besonders regelmäßige Säulengliederung von Basalt in einem ehemaligen Steinbruch. Die sehr einheitlichen Durchmesser der polygonalen Basaltsäulen sind durch die Abkühlungsgeschwindigkeit bestimmt. Die säulige Gliederung ist Folge der thermischen Kontraktion im noch glühenden Zustand nach der Magmenerstarrung. Die Orientierung der Säulenachsen folgt der Richtung der thermischen Gradienten, d. h. sie sind lotrecht zur Abkühlungsfläche orientiert. Panská Skála (Herrnhausfelsen), westlich Novy Bor (Haida), České středohoří (Böhmisches Mittelgebirge), Tschechien.

Abb. 140: Basaltähnlicher Augitnephelinit, dessen fächerförmige Säulenstellung auf eine Erstarrung innerhalb einer Quellkuppe hinweist. Die Lava hat sich über ihrer Förderspalte, unter Überdeckung von Tuff- oder Sand, kuppelförmig ausgebreitet, ohne weit in der Fläche ausfließen zu können. Die divergentstrahlig angeordneten Säulen sind in Richtung der thermischen Gradienten, d. h. senkrecht zur abkühlenden, ehemaligen Kontaktfläche ausgerichtet. Die Lokalität ist ein Musterbeispiel für Meilerstellung von basaltischen Säulen. Die Bildung wird vor Ort als „Palmwedel" bezeichnet. Das Naturdenkmal ist durch Steinbruchbetrieb angeschnitten worden, wurde dann jedoch aus Naturschutzgründen von der vollständigen Beseitigung verschont. Hirtstein bei Satzung, Mittleres Erzgebirge, Sachsen.

Basaltische Lava kann an der Erdoberfläche ruhig ausfließen oder unter heftigem Entmischen und Ausströmen vulkanischen Gases in Form von Lavafetzen durch die Luft geschleudert werden. Die zumeist schlackigen Auswurfmassen sind im Nahbereich von Förderschloten oft verschweißt. Sie können sich zu Schlackenkegeln anhäufen. In einiger Entfernung vom Förderort können Decken aus unverschweißten Pyroklastiten abgelagert werden. Pyroklastitablagerungen können aus allen Fragmentgrößen bis hinunter zu Aschepartikeln zusammengesetzt sein.

Die äußere Form von Lavabomben kann beim Auspressen der Lava aus dem Förderkanal und durch aerodynamische Einflüsse geprägt sein. Glühen im Kontakt mit Luftsauerstoff bewirkt eine Rotfärbung durch Oxidation des in der Lava enthaltenen zweiwertigen Eisens. Dies gilt besonders, wenn Bomben oder Lapilli schlackig ausgebildet sind und deshalb eine entsprechend große Oberfläche haben.

Abb. 141: Basaltische Wurfschlacke an der Außenböschung eines Schlackenkegels. Die Schlackenbrocken belegen durch ihre blasenreiche, z. T. schaumige Konsistenz eine Förderung bei einem gasreichen Vulkanausbruch. Hierbei sind die Schlackenstücke unter dem Druck explosiv ausströmenden vulkanischen Gases zu ihren Ablagerungsorten geschleudert worden. Die für basaltische Schlacken häufige Rotfärbung ist Folge der Oxidation von zweiwertigem Eisen in noch glühenden Lavafetzen und Schlackenbrocken in Reaktion mit Luftsauerstoff. Punta de Abades, Teneriffa, Kanarische Inseln.

Abb. 142: Basaltischer Lavastrom des Vulkans Fagradalsfjall im Dezember 2022. Die noch heiße Basaltlava füllt eine breite Talverebnung aus. Links der Bildmitte leuchtet rote Glut in einer schmalen Lücke der schon erstarrten Kruste. Im Kontakt mit dem feuchten Boden und mit spärlichen, winterlichen Vegetationsresten an der gegenüberliegenden Bergflanke steigen dort Rauch- und Dampfwolken auf. Grindavik auf der Reykjanes-Halbinsel im Süden Islands. Foto: Fiona Reiser, Reykjavik.

Abb. 143: Großflächig in der Ebene ausgeflossener Deckenbasalt, der von dem durch die Bildmitte verlaufenden Erosionstal angeschnitten ist. Die flächenhafte Ausbreitung der Basaltdecke ist Ausdruck der geringen Viskosität und damit guten Fließfähigkeit basaltischer Lava. An der Straße Kars – Iğdir westlich Çatak, Osttürkei, Grenzgebiet zu Armenien.

Abb. 144: Zum Aufnahmezeitpunkt noch nicht vollständig abgekühlter basaltischer Lavastrom aus Pahoehoe-Lava. Die wulstig gefältelte, nicht schlackige Oberfläche steht im Gegensatz zu Aa-Lava (Brockenlava, Abb. 145). Die Erstarrung als Pahoehoe-Lava ist Ausdruck einer relativ hohen Temperatur und geringen Viskosität der basaltischen Lava. Im Dezember 2022 entstandener Lavastrom des Vulkans Fagradalsfjall, Grindavik auf der Reykjanes-Halbinsel im Süden Islands. Foto: Fiona Reiser, Reykjavik.

Abb. 145: Aa-Lava (Brockenlava) auf der Oberfläche eines Basalt-Lavastroms. Die schlackigen Brocken sind wie Eisschollen als schon erstarrte Lava auf dem noch fließenden, heißen Inneren des Lavastroms mitgeschleppt und gegeneinander gestaucht worden. Südlich Arguayo, Teneriffa, Kanarische Inseln.

Basaltisches Magma ist im Vergleich zu anderen Magmen relativ dünnflüssig, sodass bei großen Fördermengen großflächig ausgedehnte Deckenergüsse entstehen können. Kontinentale Basaltdecken können Landschaften prägen (Abb. 143). Basaltische Lavaströme erstrecken sich oft über größere Strecken.

Basaltlava neigt bei geringer Viskosität und kurzzeitigem Fließen zu glatten bis kleinmaßstäblich gefalteten Oberflächen. Die zugehörigen Fließkörper zeigen dann zungen- oder wulstförmige Konfigurationen. Basaltergüsse mit solchen Oberflächenformen heißen Pahoehoe-Lava oder Wulst- bzw. Stricklava.

Lange anhaltendes Nachströmen begünstigt die Entstehung massiver Erstarrungskrusten über darunter noch fließender Lava. Unter dem Schub fließender, relativ hochviskoser Lava kommt es wegen mechanischer Kopplung zwischen der Erstarrungskruste und der darunter noch fließenden Lava zum Zerbrechen und Stauchen der Fragmente der schon erstarrten Kruste. Das Resultat ist Aa-Lava oder Blocklava. Die schlackige, aus miteinander verkeilten Schollen bestehende Kruste bedeckt basaltische Lavaströme oft vollständig. Das Bild ähnelt dann strukturell dem von Packeis.

Ihre Feinkörnigkeit verdanken Basalte der Kristallisation bei schneller Abkühlung. Oft sind die Grundmassen basaltischer Vulkanite nicht vollständig auskristallisiert. Sie enthalten dann ihren bei der Erstarrung noch verbliebenen Schmelzanteil in unterkühltem Zustand als vulkanisches Glas (Abb. 152).

Basaltische Magmen sind mit Temperaturen von oft um 1100 °C besonders heiß. Ihre vollständige Erstarrung findet in einem engen Temperaturintervall abrupter statt als z. B. die von Rhyolithmagmen. Bis zur Verfestigung kann Basaltlava wegen ihrer relativen Dünnflüssigkeit kilometerlange Lavaströme bilden. Die gute Fließfähigkeit bewirkt auch, dass Basaltmagma in Fugen von Nebengesteinen eindringen kann. Basaltmagma kann schmale Spalten im Gestein ausfüllen und auch Klüfte in einer Art natürlichen „Frackings" weiten. Manche basaltischen Spaltenfüllungen (basaltische Gänge) sind nicht breiter als 1 cm. Dies zeigt, dass Basaltmagma schnell und weit fließen kann, bevor es erstarrt.

Basalte in schmalen Gängen sind gewöhnlich auffallend feinkörnig. Der Grund hierfür ist die schnelle Abkühlung der relativ kleinen Magmenmengen gegen großflächigen Nebengesteinskontakt. In solchen Fällen haben die Nebengesteine zumeist zwangsläufig eine signifikant geringere Temperatur als das Basaltmagma. Anderenfalls könnten sie am unmittelbaren Kontakt zur glühend heißen Basaltlava nicht im festen Zustand bleiben. Selbst Gesteine wie Granit oder Gneis haben Schmelztemperaturen, die um einige hundert Grad unter den Temperaturen von Basaltmagmen liegen. Je breiter die

Gänge und je wärmer das Nebengestein, desto gröber ausgebildet sind die Kristalle im Inneren der Gänge. Für den Basalt massiver Gänge ist grobkörniges, doleritisches Gefüge kennzeichnend (Abb. 207, Abb. 208).

Für das Gefüge von basaltischen Gesteinen macht es keinen Unterschied, aus welchem Grund das Magma schnell abgekühlt ist, sei es als an der Erdoberfläche ausgeflossene Lava oder in einiger Tiefe im Kontakt gegen kühles Nebengestein. Die Produkte sind in beiden Fällen feinkristallin und basaltisch.

Feinkörnige basaltische Gangfüllungen sind keine Vulkanite. Dennoch gleichen sie den um Größenordnungen häufiger vorkommenden vulkanischen Basalten völlig. Sie sind nur dann als Ganggesteine erkennbar, wenn ein noch sichtbarer Kontakt zum Nebengestein die nichtvulkanische Entstehung deutlich macht. Als isolierte Gesteinsproben sind sie von basaltischen Vulkaniten nicht unterscheidbar.

Entstehung basaltischer Magmen

Basaltische Magmen sind Produkte der Teilaufschmelzung von Peridotiten und untergeordnet auch Pyroxeniten des Oberen Erdmantels. Zum Stoffbestand von Basaltmagma tragen vor allem Klinopyroxen und Spinell bei. Ihre Substanz kann vollständig in die Schmelze eingehen. Bei einer Magmenherkunft aus besonders großer Tiefe ist auch der erst in Tiefen von über 80 km im Erdmantel stabil bestandsfähige Granat beteiligt. Unter den Mineralen der Erdmantelgesteine kann nur Klinopyroxen das für die Bildung von Basaltschmelze erforderliche Kalzium liefern und in besonders großen Tiefen untergeordnet auch Granat. Das ebenfalls benötigte Aluminium kann durch Abbau von Spinell und ggf. auch von Granat bereitgestellt werden. Kalzium und Aluminium sind essenziell für die schließliche Bildung des Plagioklas der Basalte. Die zur Bildung von Basaltmagma nötigen chemischen Elemente Magnesium und Eisen stehen in allen Mineralen der Erdmantelperidotite zur Verfügung.

Basaltmagma kann ohne Zwischenstopp innerhalb von wenigen Tagen aus dem Erdmantel bis zur Erdoberfläche aufsteigen. Hierzu müssen bis in den Erdmantel reichende Dehnungsfugen als Aufstiegsbahnen zur Verfügung stehen. Bei schnellem Aufstieg bis an die Erdoberfläche fehlt Basaltmagmen die Möglichkeit, sich

Abb. 146: Gangbasalt (schwarz) in Rapakivigranit (rot). Der Basalt ist trotz Feinkörnigkeit kein Vulkanit, sondern ein Ganggestein, hervorgegangen aus Basaltmagma, das in deutlich älteren, schon abgekühlten Nordingrå-Rapakivigranit nahe der Erdoberfläche eingedrungen ist. Durch Wärmeabgabe gegen das kühle Nebengestein ist das Basaltmagma wie eine an der Erdoberfläche ausgeflossene Lava schnell abgekühlt. Hierdurch ist die Bildung makroskopisch erkennbarer Kristalle unterblieben, sodass ein Gangbasalt mit aphyrischem Gefüge entstanden ist. Norrfällsviken, Höga Kusten, Västernorrland, Nordschweden.

Abb. 147: Basanit: Das schwarze Geröll im Bldzentrum enthält in für Basanit typischer Weise Xenolithe aus peridotitischem Erdmantelgestein. Diese sind allerdings wegen der leichten chemischen Verwitterbarkeit von Olivin an der Oberfläche des Steins zersetzt und bis auf geringe, braungelb verwitterte Olivinreste herausgebröckelt. Die auf herausgewitterte ehemalige Peridotitxenolithe zurückgehenden Löcher sind für entsprechend exponierte Basanitoberflächen kennzeichnend. In besonderem Maße gilt dies für spezifische Basanite, die an norddeutschen, dänischen und polnischen Ostsee-Geröllstränden vorkommen. Sie sind jurazeitliche Basanite aus Zentralschonen in Südschweden. In der „Geschiebeszene" werden diese Gesteine gewöhnlich unzutreffend als „Schonenbasalte" bezeichnet. Die im Basanit enthaltenen Peridotitxenolithe sind ein Indiz dafür, dass das Basanitmagma ohne Zwischenaufenthalt in Magmenreservoirs innerhalb der kontinentalen Kruste unmittelbar aus dem Erdmantel bis an die Erdoberfläche aufgestiegen ist. Nur hierdurch ist es nicht zur Absaigerung der relativ schweren (dichten) Peridotitbrocken aus der Schmelze gekommen. Glazialgeschiebe am Ostseesteilufer von Friederikenhof, Hohwachter Bucht, Kreis Plön, Holstein. Längste Achse 15 cm.

Abb. 148: Erdmantelgestein vom Ostseestrand: Peridotitxenolith (grün) in Basanit (schwarz). Der Peridotit ist ein Fragment von Erdmantelgestein, das vom einbettenden Basanitmagma aus mindestens 40 km Tiefe bis in das Niveau der Erdoberfläche emporgeschleppt worden ist. Das abgebildete Geröll besteht dementsprechend aus zwei verschiedenen Gesteinen. Der Peridotit ist kein Bestandteil des Basanits, sondern ein Brocken von Fremdgestein (Xenolith), der vom Basanitmagma aus dem Oberen Erdmantel mit empor geschleppt worden ist. Der Olivin des passiv aufgestiegenen Peridotits ist demzufolge kein Bestandteil des Basanits. Dies bedeutet auch, dass der Basanit nicht aufgrund der Xenolithführung als „Olivinbasalt" bezeichnet werden darf. Glazialgeschiebe aus einem Ostseesteilufer an der Hohwachter Bucht, Holstein, „Schonen-Basanit" mit Herkunft aus Zentralschonen, Südschweden. Längste Achse 15 cm.

Chemische Klassifikation von Vulkaniten:
TAS-Diagramm (Total Alkali Silica)

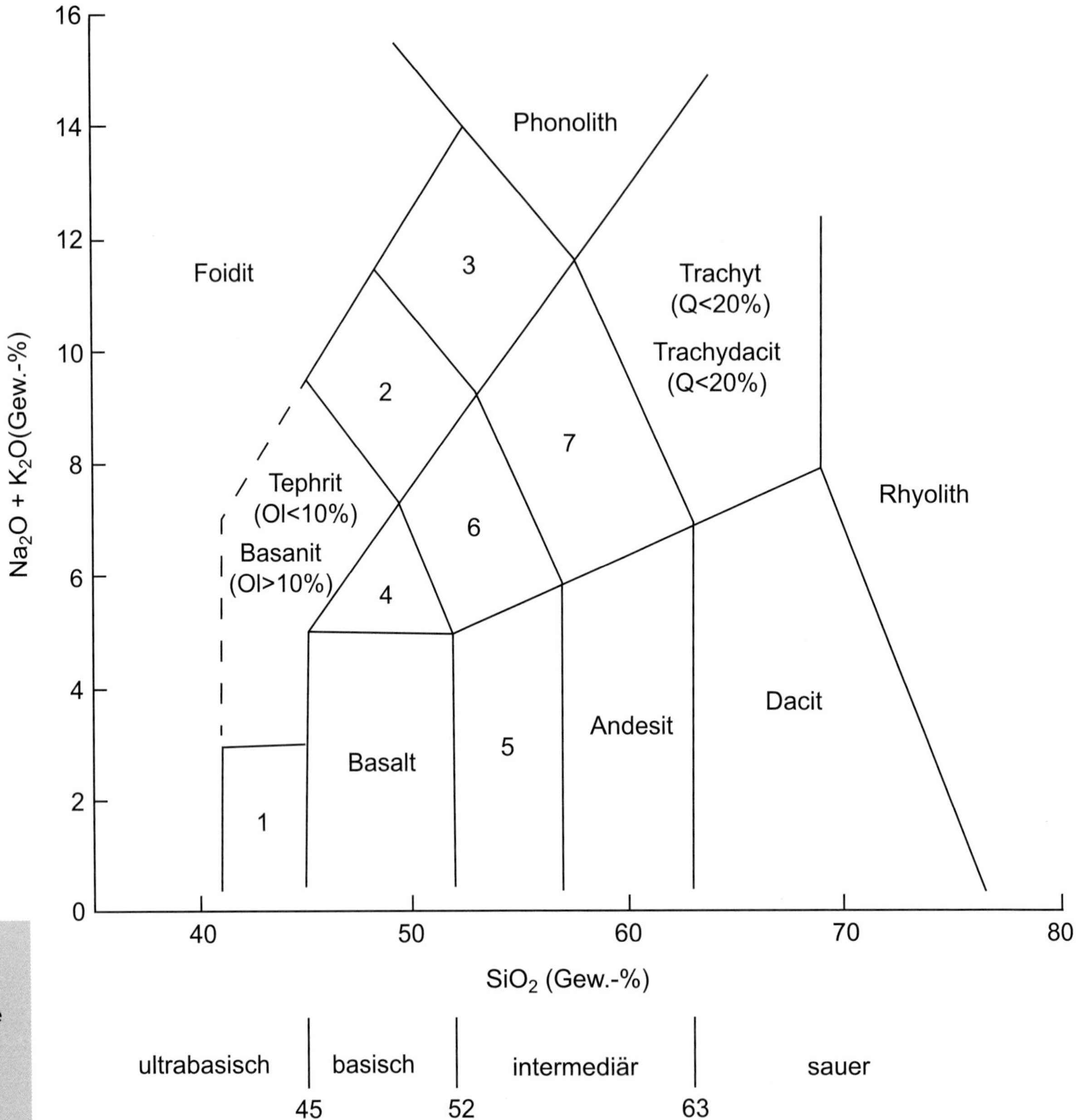

1 = Pikrobasalt 2 = Phonotephrit 3 = Tephriphonolith

4 = Trachybasalt (z. T. Alkali-Olivinbasalt)

5 = basaltischer Andesit 6 = basaltischer Trachyandesit

7 = Trachyandesit

Abb. 149: TAS-Klassifikationsdiagramm für vulkanische Gesteine auf Grundlage der Verhältnisse Gesamtalkali zu SiO_2.
1 = Pikrobasalt,
2 = Phonotephrit,
3 = Tephriphonolit,
4 = Trachybasalt,
5 = Basaltischer Andesit,
6 = Basaltischer Trachyandesit,
7 = Trachyandesit.
Nach Le Maitre et al. (2004).

wirksam zu differenzieren oder Material aus Gesteinen der Erdkruste aufzunehmen. Deutliche Veränderungen gegenüber den primären Magmen erfahren Basaltmagmen, die vor ihrem endgültigen Aufstieg in zwischengeschalteten Magmenreservoirs stagnieren. Ein Indiz für direkten Magmenaufstieg aus dem Erdmantel, ohne Verweilen in einem Zwischenreservoir innerhalb der Erdkruste, ist das Vorkommen von Peridotitxenolithen im Vulkanit. Besonders Alkali-Olivinbasalte und Basanite samt den mit ihnen eng verwandten Olivin-Nepheliniten führen solche Fragmente von Peridotiten als Repräsentanten der häufigsten Gesteine des Oberen Erdmantels (Abb. 147, Abb. 148, Abb. 404, Abb. 406).

Besonderheiten der Benennung von Basalten

Gewöhnlich ist es einfach, basaltische Gesteine als solche anhand ihrer dunkelgrauen bis fast schwarzen Färbung und ihrer Feinkörnigkeit zu erkennen. Allerdings können auch andere vulkanische Gesteine oder sogar Sedimentgesteine (z. B. Lydit) und Metamorphite (z. B. Hornfels) diese äußerlichen Merkmale zeigen.

Der Name Basalt wird in der Geologie durchweg für Basalte im weitesten Sinne verwendet, im Bereich der Natursteinverwendung auch darüber hinaus. Auch Basanite, Olivinnephelinite und basaltische Andesite werden häufig als Basalte bezeichnet, obwohl sie im petrografischen Sinne nicht dazugehören.

Auch gilt, dass sich die von der IUGS *(International Union of Geological Sciences)* zur Klassifikation magmatischer Gesteine eingesetzte Kommission nicht auf eine in sich kohärente Klassifikation basaltischer Gesteine geeinigt hat. Stattdessen besteht ein Nebeneinander von parallelen Namensgruppen. Die Namen gründen zum einen auf die chemischen Zusammensetzungen, zum anderen auf die Mineralbestände. Hinzu kommen noch parallele Benennungen auf Grundlage des geotektonischen Vorkommens. Beispiele hierfür sind Mid-Ocean Ridge Basalt (MORB), Back-Arc-Basalt, Inselbogenbasalt und Intraplattenbasalt.

Zuordnungen aufgrund der chemischen Zusammensetzungen ermöglicht das TAS-Diagramm (**t**otal **a**lkali vs. **s**ilica, Abb. 149). Das QAPF-Doppeldreieck für Vulkanite hingegen gründet sich auf mikroskopisch ermittelte, tatsächliche Mineralbestände (Modalbestände). In Abhängigkeit von der eingesetzten Untersuchungsmethode können sich unterschiedliche Namen für das gleiche Gestein ergeben. Auch fehlen in den genannten Klassifikationsdiagrammen wichtige Arten basaltischer Vulkanite. So kommt Alkali-Olivinbasalt (Abb. 134) als eine der häufigsten Basaltarten in Intraplattenbereichen in keiner der IUGS-Klassifikationen vor.

Klassifikation primärer basaltischer und basaltähnlicher Vulkanite

Basaltische Vulkanite, deren zugehörige Magmen ohne wesentliche Differentiation oder Kontamination durch Nebengesteinsanteile direkt dem Oberen Erdmantel entstammen, konservieren die Zusammensetzung der im Erdmantel durch partielle Aufschmelzung entstandenen Magmen. In diesem Sinne sind sie primäre Basalte. Sie können als chemisch und mineralogisch unterschiedliche, äußerlich aber ähnliche Gesteine in Vulkanregionen zeitlich und räumlich gemeinsam auftreten. Ihre Zusammenfassung unter der Bezeichnung Basalt ist in der Geologie üblich. Primäre Basalte bzw. deren Magmen sind die Ausgangsmaterialien, von denen sich Differentiate wie z. B. die nur chemisch bestimmbaren Trachybasalte (unten) ableiten ebenso wie Phonolithe und manche Rhyolithe.

Die enge Zusammengehörigkeit der primären basaltischen Vulkanite zeigt sich durch Beispiele von zeitlich und räumlich gemeinsamem Vorkommen und in flie-

Tab. 2: Makroskopisch erkennbare Merkmale primärer basaltischer Vulkanite

	Begleitende Pyroklastite	Peridotitische Xenolithe	Plagioklas	Olivin
tholeiitischer Basalt und basaltischer Andesit	selten	fehlend	reichlich	fehlend
olivintholeiitischer Basalt	selten	fehlend	reichlich	vorkommend
Alkali-Olivinbasalt	häufig auftretend	häufig	mäßig enthalten	enthalten
Basanit und Olivinnephelinit	häufig auftretend	sehr häufig	fehlend bzw. nicht erkennbar	reichlich enthalten

ßenden Übergängen ihrer chemischen und mineralogischen Zusammensetzungen. Diesen entsprechen experimentell ermittelte, fließend ineinander übergehende Bedingungen ihrer Magmenentstehung (unten). Trotz der äußeren Ähnlichkeit der primären basaltischen Vulkanite untereinander handelt es sich um chemisch und mineralogisch deutlich unterschiedliche Gesteine. Ohne Hilfsmittel erkennbare Merkmalskombinationen ermöglichen Zuordnungen auch ohne chemische Analysen und mikroskopische Untersuchungen (Tab. 2).

Schmelzen mit den chemischen Zusammensetzungen der primären Basalte stehen bei ihrer Entstehung zwangsläufig mit den vor allem aus Olivin und Ca-freiem Pyroxen (Orthopyroxen) bestehenden Aufschmelzungsrestiten unter den im Oberen Erdmantel herrschenden Drücken im chemischen Gleichgewicht. Dies ergibt sich daraus, dass sie bis zur Abtrennung und bis zum Aufstieg der Magmen koexistiert haben müssen. Die in der Tiefe verbliebenen Restite bestehen als *depleted mantle* (Abb. 404) weitgehend aus Olivin und Orthopyroxen, während Klinopyroxen und Spinell mit ihren chemischen Stoffbeständen maßgeblich für die Bildung der Schmelze verbraucht worden sind. Die Art der jeweils im Erdmantel entstehenden Schmelze hängt nach experimentellem Befund vom Druck und vom Grad der Aufschmelzung ab. Die Schmelzanteile liegen im Bereich einstelliger Prozentanteile des Ausgangsgesteins, dem noch keine Schmelzfraktion entzogen worden ist (*fertile mantle*, Abb. 404). Am höchsten sind sie für tholeiitbasaltische Schmelzen, am geringsten für olivinnephelinitische Schmelzen. Tholeiitische Magmen erfordern zu ihrer Entstehung relativ geringe Drücke, für olivinnephelinitische Magmen sind die höchsten Drücke und damit auch größere Entstehungstiefen nötig.

Ein sicheres Kennzeichen für primäre, im weitesten Sinne basaltische Vulkanite ist das Vorkommen von Peridotit-Xenolithen. Nur bei nicht unterbrochenem Magmenaufstieg unmittelbar aus dem Oberen Erdmantel gelangen solche Fragmente von Erdmantelgestein bis in den Bereich der Erdoberfläche. Bei Stagnation des Magmas in einem Zwischenreservoir würden die Xenolithe wegen höherer Dichte gegenüber dem Magma absaigern. Auch deshalb enthalten Differentiate keine Peridotit-Xenolithe. Nicht in allen primären basaltischen Gesteinen treten Peridotitxenolithe auf. In tholeiitischen Basalten fehlen sie. Einer der möglichen Gründe ist Resorption im relativ SiO_2-reichen Magma. In den SiO_2-ärmeren Alkali-Olivinbasalten, Basaniten und Olivinnepheliniten hingegen sind Peridotit-Xenolithe chemisch bestandsfähig. Ihr Vorkommen ist dort fast die Regel.

Ein vollständiges Spektrum von primären, im weitesten Sinne basaltischen Vulkaniten beherbergt die jungtertiäre nordhessisch-südniedersächsische Vulkanprovinz zwischen Göttingen und Kassel. Die meisten der Basaltvorkommen dort sind Füllungen von Förderschloten. Die vor ca. 20 Millionen Jahren entstandenen vulkanischen Oberbauten und Decken aus Vulkaniten sind längst abgetragen. Jeder Förderschlot markiert

Alkalische, tholeiitische und kalkalkalische Magmatite

Basaltische und basaltähnliche Magmen stehen am Anfang von potenziellen Differentiationsserien, d. h. Entwicklungsserien von Abfolgen von Magmen und entsprechenden Gesteinen, sowohl in Form von Plutoniten als auch in Form von Vulkaniten. Alkalibasaltische Vulkanite im weitesten Sinne, hierzu gehören Alkali-Olivinbasalt und Basanit bzw. Olivinnephelinit, sind dadurch gekennzeichnet, dass ihre chemische Zusammensetzung Kalium- und/oder Na-betont ist, bei Zurücktreten von Kalzium und auch Silizium und Aluminium. Daraus folgt, dass die vorhandenen Mengen von Kalium und Natrium nicht vollständig in Feldspäte eingebaut werden können. Die Vulkanite enthalten dann Feldspatvertreter oder entsprechend chemisch zusammengesetztes Glas. Differentiation des primären Magmas führt zur Bildung trachytischer und vor allem phonolithischer Magmen. Subalkalischen, d. h. tholeiitischen und kalkalkalischen basaltischen Magmen fehlt ein Alkaliüberschuss, sodass keine Feldspatvertreter gebildet werden können, sondern stattdessen vor allem relativ viel Plagioklas. Silizium ist ausreichend vorhanden, sodass statt oder neben Olivin der SiO_2-reichere Orthopyroxen als Mg-Fe-Silikatmineral kristallisiert. Die Differentiation führt sowohl für kalkalkalische als auch für tholeiitische basaltische Primärmagmen am Ende zu rhyolithischem Magma. Hierbei ist es für kalkalkalische Entwicklungsserien kennzeichnend, dass intermediäre Zwischenstufen in Form von andesitischen und dacitischen Gesteinen in bedeutender Menge auftreten, während diese in tholeiitischen Serien fehlen. Für tholeiitische Differentiationsserien ist eine Anreicherung von Eisen gegenüber Magnesium kennzeichnend. Geotektonisch treten Kalkalkaliserien, vulkanisch und plutonisch, vor allem an aktiven Kontinentalrändern und in Inselbögen auf, während tholeiitische Serien ebenso auch anorogen in Intraplattenbereichen auftreten.

daher punktgenau den Ort des jeweiligen Magmenaufstiegs. Differentiate wie z. B. Phonolithe, Tephrite oder Trachyte kommen nicht vor. Alle vorkommenden Vulkanite sind feinkörnig bei dunkelgrauer bis schwarzer Färbung. Deutliche, z. T. auch sehr gut ausgebildete säulige Absonderung ist die Regel.

Abb. 150: Aus weißem Plagioklas und schwarzem Pyroxen bestehender tholeiitischer Basalt aus einem permokarbonischen Lagergang (Sill). Das abgebildete Gesteinshandstück stammt aus dem schnell abgekühlten und daher feinkörnigen Bereich am Liegendkontakt des Sills. Nordseite des Plateaubergs Hunneberg bei Vänersborg in Västergötland, Südschweden. Breite des Handstücks ca. 9 cm.

Abb. 151: Mikrofoto (mit beiden Polarisationsfiltern im Strahlengang des Mikroskops) von tholeiitischem Basalt bis basaltischem Andesit. Das Gestein besteht aus Klinopyroxen (Augit) mit bunten Interferenzfarben und Plagioklas mit weißen und grauen Interferenzfarben mit und ohne polysynthetische Zwillingsstreifung. Auch der gedrungene, mittelgraue Kristall in der linken unteren Bildecke mit gebogenen Rissen ist Klinopyroxen. Er entwickelt allein aufgrund seiner Orientierung zum Strahlengang keine bunten Interferenzfarben. Die vollständig dunklen (im Bild schwarzen) Anteile im Gestein bestehen aus vulkanischem Glas. Olivin, wie er in vielen basaltischen Gesteinen vorkommt, fehlt in diesem relativ SiO_2-reichen Gestein. Ehemaliger Basaltsteinbruch an der Sababurg im Reinhardswald östlich Hofgeismar, Landkreis Kassel, Nordhessen. Breite des abgebildeten Ausschnitts 2,5 mm. Anmerkung: Das Vulkanitvorkommen bildet den Felssockel des Schlosses Sababurg im Reinhardswald bei Hofgeismar. Von hier stammt das Dornröschen-Märchen der Brüder Grimm.

Abb. 152: Mikrofoto, nur ein Polarisationsfilter im Strahlengang, die Farben der Minerale sind daher Eigenfarben: Olivinnephelinit bis Basanit mit mikroporphyrischem Gefüge. Die Einsprenglinge sind: Olivin (völlig farblos) und Klinopyroxen (Augit, blass gelblich braun getönt, mit intensiver gelblichen Rändern). An der Zusammensetzung der Grundmasse ist kein entsprechend feinkörniger Olivin beteiligt, aber viele kleine Augitkristalle und intransparente (opake) und daher dunkel (schwarz) aussehende Magnetitkörnchen. Dieses Fehlen von Grundmasse-Olivin ist in basaltischen und basaltähnlichen Vulkaniten allgemein üblich. Die zusammenhängende Basis der Grundmasse ist bräunlich getöntes vulkanisches Glas, das größere, kaum von Kristallen durchsetzte Bereiche ausfüllt. Für Basanit mit Glasanteil in der Grundmasse gibt es den Sondernamen Limburgit. Limburgit ist glasführender Basanit. Ehemaliger Steinbruch im Rosenberg nördlich der Straße Hofgeismar – Niedermeiser, Landkreis Kassel, Nordhessen. Die in Form der Mikrofotos der Abbildungen 151 und 152 gezeigten, im weitesten Sinne basaltischen Gesteine sind hinsichtlich ihrer Zusammensetzungen die entgegengesetzten Endglieder eines weiten und nahezu kontinuierlichen Spektrums von primären, nicht differenzierten Vulkaniten Nordhessens, die während des Jungtertiärs jeweils separate, eigene Förderzentren hatten. Diese prägen als regional höchste Kuppen die Landschaft zwischen Göttingen und Kassel. Der Alkali-Olivinbasalt der Abb. 134 steht ca. in der Mitte des Spektrums. Die Gesteine wurden in etlichen Steinbrüchen als „Basalte" vor allem für den Straßenbau gewonnen. Sie repräsentieren die Vielfalt der gemeinhin als „Basalte" bezeichneten Vulkanite. Breite des abgebildeten Ausschnitts 2,5 mm.

Mineralbestände von primären basaltischen Vulkaniten

Basalte im engeren Sinne sind tholeiitischer Basalt und Alkali-Olivinbasalt, die aufgrund ihrer Minealbestände in das Basaltfeld des QAPF-Doppeldreiecks für Vulkanite fallen. Sie bestehen aus Plagioklas, Augit, +/- Olivin und den Erzmineralen Magnetit und Ilmenit. Feldspatvertreter treten in tholeiitischem Basalt nicht, in Alkali-Olivinbasalt kaum auf. Die anderen basaltischen Gesteine (im weitesten Sinne), die alle unterhalb der horizontalen A-P-Verbindungslinie des QAPF-Doppeldreiecks projizieren (= „Alkalibasalte z. T."), enthalten Nephelin als Feldspatvertreter oder entsprechend zusammengesetztes Glas. Dunkle Minerale sind Olivin, Augit sowie die Erzminerale Magnetit und Ilmenit. Plagioklas kann vorkommen (Alkali-Olivinbasalt) oder fehlen bzw. als Glas getarnt sein (Basanit, Olivinnephelinit).

Durch Differentiation beeinflusste basaltische und basaltähnliche Vulkanite

Alle primären basaltischen Magmen bilden bei längerem Aufenthalt in einem Magmenreservoir Differentiate. Hierbei kann aus tholeiitbasaltischem Magma letztlich in geringer Menge rhyolithisches Magma entstehen. Alkalibasaltische Magmen, d. h. auch die von Basaniten, Olivinnepheliniten und Alkali-Olivinbasalten, können Differentiate von phonolithischer Zusammensetzung produzieren.

Geringere Ausmaße von Differentiation führen zu immer noch weitgehend basaltischen Gesteinen (Trachybasalte), die sich bei normal basaltischen SiO_2-Gehalten vor allem durch erhöhte Alkaligehalte auszeichnen (Tab. 3). Ihre sichere Bestimmung setzt gesteinschemische Analysen voraus.

Tab. 3: Trachybasalte und Trachyandesite der TAS-Klassifikation

	Trachybasalt	Basaltischer Trachyandesit	Trachyandesit
Na_2O - 2,0 ≥ K_2O (Gew.-%)	Hawaiit	Mugearit	Benmoreit
Na_2O - 2,0 < K_2O (Gew.-%)	K-reicher Trachybasalt	Shoshonit	Latit

Phonolith bedeutet sinngemäß „Klingstein". Der Name ist dadurch begründet, dass mäßig dicke, nicht schwingungsdämpfend gelagerte Gesteinsplatten von einiger Flächenausdehnung beim Anschlagen einen glockenartigen Klang von sich geben. Die Tonhöhen hängen von den Maßen der Phonolithplatten ab. Die Platten lassen sich durch ihre Dimensionierung bleibend stimmen. Kleine und nicht plattig geformte Phonolithbrocken lassen keinen besonderen Klang ertönen. Es gehört zu den besonderen Eigenschaften typischer Phonolithe, dass sie eine Neigung zu plattiger Absonderung und Teilbarkeit aufweisen. Diese spezifische Art der Teilbarkeit ist dadurch bedingt, dass Phonolithmagma bei seiner Abkühlung anders als recht abrupt erstarrendes Basaltmagma über einen ausgedehnteren Temberaturbereich sukzessive immer fester und schließlich vollständig fest wird. Im Übergangsbereich verhält sich das Magma vor der endgültigen Erstarrung zunehmend hochviskos (zähflüssig), sodass es bei noch anhaltendem Magmenaufstieg zu differentieller Durchbewegung unter Anlage paralleler Scherflächen kommt. Dies ist ein Vorgang, der der Anlage von Schieferungsflächen im Zuge von dynamischer Metamorphose ähnelt. Die Neigung zu glockenartigem Klingen ist auch für Platten

Abb. 153: Lavastrom aus Phonolith an steil abfallender Böschung (rechte Bildhälfte). Das für phonolithische Lava kennzeichnende zähflüssige Fließverhalten drückt sich dadurch aus, dass der Lavastrom an steiler Böschung erstarren konnte, ohne bis zum Böschungssockel abzufließen. Ebenso weist die wulstig gefaltete Oberfläche des steil abfallenden Lavastroms auf hohe Viskosität hin. Las Cañadas del Teide, Teneriffa, Kanarische Inseln.

Abb. 154: Phonolithquellkuppe der Milseburg (836 m ü. NHN) in der Rhön, vom Basaltberg Schafstein aus gesehen. Blickrichtung nach Nordwesten. Die Phonolithquellkuppe ist nur die den Gipfel bildende, steil ansteigende Kuppe. Die im Foto sichtbare kahle, steile Flanke der Quellkuppe besteht aus anstehendem Phonolith und phonolithischem Blockschutt. Die Ausformung der Quellkuppe geschah während des Jungtertiärs in einer Umhüllung aus Sedimentgesteinen des Buntsandsteins und aus Pyroklastiten des Milseburgvulkans. Diese Nebengesteine sind inzwischen im Niveau der Milseburgkuppe abgetragen, sodass die aus verwitterungsresistenterem Phonolith bestehende Quellkuppe freiliegt. Südlich Hofbieber, östlich Fulda, Osthessen.

aus manchen anderen Gesteinen mit besonders intensiver Verzahnung der Minerale möglich. Ein Beispiel hierfür sind bestimmte feinkörnige Dolerite Südschwedens („Hyperitdolerite").

Phonolithe bzw. deren Magmen sind Differentiate von alkalibasaltischen bis basanitischen Magmen. Diese Beziehung deutet sich darin an, dass die in vielen Basaniten und Alkali-Olivinbasalten in Form von Gläsern enthaltene letzte Restschmelze sich bei entsprechender Untersuchung chemisch als phonolithisch zusammengesetzt erweist. Auch kommen altersgleiche Alkalibasalte und Phonolithe gemeinsam in den gleichen Vulkanregionen (Rhön) vor.

Die im Zuge der Erstarrung zähflüssige Konsistenz von Phonolithmagmen wirkt sich im Gelände darin aus, dass phonolithische Lavaströme für ihre Ausbreitung starkes Gefälle benötigen und sich nicht in der Ebene ausbreiten. Viele Phonolithvorkommen bilden hoch aufragende Felskuppen mit steilen Flanken. Sie können die Füllungen ehemaliger Vulkanschlote sein oder vor allem Quellkuppen (Abb. 154). Diese sind Emporwölbungen von vulkanischem Gestein, die dadurch entstehen, dass zähflüssiges, z. B. phonolithisches, Magma oberflächennah in lockeres Gestein eindringt und unter dieser Umhüllung und Überdeckung erstarrt, ohne nach den Seiten abfließen zu können. Durch anschließende Abtragung der Überdeckung können dann steil aufragende Phonolithkuppen bestehen bleiben ebenso wie die phonolithischen Füllungen von Förderschloten.

Andesit ist vulkanisches Gestein, das hinsichtlich der dominierenden Minerale (Plagioklas, Pyroxene) tholeiitischem Basalt ähnelt. Die plutonische Entsprechung ist Diorit. Anders als in manchen Basalten kommt in Andesit Olivin nicht vor. Unalterierte Andesite sind tendenziell heller aussehende Gesteine als die meisten Basalte. Im Einzelfall kann Andesit jedoch auch fast schwarz erscheinen. Dies gilt besonders, wenn die Grundmasse vulkanisches Glas enthält (Abb. 165). Viele Andesite enthalten auffällige Plagioklas-Einsprenglinge von z. T. Zentimetergröße.

Das Vorkommen der größten Mengen von Andesiten ist an Inselbögen und aktive Kontinentränder gebunden. Sie sind dort wesentlicher Bestandteil kalkalkalischer Magmatitserien. Andesite und die mit ihnen verknüpften Pyroklastite bilden oft riesige, kegelförmige Vulkangebäude, wie sie in den an Subduktion gebundenen zirkumpazifischen Vulkangürteln verbreitet sind. Der Gesteinsname Andesit ist dementsprechend vom Gebirgsnamen Anden abgeleitet.

Abb. 155: Nahaufnahme des Phonoliths der Milseburg. Die hellgraue Färbung ist für Phonolith üblich, ebenso eine schieferungsähnliche, plattige Teilbarkeit, die sich durch die ausgedehnte, ebene Oberfläche und durch einzelne Ablösungsspäne an der Oberfläche des Gesteinsstücks auswirkt. Die plattige Teilbarkeit bildet differenzielle laminare Fließbewegung aufgrund anhaltenden Magmenaufstiegs im schon ansatzweise erstarrten Phonolith-Magmenkörper ab. Makroskopisch erkennbare Einsprenglinge sind farblos-klare Sanidine (Kalifeldspat) und schwarze Pyroxene. In der makroskopisch einheitlich-dicht erscheinenden Grundmasse sind individuelle Kristalle nicht erkennbar. Breite des abgebildeten Ausschnitts 10 cm.

Kleinere Andesitvorkommen ohne Zusammenhang mit zeitgleicher Subduktion sind oft zusammen mit begleitenden Rhyolithen, Daciten und Basalten an intrakontinentale Becken gebunden. Sie können dann Folge der Hebung und krustalen Dehnung während des gravitativen Kollabierens von jungen Orogenen sein. Ursache hierfür ist der Auftrieb der noch tief in den Erdmantel reichenden Orogenwurzeln aus relativ leichten Krustengesteinen bei schon fortgeschrittener Abtragung des hoch aufragenden Gebirges und damit verbundener Minderung der Auflast. Ein mitteleuropäisches Beispiel für solchen intrakontinentalen Vulkanismus unter Be-

Abb. 156: Massiv blockiger, ungeschichteter andesitischer Lavastrom, der steil zum Wasser hin einfällt. Die Lagerung ist kaum tektonisch verstellt. Das steile Abtauchen des Andesitlavastroms weist auf dessen ehemalige hohe Viskosität hin. Die Unterlage bildet geschichteter Lapillituff. Der Vulkanismus ist an die Kollapsphase des Kaledonischen Orogens während des Devon (Old Red) gebunden gewesen. Nordseeküste von St. Abbs Head (Horsecastle Bay), Südostschottland.

Abb. 157: Andesit mit vergleichsweise heller, plagioklasreicher Grundmasse und schwarzen Einsprenglingen von Hornblende und Pyroxenen. Sammlungsprobe, Anatolien. Breite des abgebildeten Ausschnitts ca. 6 cm.

teiligung von Andesit ist das permzeitlich dehnungstektonisch und vulkanisch aktiv gewesene Saar-Nahe-Becken im Zentralbereich des damals noch jungen Variszischen Orogens.

Alkalireichere Andesitarten (Trachyandesite) treten in innerkontinentalen Riftgebieten und auch subduktionsgebunden an aktiven Plattenrändern auf. Ähnlich wie phonolithische Laven haben auch andesitische Laven eine höhere Viskosität als basaltische Laven. Daher sind für andesitische Vulkangebiete steil geböschte Vulkankegel kennzeichnend, während Basalte flach geböschte Schildvulkane und großflächig ausgedehnte Lavadecken bilden.

Dacit steht hinsichtlich der Zusammensetzung und des Aussehens zwischen Andesit und Rhyolith. Er ist gewöhnlich entsprechend hell bei gelblicher, hellgrauer oder rötlicher Tönung. Viele Dacite sind reich an Feldspateinsprenglingen, sowohl von Kalifeldspat wie von

Abb. 158: Subvulkanischer Dacit im aufgelassenen Steinbruch „Silbersee" im Gipfelbereich des Lembergs (Nahebergland) bei Feilbingert im Landkreis Bad Kreuznach. Der chemisch und bezüglich seines Mineralbestands zwischen Andesit und Rhyolith stehende Dacit zeigt eine mittelgraue Färbung und ein massiges, durch weitständige Klüftung bestimmtes Erscheinungsbild. Der Dacit bildet gemeinsam mit ebenfalls subvulkanischem Rhyolith einen propfenförmigen (stockförmigen) Intrusivkörper von ca. 2 km Durchmesser in einer Umgebung aus Sand- und Tonsteinen des Unteren Rotliegend und des Oberkarbon. Der Magmenaufstieg fand während der Zeit des Unterperm (Rotliegend) statt.

Abb. 159: Nahaufnahme von subvulkanischem Dacit des Lembergs (Abb. 158). Der Lemberg-Dacit besteht aus einer hellgrauen Grundmasse, die aus mikroskopisch feinkörnigem Plagioklas, Kalifeldspat und Quarz zusammengesetzt ist. Bei Betrachtung mit einer Lupe in Erscheinung tretende Einsprenglinge sind schwarze Pyroxene, Hornblende und Biotit. Weitere, sich farblich kaum von der Grundmasse abhebende Einsprenglinge sind spärlich eingestreute Plagioklase. Im Gegensatz zum hier als Beispiel abgebildeten Dacit des Lembergs gibt es ebenso auch viele Dacite, die makroskopisch auffällige Einsprenglinge, vor allem von Plagioklas, enthalten. Breite des abgebildeten Ausschnitts (Ausschnittvergrößerung) ca. 4 cm.

Plagioklas. Die plutonische Entsprechung von Dacit ist Granodiorit bzw. Tonalit. Im Gelände können Andesit, Dacit und Rhyolith räumlich und auch genetisch miteinander verknüpft auftreten. Sie bilden zusammen mit Basalten kalkalkalische Vulkanitserien, die sich durch mehr oder weniger vollständige Gesteinsabfolgen auszeichnen. Zu diesen gehören außer den Anfangs- und Endgliedern Basalt und Rhyolith intermediäre Gesteinsarten mit tendenziell fließend ineinander übergehenden Zusammensetzungen. Dacite und Andesite sind hierfür Beispiele. Das zeitliche und regionale Zusammenvorkommen der genannten Vulkanite bzw. ihrer plutonischen Entsprechungen ist für Kalkalkaliserien kennzeichnend. Dadurch stehen sie im Kontrast zu tholeiitischen, oft bimodalen Magmatitassoziationen aus nur Basalt und Rhyolith und zu Differentiationsabfolgen, die auf Alkalibasalte zurückgehen. Diese treten unabhängig von Subduktion vor allem innerhalb der tektonischen Großplatten auf, sowohl innerhalb von ozeanischen Inseln als auch in kontinentalen Gebieten. Hier treten keine Andesite und Dacite auf und anstelle von Rhyolith bildet Phonolith das Differentiations-Endstadium.

Rhyolith ist das Silizium-reichste vulkanische Gestein. Nach seiner chemischen und mineralogischen Zusammensetzung entspricht es dem Plutonit Granit. Obwohl Granit in der kontinentalen Kruste besonders häufig ist – viel häufiger als die Basaltentsprechung Gabbro –, ist Rhyolith viel seltener als Basalt. Das Zurücktreten von Rhyolithen gegenüber Basalten an der Erdoberfläche ist maßgeblich durch die hohe Viskosität von Rhyolithmagmen gegenüber basaltischen Magmen bedingt. Rhyolithmagma, das hinsichtlich seiner chemischen Zusammensetzung und geringen Fließfähigkeit mit granitischem Magma identisch ist, kann nicht wie Basaltmagma in engen Fugen über längere Strecken schnell und anhaltend aufsteigen. Vielmehr ist das Magma für seinen Aufstieg darauf angewiesen, in Form voluminöser Intrusivkörper ausreichend Auftrieb zu entwickeln, um sich aktiv im Nebengestein und unter seiner Überdeckung Platz zu verschaffen. Hierbei kommt es mit fortschreitendem Aufstieg und damit verbundenem Verlust von fluider Phase, vor allem von H_2O, zur Minderung des H_2O-Partialdrucks und damit zur Erschwerung des Verbleibs im Schmelzzustand. Die Folge ist das Auskristallisieren in mäßiger Tiefe als granitischer Plutonit. Je näher das Magma der Erdoberfläche kommt, desto eher kristallisiert es aus und erstarrt. Rhyolithisches Magma bleibt daher oft in Form von Granit in wenigen Kilometern Tiefe stecken. Mit fortschreitender Auskristallisation des Magmas verringert sich die Menge der Restschmelze, sodass die fluide Phase in dem verringerten Schmelzvolumen nicht mehr zu halten ist und mehr oder weniger explosiv durch die Überdeckung entweicht. An die fortschreitende Auskristallisation des subvulkanischen Plutonitkörpers ist dadurch ein explosiver Vulkanismus gebunden, dessen rhyolithische Förderprodukte entweder als Bims- oder als Ignimbritdecken pyroklastischer Natur sind. Viele Rhyolithdecken lassen sich angesichts der hohen Viskosität von Rhyolithmagma nicht als effusive (ausgeflossene) Lavadecken deuten, sondern eher als vollständig verschweißte, rhyolithische Ignimbrite. Räumlich enger begrenzte Rhyolithvorkommen sind oft keine effusiven Vulkanite, sondern die Füllung subvulkanischer ehemaliger Magmenreservoirs. Der gewöhnlich schleppende Aufstieg rhyolithischer Magmen führt dazu, dass die Frühzeit der Auskristallisation hinsichtlich der Kristallgrößen der von Granit entspricht. Das Magma kann am Anfang ja nicht wissen, ob es Granit oder Rhyolith werden soll. Es beginnt daher zunächst, wie ein Granit grobkörnig auszukristallisieren. Die hierbei noch in größerer Tiefe früh gebildeten Kristalle liegen im oft deutlich porphyrisch ausgebildeten Rhyolith als Einsprenglinge vor.

Trachyt kann Rhyolithen sehr ähneln, außer dass Quarzeinsprenglinge überhaupt nicht vorkommen. Eine oft große Menge von Feldspateinsprenglingen (Sanidin) bewirkt, dass typische Trachyte als Porphyre ausgebildet sind (Abb. 162). In manchen Vulkangebieten kommen

Abb. 160: Rhyolith, der als homogener, vollständig verschweißter Ignimbrit (ohne Fiamme) erstarrt ist (Abb. 173). Der Rhyolith enthält in roter Grundmasse sich farblich kaum abhebende rote Kalifeldspat-Einsprenglinge. Quarzeinsprenglinge fehlen. Der gesamte Quarzanteil steckt in der Grundmasse. Viele Rhyolithe sind rot. Gewöhnlich ist dies Folge von Alteration, bei der das immer in mäßiger Menge im Magma und damit auch im Gestein vorhandene zweiwertige Eisen zu fein verteiltem Hämatit (Roteisen, Fe_2O_3) oxidiert. Das Gestein trägt den Lokalnamen Bredvadporphyr. Glazialgeschiebe vom Ostseesteilufer Klütz Höved, Nordwestmecklenburg. Herkunft Norddalarna, Mittelschweden. Längste Achse 9 cm.

Abb. 161: Natürlicher Profilschnitt durch das Innere eines subvulkanisch erstarrten und durch Erosion freigelegten Ausschnitts eines großen Rhyolithmassivs. Die Steilwand ermöglicht einen Einblick in die innere Struktur der Rhyolithintrusion, die sich knapp unter der ehemaligen (permzeitlichen) Erdoberfläche zunächst als subvulkanischer Magmenkörper gebildet hat (Kreuznacher Porphyr). Die schlierig angeordneten, unterschiedlich rot und gelblich weiß gefärbten Anteile bilden Inhomogenitäten des zähflüssigen Magmas ab, das vor der endgültigen Erstarrung stagnierte und deshalb nicht mehr durchmischt werden konnte. Rothenfels bei Bad Münster am Stein, Landkreis Bad Kreuznach. Die Felswand ist mit ca. 200 m Höhe und über 1 km Länge die größte natürliche Steilwand Deutschlands außerhalb der Alpen. Sie erhebt sich über einem Prallhang der Nahe, die wenig flussabwärts bei Bad Münster am Stein-Ebernburg das Rhyolithmassiv des Kreuznacher Porphyrs durchschneidet. Der Kreuznacher Porphyr ist eine von mehreren Rhyolithintrusionen der permzeitlichen Magmatitprovinz des Saar-Nahe-Beckens zwischen Hunsrück und Pfälzer Wald. Aufnahmestandort oberhalb des Südufers der Nahe in Bad Münster am Stein-Ebernburg.

Trachyte und Rhyolithe gemeinsam und mit fließenden Übergängen untereinander vor. Anders als Rhyolithe können Trachyte auch recht dunkel aussehende Gesteine mit relativ hohem Anteil feinkörniger dunkler Minerale sein. Trachytvorkommen können geotektonisch an die gleichen Bedingungen gebunden sein wie Rhyolithe. Entsprechend sind sie entweder an Inselbögen und aktive Kontinentränder gebunden oder sehr viel häufiger an kontinentale oder auch ozeanische Intraplattenbereiche. Oft stehen sie mit Dehnungstektonik im Zusammenhang, z. B. im Rahmen des gravitativen Kollapses von kurz zuvor entstandenen Orogenen. Trachyte sind oft reich an zentimetergroßen Kalifeldspateinsprenglingen, die durchweg als Sanidin ausgebildet sind.

Abb. 162: Trachyt aus grauer Grundmasse voller kleiner, schwarzer Pyroxene und kaum größerer weißer Plagioklase. Die zentimetergroßen, transparenten, bräunlich getönten Einsprenglinge sind Sanidine, die aufgrund der schnellen thermischen Kontraktion des sich abkühlenden Vulkanits viele subparallele Risse zeigen. Diese Risse orientieren sich an den latenten Spaltbarkeitsrichtungen des Feldspats. Sie sind ein übliches Merkmal von Sanidin-Einsprenglingen in Vulkaniten. Agios Paraskevi, Samotraki, Ägäische Inseln, Nordostgriechenland. Breite des abgebildeten Ausschnitts ca. 7 cm.

Recht häufig enthalten Trachyte in ihrer Grundmasse winzig kleine Hohlräume, die auf Gas zurückgehen, das vor der endgültigen Erstarrung aus dem Magma freigesetzt worden ist. Die gewöhnlich eckig und „ausgefranst“ geformten Hohlräume geben den Bruchflächen vieler Trachyte eine ausgeprägte Rauigkeit. In Trachyten, die im Laufe ihrer weiteren Geschichte unter mächtigerer Überdeckung gelegen haben oder die aus anderen Gründen länger anhaltend erhöhten Temperaturen ausgesetzt waren, tritt Orthoklas an die Stelle von Sanidin. Trachyte sind meist rhyolithähnlich helle Gesteine mit hellgrauen, gelblichen oder rötlichen Färbungen. Nicht selten enthalten die Grundmassen einen Glasanteil. Im Extremfall kann Trachyt weitgehend als Glas erstarrt sein. So gibt es von der chemischen Zusammensetzung her trachytischen Obsidian und trachytischen Bims. Als dunkle Minerale können Einsprenglinge und recht kleine Kristalle von Pyroxen und auch von Hornblende und/oder Biotit auftreten, die das Gestein dunkelgrau färben. In manchen Trachyten gibt es Alkalipyroxene oder Alkaliamphibole, die dem Gestein eine grünliche Tönung geben können, besonders, wenn solche meist grünen Alkalipyroxene bzw. Alkaliamphibole auch fein verteilt die Grundmasse durchsetzen. Subvulkanische Trachyte sind oft kräftig alteriert und dadurch dann zumeist rot oder braunrot gefärbt.

Latit ist ein vulkanisches Gestein, das sich vom recht ähnlichen Trachyt durch einen erhöhten Anteil von Plagioklas neben Kalifeldspat unterscheidet. Auch der Anteil dunkler Minerale wie Pyroxene, Hornblende und Biotit, sowohl unter den Einsprenglingen als auch in der Grundmasse, gibt vielen Latiten gegenüber den meisten Trachyten eine dunklere Tönung. In vielen Fällen ist Latit makroskopisch merkmalsarm und z. B. nicht von vor allem Andesit unterscheidbar. **Rhombenporphyr** ist ein spezieller, auffälliger Latit, der anstelle der Kombination Kalifeldspat plus Plagioklas große Einsprenglinge von Anorthoklas enthält. Anorthoklas enthält bei der Kristallisation aus dem Magma den kombinierten chemischen Elementbestand von Kalifeldspat und Plagioklas. Chemisch entspricht Anorthoklas der Kombination der zwei sonst üblichen Feldspäte („Zwei Feldspäte in einem"). Allerdings ist Anorthoklas bei submagmatischen, aber immer noch hohen Temperaturen instabil, sodass die (ehemaligen) Anorthoklas-Einsprenglinge zwar ihre ursprüngliche äußerliche Kristallgestalt nicht verändern können, aber im Inneren durch ein Nebeneinander verschiedener Feldspäte ersetzt werden. Zusätzlich kommt es zum Platztausch der verschiedenen Atome in den Kristallen unter Änderung der internen Kristallgeometrie (Inversion). Das Resultat ist die Entmischung verschiedener Feldspatarten im festen Zustand. Die weitgehend invertierten und entmischten Anorthoklas-Einsprenglinge sind an ihrer für Feldspäte sonst unüblichen Gestalt erkennbar. Ihre Querschnitte zeigen im Idealfall eine rhombenförmige Konfiguration. In der Realität nehmen sie aufgrund richtungsweise unterschiedlichen Kristallwachstums die Gestalt von Parallelogrammen ein. Hiervon unabhängig ist die Gesteinsbezeichnung „Rhombenporphyr" von der Gestalt

Abb. 163: Trachyt mit einer Grundmasse, die durch einen hohen Anteil schwarzer Klinopyroxene (Augite) dunkel getönt ist. Die hellen Einsprenglinge sind dünntafeliger, farblos-klarer Kalifeldspat (Sanidin), der im Anschnitt länglich erscheint. Die großen, schwarzen Einsprenglinge sind Augite. Strandgeröll, Playa del Socorro de Güímar, Teneriffa, Kanarische Inseln. Längste Achse 14 cm.

Abb. 164: Als Rhombenporphyr ausgebildeter Latit. Die in der braunen Grundmasse steckenden grauen Einsprenglinge sind teilweise oder vollständig invertierte und entmischte Anorthoklase mit rhomben- bzw. parallelogrammförmigen Querschnitten, auf die der Name des Gesteins zurückgeht. Glazialgeschiebe am Ostseesteilufer von Friederikenhof, Hohwachter Bucht. Herkunft: Oslo-Region in Südnorwegen. Größter Durchmesser 11 cm.

der (idealisierten) Schnittfiguren abgeleitet. Die Farben der Grundmassen können, auch in Abhängigkeit vom Alterationszustand, grau, gelblich, rötlich oder braun sein (Abb. 52, Abb. 164). Rhombenporphyre sind leicht erkennbare, besondere Gesteine, die weltweit nur an drei Orten vorkommen: Oslorift in Südnorwegen, Antarktis und Ostafrika. In allen drei Regionen ist das Vorkommen von Rhombenporphyr an intrakontinentale Grabenstrukturen gebunden, die Ausdruck von großräumiger Dehnungstektonik sind. Im Oslograben sind Rhombenporphyre neben anderen Vulkaniten und Plutoniten wie z. B. Larvikit (Abb. 53 und Abb. 102) an den Magmatismus im Zuge von Dehnungstektonik gebunden, die vor ca. 300 Millionen Jahren (Übergang Karbon/Perm) in Südskandinavien aktiv war. Produkte von dehnungsbedingtem Magmatismus zur gleichen Zeit in der gleichen Großregion sind Gangbasalte in Schonen und Kinnediabas (Abb. 197) in Västergötland in Südschweden.

Vulkanische Gläser

Vulkanisches Glas entsteht wie technisch hergestelltes Glas aus heißer, SiO_2-reicher Schmelze, in der es im Zuge schneller Abkühlung nicht zur Auskristallisation kommt. Gläser sind von ihrer Struktur her unterkühlte, erstarrte Schmelzen. Die Kristallisation von Mineralen in magmatischen Schmelzen kann bei sehr schneller Abkühlung und/oder durch Polymerisation in der Schmelze verhindert werden. Polymerisation bedeutet In diesem Zusammenhang, dass in der Schmelze schon vor der Kristallisation von z. B. Feldspäten und Quarz ausgedehnte Ketten und dreidimensionale Verknüpfungen von SiO_4-Komplexen vorliegen. Die Verknüpfung erfolgt über gemeinsame Sauerstoffatome, die benachbarte SiO_4-Komplexe sich teilen. Durch die z. T. ausgedehnte Verknüpfung vieler SiO_4-Komplexe wird die zur Kristallisation erforderliche Mobilität und damit Diffusion der Ionen in der Schmelze erschwert. Die Schmelze ist dann durch Zähflüssigkeit gekennzeichnet und durch graduelle Zunahme der Viskosität im Zuge fortschreitender Abkühlung. Solche Schmelze steht im Gegensatz zum abrupten Erstarren von dünnflüssiger, relativ Silizium-armer, aber Eisen-, Magnesium- und Kalzium-reicher Basaltschmelze. Im Gegensatz zum Silizium, das in gesteinsbildenden Mineralen und damit auch in Gesteinen mit vier verknüpfungsfähigen Sauerstoffatomen verbunden auftritt, bewirken vor allem Kalzium, Magnesium und Eisen in Gesteinsschmelzen eine Depolymerisation. Sie blockieren die Verknüpfung benachbarter SiO_4-Komplexe untereinander, indem sie sich an deren Sauerstoffe anlagern. Hierdurch können die Diffusion und damit die Kristallisation ungehinderter erfolgen. Dies bedeutet in der Konsequenz, dass Silizium-reiche Schmelzen, besonders solche mit rhyolithischer Zusammensetzung, zögerlicher auskristallisieren als z. B. basaltische Magmen. Die Entstehung basaltischer Gläser ist mehr als die von rhyolithischen Gläsern von schneller Abkühlung abhängig. Besonders wirksam geschieht dies im Kontakt mit Wasser, vor allem am Ozeanboden. Für unter Wasser ausgeflossene Basaltlava ist eine schwarz glänzende Glaskruste die Regel (Abb. 167). In manchen Fällen enthält sie isoliert eingestreute, früh gebildete Kristalle von z. B. Plagioklas und/oder Olivin. Ansonsten ist es bei der Erstarrung von Vulkaniten im Kontakt zu Wasser üblich, dass nach der Auskristallisation der Einsprenglinge und der Grundmassekristalle die noch vorhandene Restschmelze als Glas erstarrt, also strukturell im Schmelzstadium „einfriert". Hierbei findet eine stoffliche Trennung in der Weise statt, dass vor allem Magnesium, Eisen und Kalzium sich selektiv als Bestandteile der Kristalle einordnen, während vorzugsweise Kalium und ein hoher Anteil des Siliziums sich in der Restschmelze und damit im Glas relativ anreichern. Während dann das Kristallisat für sich z. B. eine basaltische Pauschalzusammensetzung hat, entspricht die chemische Zusammensetzung des Glases z. B. der Zusammensetzung von Rhyolith oder Phonolith. Hierin bilden sich Tendenzen der magmatischen Differentiation ab. Magmatische Differentiation bedeutet, dass sich aus einem zunächst einheitlichen Magma durch dessen inhaltliche Aufteilung mehrere Folgemagmen und schließlich Gesteine bilden. So kann tholeiitisches Basaltmagma in Richtung Rhyolith differenzieren und Basanitmagma in Richtung Phonolith. Die Restschmelze der frühen Auskristallisation darf dann allerdings nicht vollständig in den Zwickeln zwischen den Kristallen verbleiben (Abb. 166), sondern sie muss sich zu ausreichend großen Volumen sammeln, als Grundlage der Bildung separater Gesteinskörper.

Der nicht kristalline strukturelle Zustand von Gläsern ist metastabil und damit im Laufe geologischer Zeiträume nicht unbegrenzt bestandsfähig. Eine nachträgliche, gewöhnlich feinstkörnige Auskristallisation im festen Zustand (Entglasung) wird begünstigt, wenn eine Wärmezufuhr stattfindet. Dies kann z. B. durch Versenkung des Gesteinskörpers in einige Tiefe geschehen, durch aufsteigende hydrothermale Fluide oder durch die thermische Einwirkung von Magma in der Umgebung. Da solche Vorgänge im Laufe langer geologischer Zeiträume mit zunehmender Wahrscheinlichkeit irgendwann stattfinden, sind geologisch alte, nicht entglaste Gläser seltener als geologisch junge Gläser. Während vulkanische

Abb. 165: Weiselbergit (Lokalname): Subvulkanischer Andesit mit glasreicher Grundmasse, die einen entsprechenden Glanz zeigt und das Gestein dadurch recht dunkel für einen Andesit erscheinen lässt. Die hellen Einsprenglinge sind Plagioklase. Weiselberg bei Oberkirchen, Landkreis St. Wendel, Saarland. Breite des abgebildeten Ausschnitts ca. 10 cm.

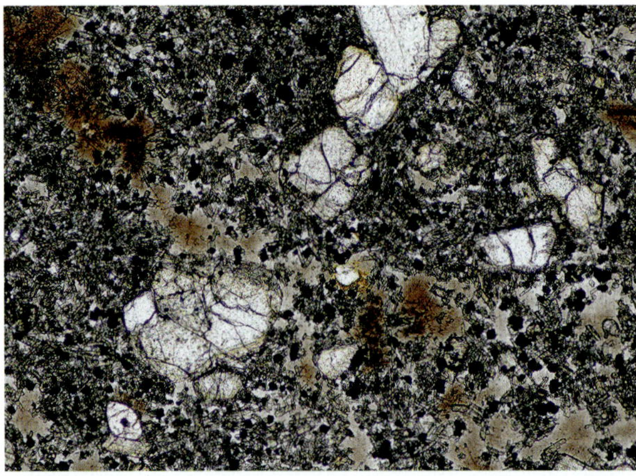

Abb. 166: Mikrofoto von glasreichem Basanit (Limburgit) (Aufnahme ohne Analysator): Als Limburgit wird glasreicher Basanit bezeichnet. Zwischen Einsprenglingen von Olivin (farblos) und Augit (gelblich braun getönt) und Grundmassekristallen von Augit (gedrungen stabförmige Säulchen) und Magnetit (schwarz) füllt strukturloses, braunes Glas die Zwickel und auch größere geschlossene Flächen. Die chemische Zusammensetzung des Glases gleicht der des Vulkanits Phonolith. Zur Bildung von separatem Phonolithmagma wäre eine Abtrennung und Sammlung großer Mengen der in diesem Foto durch das Glas vertretenen Restschmelze vom frühen Kristallisat erforderlich gewesen. Im mikroskopischen Bild ist dieser Zusammenhang modellhaft im Kleinen zu sehen, bis auf die Ansammlung und Separation signifikanter Mengen der temporären Restschmelze. Waldgebiet „Sauweide", östlich Liebenau-Zwergen, Landkreis Kassel, Nordhessen. Breite des abgebildeten Ausschnitts 2,5 mm.

Abb. 167: Basalt von aktuellem (rezentem) Ozeanboden aus ca. 4000 m Wassertiefe. Die Basaltlava ist im unmittelbaren Kontakt mit dem Meerwasser über wenige Zentimeter Reichweite thermisch so abgeschreckt worden, dass die Auskristallisation der Lava dort verhindert worden ist. Der abgeschreckte Kontakt zum Meerwasser zeigt sich als dünne Kruste aus schwarz glänzendem basaltischem Glas (Sideromelan). Unterhalb der Glaskruste, im Foto unten rechts, folgt auskristallisierter Basalt, der einen dünnen, tiefseetypischen, bräunlichen Belag aus Oxidhydraten von vor allem Eisen und Mangan trägt. Philippinensee, südwestlicher Pazifik. Breite des Brockens ca. 12 cm.

Gläser bzw. glasführende Vulkanite in den tertiärzeitlichen Vulkangebieten Mitteleuropas häufig sind, kommen sie unter den ebenfalls häufigen permzeitlichen Vulkaniten nur selten vor. Eine Ausnahme bildet der Weiselbergit (Abb. 165).

Sideromelan

Nach Le Maitre et al. (2004) ist Sideromelan „das extrem gewöhnliche, transparente Glas von Basalten, das während jeglicher Wechselwirkung zwischen Magma und Wasser bei submariner Eruption entsteht". Die großflächige Verbreitung von Basalten an den Ozeanböden ist mit einer besonderen Häufigkeit des basaltisch zusammengesetzten Glases Sideromelan verbunden, das allerdings nur selten auf natürliche Weise unverändert an Land auftritt, am ehesten im Uferbereich von ozeanischen Inseln, die von Landhebung betroffen sind.

Obsidian

Rhyolithische und auch trachytische wie phonolithische Laven neigen aufgrund ihrer SiO_2-reichen Zusammensetzung bei ausreichend schneller Abkühlung zu weitgehend glasiger Erstarrung. Dies schließt das Vorkommen von eingestreuten Kristallen (Einsprenglingen) nicht aus. Diese waren dann schon beim Ausfließen der Lava als „Mitbringsel" aus der Tiefe in der Schmelze vorhanden. Vor allem rhyolithische Lavaströme, von oft etlichen Metern Mächtigkeit, aber mit Fließweiten von kaum über wenige hundert Meter Erstreckung, bestehen dann aus massivem Glas, das zumeist schwarz, aber auch braun oder grün gefärbt ist. Zusätzlich können helle, entglaste Flecken oder Schlieren auftreten. Entglasung in Obsidian ist eine Folge der massenhaften Bildung mikroskopisch kleiner Kristallkeime von überwiegend Kalifeldspat vor der endgültigen Abkühlung des Glases. Diese Bildung von Kristallkeimen ist eine Folge davon, dass Gläser (auch künstliche) strukturell metastabile, unterkühlte Schmelzen sind, deren Auskristallisation durch niedrige Temperaturen für lange Zeit verhindert werden kann. Die Versprödung und Trübung antiker Gläser ist eine Folge allmählicher Kristallbildung. Nicht entglaster Obsidian zeigt glänzende Bruchflächen, die denen von künstlichen Gläsern gleichen. Der Bruch ist muschelig, weil es in Gläsern, anders als in vielen Kristallen, keine strukturell vorgegebenen Richtungen von Spaltbarkeiten gibt. Schnittkanten von Bruchflächen sind messerscharf und durchscheinend. Obsidian ist ähnlich wie Flint (Feuerstein) in der Jungsteinzeit als Rohstoff für Werkzeuge und Waffen verwendet worden.

Abb. 168: Obsidian-Lavastrom mit hellen Entglasungsschlieren im Wechsel mit nicht entglastem, schwarzem Obsidian. Die Steilstellung der Wechsellagerung aus entglasten und nicht entglasten Lagen des Obsidians ist Ausdruck des zäh plastischen Fließverhaltens der rhyolithischen Lava. Im abgebildeten Ausschnitt ist es zur Auffaltung des Lagenbaus aufgrund einer Stagnation des Weiterfließens der Lava gekommen. Porticello, Ostseite Liparis, Äolische Inseln, Süditalien.

Abb. 169: Scharfkantige Scherben von Obsidian, die vom Vulkan Fossa auf der Insel Vulcano ausgeworfen worden sind. Die Scherben liegen von Natur aus auf dem Kraterrand des Vulkans, ohne dass sie künstlich zerkleinert worden sind. Hierdurch wird die splittrig-harte Beschaffenheit des vulkanischen Glases Obsidian deutlich. Die Neigung von Obsidian zu scharfkantigem Bruch bedingte die Eignung des Materials für die Herstellung von Steinwerkzeugen in vorgeschichtlichen Zeiten. Nordabschnitt des Kraterrands des Vulkans Fossa auf Vulcano, Äolische Inseln, Süditalien.

Bims ist weißes bis blassgelbliches, von mit Gas gefüllten Blasen durchsetztes rhyolithisches, trachytisches oder phonolithisches Glas. Das übliche Vorkommen ist in Form loser Brocken statt als kohärentes Material von Lavaströmen. Die Förderung muss unter heftiger Gas-

Abb. 170: Bei einem Vulkanausbruch abgelagerte Bimstephra (Lapilli) mit Beteiligung von staubfeinen Aschenpartikeln, die im oberen Profilabschnitt dominieren. Sowohl die Bimsbröckchen (Bimslapilli) als auch die Aschenpartikel sind als Pyroklasten bei explosivem Vulkanismus ausgebreitet worden. Das Foto zeigt einen Ausschnitt des in Abb. 174 gezeigten Aufschlusses. Südwestlicher Ortsrand von Gösterli, Provinz Niğde, 80 km südwestlich Kayseri, Kappadokien, Türkei.

Abb. 171: Pechstein (wasserhaltiges vulkanisches Glas) mit deutlich ausgeprägtem perlitischem Gefüge, das sich in Form rundlicher, obsidianartig glänzender „Perlen" aus wasserarmem Glas zeigt, die in hell erscheinendes Material voller Risse eingebettet sind. Die Risse sind Folge einer Volumenzunahme bei Wasseraufnahme. Pechsteinfelsen bei der Fichtenmühle am südlichen Stadtrand von Meißen (Buschbad) oberhalb des Triebischtals, Meißen, Sachsen. Breite des Bildausschnitts ca. 11 cm.

freisetzung erfolgen, sodass Lavafetzen aus dem Förderschlot geschleudert werden und sich in der Umgebung als pyroklastisches Material anhäufen. Bims ist durch vulkanische Gase aufgeschäumtes vulkanisches Glas. Die einzelnen Blasen-Hohlräume sind rundum von Glaswänden umschlossen. Dies bedeutet, dass Bims sich nicht mit Wasser vollsaugen kann und daher auf Wasser langfristig schwimmfähig ist. So können an einem Meeresstrand angespülte Bimsbrocken von einer weit entfernten ozeanischen Insel oder Festlandsküste stammen.

Pechstein, Perlit

Rhyolithisches Glas kann innerhalb seines nichtkristallinen Gefüges in begrenztem Umfang molekulares Wasser einlagern. Bei H_2O-Gehalten über 4 Gew.-% geht Obsidian in Pechstein über, der bis zu 8 Gew.-% Wasser enthalten kann. Pechstein ist rhyolithisches Glas mit erheblichem Wassergehalt. Äußerlich wirkt sich der erhöhte Wassergehalt in Form eines matten („wässrigen") Glanzes aus, der so wirkt, als ob die Oberfläche mit einem dünnen Wasser- oder Ölfilm überzogen wäre. Bruchkanten sind weniger scharfkantig als die von Obsidian. Gewöhnlich ist das Gestein von konzentrisch angeordneten Scharen kreisförmig verlaufender Dehnungsrisse durchsetzt, die oft kugelähnlich konfigurierte intakte Glaskörper umhüllen. Solche besondere Gefügeausbildung von Pechstein heißt Perlit, das Gefüge perlitisch. Der Wassergehalt von Perliten bewirkt bei Glühen des Rohmaterials ein bimsartiges Aufschäumen. Hierdurch eignet Perlit sich grundsätzlich zur Herstellung von Leichtbaustoffen. Der in Abb. 171 gezeigte Perlit aus der Umgebung Meißens wurde zeitweise als Rohstoff zur Herstellung von Flaschenglas verwendet.

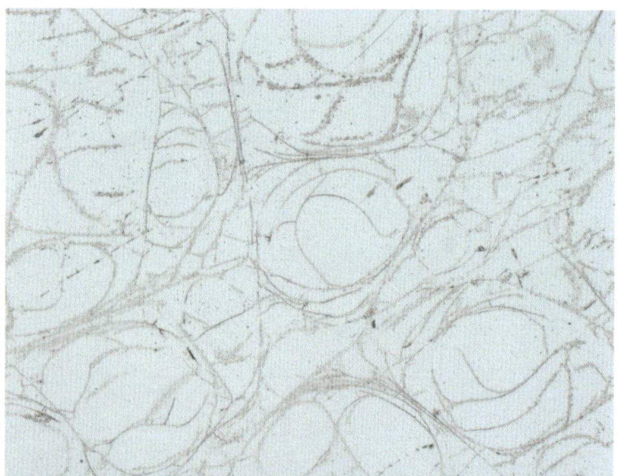

Abb. 172: Mikrofoto von Pechstein, der als Perlit ausgebildet ist. Aufnahme ohne Analysator. Die helle, strukturlose Masse ist vulkanisches Glas. Die bogenförmig verlaufenden, mit feinem bräunlichem Pigment belegten Strukturelemente sind Dehnungsfugen, die im Zuge der Wasseraufnahme des vulkanischen Glases entstanden sind. Pechsteinbruch bei der Fichtenmühle am südlichen Stadtrand von Meißen (Buschbad) oberhalb des Triebischtals, Meißen, Sachsen. Breite des Bildausschnitts 4,5 mm.

12.5 Pyroklastite

Vulkanische Fördertätigkeit beschränkt sich nicht auf das Ausfließen von Lava. Der hohe Gasanteil vieler Magmen bewirkt explosive Tätigkeit, bei der glühend heiße Lavafetzen, feste Gesteinsfragmente und staubfeines Material zusammen mit großen Mengen von Gas explosiv den Förderschlot verlassen. Durch Ablagerung des Gesteinsmaterials bzw. der Lavafetzen entstehen in der Umgebung des Förderzentrums Pyroklastite (sinngemäße Wortbedeutung: „Feuerzerbrechlinge"). Diese können je nach Art des Fördermechanismus, der Art der Pyroklasten und der herrschenden Temperaturen sehr unterschiedlich sein. In jedem Fall sind Pyroklastite

Abb. 173: Roter Rhyolith (Lokalname Bredvad-Porphyr) als Ablagerung einer oder mehrerer Glutwolken, die sich vor 1,7 Milliarden Jahren über mehr als hundert Quadratkilometer großflächig ausgebreitet haben. Die Ablagerung erstreckt sich über die im Foto sichtbare Länge des Stausees (Trängseldammen) hinaus und kilometerweit zu beiden Seiten. Der Bredvad-Porphyr ist die höchste und jüngste Lage einer bis 700 m mächtigen Abfolge von Ignimbriten im Bereich der Gemeinde Älvdalen. Eine Nahaufnahme des Gesteins des Bredvad-Porphyrs zeigt Abb. 160 in Form eines Glazialgeschiebes von der deutschen Ostseeküste. Bredvad-Porphyr gehört zu den besonders häufig vorkommenden Glazialgeschieben im Norddeutschen Tiefland. Stausee Trängseldammen im Tal der Österdalälv, Norddalarna, Mittelschweden.

Abb. 174: Beispiel für eine bimodale Pyroklastitabfolge. Der Aufschluss besteht im unteren, hellen Abschnitt aus Bimslapilli samt Ascheanteil von der in Abb. 170 gezeigten Art. Das Foto der Abb. 170 und dieses Foto (174) wurden im gleichen Aufschluss aufgenommen. Der obere, schwarze Abschnitt besteht aus schlackigen Basaltlapilli. Beide Förderprodukte können trotz ihrer unterschiedlichen Zusammensetzungen demselben Vulkan entstammen. Die rhyolithisch oder phonolithisch zusammengesetzten Bimslapilli repräsentieren dann ein Differenziat von basaltischem Magma im weiteren Sinne. Dieses selbst wurde erst nach initialer Bimsförderung in Form von Basaltlapilli ausgeworfen. Die Förderreihenfolge aus Bims vor Basalt ist, gleicher Fördervulkan vorausgesetzt, Ausdruck einer Schichtung innerhalb eines längere Zeit ruhenden Magmenreservoirs im Untergrund. Das leichte, +/- rhyolithisch zusammengesetzte Differenziat überlagert häufig das primäre basaltische Magma mit höherer Dichte und wird zuerst gefördert. Südwestlicher Ortsrand von Gösterli, Provinz Niğde, 80 km südwestlich Kayseri, Kappadokien, Türkei.

Produkte von potenziell verheerenden Abläufen der vulkanischen Aktivität. Angesichts einer großen Häufigkeit entsprechender Gesteine ist es dann beruhigend, dass die Zeit der vulkanischen Ereignisse am jeweiligen Ort zumeist lange zurückliegt. Trotzdem ist es nicht ganz unspannend, z. B. am Strand der Ostsee einen Stein aus der Brandung zu ziehen, der der Ablagerung eines pyroklastischen Stroms entstammt, d. h. der das Produkt einer verheerenden „Glutlawine" ist (Abb. 160), die sich vor 1,7 Milliarden Jahren dort ablagerte, wo heute die mittelschwedische Landschaft Dalarna liegt.

Lockere, nicht verfestigte pyroklastische Ablagerungen werden als **Tephra** bezeichnet, verfestigte als **Tuff**, vorzugsweise dann, wenn sie überwiegend aus feinkörnigen **Pyroklasten** bestehen. Ihre spezifische Benennung erfolgt unabhängig von den beteiligten Gesteinsarten auf Grundlage einer logarithmischen Korngrößenskala: Pyroklasten von Staubkorngröße (< 2 mm) heißen **Aschenkörner**, daraus bestehender Tuff **Aschentuff**. **Lapilli** sind Pyroklasten von 2 – 64 mm Durchmesser. Pyroklasten von > 64 mm größter Achsenlänge heißen **Blöcke**, wenn sie eckig konfiguriert sind. Hierdurch zeigen sie ihren festen Zustand während der Fragmentation und des Lufttransports an. Ebenfalls > 64 mm Größe haben **vulkanische Bomben**. Im Gegensatz zu Blöcken sind sie im zumindest anteilig geschmolzenen Zustand durch die Luft geschleudert worden, erkennbar an aerodynamisch beeinflusster Form, mit oft länglicher, spitz auslaufender Konfiguration mit rundem Querschnitt (Abb. 181). Kennzeichnend sind auch oxidationsbedingte Rotfärbung und/oder Krusten, die im Zuge interner Entgasung aufgerissen sind. Viele Pyroklastite sind Gemische verschieden großer Pyroklasten. So ist z. B. **Lapillituff** ein Gemisch aus Asche und Lapilli. Verfestigte Lapilliablagerungen heißen **Lapillistein**. Gemische aus Asche, Lapilli und Bomben oder Blöcken werden als **Tuffbrekzien** bezeichnet. Neben oder statt Pyroklasten können Pyroklastitablagerungen **Epiklasten** enthalten. Diese sind fragmentierte Gesteine, die bei der Freisprengung des Förderschlots in festem Zustand aus ihrem ursprünglichen Verband gerissen worden sind. Epiklasten können je nach Geologie des durchschossenen Untergrunds aus verschiedensten Gesteinen bestehen. Diese müssen nicht vulkanischer Entstehung sein.

Basaltische Vulkane können unmittelbar um ihren Förderschlot Kegel aus **Wurfschlacke** bilden. Solche Schlackenkegel können markante Landschaftsformen bilden. Sie bestehen typischerweise aus übereinander gestapelten, oft miteinander an den Kontaktflächen verschweißten ehemaligen Lavafetzen. In einiger Ent-

Abb. 175: Nahaufnahme der Tephraablagerung aus Basaltlapilli, wie sie im oberen Teil der Abb. 174 gezeigt ist. Südwestlicher Ortsrand von Gösterli, Provinz Niğde, 80 km südwestlich Kayseri, Kappadokien, Türkei. Die größten Bröckchen haben über 1 cm Durchmesser, die überwiegende Menge ist kleiner als 1 cm.

Abb. 176: Plateaubildende Decke aus verschweißtem rhyolithischem Ignimbrit (Lokalname: Kizilkaya-Ignimbrit) als Produkt eines pyroklastischen Stroms. Der sehr standfeste Ignimbrit bildet eine Hochfläche mit steiler Erosionskante und überlagert eine Abfolge aus Sedimenten und Pyroklastiten. Effusiv als Lava ausgeflossener Rhyolith hätte sich wegen seiner naturgemäß hohen Viskosität nicht ähnlich großflächig in der Ebene ausbreiten können. Einen 7 km entfernten anderen Ausschnitt der gleichen Ignimbritdecke (Ihlara-Tal) zeigt Abb. 182. Yaprakhisar, Provinz Aksaray, Türkei.

Abb. 177: Abfolge unterschiedlicher Pyroklastite: Von unten nach oben Lapillituff, Aschentuff (dünne Lage unter dem überhängenden Dach) und Bimstuff aus Aschenpartikeln und Bimslapilli. Südlich Göreme, Provinz Nevşehir, Kappadokien, Türkei.

Abb. 178: Weißer, bankweise stark verfestigter rhyolithischer Aschentuff. Südlich Çamlidere, Vulkanitregion von Kizilcahamam („Galatisches Massiv"), Provinz Ankara, Türkei.

Abb. 179: Alkalibasaltischer Lapillituff mit eingestreuten gröberen Klasten. Die Rotfärbung der in der Bildmitte eingelagerten schlackigen Lavabombe geht auf Oxidation während des Flugs im noch glühend heißen Zustand zurück. Das ockerfarbene Objekt unter dem oberen Bildrand links ist der verwitterte Rest eines aus dem Erdmantel vom Magma mitgerissenen Peridotit-Xenoliths, der unverwittert dem in Abb. 148 gezeigten geglichen haben muss. Die Ockerfärbung zeigt verwitterten Olivin an. Immelburg am Nordhang des Dörnbergmassivs, Habichtswald, Landkreis Kassel. Bildhöhe 60 cm.

fernung vom Förderschlot können die Wurfschlacken in flächenhafte Tephradecken aus porösen Schlackenbrocken z. B. in Lapilligröße übergehen. In vielen Vorkommen von Wurfschlacken treten vulkanische Bomben auf.

Eine geologisch besonders bedeutende Gruppe von Pyroklastiten sind **Ignimbrite**. Sie können sowohl rhyolithisch, phonolithisch oder auch trachytisch zusammengesetzt sein. Ihre Sonderstellung als Ignimbrite ist Folge ihres speziellen Fördermechanismus. Sie sind Ablagerungen pyroklastischer Ströme, d. h. glühend heißer Lawinen aus vulkanischem Gas, das mit Pyroklasten und/oder Lavafetzen beladen ist. Bei erheblicher Beteiligung von bei der Ablagerung noch schmelzflüssigen Anteilen kann **verschweißter Ignimbrit** entstehen, der sich im Extremfall kaum von einem entsprechend zusammengesetzten effusiven Vulkanit unterscheidet, wie er auch als Produkt eines Lavastroms entstanden sein könnte. Ehemalige Laven und Ignimbrite können also zunächst verwechselbar sein. Für eine Ignimbritnatur kann z. B. sprechen, dass ein Rhyolith, der als Lava sehr zähflüssig wäre und sich als Lavadecke nicht weit ausbreiten könnte, eine große Fläche von z. B. vielen Quadratkilometern einnimmt (Abb. 176 zusammen mit Abb. 182).

Abb. 180: Kegel aus angehäufter basaltischer Wurfschlacke samt eingestreuter Lavabomben. Punta de Abades, Südosten Teneriffas, Kanarische Inseln.

Großflächige Ausdehnung ist ein Hinweis auf die Ausbreitung in Form eines pyroklastischen Stroms, der sich als Gesamtsystem mit hohem Anteil von heißem Gas sehr schnell über große Strecken ausbreiten kann. Einen direkt sichtbaren Hinweis auf eine Ignimbritnatur gibt **eutaxitisches Gefüge**, wie es verschweißte Ignimbrite zeigen können. Eutaxitisches Gefüge ist durch parallel

Abb. 181: Aerodynamisch geformte vulkanische Bombe. Die schaumige innere Struktur ist Folge von Gasentmischung im noch zähflüssigen, glühend heißen Zustand beim Flug durch die Luft. Die rotationssymmetrische Grundform mit bauchiger Mitte und spitz auslaufenden Enden zeigt Rotation beim Flug an und vorheriges Auspressen der Lava aus einem engen Förderkanal. Punta de Abades, Südosten Teneriffas, Kanarische Inseln. Länge der vulkanischen Bombe ca. 20 cm.

eingelagerte **Fiamme** gekennzeichnet (Abb. 183). Diese sind, farblich abweichend von dem einbettenden Material, durchweg dunkler gefärbte Fladen, die mit ihrer Abplattung die ehemalige Ablagerungsebene anzeigen. Sie gehen auf die vollständige Kompaktierung von bei der Ablagerung noch glühend heißen Bimsfladen zurück, die zunächst kollabiert sind und zu dunklem Glas umgeformt wurden. Eine noch nicht weitgehend erodierte Ignimbritablagerung zeigt am ehesten wenig oberhalb ihrer Basis, jedoch noch in ihren unteren bis zentralen Abschnitten Verschweißung, ausgedrückt durch eine besonders intensive Verfestigung und möglicherweise

Abb. 182: In eine Decke aus verschweißtem, rhyolithischem Ignimbrit eingetiefte, bis zu 150 m tiefe und 15 km lange Erosionsschlucht (Ihlara-Tal). Voraussetzung hierfür ist ein entsprechend riesiges Volumen des geförderten Pyroklastits. Im Ihlara-Tal sind ca. 50 Höhlenkirchen aus byzantinischer Zeit und zusätzlich zahlreiche Einsiedlerrefugien angelegt. Für die Anlage solcher Höhlenbauten hat der Ihlara-Ignimbrit (= Kizilkaya-Ignimbrit, Abb. 176) eine günstige Konsistenz. Er lässt sich ohne allzu großen Aufwand wegmeißeln, ist aber sehr standfest. Die senkrechten Ignimbritwände der Schlucht zeigen eine für verschweißte Ignimbrite übliche, weitständige Säulenklüftung. Von dieser abgesehen ist das Gestein massig und kaum geklüftet, sodass hineingegrabene Höhlen auch deshalb dauerhaft standfest sind. Eine latente Gefahr bilden großvolumige Felsstürze vom steilen, teilweise auch überhängenden Schluchtrand, wie die in der Schlucht liegenden Felsblöcke es anzeigen. Distrikt Güzelyurt, Provinz Aksaray, Türkei.

Abb. 183: Phonolithischer, verschweißter Ignimbrit mit eutaxitischem Gefüge (Lokalname: Arico-Ignimbrit). Eutaxitisch bedeutet, dass der Ignimbrit Fiamme enthält (hier dunkle, fladenförmige Einschlüsse). Die Fiamme gehen auf bei der Ablagerung noch schmelzflüssige Bimsfladen bzw. Lavafetzen zurück, die durch Überlagerungsauflast flachgedrückt worden sind. Sie sind makroskopisch direkt erkennbarer Ausdruck der Verschweißung der pyroklastischen Ablagerung. Playa de los Abriguitos bei Abades, Südosten Teneriffas. Länge der größten Fiamme 3 cm.

Abb. 184: Gering verschweißte Ausbildungsform von massigem, phonolithischem Ignimbrit, der weitgehend aus mäßig miteinander verbackenen, weißen Bimsbröckchen besteht. Die Ablagerung ist wie der Ignimbrit der Abb. 183 Arico-Ignimbrit, jedoch in einem höheren Abschnitt des Profils. Er weist weder Fiamme noch eine große Festigkeit auf. Playa de los Abriguitos bei Abades, Südosten Teneriffas.

Abb. 185: Durch hydrothermale Einkieselung stark verfestigter, rhyolithischer Ignimbrit mit hohem Anteil von Fiamme. Die besondere Festigkeit wird durch die eckige, wenig kantengerundete Konfiguration des Strandgerölls angezeigt. Die Fiamme sind extrem geplättet und ausgewalzt, offenbar außer durch überlagerungsbedingte Kompaktion auch durch Fließbewegung des Ignimbrits zwischen seiner Ablagerung aus einem pyroklastischen Strom und der schließlichen Erstarrung. Zusätzlich zu den Fiamme enthält der Ignimbrit Feldspat-Einsprenglinge. Glazialgeschiebe vom Ostseesteilufer Klütz Höved in Nordwestmecklenburg. Originalherkunft westlich Mariannelund in Ostsmåland, Südschweden. Längste Achse 12 cm.

Abb. 186: Bimsklasten können über große Strecken schwimmen, ohne dass sich die Hohlräume des schaumig strukturierten Materials mit Wasser füllen. Dies liegt daran, dass die rundum von Wänden aus vulkanischem Glas umgebenen Poren außer an der Klasten-Oberfläche gegeneinander abgeschlossen sind. Die hier abgebildeten, phonolithisch zusammengesetzten Bimsgerölle sind in der Nähe ihres Ursprungsvorkommens an den Strand gespült worden. Sie entstammen einem kaum verschweißten Anteil des Arico-Ignimbrits (Abb. 184). Playa de los Abriguitos bei Abades, Südosten Teneriffas.

vorhandene Fiamme. Nach oben hin nimmt die Verschweißung ab, sodass ein poröser Tuff ohne Fiamme oder schließlich lockere Tephra den Abschluss bilden.

Bimsbrocken von zumeist Lapilligröße bestehen aus aufgeschäumtem vulkanischem Glas. Sie können in Vulkangebieten großflächige Pyroklastitdecken bilden, mit oder ohne größeren begleitenden Aschenanteil. In manchen Fällen bilden sie den oberen Abschluss bzw. die Überlagerung von Ignimbritdecken. Solche Bimsbrocken haben wegen ihres großen Anteils von geschlossenen Gasblasen eine Dichte von $< 1 g/cm^3$.

13 Durch Alteration veränderte oder zersetzte Gesteine

Vulkane fördern nicht nur Lava. Vulkanische Aktivität ist mit dem Auftreten heißer Fluide oder Gase verbunden. Diese bestehen überwiegend aus Wasserdampf, oft beladen mit zusätzlichen, z. T. chemisch aggressiven Anteilen wie HCl, SO_2, CO_2, H_2S. Entsprechend ätzend wirken solche Fluide. In Gebieten mit noch bestehender vulkanischer Aktivität entströmen lokal vulkanische Gase, überwiegend Wasserdampf, dem Untergrund in Gestalt von Fumarolen. Diese können sich durch Gerüche von u. a. H_2S (Schwefelwasserstoff) und HCl zu erkennen geben. Zusätzlich ist CO_2 beteiligt, das als geruchloses Gas unmerklich bleibt, aber zur Bildung von Karbonatmineralen wie Kalzit führen kann. Allein ausströmendes CO_2 kennzeichnet Mofetten. HCl bildet zusammen mit Wasser Salzsäure und mit SO_2 Schweflige Säure. Auch nach dem Ende der Fumarolenaktivität verbleiben erdig-mürbe Massen zersetzten Gesteins mit oft ungewöhnlicher, fahler Färbung. Die Wirkung von Fumarolengasen ist eine besondere, an Vulkanismus räumlich gebunde Form von lokal begrenzter Alteration. Sehr viel verbreiteter ist Alteration großer Gesteinsvolumen im Untergrund durch diffus wirksame Fluide, die den Gesteinsverband auf Klüften und Korngrenzen durchdringen. Ultratiefe Bohrungen zeigen, dass das Vorkommen von Fluiden selbst in über 10 km Tiefe und unabhängig von aktivem Vulkanismus verbreitet ist.

Zwischen Alteration und geringgradiger Metamorphose gibt es Gemeinsamkeiten und fließende Übergänge. Es können bei gleichen Temperaturen die gleichen Minerale gebildet werden. In beiden Fällen erfolgen die Mineralbildungen durch aus der Tiefe zugeführte Wärme und ggf. Fluide. Ein wesentlicher Unterschied zur Verwitterung besteht darin, dass Verwitterung unter dem Einfluss des Klimas von der Erdoberfläche ausgeht, während Alteration und Metamorphose unterhalb des oberflächennahen Einwirkungsbereichs des Klimas wirksam sind. Während Verwitterung immer zur Lockerung und schließlich zum Zerfall von ehemals festem Gestein führt, kann Alteration außer im Sonderfall von Fumarolenaktivität auch ohne Verlust der Gesteinsfestigkeit erfolgen. Viele durchgreifend alterierte Gesteine werden in Steinbrüchen zur Gewinnung von Baumaterial wie Schotter und Splitt oder auch von Werksteinen abgebaut.

Eine verbreitete und sichtbare Auswirkung der Alteration von Vulkaniten ist eine Rotfärbung der Grundmasse aufgrund der Oxidation des zweiwertigen Eisens von Fe-haltigen Mineralen zu Hämatit, dem Oxid des dreiwertigen Eisens. Auch eine grüne Färbung kann auftreten, die dann an zweiwertiges Eisen in Epidot, Chlorit und/oder in feinkörnigen Phyllosilikaten gebunden

Abb. 187: An Vulkanismus gebundene, räumlich eng begrenzte Alteration von vulkanischem Gestein. Die Alterationswirkung zeigt sich in diesem Fall durch eine fahle Grünfärbung und mürbe Konsistenz des intensiv veränderten Materials. Der Ort der Aufnahme befindet sich in einer vulkanogenen Absenkungsstruktur (Caldera) über einem aktiven Magmenherd. Las Cañadas del Teide, Teneriffa.

Abb. 188: Permzeitlich subvulkanisch intrudierter Granitporphyr in einem Großsteinbruch. Die großräumige Rotfärbung geht auf einen hohen Anteil von rotem Kalifeldspat zurück und auch auf mäßig intensive, jedoch im gesamten Gesteinsverband durchgreifende Alteration, die besonders den Grundmasseanteil des porphyrisch strukturierten Gesteins (Abb. 189) mit ihrer Oxidationswirkung betroffen hatte. Der Abbaubetrieb durch Sprengungen und Großmaschinen wird durch angenähert senkrecht orientierte Klüfte zusammen mit einer nahezu waagerechten Bankung begünstigt. Löbejün bei Halle, Sachsen-Anhalt.

Abb. 189: Nahaufnahme des Granitporphyrs des Steinbruchs Löbejün (Abb. 188). Die Zusammensetzung des Gesteins aus zwei unterschiedlichen Korngrößenklassen (Einsprenglinge und Grundmasse: porphyrisches Gefüge) bildet eine zweiphasige Abkühlungsgeschichte des Magmas ab. Der Einsprenglings-Mineralbestand besteht aus Kalifeldspat (rot), Plagioklas (gelblich weiß) und Quarz (farblos transparent, daher wegen kaum lichtundurchlässiger Einbettung dunkel getönt erscheinend). Ein matt-erdiges Aussehen des Plagioklas (ohne reflektierende Spaltflächen) ist Folge von Alteration, bei der der Plagioklas anteilig durch Tonminerale ersetzt wurde. Die Einsprenglinge repräsentieren den Beginn der Auskristallisation des Magmas in mehreren Kilometern Tiefe vor dessen endgültigem Aufstieg. Zunächst konnten sich wegen anfangs langsamer Abkühlung in gegebenem Magmenvolumen nur wenige Kristallisationskeime spontan bilden. Ihr Weiterwachstum hingegen war wegen geringer Konkurrenz durch andere Kristalle in der nächsten Umgebung begünstigt. Hinzu kommt, dass das Kristallwachstum als exothermer Prozess Wärme freisetzt, die die Bildung weiterer Kristallisationskeime in der Nachbarschaft unterdrückt. Wenn das Magma in der Tiefe geblieben wäre, hätte es nur Kristalle von der Größe der Einsprenglinge gegeben. Das Ergebnis wäre ein Granit gewesen. Die feinkristalline, ohne Mikroskop homogen und dicht erscheinende Grundmasse zeigt jedoch an, dass es schließlich zu beschleunigter Abkühlung des Magmas gekommen ist. Die Ursache hierfür ist der Aufstieg der durch die Grundmasse repräsentierten Restschmelze mitsamt den schon darin eingebetteten Kristallen in ein kühles Stockwerk nah unterhalb der damaligen Erdoberfläche. Löbejün, nordwestlich Halle, Sachsen-Anhalt.

Abb. 190: Grobporphyrischer, alterierter Basalt (Lokalname Öje-Basalt). Es ist nicht üblich, trotz entsprechenden Gefüges, solch dunkle und speziell basaltischen Gesteine als Porphyr zu bezeichnen. Davon unabhängig zeigt das abgebildete Gestein die Auswirkungen durchgreifender Alteration (oder Metamorphose) durch (fleckig verteilte) Rot- und Grünfärbung der Grundmasse und durch matten Glanz samt Grüntönung der Einsprenglingsplagioklase. Die Alteration hat das gesamte Gestein aus Grundmasse und Einsprenglingen betroffen. Der Öje-Basalt bildet in seinem Vorkommensgebiet in Norddalarna eine mächtige Abfolge von effusiven Basalten im Wechsel mit entsprechend zusammengesetzten Lagergängen (Sills), die während der Sedimentation des Dalasandsteins vor 1,2 bis 1,7 Milliarden Jahren entstanden sind. Sie stecken innerhalb der Schichtfolge des Dalasandsteins (Jotnischer Rotsandstein). Alteration lässt sich nicht von vornherein von einer ebenso möglichen, niedriggradigen Metamorphose unterscheiden, die durch mächtige Überlagerung und damit durch die normal erhöhten Temperaturen in Versenkungstiefen von größenordnungsmäßig > 2 km bedingt sein kann. Die Auswirkungen sind in beiden Fällen die gleichen, wie sie im Foto sichtbar sind. Breite des abgebildeten Ausschnitts der Gesteinsoberfläche ca. 12 cm.

Abb. 191: Granit mit einer für Plagioklas kennzeichnenden, häufig vorkommenden Art von Alteration, die sich als „Vergrünung“ des Plagioklas auswirkt. Der Plagioklas ist unter Einwirkung von Wasser bei einigen hundert Graden Celsius anteilig in grünen Epidot $Ca_2Al_2FeSi_2O_7SiO_4O(OH)$ umgewandelt worden, der die Plagioklaskristalle durchsetzt (Abb. 343). Der Ca-haltige, Na-freie Epidot ersetzt chemisch nur die Anorthitkomponente des Plagioklas. Dies führt dazu, dass der oft hinsichtlich des Ca/Na-Verhältnisses chemisch zonar aufgebaute Plagioklas (Abb. 47) im besonders Ca-reichen Kernbereich stärker durch Epidot ersetzt und daher stärker vergrünt ist als im Ca-ärmeren Randbereich. Dies zeigt der relativ große Plagioklaskristall im Zentrum der Granitoberfläche mit seinem intensiv grünen Kern besonders deutlich. Glazialgeschiebe am Ostseesteilufer von Friederikenthal bei Wangels, Kreis Ostholstein. Größte Achsenlänge des Granitgerölls 13 cm.

ist. Häufig sind die besonders alterationsempfindlichen Plagioklase z. B. in Graniten durch die Bildung von feinkörnigem Epidot in ihrem Inneren grün verfärbt.

Die ursprünglichen, magmatisch entstandenen Minerale werden im Zuge der Alteration wenigstens teilweise durch Folgeminerale ersetzt, die niedrigeren Temperaturen angepasst sind, als sie bei der magmatischen Kristallisation herrschen. Dies sind weitgehend die gleichen, durchweg OH-haltigen Minerale, die auch bei niedriggradiger Metamorphose entstehen können.

Spilit ist Ozeanbodenbasalt, der bei Temperaturen von bis nahe 400 °C unter der Einwirkung von hydrothermalem Wasser in geringer Tiefe unter dem Ozeanboden alteriert worden ist. In vulkanisch aktiven Bereichen an mittelozeanischen Rücken und in Back-Arc-Becken ist diese Gesteinsumwandlung, die als niedriggradige Metamorphose gilt, weit verbreitet. Der Antrieb für diese Ozeanbodenmetamorphose ist Aufheizung des Wassers in Gesteinsklüften in der Nähe von aufgestiegenem, heißem Basaltmagma. Hierdurch steigt das Wasser thermisch auf, sodass in Entfernungen von wenigen Kilometern kühles Meerwasser in das Kluftnetz nachfließt und unter Aufheizung das am Meeresboden ausströmende Thermalwasser ergänzt. Solch ein vulkanisch angetriebenes Konvektionssystem, das mit den im Meerwasser enthaltenen Ionen beladen ist, bewirkt die Alteration bzw. Ozeanbodenmetamorphose von Ozeanbodenbasalt. Viele sogenannte Diabase sind Spilite, die ihre prägende Alteration bzw. Metamorphose nicht im Zuge einer Gebirgsbildung erfahren haben, sondern schon bald nach der vulkanischen Entstehung des Basalts in der beschriebenen Weise schon am Ozeanboden. Außer direkt am gegenwärtigen Ozeanboden kann es zunächst unklar sein, ob ein alterierter Basalt ein Spilit ist oder ob die Mineralumwandlungen nicht stattdessen eher als niedriggradige Metamorphose im Rahmen einer plattentektonisch bedingten Gebirgsbildung anzusehen sind.

In der Frühzeit der Petrografie gab es Diskussionen über möglicherweise spezifische Magmen, die für Vulkanite mit hohem Anteil OH-haltiger Minerale verantwortlich sein sollten. Alternativ wurden deren Zusammensetzungen, die von „normalen“, „trockenen“ Magmatiten mit OH-freien Mineralbeständen abweichen, als Folge hoher geologischer Alter gedeutet. Die Annahme der Altersabhängigkeit der Gesteinseigenschaften war mit der Verwendung paralleler Bezeichnungen für geologisch junge Vulkanite und geologisch alte, sogenannte Paläovulkanite verbunden. Die Veranlassung hierfür war die Beobachtung, dass in Mitteleuropa Vulkanite von tertiärem und quartärem Alter überwiegend „frische“, d. h. primäre magmatische Mineralbestände aus z. B. Feldspäten, Pyroxenen und Olivin aufweisen, ohne Beteiligung OH-haltiger Minerale wie z. B. Chlorit, Epidot und Serpentin. Im Gegensatz hierzu sind in den ebenfalls häufigen Vulkaniten Mitteleuropas aus dem Devon, Karbon und dem Perm die Pyroxene und Feldspäte sowie Olivin oft wenigstens teilweise durch OH-haltige Minerale ersetzt. Der geschilderte Kontrast wird dadurch akzentuiert, dass es in Mitteleuropa keine wesentlichen Vulkanitvorkommen mit vermittelnden, mesozoischen Altern gibt. Sonst wäre die zeitliche Abgrenzung zusätzlich problematisch gewesen. Die voneinander abweichenden Mineralbestände sind jedoch keine Folge unterschiedlich langer „Alterung", sondern Ausdruck verschiedener Arten von Vulkanismus mit geringer bzw. intensiver fluider Aktivität und damit Alteration in unmittelbarem Anschluss an die magmatische Kristallisation. Auch niedriggradige Metamorphose in Zusammenhang mit der Variszischen Orogenese kann nicht in jedem Fall ausgeschlossen werden. Dies gilt vor allem für devonische und unterkarbonische Ozeanbodenbasalte („Diabase"), die im Gegensatz zu den permischen „Paläovulkaniten" noch der Variszischen Orogenese unterworfen waren.

In manchen geologisch-gesteinskundlichen Zusammenhängen überleben die paläovulkanitischen Gesteinsbezeichnungen. Die verbindlichen, von der IUGS (Le Maitre et al. 2004) autorisierten Bezeichnungen der Vulkanite werden in der nachfolgenden Tabelle den weitgehend nur noch forschungsgeschichtlich relevanten paläovulkanitischen Gesteinsbezeichnungen gegenübergestellt. Hierzu heißt es bei Le Maitre et al., dass Letztere verwendet werden dürfen, „wenn das Gefühl besteht, dass sie einem nützlichen Zweck dienen". Offenbar gibt es dieses Gefühl in manchen lokalen Zusammenhängen noch und in der Geschiebekunde, bei der es um die Befassung mit nordischen, eiszeitlich

Abb. 192: Spilitisierter, ehemaliger Pillowbasalt vom Tiefseeboden des Pazifischen Ozeans. Die Spilitisierung hat das ursprünglich basaltische Gestein zu einer mürben Masse aus submikroskopisch feinen Mineralgemengen zersetzt. Wesentliche Bestandteile sind Fe- und Mg-haltige Tonminerale und mit ihnen vermengte Zeolithe. Diese bilden eine artenreiche Gruppe von überwiegend hydrothermal entstehenden, farblosen, wasserhaltigen Silikatmineralen. Ein Beispiel ist Natrolith $Na_2Al_2Si_3O_{10} \cdot H_2O$. Der gesamte abgebildete Brocken besteht in der links zu sehenden Hälfte weitgehend aus einem sich noch abzeichnenden, rudimentär erhaltenen ehemaligen Basaltpillow von einiger Festigkeit und im rechten Bildteil aus einem bröckelig-mürben Alterations-Mineralgemenge, das aus abgeplatzten Sideromelanscherben entstanden ist. Sideromelan (Abb. 167) ist als metastabiles Glas besonders reaktionsfähig und daher im abgebildeten Fall nur noch durch die Formen der ehemaligen Glasscherben repräsentiert. Am deutlichsten sind diese am Außenrand des sich rostig-braun abhebenden ehemaligen Pillows. Innerhalb des Pillows heben sich ehemalige Entglasungszentren (Variolen) als kleine, helle Flecken ab, die sich im unterhalb der reinen Sideromelankruste immer noch glasreich gewesenen Basalt gebildet hatten. Sie sind angenähert kugelförmig und daher im Anschnitt rundlich. Sie sind heller braun als die zwischen ihnen liegenden Zwickel, die der Entglasung entgangen waren. Dass die Entglasungsstrukturen, die die ursprüngliche Anwesenheit von Glas voraussetzen, bis in das Zentrum des Pillowquerschnitts reichen, ist dadurch begünstigt, dass der Anschnitt tangential, also nicht zentral, im peripheren Bereich des ehemaligen Pillows liegt. Philippinensee, südwestlicher Pazifik. Größte Länge des Spilitblocks ca. 45 cm.

Abb. 193: Bei submarinem Ausfließen von Basaltlava in Kissenform abgesonderter Basalt, der anschließend unter Einwirkung von hydrothermalem Wasser spilitisiert worden ist. Die im Gegensatz zu unalteriertem, schwarzem Basalt bei der Spilitisierung angenommene grünliche Tönung des Gesteins geht auf die teilweise Umwandlung des Pyroxens der Basalt-Grundmasse in mikroskopisch feinkörnig ausgebildete Minerale zurück, die niedriggradig metamorphen Temperaturen angepasst sind und grünliche Tönung zeigen wie z. B. Chlorite und aktinolithischer Amphibol (Abb. 40). Zusätzlich ist der Plagioklas des Basalts z. T. durch grünen Epidot und farblosen Albit ersetzt. Der abgebildete spilitisierte Pillowbasalt ist während des Ordoviziums am Boden des ehemaligen Ozeans Japetus entstanden. Anschließend ist er während des Silurs in die Kaledonische Orogenese einbezogen gewesen. Downan Point, Ballantrae, Ayrshire, Südwestschottland. Breite des abgebildeten Ausschnitts ca. 240 cm.

transportierten Glazialgeschieben geht. Manche der paläovulkanitischen Benennungen leben hier bisher noch fort.

Bis etwa zur Mitte des 20. Jahrhunderts galt es in der Petrografie als wissenschaftliche Leistung, neue Gesteinsnamen einzuführen. Dies führte zu einer Vielzahl von Lokalnamen für Gesteine mit z. T. recht subtilen Sondermerkmalen und zu Mehrfachbenennungen gleicher Gesteine. Seit Mitte des 20. Jahrhunderts geht die Entwicklung hin zur „Entrümpelung" der Petrografie von nicht notwendigen Gesteinsnamen. Ein Rhyolith muss nicht gleichzeitig auch noch Quarzporphyr und Liparit heißen. Die Kenntnis der veralteten Gesteinsnamen ist allerdings dann noch sinnvoll, wenn es um das Verstehen älterer geologischer Literatur geht oder um die Verwendung alter geologischer Karten. Beispiele solcher Doppelbenennungen zeigt die nachfolgende Zusammenstellung.

Allgemein gültige Vulkanitbezeichnungen	**Paläovulkanitische Gesteinsbezeichnungen**
Rhyolith	Quarzporphyr
Trachyt	Orthophyr
Dacit	Quarzporphyrit
Andesit	Porphyrit
Basalt	Melaphyr, z. T. auch Diabas

Bei den immer noch gelegentlich mit paläovulkanischen Gesteinsnamen belegten Gesteinen handelt es sich in Mitteleuropa durchweg um Beispiele von Vorkommen, die deutliche Alterationseinwirkung aufweisen. Diese hat gewöhnlich unmittelbar nach der Erstarrung, gleich zu Beginn der Geschichte des Vulkanits stattgefunden, oft noch unter der Restwärme und des Fluidanteils des sich langsam abkühlenden Gesteins und nicht als Folge von dessen Alter. Die oberflächennah vorkommenden, alterierten permischen Vulkanite Mitteleuropas haben seit dem Perm keine signifikanten Veränderungen mehr erfahren.

Während z. B. ein unalterierter Basalt dunkelgrau bis schwarz gefärbt ist und auf Bruchflächen einen mäßigen Glanz zeigen kann, sind alterierte Basalte, deren Magma nicht submarin ausgeflossen ist, zumeist braun bis rötlich oder grünlich und glanzlos matt. Solche Basalte sind es, die in älteren geologischen Beschreibungen und geologischen Karten als Melaphyre bezeichnet werden. Den normalerweise grauen Andesiten stehen sogenannte Porphyrite gegenüber, die ebenfalls oft eine braune, grünliche oder rötliche Grundmasse haben. Am besten ist es, unterschiedslos nur die allgemein gültigen Vulkanitbezeichnungen zu verwenden. Bei Bedarf kann zusätzlich auf den Alterationszustand hingewiesen werden (z. B. „alterierter Basalt"). Jedenfalls ist es nicht sinnvoll, das geologische Alter eines Gesteins zu einer Grundlage seiner Benennung zu machen. Gesteinsnamen müssen altersunabhängig gültig sein, allein schon, weil das Alter eines Vulkanits im Gelände nicht direkt erkennbar ist.

Die Bezeichnung **Melaphyr** überlebt als ursprünglich paläovulkanitischer Gesteinsname vor allem in Form von **Melaphyrmandelstein**, durchweg in regionalem Zusammenhang (Abb. 195). Im Zuge der Alteration, die durch die Aktivität fluider Phase im Gestein bewirkt wird, werden auch Hohlräume im Gestein von der fluiden Phase durchströmt. Hierbei werden in Klüften und Blasenhohlräumen Minerale aus dem Lösungsinhalt der fluiden Phase ausgefällt. Unter der Einwirkung von wässrigen Fluiden bleiben Hohlräume im Gestein kaum einmal völlig offen. Gewöhnlich kommt es von den Rändern ausgehend zur Ausfüllung mit Mineralneubildungen. An solchen Hohlraumfüllungen sind vor allem mikrokristalliner Quarz (Chalcedon bzw. Achat), Kalzit und Chloritminerale beteiligt, oft miteinander vermengt. Da es unter Geländebedingungen oft nicht möglich ist, feinkristalline Einzelminerale oder Mineralgemenge zu identifizieren, werden die Füllungen von ehemaligen Gasblasen in alterierten Vulkaniten schlicht als „Man-

Abb. 194: Stark alterierter, daher vollständig braungrau statt schwarzgrau gefärbter andesitischer Vulkanit, der im lokalen Rahmen als „Melaphyr" bezeichnet wird. Hinzu kommt Mandelsteingefüge (Abb. 195). Das Gestein ist Teil einer ausgedehnten Lavadecke von Rotliegendalter (Unteres Perm). Die Lavadecke ist eine von vielen, die im Saar-Nahe-Becken das „Grenzlager" zwischen Sedimentgesteinen des Unteren und des Oberen Rotliegend zusammensetzen. Wässrige Fluide aus den Magmen wie auch aus den von Lavaströmen überflossenen Sedimentgesteinen haben die Alteration der Vulkanite bewirkt. Hierzu gehört auch die Mineralisation in Blasenhohlräumen (Abb. 130) mancher der Laven. Die durch Minerale ausgefüllten Blasenhohlräume („Mandeln") qualifizieren die betroffenen Vulkanite als Mandelsteine. Im Nahebergland, aus dem das hier gezeigte Foto stammt, werden solche dunklen Vulkanite mit Mandelsteingefüge im allgemeinen Sprachgebrauch noch als „Melaphyrmandelsteine" bezeichnet. Hiermit wird die zumeist nur anhand gesteinschemischer Analysen mögliche exakte Bestimmung der einzelnen Vulkanite umgangen. Felsenberg bei Schloßböckelheim, Landkreis Bad Kreuznach, Rheinland-Pfalz.

Abb. 195: Nahaufnahme des Mandelsteins der Abb. 194. Die rundlich-blasenförmige Konfiguration der „Mandeln“ wird deutlich. Die Positionen herausgefallener Mandeln zeigen sich wieder in Form der ursprünglichen blasenförmigen Hohlräume. Die Zusammensetzung der „Mandeln“ ist uneinheitlich. Rechts oben im Bild besteht die Füllung aus einem einzigen, an seinen Spaltbarkeiten erkennbaren Kalzitkristall. Andere Mandeln bestehen aus mehreren, konzentrisch angeordneten Mineralen, die sukzessive von außen nach innen aus heißer, wässriger Lösung ausgefällt worden sind. Felsenberg bei Schloßböckelheim, Landkreis Bad Kreuznach, Rheinland-Pfalz. Breite des abgebildeten Ausschnitts ca. 12 cm.

deln“ bezeichnet und die von Mandeln durchsetzten Vulkanite unabhängig von ihrem Alter als Mandelsteine. Entsprechend ist von **Mandelsteingefüge** (Amygdaloidgefüge) die Rede. Besonders Basalte und Andesite enthalten oft Gasblasen, die sich während der Erstarrung der Lava unter mäßig intensiver Entmischung von Gasen gebildet haben. Die Gasentmischung ist dann nicht ausreichend heftig gewesen, um stattdessen Pyroklastite entstehen zu lassen. Entsprechend verbreitet sind unter alterierten Basalten bis Andesiten Mandelsteingefüge als Folgeprodukte von Vulkaniten voller Gasblasen.

Eine mehrdeutige Rolle nimmt im deutschen Sprachraum der paläovulkanitische Gesteinsname **„Diabas“** ein. International gibt es zusätzliche Komplikationen. In britischen Texten impliziert der Name Diabas intensive Alteration. Im französischen, deutschen und amerikanischen Sprachgebrauch steht ophitisches Gefüge im

Mandelsteingefüge vs. porphyrisches Gefüge

Mandelsteingefüge kann bei oberflächlicher Betrachtung mit porphyrischem Gefüge verwechselt werden. Für beide gilt, dass in eine relativ feinkörnige Grundmasse größere Gefügeelemente eingelagert sind. Im Fall von porphyrischem Gefüge sind dies die Einsprenglinge, d. h. individuelle Kristalle von z. B. Feldspäten oder Pyroxenen. Einsprenglinge bestehen jeweils aus einzelnen, klar erkennbaren und gewöhnlich auch bestimmbaren Kristallen. Mandeln hingegen sind entweder aus mikrokristallinen Mineralgemengen zusammengesetzt oder seltener aus Mineralen, die kaum einmal als magmatische Bildungen in Vulkaniten auftreten wie z. B. Kalzit. Oft sind Mandeln uneinheitlich zusammengesetzt. An ihren Rändern bestehen sie dann aus anderem Material als im Kern. Auch mehrere konzentrisch angeordnete Lagen können entwickelt sein. Während die äußere Gestalt von Einsprenglingen in porphyrischen Gefügen sich in der Regel durch die eckige Konfiguration der einzelnen idiomorphen Kristalle auswirkt, sind Mandeln blasenförmig-rundlich ausgebildet. In manchen Fällen gibt es im Zentrum der Mandeln einen Hohlraum.

Vordergrund.In älteren Gesteinsbeschreibungen und heute noch in der Steinindustrie werden mehr oder weniger alterierte und dadurch in vielen Fällen vergrünte Basalte als Diabas bezeichnet. Die Vergrünung rührt daher, dass der Plagioklas von grünem Epidot durchsetzt ist, der bei der Alteration bzw. Ozeanbodenmetamorphose entstanden ist. Ebenso ist dann zumeist der ursprünglich schwarze Pyroxen teilweise durch grünen Amphibol und/oder Chlorit ersetzt. Andererseits sind viele als Diabas bezeichnete Gesteine basaltische Ganggesteine, die grobkörnig genug sind, um die sie zusammensetzenden Minerale Plagioklas und Pyroxen ohne Lupe erkennen zu lassen. Dies gilt unabhängig davon, ob die Minerale alteriert sind oder nicht. Für solche basaltischen Ganggesteine ist **ophitisches Gefüge** oder **intergranulares Gefüge** kennzeichnend. Beide Gefügearten sind einander sehr ähnlich und oft nicht auf den ersten Blick unterscheidbar (Abb. 207, Abb. 208). Auch gibt es fließende Übergänge zwischen ihnen. Beide Gefüge können in jedem Fall als **doleritisch** bezeichnet werden. Die Gänge können steil einfallen und damit Gänge im engeren Sinne sein oder eher waagerecht bzw. in Lagerungs- oder Schichtfugen der Nebengesteine eingelagerte Lagergänge (Sills). Es ist zur Vermeidung von Unklarheiten bezüglich des heillos mehrdeutigen Gesteinsnamens Diabas sinnvoll, basaltisches Ganggestein mit doleritischem Gefüge grundsätzlich als Dolerit zu benennen statt als Diabas.

Der Name Diabas überlebt weiterhin als Bestandteil von traditionellen Lokal- und Formationsnamen unter den Beteiligten in Sondergemeinschaften wie z. B. „Kinne-Diabas" innerhalb der Glazialgeschiebekunde. Es wäre von Seiten der Petrografie her passender, von Kinne-

Abb. 196: Mikrofoto, mit eingeschaltetem Analysator: Doleritisches (hier ophitisches) Gefüge in basaltisch zusammengesetztem Gestein eines großflächigen Lagergangs („Kinne-Diabas"). Das ophitische Gefüge besteht darin, dass ein Gitterwerk von zuerst gebildeten Plagioklaskristallen in relativ große Pyroxenkristalle eingebettet ist. Diese Situation ist hier verwirklicht. Die hier ausgebildete Struktur des Pyroxens heißt poikilitisch. Ein relativ großer, poikilitisch strukturierter Pyroxenkristall umwächst viele kleinere Plagioklaskristalle, indem er die Zwickel zwischen ihnen vollständig ausfüllt. Die im mikroskopischen Bild fehlenden Verbindungsbrücken innerhalb des ursprünglich dreidimensional gewachsenen Pyroxens haben ober- oder unterhalb der Dünnschliffebene bestanden. Die einheitliche Interferenzfarbe (hier blau) zeigt, dass es sich um einen einzigen Pyroxenkristall handelt. Interferenzfarben sind außer von der mineralspezifischen Doppelbrechung auch von der Orientierung der Kristalle abhängig. Mehrere separate Kristalle würden trotz gleicher Doppelbrechung wegen abweichender Orientierungen unterschiedliche Interferenzfarben zeigen. Die miteinander verschränkt angeordneten Plagioklaskristalle zeigen weiße und unterschiedlich graue Interferenzfarben bis hin zu anteiliger völliger Dunkelheit. Der einbettende Pyroxen hat, ausgehend von einem einzigen Kristallisationskeim, nach vorangegangener Kristallisation der Plagioklase die noch vorhandenen Zwischenräume ausgefüllt. Unabhängig vom ophitischen Gefüge ist in der rechten Bildhälfte unterhalb der Mitte ein ehemaliger Olivinkristall eingelagert, dessen Alterationsprodukte gelbe und unterschiedlich schillernde Interferenzfarben zeigen. Das Bild überdeckt einen Gesteinsausschnitt von 4,5 mm Breite. Glazialgeschiebe aus Kinne-Diabas (Abb. 197) von einem Ostseesteilufer. Originalherkunft Falbygden in Västergötland, Südwestschweden. Breite des abgebildeten Bereichs 4,5 mm.

Abb. 197: Kinne-Diabas als Strandgeröll. Kennzeichnend für angewitterte Oberflächen von Kinne-Diabas ist ein dichtes Nebeneinander von sich hell aus der zusammenhängenden, dunkleren Umgebung abhebenden Flecken, die geringfügig morphologisch herausgehoben sind. Im frischen Anbruch lässt Kinne-Diabas diese fleckige interne Struktur nicht erkennen. Die hellen Flecken sind makroskopischer Ausdruck der in Abb. 196 gezeigten poikilitischen Aggregate aus Klinopyroxen mit den darin eingeschlossenen Plagioklaskristallen und damit des ophitischen Gefüges. Glazialgeschiebe am Ostseesteilufer von Friederikenthal bei Wangels, Kreis Ostholstein. Originalherkunft Falbygden in Västergötland, Südwestschweden. Größter Durchmesser 20 cm.

Abb. 198: Schalstein als alterierter und durch tektonische Scherbewegungen ausgewalzter Pyroklastit. Das Gestein ist von sich im Bild hell abhebenden Pyroklasten überwiegend von Lapilligröße durchsetzt. Die Gesteinscheibe und ihr im Bild unterer Rand lassen die für Schalstein typische lagige Textur erkennen. Ehemaliger Steinbruch im Wormketal nördlich Mandelholz im Tal der Kalten Bode zwischen Elend und Elbingerode, Landkreis Harz, Sachsen-Anhalt.

Dolerit zu sprechen. Für die Glazialgeschiebekunde gilt, dass sich vor allem Geografen und Quartärgeologen mit ihr befassen. Für diese Fachrichtung gilt, dass es dort eher um die Vorgänge während der Eiszeiten des jüngsten (quartären) Eiszeitalters geht als um die Petrografie der als Glazialgeschiebe vorkommenden Gesteine an sich. Häufige Fragestellungen sind hierbei die Rekonstruktion von Eis-Transportpfaden anhand der von bekannten Herkunftsvorkommen stammenden Gesteine und die Zuordnung von individuellen Eisablagerungen (Tills) zu den einzelnen Eisvorstößen auf Grundlage der darin enthaltenen Geschiebeassoziationen.

Schalstein ist ein historischer Gesteinsname, der von der für die Klassifikation magmatischer Gesteine eingesetzten Subkommission der IUGS (*International Union of Geological Sciences*) als geschichteter paläozoischer Diabastuff verstanden wird. Er wird jedoch ähnlich wie manche paläovulkanitischen Bezeichnungen in geologischen Beschreibungen mit regionalem Fokus verwendet, dort mit der Bedeutung von plattenförmig zerschertem, alteriertem Basalt („Diabas") ehemaligen Ozeanbodens oder häufiger als entsprechend zusammengesetzter ehemaliger Tuff. Wegen seiner plattigen Absonderung lässt er sich beim Abbau lagenweise „abschälen", sodass gut geformte Quader zum Aufbau von Mauern entstehen. Wegen der bei der Alteration entstandenen grünen Minerale, wie Chlorit, Epidot und Amphibol, zeigen Schalsteine gewöhnlich eine grünliche Grundtönung. Als zusätzliche Mineralneubildung tritt häufig weißer Kalzit auf. Er ist unregelmäßig in das Gestein eingestreut und/oder durchzieht es gangförmig als Ausfüllung ehemaliger Spalten. Aufgrund der explosivvulkanischen Entstehung der ehemaligen Tuffe bestehen diese gewöhnlich nicht nur aus feinkörnigen vulkanischen Aschen. Üblich ist ein reichliches Vorkommen eingelagerter ehemaliger Vulkanitbrocken (Lapilli). Diese geben dem Gestein ein fleckiges, inhomogenes Aussehen (Abb. 198).

Abb. 199: Anstehender Schalstein mit gut ausgebildeter plattiger Gliederung in einem ehemaligen Steinbruch. Die für Schalstein kennzeichnende plattige Gliederung machte das Gestein als Baumaterial für Mauerwerk geeignet. Westlicher Ortsrand von Königshütte im Tal der Kalten Bode zwischen Elend und Elbingerode, Landkreis Harz, Sachsen-Anhalt.

14 Magmatische und sonstige Ganggesteine

Gesteinsgänge sind im Sinne des bergmännischen Sprachgebrauchs plattenförmige geologische Körper, die in Nebengesteine anderer Art eingelagert sind. Nur in Ausnahmefällen bilden sie voluminöse Gesteinskörper wie z. B. manche als Dolerite ausgebildete basaltische Gesteine. Gesteinsgänge sind Ausfüllungen von Spalten, in die synchron mit der Öffnung Magma, wässrige Lösungen oder Fluide eingedrungen sind. Die meisten Gänge (Gänge im engeren Sinne) sind nahezu senkrecht in die Nebengesteine eingelagert. Dabei durchschlagen sie die Schichtung und andere Großstrukturen. Lagergänge (Sills) sind parallel zur Schichtung und damit mehr oder weniger horizontal eingelagert, wenn die Schichtfolge nicht tektonisch verstellt ist. Sills können auch an ehemalige, nicht steil einfallende Kluftfugen ungeschichteter Nebengesteine gebunden sein. Viele Gangfüllungen bestehen aus gewöhnlichen Magmatiten, wie sie auch als Vulkanite oder Plutonite auftreten. Besonders häufig bestehen Gangfüllungen aus Basalt. Seltener sind besondere Magmatite, die nie anders als in Form von Gangfüllungen auftreten. Besonders verbreitet sind hydrothermal (aus heißem Wasser) ausgefällte Gangfüllungen aus Quarz oder anderen Mineralen wie Flussspat CaF_2, Schwerspat $BaSO_4$ oder Kalzit. Die Gangfüllungen sind dann keine magmatischen, metamorphen oder sedimentären Gesteine, sondern gesteinsartig massiv ausgebildete hydrothermale Mineralisationen. Zur Bestimmung eines Ganggesteins oder einer Gangfüllung gehört immer auch die Beachtung des Auftretens in Gang- oder Sillform im Gelände.

Als spezifische magmatische Ganggesteine kommen auch Magmatite vor, die nicht als Plutonite oder Vulkanite auftreten können, sondern ausschließlich als Gangfüllungen. Beispiele hierfür sind Aplite und Lamprophyre (Abb. 202, Abb. 203, Abb. 209, Abb. 210).

Abb. 200: Steil einfallender basaltischer Gang, der durch Verwitterung und Erosion der Nebengesteine als Geländerippe über seine Umgebung aufragt. Die Nebengesteine waren und sind Sandstein bis Tonstein des Oberen Buntsandsteins. Die polygonale Säulengliederung ist waagerecht ausgerichtet, weil die Abkühlung des Basaltmagmas nach dem Ausfüllen der Gangspalte von den Seiten her von den kühlen Nebengesteinen ausging. Mehrere Absatzflächen in Richtung des Gangverlaufs zeigen eine Mehrphasigkeit der Gangfüllung an. Martinstein im Ortszentrum von Martinhagen, Landkreis Kassel.

Milchquarz ist kein magmatisches Gestein, sondern ein Ausfällungsprodukt aus heißen, wässrigen Fluiden. Aufgrund dieser Bildung aus Lösungen ist Milchquarz durch mikroskopisch kleine, blasenförmige Flüssigkeits- und/oder Gaseinschlüsse milchig getrübt. Milchquarz bildet derbe Massen ohne äußere Kristallgestalt. Er tritt häufig in Form von Gängen auf, die die Füllungen von Spalten sind, die zeitweise von heißer, wässriger Lösung durchflossen worden sind. Der so (hydrothermal) entstandene, gangförmig auftretende Quarz wird auch als Gangquarz bezeichnet. Die einzelnen Gänge können Mächtigkeiten von < 1 cm bis zu mehreren Metern haben. Ein Beispiel für einen besonders mächtigen Quarzgang ist der Bayerische Pfahl im Bayerischen Wald, der entlang einer längere Zeit aktiven tektonischen Bewegungsbahn gebildet worden ist.

Abb. 201: Milchquarz (weiß) als hydrothermale Gangfüllung in metamorph überprägter Grauwacke (Metagrauwacke). Der angenähert horizontal verlaufende Gang (Sill) von ca. 10 cm Mächtigkeit steckt in mäßig metamorph überprägter Grauwacke, die von einem Netz schmalerer Milchquarzgängchen durchzogen ist. Die zahlreichen Gänge und der mehrfache Versatz des zentralen Milchquarzgangs bezeugen eine bruchtektonische Beanspruchung des Gesteinsverbands. Docksta südlich Örnsköldsvik, Höga Kusten in Västernorrland, Nordschweden.

Milchquarz kann auch einen maßgeblichen Anteil von Pegmatiten ausmachen (Abb. 205). In diesem Fall sind die Bildungstemperaturen höher als die von hydrothermalen Gangfüllungen und die Quarzkörper können Querschnitte von Zehnermetern erreichen und übertreffen. Die hohe mechanische und chemische Widerstandsfähigkeit von Quarz bewirkt, dass Milchquarz häufig unter den Geröllen in Fluss- und Strandablagerungen angereichert ist. Ein hoher Anteil von Milchquarzgeröllen ist kennzeichnend für kompositionell reife klastische Ablagerungen. Diese können langen, oft auch mehrphasigen Transport dokumentieren und andererseits die Abtragung eines ehemaligen Gebirges. Eine bedeutende Art des primären Vorkommens von Milchquarz ist als Segregationsquarz in niedriggradig metamorphen Gesteinen. Besonders in manchen Phylliten stecken oft Nester und Lagen von milchigem Quarz (Abb. 360), der bei metamorphen Reaktionen und durch im Gesteinsverband mobiles Wasser ausgefällt worden ist. Oft bleibt allein der Quarz bei der Verwitterung der einbettenden Gesteine zurück und reichert sich in den Verwitterungsdecken an oder er wird durch fließendes Wasser umgelagert.

Aplite sind feinkörnige, helle magmatische Gesteine, die Gänge von Dezimeter- bis auch mal Metermächtigkeit in Plutonitmassiven oder in deren unmittelbarer Umgebung ausfüllen. Gewöhnlich verlaufen die Nebengesteinskontakte streng parallel bei durchgehend einheitlicher Gangmächtigkeit. Die häufigsten Nebengesteine sind Granite. Seltener können auch Diorite, Granodiorite und sonstige Plutonite sowie Metamorphite Aplitgänge beherbergen. Der Mineralbestand beschränkt sich gewöhnlich auf Feldspäte und Quarz. Dunkle Minerale fehlen. Aplite bilden keine voluminösen Vorkommen. Das Auftreten in Form von Gängen ist kennzeichnend. Ohne die Beobachtung des gangförmigen Vorkommens ist das sichere Erkennen von Apliten schwierig. Die den Apliten zugrundeliegenden Magmen sind späte Abkömmlinge der Magmensysteme der einbettenden Plutonite. Sie repräsentieren durchweg die letzten noch schmelzflüssigen Anteile in schon weitgehend auskristallisierten Magmenkörpern.

Abb. 202: Zwei parallel zueinander eingelagerte Aplitgänge in Rapakivigranit (Wiborgit, Abb. 95). Die rötlich gefärbten, betont feinkörnigen Aplite heben sich mit scharfer Abgrenzung von dem deutlich körnigen, mehrfarbigen Granit ab. Sie repräsentieren geringe Volumen von Restschmelzen des Rapakivigranit-Systems des Åland-Archipels. Die Aplitmagmen sind in sich öffnende Spalten im schon verfestigten Granit eingedrungen. Im Gegensatz zu dem umgebenden Rapakivigranit, in dem dunkle Minerale (Klinopyroxen, Hornblende) zu erkennen sind, enthalten die Aplite nur Kalifeldspat und Quarz, also nur helle Minerale. Dies ist für Aplite charakteristisch. Breite der Gänge ca. 7 cm bzw. ca. 3,5 cm. Schäre Timskär im Åland-Archipel, Südwestfinnland.

Abb. 203: Aplitgang (hell) in Gneis (gelblich braun) in ehemaligem Steinbruch am linken Donauufer zwischen Neustadt und Melk, Niederösterreich. Die Mächtigkeit des ähnlich einem Lagergang (Sill) flach einfallenden Gangs im Größenordnungsbereich von nicht mehr als wenigen Dezimetern ist für Aplite charakteristisch.

Pegmatit ist im Gegensatz zu Aplit besonders grobkristallin. Auch Pegmatite treten zumeist gangförmig auf, oft mit Mächtigkeiten von mehreren Metern. Hierbei sind die Kontakte zum einbettenden Nebengestein oft unebenflächig bzw. diffus ausgebildet. Im Extremfall treten Pegmatite als unregelmäßig geformte, voluminöse Pegmatitstöcke in Plutoniten oder auch in höhergradig metamorphen Gesteinen auf, wie z. B. in Gneis. In manchen Pegmatiten erreichen Feldspatkristalle Größen von Kubikmetern. Pegmatitstöcke können zoniert sein, d. h. Bereiche aus reinem Feldspat neben Abschnitten aus reinem Quarz aufweisen. In Pegmatiten kommen anders als in Apliten recht häufig Minerale vor, die allgemein selten sind. Besonders häufig sind Pegmatite an Granitplutone gebunden. Hierbei gibt es regionale Häufungen von Pegmatitvorkommen ebenso wie Granitgebiete ohne Pegmatite. Pegmatite sind Kristallisate von magmatischen Restsystemen, die im Gegensatz zu den „trockenen“ Aplitmagmen wasserreich sind. Hierdurch wird das Kristallwachstum bis hin zu Riesenkörnigkeit begünstigt. In pegmatitischen Restschmelzen kommt es gegen Ende der Auskristallisation des wesentlichen Magmenvolumens zur relativen Anreicherung von Wasser und manchen selteneren chemischen Elementen wie z. B. Lithium, Bor und auch Fluor, die von den früh aus dem Magma kristallisierten Mineralen nicht in deren Kristallgittern eingebaut werden. Die Folge davon ist das häufigere Auftreten von Turmalin (Bor-haltig), Lithiumglimmern und manchmal Fluorit in Pegmatiten. Nicht jeder auffällig grobkörnige Granit ist ein Pegmatit. So sollte in einem Pegmatit anders als in grobkörnig porphyrischem Granit kein Korngrößensprung existieren, wie er zwischen Einsprenglingen und Grundmasse be-

Abb. 204: Granitfindling (Glazialgeschiebe) mit in dessen Mitte eingelagertem Pegmatitgang. Der Pegmatit enthält zentimetergroße Quarz- und Feldspatkristalle. Der Gang ist zoniert aufgebaut, d. h. Quarz ist randlich und auch im Gangzentrum konzentriert, während der Feldspat, vor allem Kalifeldspat, Übergangsbereiche zwischen dem Zentrum und den Rändern ausfüllt. Ein großer Teil des Feldspats ist extrem grobkörnig kristallisierter Mikroklin (Abb. 50). Eiszeitlich verfrachteter Findling, im Außengelände des Hofs Dannwisch in Horst, Kreis Steinburg, Südholstein.

Abb. 205: Pegmatitgang in anstehendem rotem A-Typ-Granit. Der Pegmatit besteht aus auffällig großen Kristallen von rotem Kalifeldspat (Mikroklin) und weißem Milchquarz. Steinbruch Kråkemåla im Götemar-Granitmassiv, ostnordöstlich Oskarshamn, Ostsmåland, Südschweden.

steht. Grobkörnig porphyrische Granite sind keine Pegmatite. Der Quarz von Pegmatiten ist anders als in gewöhnlichem plutonischem Granit oft milchig.

Dolerit entspricht bezüglich des Mineralbestands aus vor allem Plagioklas und Augit samt Magnetit tholeiitischem Basalt und Gabbro. Auch die chemischen Zusammensetzungen gleichen sich. Ausschlaggebend für die Benennung ist das Vorkommen als Gangfüllung oder als Lagergang. Hiermit verbunden sind die Gefüge relevant: Plutonische Gabbros haben richtungslos-körnige Gefüge (Abb. 113, Abb. 114), jedoch keine ophitischen oder intergranularen, wie sie für Dolerite kennzeichnend sind. Diese Gefüge von Doleriten sind dadurch gekennzeichnet, dass tafelförmige Plagioklaskristalle von ungeregelter Orientierung miteinander verkeilt sind (Abb. 207, Abb. 208). Die Zwischenräume zwischen den Plagioklasen sind von Pyroxenen (Augit) und untergeordnet Magnetit ausgefüllt. Hierin drückt sich eine Kristallisationsreihenfolge aus, in der Plagioklas sich vor Pyroxen und Magnetit bildete.

Wenn mehrere benachbarte Plagioklastafeln von größeren Pyroxen-Kristallindividuen gemeinsam umschlossen sind, heißt das Gefüge **ophitisch**. Einheitliche Reflexion über mehrere Pyroxenflächen zwischen den Plagioklasen macht ophitisches Gefüge erkennbar. Wenn die einzelnen Zwickel zwischen den Plagioklasen jeweils für sich aus individuellen oder mehreren Pyroxenkristallen bestehen, spricht man von **intergranularem Gefüge**. Die beiden Gefügearten sind makroskopisch unterscheidbar, wenn darauf geachtet wird, ob mehrere benachbarte Teilbereiche aus Pyroxen das Sonnenlicht gemeinsam reflektieren oder nicht. Großflächig einheitliche Reflexion zeigt gleiche Orientierung der Spaltflächen an und damit Zugehörigkeit zum gleichen Kristall. Das Gefüge ist dann ophitisch. Beide Gefügearten können gemeinsam als **doleritisch** bezeichnet werden. Dies gilt umso mehr, als es stufenlose Übergänge zwischen intergranularem und ophitischem Gefüge gibt. Welches der beiden miteinander verwandten Gefüge verwirklicht ist, hängt von der Häufigkeit der Entstehung von Pyroxen-Kristallisationskeimen pro gegebenem Zeitabschnitt ab. Schnell aufeinanderfolgende Kristallisationskeimbildungen von Pyroxen (bei relativ schneller Abkühlung) begünstigen intergranulares Gefüge gegenüber ophitischem.

Im Gelände treten Doleritgänge häufig in Form regional verbreiteter Gangscharen auf. Hierbei sind die Verlaufsrichtungen der Gänge und deren Alter einheitlich. Sie dokumentieren dann Perioden regional wirksamer Dehnungstektonik als Veranlassung für den Aufstieg großer Volumen basaltischen Magmas aus dem Erdmantel bis in die Nähe der Erdoberfläche. Die Korngrößen der Minerale vieler Dolerite vermitteln zwischen denen des Vulkanits Basalt und denen des Plutonits Gabbro, wenn auch etliche Dolerite grobkörniger sind als viele plutonische Gabbros. So gehören die Dolerite der Abb. 207 und 208 zu den besonders grobkörnigen Beispielen. Die Korngrößen von Doleriten sind durch die Abkühlungsgeschwindigkeiten bestimmt. Diese hängen wiederum von den Mächtigkeiten der Gänge ab, die zumeist zwischen wenigen Metern und mehreren Zehnermetern liegen. Dolerite füllen üblicherweise steil einfallende ehemalige Dehnungsspalten als Gänge

Abb. 206: Oberflächenausbiss eines über 100 m mächtigen Doleritlagergangs (Sills). Die nahezu horizontale Bankung entspricht der Lagerung des Dolerits innerhalb seiner im abgebildeten Bereich nicht erschlossenen Nebengesteine (proterozoischer Rotsandstein). Das Doleritvorkommen gehört zu einer über weite Teile Schwedens verbreiteten Gruppe von ca. 1,2 Milliarden Jahre alten Doleritvorkommen, die nach zweien der Einzelvorkommen als Åsby-Ulvö-Diabase bezeichnet werden. Rotsidan nahe Nordingrå, Westküste der Bottensee, Höga Kusten, Västernorrland, Nordschweden.

Abb. 207: Dolerit des in Abb. 206 gezeigten Uferabschnitts mit intergranularem Gefüge. Das Gestein besteht aus weißen, durchweg idiomorphen Plagioklastafeln und zwischen diesen eingelagerten schwarzen Kristallen von Pyroxen (Augit) und davon im Bild nicht unterscheidbaren Anteilen von Magnetit. Das Sonnenlicht wird von den rau brechenden Pyroxenen nur mäßig und fleckenhaft reflektiert, sodass sich keine einheitliche Orientierung von Spaltflächen (Abb. 208) zeigt. Eingestreute gelbliche und braune Körner sind angewitterte Olivinkristalle. Breite des abgebildeten Bereichs ca. 10 cm. Rotsidan nahe Nordingrå, Westküste der Bottensee, Höga Kusten, Västernorrland, Nordschweden.

Abb. 208: Dolerit des in Abb. 206 gezeigten Uferabschnitts mit ophitischem Gefüge. Das Gestein ähnelt bis auf Gefügedetails (ophitisch vs.intergranular) dem in Abb. 207 gezeigten. Mehr als in Abb. 207 sind die ebenfalls eingelagerten Olivine intensiv angewittert und von rostig-braunen Flecken umgeben. Das ophitische Gefüge zeigt sich in Form eines Bereichs von schwarzem Pyroxen in der Bildmitte, der über mehrere von Plagioklas umgrenzte Teilflächen hinweg das Sonnenlicht einheitlich reflektiert. Die sich durch ihre Reflexionsintensität heraushebenden Pyroxenbereiche geben sich hierdurch im Gegensatz zu den kaum reflektierenden Pyroxenen der Umgebung als Anteile eines einzigen, dreidimensional zusammenhängend gewesenen Pyroxenkristalls zu erkennen, der poikilitisch ausgebildet ist, indem er viele individuelle Plagioklase umschließt. Das Gefügebild zeigt in gut sichtbarer Weise eine Kristallisationsreihenfolge an, die mit Olivin beginnt, der nirgends Plagioklas umschließt, sich mit Plagioklas fortsetzt und schließlich mit Pyroxen endet, der nur noch den nicht mit Plagioklas und Olivin ausgefüllten Raum zur Verfügung hatte. Breite des abgebildeten Bereichs ca. 13 cm

oder ehemalige Lagerungsfugen z. B. in sedimentären Schichtstapeln als horizontal ausgebreitete Lagergänge (Abb. 206).

Lamprophyre treten ausschließlich als Ganggesteine auf, nie als massivere Gesteinskörper. Sie bilden eine Gruppe von grau bis nahezu schwarz aussehenden Gesteinen, die als scharf von dem jeweils einbettenden, durchweg helleren Nebengestein (z. B. Gneis) abgesetzte Gangfüllungen auftreten, meist mengenmäßig unbedeutend mit Gangmächtigkeiten von Dezimetern, seltener bis in den Bereich einzelner Meter. Anders als für andere dunkle Ganggesteine wie z. B. Dolerite gibt es für ihre Zusammensetzungen keine Entsprechungen unter Plutoniten oder Vulkaniten. Sie bilden späte Einschübe in Graniten und anderen Plutoniten oder auch in nichtmagmatischen Gesteinen wie z. B. Gneisen. Oft treten sie scharweise auf. Besonders häufig ist eine Bindung an Plutone von spätorogenen I-Typ-Graniten bzw. an Kalkalkali-Plutonitassoziationen. In manchen Fällen fehlen benachbarte Magmatite im Niveau der Erdoberfläche. Die den Lamprophyren zugrunde liegenden Magmen stammen anders als z. B. die der Aplite nicht aus den benachbarten Plutonen. Stattdessen sind ihre Mag-

Abb. 209: Parallel gestaffelte Lamprophyrgänge (dunkel) in proterozoischem Gneis (hell mit rötlicher Tönung). Die Gänge haben permisches Alter, der Gneis ist proterozoisch mit Altern um 1,0 Milliarden Jahren. Die Lamprophyrgänge sind an die Bruchtektonik am südwestlichen Randabbruch des Baltischen Schilds gebunden, der durch Nordwest-Südost verlaufende Verwerfungen und Horststrukturen geprägt ist. Die Gänge verlaufen einheitlich in dieser Richtung. Steinbruch im Gneis eines Grundgebirgshorsts, Torpa Klint, nördlich Sjöbo, südliches Schonen, Südschweden.

Abb. 210: Glazialgeschiebe von Alkali-Lamprophyr (Camptonit, Name in der Geschiebekunde: Schonen-Lamprophyr). Das Gestein mit porphyrischem Gefüge enthält, wie es für alle Lamprophyre gilt, keine Feldspat- oder Quarzeinsprenglinge, sondern nur Einsprenglinge aus dunklen Mineralen. In diesem Fall sind es alterierte und rostig-braun angewitterte Olivine sowie dunkelgrüner Pyroxen. Hinzu kommen vereinzelte weiße Flecken von Kalzit, die eher hydrothermalen als magmatischen Ursprungs sind. Die relativ helle Grundmasse enthält mikroskopisch feinkörnigen Plagioklas und Pyroxen, wie er auch in Form der Einsprenglinge auftritt. Das hier abgebildete Gestein tritt in Schleswig-Holstein und Nordwestmecklenburg verbreitet als Glazialgeschiebe auf, wurde jedoch in der Geschiebekunde bis vor einigen Jahren ignoriert. Strandgeröll vom Ostseesteilufer Klütz Höved in Nordwestmecklenburg. Breite des Gerölls ca. 11 cm.

men oft direkt aus dem Erdmantel und damit aus großer Tiefe aufgestiegen.

Zu den petrografischen Besonderheiten von Lamprophyren gehören: Auftreten von Feldspäten nur als Grundmassebestandteil, nicht jedoch als Einsprenglinge. Es kommen nur dunkle Minerale als Einsprenglinge vor, häufig Biotit und/oder Amphibol, seltener Klinopyroxen und/oder Olivin. Oft tragen OH-haltige, auf Alteration zurückgehende Minerale wie Chlorit, Talk, Aktinolith und Serizit zur Zusammensetzung bei, ebenso auch Kalzit.

Innerhalb der Gruppe der Lamprophyre werden aufgrund von oft nur mikroskopisch erkennbaren Besonderheiten der Mineralbestände vor allem Kalkalkali-Lamprophyre und Alkali-Lamprophyre unterschieden. Hierbei ähneln manche Alkali-Lamprophyre chemisch und mineralogisch am ehesten alkalibasaltischen und basanitischen Vulkaniten.

Zu den Kalkalkali-Lamprophyren gehören Minette, Kersantit, Vogesit und Spessartit, zu den Alkali-Lamprophyren Camptonit, Sannait und Monchiquit. Die genannten Gesteine unterscheiden sich voneinander durch die jeweils in ihnen enthaltenen Minerale. Es gibt keine Lamprophyrvorkommen, die ausreichend groß sind, um sie für sich steinbruchmäßig abbauen zu können.

15 Gesteinsbildung an der Erdoberfläche: Sedimentite

Sedimentation kann einfach beobachtet werden, außer wenn sie in größerer Wassertiefe stattfindet. Im Gegensatz zur Entstehung von Magmatiten und Metamorphiten, die Produkte endogener Prozesse im Inneren der Erde sind, gehört die Sedimentation zu den exogenen Prozessen. Sie erfolgt unter Einwirkung von Wasser, Wind und Lebewesen und damit der Atmosphäre, Hydrosphäre und Biosphäre. Sedimentgesteine entstehen durch Vorgänge, die zu unserer alltäglichen Erfahrung gehören und deren Zustandekommen daher auch nach langer Zeit noch leicht rekonstruierbar ist. Dies bedeutet für im Gelände vorliegende Sedimentgesteine, dass sie in der Regel erkennen lassen, unter welchen Bedingungen sie entstanden sind. Fossilien sind als Reste früherer Lebewesen an Sedimentgesteine gebunden. Die Entwicklung des Lebens auf der Erde gehört zu den in Sedimentgesteinen enthaltenen erdgeschichtlichen Überlieferungen. Längst ausgestorbene Arten sind uns als Fossilien in Sedimentgesteinen bekannt. Ohne Sedimentgesteine läge deren ehemalige Existenz und die Entwicklungsgeschichte des Lebens auf der Erde im Dunklen.

Oft ist es schon mit geringen Vorkenntnissen möglich, im Gelände Information über frühere grundlegende geografische Verhältnisse (z. B. Land oder Meer, Küstennähe, Tiefsee, Wüste, Vegetation) zu erhalten und anhand der Art von Fossilien auch über die Zeit der Sedimentation. Allerdings finden sich gelegentlich auch Sedimentstrukturen, die zunächst unerklärbar bleiben. Sie sind dann ein möglicher Ansatz zur Gewinnung neuer Erkenntnisse. **Sedimentstrukturen** sind durch die Sedimentationsprozesse selbst entstanden oder sie sind nach der Sedimentation durch nachträgliche Veränderungen bewirkt worden. Typische Sedimentstrukturen sind Schichtung, z. B. in Form von Wechsellagerung unterschiedlichen Materials, durch Strömung oder Wellenschlag angelegte Sedimentmarken, durch Eintrocknung und Schrumpfung entstandene Trockenrisse oder auch Fress-, Grab- und Wühlspuren von sedimentbewohnenden Tieren. Die Information in Schichtfolgen von Sedimentgesteinen lässt sich oft schon mit geringer Übung direkt „lesen“. Für sedimentäre Schichtstapel bietet sich hinsichtlich ihres Informationsgehalts ein Vergleich mit den Seiten von Büchern an. Viele der möglichen Schlussfolgerungen zu Sedimentgesteinen bzw. zu sedimentbezogenen Phänomenen bieten sich recht unmittelbar an.

15.1 Sedimentation und Sedimentgesteine, einleitender Überblick

Ablagerung (Sedimentation) ist der Vorgang, der die Gesteinsbildung von Sedimentgesteinen einleitet. Sie kann an Stränden, Flussufern und in „Sandkisten mit Bewässerung" direkt beobachtbar sein. Schon im Kindesalter lassen sich beim Spielen mit Sand und Wasser Sedimentationsvorgänge wie von selbst ergründen und verstehen. In der Natur wird loses, bei der Gesteinsverwitterung anfallendes Material durch Wasser, Wind oder Gletschereis umgelagert. Hierbei kommt es außer bei Eistransport zu Sortierungseffekten nach Korngrößen und zu Abrieb und Rundung durch aneinanderreibende Körner. So ist Sand zumeist ein Konzentrat von gerundeten Quarzkörnern. Quarz ist aufgrund seiner Härte und chemischen Widerstandsfähigkeit verwitterungs- und abriebsresistenter als z. B. Feldspäte. Er übersteht besonders gut mehrfache Umlagerung und weite Transportwege. Individuelle Quarzkristalle, die als gerundete Sandkörner z. B. Strände aufbauen, sind in vielen Fällen älter als eine Milliarde Jahre. Ursprünglich mögen solche Sandkörner als magmatisch kristallisierter Quarz in Granit eingebettet gewesen sein, der jedoch längst verwittert und abgetragen ist.

Die in vielen Magmatiten enthaltenen Feldspäte unterliegen im Gegensatz zu Quarz auch bei moderatem Klima intensiver chemischer Verwitterung. Hierbei entstehen Tonminerale in Form extrem feinkörniger, plättchenförmiger Kristalle, die das Aluminium und das Silizium aus den Feldspäten aufnehmen. Nur unter feucht-tropischem Klima wird auch Quarz chemisch so intensiv angegriffen, dass er allmählich aufgelöst wird. Das Kalzium, Natrium und Kalium der Feldspäte wird in Wasser gelöst und durch Flüsse ins Meer oder in abflusslose kontinentale Senken verfrachtet. Der Kationengehalt

Abb. 211: Sandstein (Rotsandstein) mit schichtgebundenen konglomeratischen Anteilen. Die Korngrößenverteilung variiert in Abhängigkeit vom schichtigen Aufbau. Die konglomeratischen Lagen enthalten Klasten mit Korngrößen der Feinkiesfraktion (Durchmesser 2 mm – 6,3 mm), die teils gut gerundet sind, teils aber auch polygonal-eckige Querschnitte zeigen. Die Beteiligung von detritischen Feinkiesanteilen reflektiert im Gegensatz zu den ausschließlich sandigen Schichten wie der an der Unterseite des Gerölls Phasen erhöhter Strömungsgeschwindigkeit des Sedimentationsmediums. In diesem Fall war es episodisch fließendes Wasser in kontinentalem Milieu. Eine Ablagerung unter kontinentalen Bedingungen wird durch die Rotfärbung des Gesteins angezeigt. Sie ist typisch für klastische Sedimentgesteine, die in vegetationslosen, wüstenartigen Regionen abgelagert wurden. Die gröberen Körner lassen schon makroskopisch erkennen, dass sie aus unterschiedlichen Mineralen bzw. Gesteinsfragmenten bestehen. Strandgeröll (Glazialgeschiebe), Halls Hok, Gotland, Schweden. Originalherkunft Mittel- bis Nordschweden oder Grund der Ostsee bzw. Bottensee (Seegebiet nördlich der Åland-Inseln). Größte Achsenlänge ca. 13 cm.

des Meerwassers stammt überwiegend aus der chemischen Verwitterung von Feldspäten und anderen Silikatmineralen in Gesteinen.

Quarzkörner und nicht chemisch verwitterte Feldspäte werden zunächst durch Wasser oder vom Wind transportiert und schließlich bei verringerter Strömung als Sand abgelagert. Die sehr feinen Tonpartikel (< 2 µm = < 1/500 mm) können sich über weite Strecken schwebend als Tontrübe in Wasser halten. Schon sehr geringe Strömung verhindert die Ablagerung. Der Transport findet auch in fast stagnierendem Wasser statt und die Ablagerung erfolgt bei völligem Ausbleiben der Strömung, jedoch wegen der geringen Sinkgeschwindigkeit der Partikel nur langsam. Die Ablagerung geschieht in zumindest temporären Stillwasserbereichen, z. B. beim Strömungsstillstand bei Tidehochwasser in Wattgebieten. Die Ablagerung von Sand und Ton führt zur Bildung von **klastischen Sedimenten**. Das Wesen klastischer Sedimentation ist die rein mechanische Ablagerung von transportierten Sedimentpartikeln (Klasten). Solche mechanisch verfrachteten und abgelagerten Sedimentpartikel heißen detritische Körner bzw. **Detritus**, im Gegensatz zu chemisch oder biogen entstandenen Bestandteilen von Sedimentgesteinen. Typische klastische Sedimente bzw. Sedimentgesteine sind je nach gefügebestimmender Korngröße des Detritus Ton/Tonstein (< 0,002 mm), Schluff/Schluffstein = Silt/Siltstein (0,002 mm – 0,063 mm), Sand/Sandstein (0,063 mm – 2 mm) oder Kies bzw. Konglomerat (2 mm – 63 mm und größer). Die „krummen" Werte ergeben sich daraus, dass die Korngrößenskala der detritischen Körner der klastischen Sedimente logarithmisch aufgebaut ist.

Andere Sedimentgesteine können ihre ursprüngliche Ablagerung der Ausfällung aus Lösungen oder der Wirkung von Organismen verdanken. In diesem Sinne gibt es **chemische Sedimente** und **biogene Sedimente**. Eine im Einzelfall oft unklare Stellung nehmen die aus Karbonatmineralen bestehenden Sedimentgesteine **Kalkstein** und **Dolomitgestein** ein. Kalkstein und der fast immer erst sekundär aus ihm hervorgegangene Dolomit bilden die Gruppe der Karbonatgesteine, deren Entstehung

Abb. 212: Konglomeratischer Rotsandstein, der sich von dem der Abb. 211 vor allem dadurch unterscheidet, dass der Kiesanteil weitgehend nur aus Milchquarz besteht. Im Herkunftsgebiet des Kiesanteils muss es ein bedeutendes Angebot von Milchquarz gegeben haben. Mögliche Beispiele hierfür sind die in Abb. 201 gezeigte, von Milchquarzgängen und -gängchen durchsetzte, metamorph überprägte Grauwacke und Phyllit, der Segregationsquarz enthält (Abb. 360). Glazialgeschiebe und Strandgeröll an der mecklenburgischen Ostseeküste, Originalherkunft Mittel- bis Nordschweden oder Grund der Ostsee nördlich oder südlich der Åland-Inseln. Längste Achse ca. 12 cm.

Abb. 213: Das Foto zeigt den sedimentären Charakter des abgebildeten karbonatischen Gesteins unmittelbar in Form von Fossilien. Diese ermöglichen geologische Rückschlüsse: Die Arten und die Fülle von Fossilien zeigen, dass der gezeigte Ausschnitt ein Stück ehemaligen Meeresbodens aus einem tropischen Meer ist. Vor allem die stockbildenden und solitär vorkommenden Korallen (z. B. ca. Mitte der rechten Bildhälfte und linke obere Ecke unmittelbar vor dem Schattenbereich) sind Indizien für ehemaliges tropisches Flachmeer mit normalem ozeanischem Salzgehalt (euhalin). Außer den Korallen kommen des Weiteren vor: verschiedene Schnecken, Muscheln, Brachiopoden und ein Schwanzschild eines kleinen Trilobiten (wenig rechts der Bildmitte oberhalb der Absatzkante auf einem Vorsprung derselben). Allein der abgebildete Ausschnitt weist auf ein tropisches Meer hin, in dem es von Tieren geradezu wimmelte. Der Ablagerungsraum, zu dem das abgebildete Gestein mit seinen Fossilien gehört, lag zur Zeit der Sedimentation, während des Silurs, in einem tropischen Meer südlich des Äquators. Dass die Situation gegenwärtig im Norden der Insel Gotland in der zentralen Ostsee beobachtbar ist, liegt an plattentektonischer Nordbewegung des ehemaligen Kontinents Baltica, die seit dem frühen Paläozoikum anhält. Die gezeigten Gesteine sind weicher Mergel und Mergelkalk, der feste Bänke bildet. Küstenkliff von Halls Hok nördlich Lärbro, Gotland, Schweden.

mal biogen erfolgt ist, mal durch chemische Ausfällung, mal anteilig durch beides. Eine diesbezügliche Trennung ist im Einzelfall oft nicht relevant und auch nicht einfach möglich. Deshalb ist es am sinnvollsten, Kalksteine nicht nach ihrer Entstehung (biogen bzw. chemisch) zu klassifizieren, sondern als eigene, durch ihre besondere Zusammensetzung bestimmte Sedimentgesteinsgruppe, als **karbonatische Sedimentgesteine**. Die weitere Detailunterscheidung geschieht dann nach ihrem Gefüge und ihren Sedimentstrukturen samt ihrer Zusammensetzung aus Partikeln verschiedener Entstehungsweisen.

Abb. 214: Glazialgeschiebe von Riffkalk des frühen Tertiärs (Dan), der von Korallenästen durchsetzt ist (Lokalname Faxe-Kalk). Mit dem Faxe-Kalk setzt sich in einer Phase globalen Treibhausklimas die kalkige Sedimentation der Oberkreide bis in das frühe Tertiär fort. Das Ursprungsvorkommen des Faxe-Kalks liegt auf der dänischen Insel Seeland (*Sjælland*) in der Umgebung des Orts Faxe. Kalksteine mit einem Gefüge wie dem hier gezeigten (verzweigt ästiges Gerüst aus zusammenhängenden biogenen Strukturen (hier die Korallenäste) mitsamt dazwischen eingefangenem, meist mikritischem Kalk (ehemaliger Kalkschlamm)) heißen nach einer in der Karbonatsedimentologie gebräuchlichen Klassifikation Bafflestone. Zur Zeit des Dan ermöglichte das Klima das Wachstum von Korallenriffen im heutigen Dänemark. Das Geröll aus Faxe-Kalk zeigt, dass zur Zeit der Entstehung des Kalksteins in Nordeuropa ein tropisches Klima herrschte. Strandgeröll vom Ostseesteilufer von Friederikenthal bei Wangels, Kreis Ostholstein. Originalherkunft Seeland, Dänemark.

Abb. 215: Kalkstein (Fossilkalk) voller Fossilien: Klappen („Schalen") von Brachiopoden. Solch weitgehend aus Schalenresten von vor allem Muscheln und/oder Brachiopoden in gesteinsprägender Menge zusammengesetzter Kalkstein kann als Schillkalk bezeichnet werden. Nach spezieller karbonatsedimentologischer Klassifikation heißt solch Gestein auch Packstone: Komponenten (hier Fossilien) bilden ein korngestütztes Aggregat, in dem die Matrix die Zwickel füllt. Stenkusten nördlich Bläse, Gotland, Schweden. Längste Achse des abgebildeten Bereichs ca. 25 cm.

Abb. 216: Beispiel eines Cephalopodenkalksteins. Oberdevonischer Kalkstein voller zusammengeschwemmter Cephalopodengehäuse (Ammoniten, die aufgrund von Anwitterung des einbettenden Kalksteins und durch natürliche Erosion parallel zu ihren Windungsebenen angeschnitten sind). Solche Cephalopodenkalksteine sind gewöhnlich lokale Bildungen auf untermeerischen Schwellen mit verringerter Wassertiefe oder in großflächigen Seichtwasserbereichen. Eine für das hier gezeigte Gesteinsbeispiel gültige karbonatsedimentologische Bezeichnung ist Wackestone: > 10 % matrixgestützte Komponenten (hier die Ammonitengehäuse). Loser Block aus dem Flussbett der Innerste bei Lautenthal, Westharz, Landkreis Goslar, Niedersachsen. Breite des abgebildeten Bereichs ca. 30 cm.

Abb. 217: Akkumulation von Biomasse: Hochmoortorf. Unter dem Einfluss von stagnierender Nässe kommt es zum Wachstum von Torfmoosen und Begleitpflanzen (Abb. 313), deren Biomasse sich im Laufe von Jahrtausenden unzersetzt meterhoch zu großen Vorkommen von biogenem Sediment ansammeln kann. In dem im Bild gezeigten Abbaugelände wird Torf in industriellem Maßstab gewonnen. Die Aufhäufung von quaderförmigen Torfsoden aus Weißtorf dient deren Trocknung vor der Weiterverarbeitung zu Torfmull. Kehdinger Moor zwischen Hemmor und Wischhafen, Landkreis Stade, Nordniedersachsen.

Abb. 218: Stinkschiefer (mergeliger Kalkstein) mit hohem Anteil an fester organischer Substanz (hochpolymeres Gesteinsbitumen). Der organische Anteil des Gesteins bewirkt, dass dieses beim Anschlagen oder Zerreiben nach Erdöl riecht. Hieraus resultiert der stratigrafisch zu verstehende Name „Stinkschiefer" für diesen spezifischen Schwarzschiefer. Er bildet als bituminöses, kalkig-toniges Gestein die Basis und den zeitlichen Beginn der Staßfurt-Formation des Zechsteins in Norddeutschland. Nach seiner Ablagerung wurden im Niederelbegebiet > 1000 m Steinsalz NaCl und Anhydrit $CaSO_4$ bzw. Gips $CaSO_4 \cdot 2H_2O$ angehäuft. Im Oberflächenaufschluss wie auf diesem Foto sind die flüssigen und gasförmigen organischen Bestandteile längst verflüchtigt. Nur unter abdichtender Überdeckung enthält der Staßfurt-Stinkschiefer als Ölschiefer alle Bestandteile von Erdöl. In solchem Fall ist das Gestein ein potenzielles Erdölmuttergestein. Der parallel zur Schichtlagerung ansteigende schwarze (stark bituminöse) Bereich in der rechten Bildhälfte bildet einen ehemaligen Erdölmigrationspfad ab. In Salzbergwerken im norddeutschen Zechstein sind Erdölaustritte nicht ungewöhnlich, die auf benachbarten Stinkschiefer zurückzuführen sind (Abb. 219). Nationaler Geotop Liether Kalkgrube, Klein Nordende, Kreis Pinneberg, Südholstein.

Eindeutig als **biogene Sedimente** einzustufende Bildungen sind Kohlen und Torf, die aus der Substanz von Pflanzen hervorgegangen sind und diese konservieren. Manche Tongesteine enthalten in großer Menge Anteile organischer, biogener Komponenten. Dies gilt für Schwarzschiefer und Ölschiefer, die die wichtigsten Erdölmuttergesteine sind. Aus ihnen kann Erdöl – auch eine Komponente mancher Sedimentgesteine – hinausdiffundieren (Abb. 219), um schließlich in porösen Speichergesteinen Platz zu finden.

Abb. 219: Kontrolliert aus Salzgestein in Tropfmengen austretendes Erdöl, das aus benachbartem Stinkschiefer der Staßfurt-Formation des Zechsteins stammt. Solche geringfügigen, wirtschaftlich irrelevanten Ölspuren treten in vom Bergbau erschlossenen Lagerstätten von Zechsteinsalz gelegentlich auf. Ehemaliges Erkundungsbergwerk Gorleben, 840 m-Sohle, Landkreis Lüchow-Dannenberg, Nordostniedersachsen.

Abb. 220: Bernstein (baltischer Bernstein) in arrangierter Situation, die den natürlichen Fundumständen nahekommt, abgesehen von der Menge des Bernsteins. Bernstein hat als organisches, biogenes Material eine Dichte, die der von Seewasser ähnlich ist, sodass er anders als gewöhnliche Steine leicht in der Brandung umhertreibt. Zur Ablagerung kommt Bernstein am ehesten zusammen mit relativ leichtem, pflanzlichem Material wie Seetang und Seegras. Zwischen gewöhnlichen Strandgeröllen kommen Bernsteinbrocken nicht zur Ruhe, sondern werden von dort weiterverfrachtet. Daher findet sich Bernstein an Stränden, wenn überhaupt, am ehesten in Anhäufungen von Tang und Seegras. Im Binnenland des Norddeutschen Tieflands findet er sich vor allem in zusammengeschwemmten, dunkelbraunen bis nahezu schwarzen und daher auffälligen Anhäufungen von Braunkohlebrocken in Sandablagerungen. Achsenlänge des größten Bernsteinbrockens 5 cm.

Ein stofflich mit Torf, Kohlen und Gesteinsbitumina verwandtes Material (auch ein „Kaustobiolith" = brennbares organisches Gesteinsmaterial) ist Bernstein, der auf ehemaliges Baumharz zurückgeht. Bernstein ist wie Kohle organische, brennbare Substanz, die schon seit der Antike als Schmuckstein wertgeschätzt und gehandelt wurde. Von Natur aus war er im Bereich der heutigen deutschen Nordseeküste so reichlich und auch großstückig vorhanden, dass er in vorgeschichtlicher Zeit als Brennmaterial verwendet wurde.

Eine besondere, aufgrund ihrer Entstehungsmechanismen klar abgrenzbare eigene Gruppe von Sedimentgesteinen sind **Evaporite** (= Eindampfungsgesteine). Sie sind **chemische Sedimente**, die unabhängig von der Mitwirkung von Organismen abgelagert werden. Sie sind Ausfällungsprodukte wässriger Lösungen mit hoher Salzkonzentration, vor allem von Meerwasser, dessen Salzgehalt durch Wasserverdunstung bei trocken-heißem Klima übersättigt worden ist, um schließlich als Salzablagerung zurückzubleiben. Gegenwärtig ist solche Bildung von Salzablagerungen in kleinerem Umfang in kontinentalen Salzseen und Salzsümpfen beobachtbar (Abb. 221). In Deutschland kommen unterschiedlich alte Salzlagerstätten vor. Am bedeutendsten sind die des jüngsten Perms, des Zechsteins, die in einem vom Ozean weitgehend abgeschnürten Randmeer von doppelter Ostseegröße entstanden sind. Im Niederelbegebiet setzte die Salzablagerung schon im höchsten Rotliegend ein, im beckentiefsten einer unter dem damaligen Meeresspiegelniveau liegenden Wüste. Die Voraussetzung trocken-heißen Klimas war erfüllt. Mitteleuropa befand sich während des Perm aufgrund der Plattenbewegung in einer geografischen Breite, die der Position der heutigen Sahara und Arabischen Wüste entspricht. Zusätzlich gab es zu der Zeit eine globale Hitzeperiode, die mit dem endpermischen Massenaussterben in Zusammenhang stand.

Sonstige Beispiele für chemische Sedimentgesteine sind manche Anreicherungen von Eisenoxidmineralen, die bedeutende Erzkörper bilden können (Abb. 321, Abb. 322).

Abb. 221: Salzkrusten in Ufernähe des Salzsees Tuz Gölü südlich Ankara auf einem im Sommer ausgetrockneten Teil des Seebodens. Der Tuz Gölü hat als größter Salzsee der Türkei eine ca. zehnfach höhere Salzkonzentration als Ozeanwasser. In ihm kommt es jahreszeitlich und wetterbedingt zur natürlichen Ausfällung großer Mengen von Salz (hauptsächlich NaCl) als rezentes Beispiel der Bildung von Evaporiten (Eindampfungsgesteinen). Ostufer des Tuz Gölü nördlich Şereflikoçhisar, Provinz Ankara, Türkei.

Wenn auch Salzgesteine im mitteleuropäischen Klima an der Erdoberfläche nicht erhaltungsfähig sind, so wirken sich viele Evaporitvorkommen im Untergrund doch erkennbar durch salzhaltiges Quellwasser aus. In Deutschland gibt es viele Orte mit Namensteilen wie -hall, salz-, solt-, süll- usw., die auf Salzquellen hinweisen. Abb. 222 zeigt ein der Natur überlassenes Gelände voller Salzquellen im Raum Magdeburg.

Abb. 222: Salzquellen im Tal der Sülze bei Sülldorf nahe Magdeburg. Sie sind Ausdruck des Vorkommens von Salzgestein des Zechsteins im Untergrund, das über tektonische Störungen von Grundwasser erreicht wird. Die natürlichen Salzquellen waren über Jahrhunderte Grundlage von Salzsiedereien und schließlich für einen Kurbetrieb. Heute sind alle zugehörigen Gebäude entfernt und der von Salzquellen berührte, ca. 2 km lange Abschnitt des Sülzetals steht als größte Fläche mit Salzflora im Landesinneren Deutschlands unter Naturschutz. Auf dem Foto zeigt sich der Salzgehalt des Quellwassers nach einer mehrwöchigen, frühsommerlichen Trockenperiode in Form weißer Salzkrusten. Die artenreiche Salzflora (Halophytenflora) wird besonders auffällig durch rot gefärbten Queller repräsentiert (Bildhintergrund). Er bildet mehrere geschlossene Bestände im Sülzetal, unterscheidet sich aber vom Queller im Nordseewatt durch rote statt grüner Färbung. Die Ursache hierfür ist intensive Sonneneinstrahlung ohne die Unterbrechungen durch regelmäßige, tidebedingte Überflutungen wie im Watt. Sülldorf, Landkreis Börde, Sachsen-Anhalt.

15.2 Prozesse nach der Sedimentation: Diagenese, Sedimentverfestigung

In allen Sedimentgesteinen, außer in jungen, vollständig unverfestigten Ablagerungen wie Sand, Kies und Ton, haben nach der Sedimentation Prozesse der Diagenese stattgefunden. Zu den wesentlichen Prozessen der Diagenese gehört Kompaktion unter Überlagerung durch jüngere Sedimente, verbunden mit Entwässerung und im Porenraum stattfindender Neubildung von Mineralen wie z. B. von Quarz, Kalzit oder Gips. Diese Mineralisation im Porenraum bewirkt die Verkittung der primär abgelagerten Sedimentkörner (detritische Körner) und damit die Entstehung von festem Felsgestein. Hierbei wird Sand zu festem Sandstein und Ton zu Tonstein.

Abb. 223: Verfestigtes Sedimentgestein (Sandstein) mit Rippelmarken. Die ungewöhnlich langwelligen und damit großen Rippelmarken mit symmetrischen Querschnitten und relativ scharfen Rippelkämmen (Oszillationsrippel) gehen auf Seegang in einem küstennahen Bereich mit Wassertiefen von Zehnermetern zurück. Sandstein des Unterkambriums. Die Rippelmarken dokumentieren, dass ursprünglich loser, vom Wasser umgelagerter Sand vorlag. Die steile, felsige Abbruchkante des Schichtstapels macht die Verfestigung des Sedimentgesteins, vor allem durch Quarzbindemittel, deutlich. Ehemaliger Steinbruch Tobisborg bei Vik, Schonen, Südschweden.

Abb. 224: Rotsandstein aus gerundeten detritischen Körnern (Quarz, vereinzelt Feldspat) und Bindemittel (Kalzit und Quarz). Die Rotfärbung ist schichtweise intensiv und auch das Bindemittel betreffend. In den helleren Lagen beschränkt sich die Rotfärbung auf dünne Überzüge der detritischen Körner oder sie fehlt ganz. Der Rotsandstein ist eine festländische Ablagerung (Jotnischer Sandstein) auf der eingeebneten Rumpffläche des Svekofennischen Orogens in Skandinavien und im nördlichen Ostseeraum. Die Rotfärbung bedeutet, dass es schon zur Zeit der Ablagerung vor 1,2 bis 1,7 Milliarden Jahren ausreichend Sauerstoff in der Atmosphäre gab, um den geringen Eisengehalt in oxidierter Form als Hämatit (Roteisen, Fe_2O_3) zu binden. Anders als für geologisch jüngere Rotsandsteine bedeutet das oxidierende Milieu im Boden nicht zwingend, dass das Ablagerungsgebiet eine Trockenwüste gewesen sein muss. Während des Proterozoikums fehlten an Land noch Pflanzen, die humose und damit reduzierend wirkende Böden hätten bewirken können. Sandsteinbruch Mångsbodarna, Älvdalen, Norddalarna, Mittelschweden. Breite des abgebildeten Ausschnitts 4 cm.

Die winzigen Kalzitkörnchen von am Meeresboden abgelagertem Kalkschlamm kristallisieren unter Kornvergröberung um. Hierbei vermindert sich die Anzahl der Körner pro Volumen. Viele winzige, oft submikroskopisch kleine Kalzitkristalle kristallisieren unter Erhalt der Gesamtmenge des Kalzits zu zahlenmäßig wenigeren, jedoch größeren Kristallen um. Hierbei bilden die verbleibenden Kalzitkriställchen ein festes Aggregat von miteinander verwachsenen Kalzitkristallen. Aus dem Kalkschlamm wird hierdurch fester Kalkstein. Diagenese führt auf die eine oder andere Weise fast immer zur Verfestigung von Lockermaterial zu festem, felsigem Gestein wie z. B. von Sand zu Sandstein, von Kalkschlamm zu Kalkstein und von im feuchten Zustand plastisch verformbarem Ton zu Tonstein, der auch unter Hinzufügung von Wasser fest bleibt. Hierbei kommt es nur insofern auf das Alter der Sedimente an, als mit höherem Alter die Wahrscheinlichkeit des Eintretens von für die Verfestigung günstigen Bedingungen zunimmt. Die Verfestigung selbst kann in wenigen Jahren abgeschlossen sein oder auch für Jahrmillionen ausbleiben. Dies bedeutet, dass lose Sandschichten mit z. B. Juraalter keine Seltenheit sind, es aber auch festen Sandstein mit sehr viel geringerem, z. B. mit Tertiäralter gibt. Diagenese erfordert keine geologischen Zeiträume.

15.3 Sedimentstrukturen

Viele Sedimentgesteine sind nicht nur durch ihre artspezifischen Merkmale gekennzeichnet, sondern es kommen oft für das jeweilige Gestein nicht selbstverständliche, gewöhnlich relativ großmaßstäbliche Strukturen hinzu. Diese sind zumeist im Zuge der Sedimentation (synsedimentär) angelegt. In manchen Fällen können auch postsedimentäre, z. B. diagenetische Prozesse ursächlich sein. Eine besonders häufig vorkommende Sedimentstruktur ist **Schichtung**. Sie entsteht durch wechselnde Sedimentzufuhr, z. B. aufgrund sich wiederholt ändernder Strömungsintensität. Ein typisches Ergebnis ist dann eine Schichtfolge von horizontal abgelagerten klastischen Sedimenten bzw. Sedimentgesteinen mit unterschiedlichen Korngrößen. In der Regel folgen die

Abb. 225: Besonders prägnant ausgebildete parallele („gewöhnliche") Schichtung in jurazeitlichem Kalkstein, der aus Kalkschlamm hervorgegangen ist. Dieser ist in großer Meerwassertiefe im ehemaligen Ozean Tethys abgelagert worden. Die perfekt ausgebildete Schichtung aus periodisch wechselnden, festen, kalkigen und mürben, tonig-mergeligen Lagen qualifiziert die abgebildete Schichtfolge als Rhythmit aus zwei bezüglich der Sedimentmenge konkurrierenden Stoffbeiträgen (Kalkschlamm und Tonschlamm). Südwestküste der Halbinsel des Capo Palinuro, Salerno, Südcampanien, Italien.

Abb. 226: Durch Farbwechsel akzentuierte parallele Schichtung im aus Feinsandstein, Ton- und Schluffstein bestehenden Mittleren Buntsandstein Helgolands. Die durchweg feinkörnige Sedimentation erfolgte im ebenen Inneren eines Sedimentationsbeckens in großer Entfernung von den Sediment-Liefergebieten. Die Rotfärbung ist Folge überwiegend oxidierender Sedimentations- und Diagenesebedingungen unter Wüstenklima zur Zeit der frühen Trias in Mitteleuropa. Besonders intensiv ist die Rotfärbung in Lagen mit hohem Tonanteil. Den farblos hellen Lagen fehlt das Hämatitpigment (Roteisen), z. B. verursacht durch anhaltende Wasserbedeckung und Ausbleiben der Oxidation an der Sedimentoberfläche. Die auffällige Zerrüttung des Gesteinsverbands ist Folge der Helgoländer Großsprengung von 1947. Hinzu kommt ein Einfallen der Schichtung in Richtung zur Aufnahmeposition des Fotos am Nordostende der Hauptinsel Helgolands am „Jägerstieg“ (Verbindungstreppe vom Unterland zum Oberland). Hierdurch ist die Standfestigkeit der durch Brandungserosion entstandenen Steilwand auch von Natur aus vermindert.

Abb. 227: Schichtungsunabhängige, diagenetisch gebildete Fällungsstreifen in Sandstein. Die auffälligen, parallelen und sich z. T. kreuzenden Streifen, in denen das Gestein durch oxidische Eisenminerale braun gefärbt ist, bilden schichtungsunabhängige, temporäre Grenzflächen ab, die zur Zeit der frühen Diagenese zwischen reduzierendem, Fe^{2+}-haltigem Porenwasser und oxidierendem, sauerstoffreichem Porenwasser bestanden (Chiasma-Sandstein). Glazialgeschiebe (Strandgeröll), Ostseesteilufer Klütz Höved, Nordwestmecklenburg. Durchmesser 18 cm.

Abb. 228: Schrägschichtung in Rotsandstein des Unteren Buntsandsteins. Die Schrägschichtung bewirkt, dass die in manchen Schichtabschnitten durch Verwitterungseinfluss herausmodellierten Schichtkörper spitzwinklig gegen die übergeordnete, nahezu waagerecht orientierte Schichtung auskeilen. Hierdurch wird die sukzessive Vorschüttung von Sand durch episodisch fließendes Wasser von geringer Tiefe abgebildet. Die Rotfärbung ist Ausdruck von Wüstenklima. Die schräggeschichteten Schüttungskörper sind Folge episodischer, kurz anhaltender Wasserausbreitung. Dahn, Pfälzer Wald, Rheinland-Pfalz.

einzelnen Schichten streng parallel aufeinander. Hierbei sind die höher in der Abfolge liegenden Schichten jünger als die unterlagernden („stratigrafisches Grundgesetz"). Häufig wird Schichtung als eindeutiges Merkmal von Sedimentgesteinen angesehen. Hierbei wird jedoch ignoriert, dass Sedimentation nicht nur durch Wasser oder Wind stattfinden kann, sondern auch durch Magmen. Die „Sedimentstruktur" Schichtung tritt entsprechend auch in manchen Magmatiten auf (Abb. 117, Abb. 118).

Besondere Arten von Schichtung sind Schichtstapel, deren Einzelschichten nicht durchgehend parallel übereinander gelagert sind. In manchen Fällen kappen jüngere Schichten ältere. Diese Situation wird dadurch ermöglicht, dass einige Schichten nicht waagerecht abgelagert werden und unterschiedliche Schichtneigungen zusammentreffen. Das resultierende Schichtungsbild heißt dann **Schrägschichtung**. Sie wird vor allem in Sand und damit am Ende auch in Sandstein angelegt, wenn bei anhaltender Strömung von Wasser oder Wind Schüttungskörper mit geneigten Leehängen ausgebreitet werden.

In manchen Sedimentgesteinen sind ehemals bei der Sedimentation eingebettete Überreste von Organismen als **Fossilien** überliefert. Dies können z. B. Skelette oder Außenpanzer sein, plastisch konfigurierte Ausgüsse ehemaliger Hohlräume oder bei der Sedimentsetzung plattgedrückte Körper. Pflanzenreste wie Zweige und Blätter erscheinen gewöhnlich als kohlige Abdrücke. In manchen Fällen besteht die fossile Überlieferung aus Abdrücken, die im ehemals weichen Sediment vor der Zersetzung der Organismen entstanden sind. Häufig beschränkt sich die fossile Überlieferung auf besonders erhaltungsfähige Körperteile wie Zähne, Knochen oder kalkige Gehäuse. Fossilien bieten die zumeist einzige Information, die über die Arten von Lebewesen im Laufe der jüngeren Erdgeschichte zur Verfügung steht. Unter der „jüngeren Erdgeschichte" sind in diesem Zusammenhang die letzten 540 Millionen Jahre seit Beginn des Kambriums zu verstehen. Ältere Organismenreste sind ausgesprochen selten und nicht annähernd so differenziert entwickelt wie ab dem Kambrium.

Abb. 229: Kohlige Pflanzenfossilien in unterkarbonischer Grauwacke. In großer Menge ins Meer eingeschwemmte Pflanzenreste bedecken eine Schichtfläche. Hierdurch wird für die Zeit der Sedimentation Küstennähe angezeigt, weil die Pflanzenreste von Landpflanzen stammen. Die durch den Zustand der Pflanzenreste dokumentierte Inkohlung des Gesteins entspricht einer geringgradigen Metamorphose, die den gesamten Gesteinskörper erfasst haben muss. Die Pflanzen sind Angehörige der mit den heutigen Schachtelhalmen verwandten Klasse der *Equisetopsida*. Zur selben Gruppe gehören die im Oberkarbon als Bestandteil der „Steinkohlenwälder" verbreiteten *Calamites* („Baumschachtelhalme"). Die hier gezeigte Schichtfläche bezeugt eine erdgeschichtlich frühe, relativ üppige Vegetationsbedeckung auf dem Festland oder auf Inseln. Ehemaliger Grauwackebruch am Einersberg im Westharz, Innerstetal zwischen Clausthal-Zellerfeld und Wildemann, Landkreis Goslar, Niedersachsen.

Abb. 230: Lebensspuren in Sandstein (Bildmitte). Der abgebildete lose Sandsteinblock in der Bildmitte (Skolithos-Sandstein) ist von verfüllten, ehemaligen Wohnröhren durchsetzt, die sich im abgebildeten Beispiel durch rotbraune Färbung von der Umgebung abheben. Die Röhren sind senkrecht zur Schichtung orientiert. Sie dokumentieren eine dichte Besiedlung des ehemals losen Sands am Meeresboden zur Sedimentationszeit im Unterkambrium vor ca. 540 Millionen Jahren. Solche Skolithos-Wohnröhren sind häufige Spurenfossilien des Unterkambriums, z. B. in Skandinavien und in NW-Schottland (dort als *pipe rock* bezeichnet). Die Verursacher waren wahrscheinlich im sandigen Sediment lebende Würmer. Das Sedimentgestein ist erdgeschichtlich kurz nach der „kambrischen Explosion" des Lebens auf der Erde entstanden. Ufergeröll und Lokalgeschiebe auf der Insel Blå Jungfrun im nördlichen Bereich des Kalmarsunds. Das Herkunftsvorkommen liegt unter Wasserbedeckung im Kalmarsund oder nördlich davon am Grund der Ostsee. Kalmar län, Ostsmåland, Südschweden.

Spurenfossilien sind Sedimentstrukturen, die die Existenz oder Tätigkeit ehemaliger Lebewesen dokumentieren (Abb. 230, Abb. 231, Abb. 251), ohne dass von deren Substanz noch Reste im Zusammenhang erhalten sind. Oft ist nicht bekannt, von welchen Lebewesen die Lebensspuren angelegt worden sind. Schon in Sandsteinen des Unteren Kambrium treten verbreitet ehemalige Wohnröhren von Sedimentbewohnern auf. Auch die Tätigkeit von Tieren, die auf der Nahrungssuche im Sediment herumgewühlt haben, ist oft durch Spuren überliefert. In manchen Fällen ist das Sedimentgestein von solchen Wühlspuren geprägt. Es ist dann nicht mehr ungestört geschichtet oder strukturlos. **Bioturbation** ist der Sammelbegriff für gesteinsprägende Sedimentstrukturen, die durch im Sediment wühlende oder wohnende Tiere wie z. B. Würmer oder Krebse verursacht worden sind.

Abb. 231: „Chaotische" Bioturbation in unterkambrischem Sandstein (Hardeberga-Sandstein), der aus sandigem Sediment hervorgegangen ist, das von mobilen Tieren intensiv durchwühlt worden ist. Bioturbation ist in diesem Fall die wesentliche Sedimentstruktur. Blickrichtung senkrecht auf die (ausgelöschte) Schichtung. Im abgebildeten Ausschnitt gibt es keinen Bereich, der nicht von der das Volumen voll erfüllenden Grabetätigkeit erfasst worden ist. Ostseeküste bei Vik, Schonen, Südschweden.

Auch physikalische Vorgänge im Zusammenhang mit der Sedimentation können deutliche Sedimentstrukturen hinterlassen. Hierzu gehören z. B. **Rippelmarken** und **Trockenrisse**. Rippelmarken lassen sich auch gegenwärtig im Wattenmeer und überhaupt am Boden von

Abb. 232: Rippelmarken (Strömungsrippel) als Überlieferung des sandigen Grundes eines kontinentalen Fließgewässers vor 1,2 – 1,7 Milliarden Jahren. Die Rippelmarken haben im Gegensatz zu den durch Wellenschlag verursachten Oszillationsrippeln der Abbildungen 223 und 233 unsymmetrische Querschnitte mit sanft ansteigenden Luvböschungen und steil abfallenden Leehängen. Für die individuellen Strömungsrippel sind sichelförmige Verläufe kennzeichnend. Die Rippelkonfigurationen ermöglichen die Festlegung der verursachenden Strömungsrichtung, in diesem Fall von links hinten nach rechts vorne im Bild. Die Steilkante über dem aktuellen Gewässer (Österdalälv) zeigt die Verfestigung des ehemals losen Flusssands zu felsigem Sandstein an. Kontinental abgelagerter Rotsandstein (Jotnischer Sandstein, Dala-Sandstein) des Proterozoikums mit einem Sedimentationsalter zwischen 1,2 und 1,7 Milliarden Jahren. Tal der Österdalälv nordwestlich Särna, Norddalarna, Mittelschweden.

Gewässern beobachten. Hierbei prägt kontinuierliche Wasserströmung den sandigen Gewässergrund durch **Strömungsrippel**. Dies sind kleine, dünenartige Gebilde mit an der strömungszugewandten Luvseite sanft ansteigenden Böschungen und an der strömungsabgewandten Leeseite steil abfallenden Flanken. Die einzelnen Rippeln haben entsprechend unsymmetrische Querschnitte.

Ein von Aussehen und Entstehung andersartiger Typus von Rippelmarken sind **Oszillationsrippel**. Sie sind durch länglich gestreckte Rippelkämme und durch symmetrische Querschnitte gekennzeichnet. Sie entstehen in stagnierendem Wasser, das durch Wellenschlag hin und her bewegt wird. Hierbei gibt es einen Zusammenhang zwischen der Wassertiefe und der Intensität der Wellenbewegung mit der Wellenlänge und Amplitude der Rippeln. Die Rippeln bieten zusätzlich eine – in der Geologie bei gestörter Schichtlagerung wichtige – Information zur Orientierung von oben und unten zur Zeit der Sedimentation. Die nach ursprünglich unten weisenden Rippeltäler sind Mulden mit bogenförmigem Querschnitt, während die ursprünglich nach oben zeigenden Rippelkämme mit scharf konturierter Oberkante ausgebildet sind.

Abb. 233: Oszillationsrippel auf rotem Feinsandstein des Unteren Buntsandsteins. Die durch Wellenschlag in einem temporären, seichten Gewässer verursachten Rippelmarken sind kurz nach Beginn der Trias zur gleichen Zeit entstanden, als Rogensteinbänke (Abb. 295) und Stromatolithe (Abb. 297, Abb. 298) als Teil der Schichtfolge des Unteren Buntsandsteins Norddeutschlands aus Meerwasser sedimentiert worden waren. Dieses war zeitweise in das wüstenhafte Sedimentationsbecken des Buntsandsteins eingedrungen. Die mit den Rippelmarken bedeckte Schicht muss zur Zeit ihrer Bildung naturgemäß waagerecht ausgebreitet gewesen sein. Die im Foto sichtbare steile Schrägstellung ist tektonisch bedingt. Ehemaliger Rogensteinabbau in den Lichtenbergen zwischen Oelber am weißen Wege und Salzgitter-Osterlinde, Ostniedersachsen.

In zeitweilig trockenfallenden, flachen Gewässern entstehen am ausgetrockneten Gewässerboden durch Schrumpfung von Sediment mit tonigem Anteil **Tro-**

Abb. 234: Mit farblos-hellem Sediment verfüllte Trockenrisse in einer Schichtfläche von proterozoischem Rotsandstein (Jotnischer Sandstein), der 1,2 – 1,7 Milliarden Jahre alt ist. Im hier gezeigten Fall ist ein Tonanteil erkennbar, der die Schrumpfung bewirkt haben könnte. Sandsteinbruch Mångsbodarna westlich Älvdalen in Norddalarna, Mittelschweden. Breite des abgebildeten Bereichs im Bildvordergrund ca. 25 cm.

ckenrisse, die ein netzartiges Muster bilden. Solche Trockenrisse sind in kontinentalen Ablagerungen wie z. B. im Buntsandstein der Unteren Trias neben Rippelmarken recht verbreitet. Sie sind dort ein Hinweis auf Wüstenklima mit episodisch entstandenen, seichten Wasseransammlungen. Durch Sedimentation über Flächen mit klaffenden Trockenrissen werden diese von oben ausgefüllt. Nach der diagenetischen Verfestigung zeigen die Schichtunterseiten der überlagernden Gesteinsplatten **Netzleisten**. Dies sind die plastisch hervortretenden Ausfüllungen der Trockenrisse der ehemaligen Unterlage. Die Schrumpfung bei Austrocknen wird entweder durch quell- und schrumpffähige Tonminerale im Sediment oder durch eintrocknende Biofilme an der Sedimentoberfläche bewirkt. Zusammenhängende Biofilme aus vor allem Algen und Cyanobakterien bildeten während des Proterozoikums den einzigen Bewuchs auf ausreichend feuchten Landflächen. Ehemalige Biofilme ermöglichen eine Erklärung für das häufiger zu beobachtende Vorkommen von Trockenrissen bzw. Netzleisten in reinen Sandsteinen, die keine wesentlichen quell- und schrumpffähigen Anteile von Tonmineralen enthalten.

Eine in Sandsteinen aus ehemaligen Trockengebieten recht häufig vorkommende Sedimentstruktur sind **Tongerölle**. Sie sind ehemalige, durch Zusammenrollen von eingetrockneten Tonhäuten entstandene Tonfladen, die bei kurzen, heftigen Regengüssen umgelagert und nach nur kurzem Transport im zeitgleich sedimentierten Sand wieder eingebettet und kompaktiert worden sind.

Abb. 235: Grauer Feinsandstein des Buntsandsteins mit Tongeröllen. Die roten Tonsteinbrocken im Feinsandstein gehen darauf zurück, dass im Zuge der Sedimentation des Feinsands ein kohäsiver, kurz zuvor sedimentierter Ton erodiert und in Form von weichen, in sich zusammenhängenden Tonbrocken umgelagert worden ist. Die diagenetische Verfestigung des Tons zu Tonstein ist erst nach der Umlagerung durch strömendes Wasser gemeinsam mit dem einbettenden Sandstein erfolgt. Nordstrand der Hauptinsel Helgolands unterhalb des „Jägerstiegs".

15.4 Arten von Sedimentgesteinen

Konglomerat ist klastisches Sedimentgestein, in dem Gerölle (Klasten) mit Korngrößen im Bereich von Kies (2 - 63 mm) plus/minus zusätzlichen größeren Steinen das Gefüge bestimmen. Aufgrund der einzeln gut erkennbaren Gerölle enthalten Konglomerate unmittelbar „lesbare" Information zu ihren Entstehungsbedingungen und auch zur Geologie der Herkunftsgebiete der Gerölle. Die Sedimentation von Kies, der später zu Konglomerat verfestigt ist, erfordert schnell strömendes Wasser als Transportmedium. Dies bedeutet, dass die Ablagerung in oder nah an einer gebirgigen Region oder Steilküste erfolgt sein muss und nicht durch langsam dahinströmende Tieflandsflüsse oder in küstenfernen Meeresgebieten. Der geologische Charakter der Liefergebiete in einem zumeist längst abgetragenen oder durch jüngere Sedimentgesteine überdeckten Gebirge wird durch die Gesteinsarten offenbart, die im Konglomerat unter den Geröllen vorkommen. In vielen Fällen enthalten sie die einzige vorhandene Information über z. B. eine ehemalige Vulkanprovinz oder den Charakter eines längst abgetragenen Gebirges. Sie bieten die Möglichkeit, durch geochemische Untersuchungen an den Geröllen den geotektonischen Rahmen solch einer ehemaligen Vulkanprovinz oder eines ehemaligen Gebirges zu ermitteln.

Ein besonderes Beispiel von ähnlicher Art war der Fund einer konglomeratartigen Anhäufung von ca. 300 Magensteinen eines großen Meereskrokodils oder -sauriers zwischen dessen Knochen in kreidezeitlichem Kalkstein des nördlichen Harzvorlands (Ernst et al. 1996). Zu dem Gesteinsbestand gehörten außer großen Mengen von „Allerweltsgesteinen" u. a. Granite, Gneise und Rhyolithe. In diesem Fall ließ sich ermitteln, an welchem Uferabschnitt des nordwesteuropäischen Oberkreidemeeres das Meeresreptil die Gerölle zur Verwendung als Magensteine aufgenommen hatte. Es kam nur die damalige Küste der Böhmischen Masse (z. B. Erzgebirge) im heutigen Sachsen in Betracht, in einer Entfernung von knapp 300 km südöstlich des Fundorts des verendeten Tiers. Material vom skandinavischen oder schottischen Ufer des Kreidemeers fehlte völlig, obwohl diese für das

Tier auch erreichbar gewesen wären. Der Befund beruht auf dem Artenspektrum und den Merkmalen der beteiligten Gesteine (Vinx & Voigt 2001).

Konglomerate repräsentieren den Schutt, der im Herkunftsgebiet zunächst durch physikalische Verwitterung, d. h. durch mechanischen Gesteinszerfall bereitgestellt worden ist. Gesteine, die leicht chemisch verwittern und zerfallen oder die in Wasser löslich sind, fehlen in Konglomeraten. Vor allem die gröberen Klasten sind noch intakte und oft leicht bestimmbare Gesteinsbrocken. Erst bei Korngrößen von weniger als einzelnen Millimetern, d. h. in der Sandfraktion (0,063 – 2 mm) dominieren isolierte Mineralkörner von zumeist Quarz. Die Gerölle in Konglomeraten hingegen bestehen überwiegend aus Gesteinen, die gegen Abrieb und chemi-

Kompositionelle Reife/Unreife

Ein klastisches Sedimentgestein wie vor allem Sandstein oder Konglomerat gilt dann als kompositionell reif, wenn die detritischen Körner (die „Sandkörner") so gut wie ausschließlich aus verwitterungsresistenten Mineralen bestehen. Dies ist besonders Quarz. Die kompositionelle Reife hat zur Voraussetzung, dass alle Minerale, die anfällig gegen chemische Verwitterung sind, schon vor der endgültigen Sedimentation zerstört worden sind. Ein kompositionell unreifes Sedimentgestein enthält hingegen auch einen wesentlichen Anteil leicht verwitterbarer Minerale bzw. Gesteinsfragmente. Hierzu gehören Feldspäte, vor allem Plagioklas, Glimmer, Chlorit, Olivin, Orthopyroxen, Tonschiefer und Kalkstein sowie Mergel.

Mit kompositioneller Reife kann eine strukturelle Reife einhergehen. Sie bedeutet, dass die detritischen Körner durchweg intensiv gerundet sind, also bei länger oder wiederholt stattgefundenem Transport rundum abgeschliffen worden sind. Entsprechend sind eckige Kornformen und auch ein Durcheinander verschiedener Korngrößen Ausdruck struktureller Unreife. Der Transport ist dann weniger intensiv gewesen.

Abb. 236: Nahezu monomiktes Konglomerat des Oberen Rotliegend. Konglomerate aus Geröllen aus ganz überwiegend einer Gesteinsart wie in diesem Fall heißen monomikt. Wenn verschiedene Gesteine gemeinsam vorkommen, heißen Konglomerate polymikt. Unter den Geröllen des abgebildeten Konglomerats dominiert Quarz (weißer Milchquarz). Untergeordnet tritt dunkler Radiolarit auf, der ebenso nur aus Quarz besteht. Diese beiden Arten von aus Quarz bestehenden Gesteinen repräsentieren den abrieb- und verwitterungsresistenten Anteil des Gesteinsbestands des zur Zeit des Unterperms noch nicht vollständig abgetragen gewesenen Variszischen Gebirges, aus dem die Gerölle von kräftig strömendem Wasser zum Ablagerungsort transportiert worden sind. Das Konglomerat ist aufgrund überwiegend guter Rundung der Gerölle strukturell reif. Tal der Heiligen Reiser, Hettstedt, Landkreis Mansfeld-Südharz, Sachsen-Anhalt.

Abb. 237: Kies an einem Meeresstrand als unverfestigte, potenzielle Vorstufe eines Konglomerats. Durch Zementation der Gerölle durch ein Bindemittel, z. B. Quarz, würde ein Konglomerat entstehen. Die Zusammensetzung des Kieses ist polymikt, d. h. petrografisch vielfältig. Ein großer Teil besonders der nicht kalkigen Gerölle stammt aus tertiär- und kreidezeitlichen Konglomeraten, ist also schon einmal umgelagert und gerundet worden. Unter den Geröllen, die ausschließlich Kies-Korngrößen haben (2 mm – 63 mm), sind vor allem graue bis schwarze Kalksteine auffällig, die zum großen Teil „geädert" sind, d. h. von weißen Kalzitgängchen durchzogen. Solch Kalkstein steht in unmittelbarer Ufernähe an. Ebenfalls häufig sind graue Sandsteine, weißer Kalzit und weißer Milchquarz. Nur vereinzelt treten rote Vulkanite und roter Radiolarit auf sowie gelblich weißer Mikrogranit. Strand am Tyrrhenischen Meer, nordwestlich Marina di Camerota, Südcampanien, Italien. Breite des abgebildeten Ausschnitts ca. 50 cm.

Abb. 238: Kompositionell und strukturell unreifes Konglomerat. Die überwiegend kaum gerundeten Klasten in Kies-Korngröße bestehen u. a. aus roten Magmatiten, rotem Feldspat und schwarzem Basalt. Flussgeröll zwischen Öşki und Gölbaşi, Uzundere, Provinz Erzurum, Türkei. Länge des Gerölls ca. 30 cm.

sche Verwitterung besonders resistent sind, wie z. B. Milchquarz oder Radiolarit, und manchen Vulkaniten. Konglomerate, die viel Kalkstein enthalten (Abb. 239), sind Sonderfälle, die gewöhnlich mit geringer Transportdauer und Transportweite zu tun haben.

In Konglomeraten sind die meisten Einzelkörner deutlich gerundet. Eckige Klasten qualifizieren ein konglomeratartig grobkörniges Sedimentgestein als sedimentäre Brekzie. Die Kornrundung in Konglomeraten ist Folge von mechanischem Abrieb über längere Transportstrecken oder auch in der Brandung an ehemaligen Küsten. Die Transportgeschichte kann komplex sein. Oft ist sie mit wiederholter Umlagerung verbunden.

Brekzie ist ein zusammenfassender Gesteinsname für sehr unterschiedlich entstandene, auf den ersten Blick konglomeratartig erscheinende Gesteine. Sie bestehen wie Konglomerate aus groben Klasten, die in eine Matrix mit geringeren Korngrößen eingebettet sind. Der wesentliche Unterschied ist die dominierende Gestalt der Klasten. In Konglomeraten sind sie überwiegend gut gerundet, in Brekzien sind sie eckige Fragmente ehemals zusammenhängender Gesteine. Voraussetzungen zur Entstehung von Brekzien sind die mechanische Zertrümmerung irgendwelcher Ausgangsgesteine und die Ablagerung der Klasten am Ort der Zertrümmerung oder nach nur kurzem Transport. Die Bildung der eckigen Klasten und damit von Brekzien kann durch tektonische Bewegung zustande kommen. Das brekziierte Material füllt dann als **tektonische Brekzie** (Abb. 396) ehemalige Bewegungsbahnen im nicht brekziierten Gesteinsverband aus. Die Klasten bestehen in diesem Fall gewöhnlich aus den gleichen Gesteinen, wie sie in massiver Form zu beiden Seiten der Bewegungsfläche anstehen. **Ablagerungsbrekzien** (sedimentäre Brekzien) sind klastische Sedimentgesteine, die Konglomeraten bis auf die überwiegend eckigen Kornformen gleichen. Sie sind zumeist die Produkte von überwiegend mechanischer Verwitterung der Ausgangsgesteine, z. B. in vegetationslosen Gebirgs- oder Wüstenregionen, verbunden mit Transport über nur kurze Strecken, sei es nur unter der Schwerkraft an steilen Bergflanken oder in schnell und kurzzeitig strömendem Wasser, wie es in Wadis in Wüstengebieten der Fall ist. In solchen Situationen erlahmt der Transport grober Klasten spätestens beim Erreichen ebenen Geländes, sodass dort Ablagerungsfächer ausgebreitet werden. Sedimentäre Brekzien solcher Ablagerungsfächer (engl. *fans*) heißen **Fanglomerate**. Sie sind Bildungen aus Wüsten. Aufgrund längeren vorangegangenen Transports oder Umlagerung können Fanglomerate einen hohen Anteil gerundeter

Abb. 239: Konglomerat, dessen zu 100 % kalkigen Gerölle einer wenige Kilometer entfernten Gebirgsregion aus mesozoischem Kalkstein entstammen. Für konglomeratisches Gestein aus Kalksteingeröllen wie diesem gibt es den Sondernamen Kalkrudit. Das abgebildete Gestein ist geologisch jung (Quartär). Küstenkliff nordwestlich Marina di Camerota, Südcampanien, Italien.

Abb. 240: Sedimentäre Brekzie des höchsten Oberkarbons (Stefan): In dem klastischen Sedimentgestein dominieren eckige Klasten, die zusammen mit einzelnen gerundeten Geröllen chaotisch gelagert sind. Die Rotfärbung der feinkörnigen Matrix und die rote Überfärbung der meisten Klasten dokumentieren eine Ablagerung in einer Wüste. Die überwiegend eckigen Klasten qualifizieren das Gestein als Brekzie. Die Brekzie ist polymikt. Sie enthält ein breites Spektrum von Gesteinen. Diese entstammen dem während des Oberkarbons noch im Nahbereich bestehenden und der Abtragung ausgesetzt gewesenen Variszischen Gebirge: Milchquarz, Radiolarit, Glimmerschiefer bzw. Phyllit und Grauwacke. Hinzu kommt Rotsandstein, der tieferem Oberkarbon entstammt. Von der Ablagerungsart her ist das Gestein ein Fanglomerat, d. h. es ist die Ablagerung eines im Zuge eines Sturzflutereignisses in einem Wüstengebiet aktiven Wadis. Dieser hat durch physikalische Verwitterung bereitgestelltes Schuttmaterial über kurze Strecken bis in offenes Gelände mit geringem Gefälle transportiert, wo es sich anhäufen konnte. Steilwand oberhalb der Saale in Rothenburg/Saale, Saalekreis, Sachsen-Anhalt.

Abb. 241: Sonderfall einer Brekzie: Jurazeitlich entstandene Intraklast-Brekzie aus nicht gerundeten Kalksteinklasten in Kalkmatrix. Die eckigen, kaum kantengerundeten Klasten sind kaum älter als der einbettende Kalkstein. Sie sind aufgearbeitetes Material, das erst unmittelbar vor der Bildung der Brekzie sedimentiert worden war. Vor der endgültigen Ablagerung waren die Klasten zwar kohäsiv, jedoch noch nicht endgültig verfestigt. Klasten und Matrix entstammen zusammen demselben Ablagerungsraum, in dem frisch sedimentiertes Material durch ein dynamisches Ereignis zerlegt und umgelagert worden ist (synsedimentäre Brekzie). Capo Palinuro, Südcampanien, Italien.

Klasten enthalten und dadurch Konglomeratcharakter annehmen. Aufgrund der recht chaotischen Ablagerung bestehen Fanglomerate typischerweise aus einem Gemisch sehr verschiedener Korngrößen (Abb. 240). Das Fehlen länger anhaltender und kontinuierlicher Wasserströmung hat das Fehlen einer wirksamen Korngrößensortierung zur Folge. Umlagerung von Fragmenten aus kurz zuvor sedimentierten Ablagerungen führt zur Einbettung von Klasten in Material von gleicher Zusammensetzung (synsedimentäre Brekzie = Intraklast-Brekzie: Abb. 241).

Abb. 242: Lapillituff mit einzelnen vulkanischen Bomben. Mit alternativer Bezeichnung ist das Gestein eine vulkanische Brekzie, entstanden durch explosive (gasreiche) Förderung aus einem nahe gelegenen Schlot. Die Zusammensetzung des Tuffs ist basanitisch, abgesehen von dem Beitrag der Bomben. Immelburg zwischen Helfenstein und Dörnberg, Zierenberg, Landkreis Kassel, Nordhessen.

Weitere Möglichkeiten der Entstehung von Brekzien durch mechanische Zertrümmerung von Gesteinsmaterial sind explosiver Vulkanismus (**vulkanische Brekzien**) sowie Versturz von Hohlräumen, wie sie besonders durch Auflösung von unterlagernden Salzgesteinen entstehen können (**Versturzbrekzien**).

Sandstein:
In Mitteleuropa sind die großen Sandsteingebiete Elbsandsteingebirge, Pfälzer Wald, Vogesen, Nordschwarzwald, Odenwald, Spessart, Solling und Reinhardswald nur einige Beispiele für den landschaftlichen und ökologischen Wert von Sandstein. Mittelgebirgige Landschaftsformen und durchweg geringe Bodenfruchtbarkeit haben bewirkt, dass ausgedehnte Waldgebiete erhalten geblieben sind. Sandsteinuntergrund bildet zusammen mit dem darauf stehenden Wald bedeutende Wasserspeicher in Gebieten ohne mächtige Lockergesteinsmassen.

Abb. 243: Versturzbrekzie (rechts im Vordergrund) im durch Tagebaubetrieb freigelegten, ausgelaugten Inneren eines Salzstocks, dessen Salz in Oberflächennähe weggelöst ist. Das kleinstückige Material besteht aus Brocken von zechsteinzeitlichem Stinkschiefer, dessen Originalposition zwischen zwei Salzfolgen des norddeutschen Zechsteins lag, der der Werra-Formation und der der Staßfurt-Formation. Der Stinkschiefer selbst gehört zusammen mit primär gut 1000 m mächtigem Steinsalz der Staßfurt-Formation an. Die Brekziierung des Stinkschiefers (Abb. 218) geht darauf zurück, dass die begleitenden Salzgesteine vollständig durch Grundwasser aufgelöst sind, sodass das Schichtpaket des Stinkschiefers bei fortdauernder Anhebung wegen verlorenen Halts durch die Nebengesteine kollabiert ist. Hierbei ist es für die Erklärung der akkumulierten Menge des Stinkschiefer-Schutts von Bedeutung, dass die Schichtfolge im relevanten Abschnitt aufgrund von Salzstocktektonik nahezu senkrecht gestellt ist. Nationaler Geotop Liether Kalkgrube, Klein Nordende, Kreis Pinneberg, Südholstein.

Abb. 244: Sandstein, dessen detritische Körner fast ausnahmslos aus Quarz bestehen (Quarzsandstein). Wegen unvollständiger Ausfüllung des Kornzwischenraums durch Bindemittel heben sich die ursprünglich sedimentierten Sandkörner an der Gesteinsoberfläche von der Umgebung ab, sodass das Gestein „körnig" aussieht. Strandgeröll (Glazialgeschiebe) vom Ostseesteilufer von Friederikenhof, Wangels, Kreis Ostholstein. Durchmesser ca. 10 cm.

Sandstein kann als „versteinerter Sand" angesehen werden. Er besteht aus dicht gepackten, ursprünglich losen Sandkörnern und mineralischem Bindemittel, das den Kornzwischenraum zumeist nur unvollständig ausfüllt. Der auf das gesamte Gestein bezogene prozentuale Volumenanteil ungefüllt gebliebenen, offenen Kornzwischenraums heißt Porosität des Sandsteins. Die Porosität bestimmt das Speichervermögen des Gesteins u. a. für Wasser, Erdöl oder Erdgas ebenso wie die Aufnahmefähigkeit für Flüssigkeiten und Gase, die möglicherweise eingelagert werden sollen. Die wirtschaftliche Bedeutung von Sandstein im Untergrund beruht auf dessen Anteil von nicht mit Bindemittel gefülltem Porenraum. Sandstein an der Erdoberfläche kann wertvoller Baustoff bzw. dekorativer Naturstein sein.

Besonders verbreitete Bindemittel sind Kalzit und Quarz. Daneben können auch Feldspat, Schwerspat, Flussspat, Ankerit $Ca(Fe,Mg,Mn)(CO_3)_2$ und Gips unter spezifischen Bedingungen im Kornzwischenraum ausgefällt werden. All diese Mineralisationen erfolgen aus dem Lösungsinhalt des in einiger Tiefe nahezu allgegenwärtigen Porenwassers. Aus losem Sand wird hierdurch fester Sandstein.

Die meisten Sandkörner bestehen aus Quarz. Daneben können Feldspäte einen bedeutenden Anteil der detritischen Körner ausmachen. Fast immer kommen eingestreute Schwermineralkörner wie Zirkon, Granat, Magnetit, Epidot und viele mehr vor. Sie sind tendenziell kleiner als die Quarzkörner und werden auch wegen ihres vereinzelten Auftretens ohne Lupe meist übersehen.

Sandstein muss, um seinem Namen gerecht zu werden, zu mindestens 50 Vol.-% aus Quarz bestehen. Ein Quarzanteil von 90 bis 100 % des Detritus qualifiziert das Gestein als Quarzsandstein. Sandsteine und mehr noch Quarzsandsteine sind extreme Konzentrate von Quarz bzw. SiO_2, wie sie nicht durch magmatische oder metamorphe Prozesse entstehen können. Der meiste Quarz der Sande und Sandsteine hat seinen Ursprung in längst abgetragenen ehemaligen Graniten, verwandten Magmatiten und quarzhaltigen Metamorphiten. Nach chemischer Verwitterung vor allem der Feldspäte freigesetzte Quarzkörner werden durch fließendes Wasser ausgewaschen oder durch Wind konzentriert. Durch Verwitterung und Sortierung beim Transport kann der Quarzanteil eines Granits von z. B. 30 % auf bis zu 100 % in Sand angereichert werden. Die „Quarzkonzentrate" Sand und Sandstein verdanken ihre Zusammensetzung der mechanischen und chemischen Widerstandsfähigkeit von Quarz. Wegen unrealistisch hoher Schmelztemperaturen von ca. 1700 °C ist Quarzsandstein bzw. daraus hervorgegangener Quarzit nicht teilschmelzfähig.

Anders als Quarzsand ist toniges Material das Endprodukt der chemischen Verwitterung der in den meisten Ursprungsgesteinen neben Quarz enthaltenen

Kalzitsand und Kalkarenit

Vor allem Strände mancher tropischer Inseln bestehen aus Kalzitsand, der durch ein besonders hell leuchtendes Weiß auffällt. Die detritischen Kalzitkörner entstammen der mechanischen Zertrümmerung und Sortierung von Riffschutt und anderen kalkigen Organismenresten durch die Ozeanbrandung. Das aus der Verfestigung von Kalksand hervorgehende Gestein heißt Kalkarenit, nicht Kalksandstein.

Feldspäte. Die Alkalien und Erdalkalien Natrium, Kalium und Kalzium werden in Ionenform von Wasser aufgenommen, um schließlich zum Ionengehalt von Meerwasser oder kontinentalen Wässern beizutragen.

Die chemische Stabilität von Quarz ist unter der Einwirkung von tropischem Regenwaldklima stark verringert. Hier wird Quarz im Zuge tiefgründiger chemischer Verwitterung gewöhnlich vollständig durch Wasser aufgelöst.

Die allermeisten Quarzkörner in Sand und Sandstein sind – äußerlich kaum erkennbar – von ihrer inneren Struktur her einzelne Quarzkristalle. Schon in ihren magmatischen Ursprungsgesteinen hatten sie fast nie ihre idiomorphe Kristallgestalt ausgebildet. So zeigen die Quarze in Graniten durchweg unregelmäßige Querschnitte (z. B. Abb. 44, Abb. 45, Abb. 93). Sie sind xenomorph. Ihre für den Quarz der Sande und Sandsteine typische Rundung haben sie als frei bewegliche Körner bei langem Flusstransport und durch den damit verbundenen mechanischen Abrieb erhalten oder in der Brandung an Meeresküsten.

Jedes einzelne Sandkorn hat eine Herkunft, ein Alter und eine oft lange Geschichte unter Einschluss von z. T. mehrfachem Recycling. Hierzu gehören Verwitterung, zumeist mehrphasiger Transport und Verweilzeiten in früheren, längst wieder verwitterten Sandsteinen. Quarzkörner der Strände der Ost- und Nordsee in Deutschland stammen überwiegend aus Gesteinen des proterozoischen Grundgebirges des Baltischen Schilds, sei es direkt oder aus deren Abtragungsprodukten in Form ehemals großflächig verbreiteter proterozoischer und paläozoischer Sandsteine. Die Geschichte der Sandkörner ist oft komplex, obwohl sie nur pauschal ermittelbar ist. Jedenfalls machen Strandurlauber an der Ostsee es sich wohl kaum bewusst, dass die Sandkörner des Strands durchweg aus Schweden, Finnland, Norwegen und auch Dänemark (Bornholm) stammen. Mit Altern zwischen ein und zwei Milliarden Jahren sind sie immer noch in gutem Zustand.

Sand ist ein formbares Medium, nicht nur in der Sandkiste und am Strand. Sandstein kann, einmal verfestigt, Sedimentstrukturen konservieren, die die Aktivitäten von Lebewesen und physikalische Prozesse zur Zeit ihrer Ablagerung abbilden.

Farben von Sandsteinen

Viele Sandsteine sind grau, gelblich oder auch fast weiß. Die meisten grauen und weißen Sandsteine sind ehemalige Meeresablagerungen. Braunfärbung von Sandsteinen entsteht erst durch Verwitterung in Oberflä-

Abb. 245: „Hexenschüsselchen“: Ursprünglich durch eisenhaltiges Karbonat verkitteter, verwitterungsbedingt rostbrauner Sandstein, dessen Fe-Gehalt durch Sickerwasser in löslicher Form als Fe^{2+} zum Außenrand des Gerölls verfrachtet worden ist, um dort unter Sauerstoffeinwirkung zu unlöslichem Fe^{3+} zu oxidieren. Hierdurch ist das umgesetzte Eisen in Form einer harten, durch FeOOH gebundenen Brauneisenkruste fixiert worden. Im Inneren ist der Zusammenhalt des Sandsteins hingegen durch Verlust des ursprünglichen Bindemittels so gelockert worden, dass ein Teil der Sandkörner aus dem schließlich geöffneten Geröll herausfallen konnte. Die Braunfärbung auch im Inneren zeigt an, dass es auch dort zur Oxidation des noch verbliebenen Eisens gekommen ist.

Es kann nur solch ein im Inneren hohles, außen von harter Brauneisenkruste umgrenztes „Hexenschüsselchen“ sein, das Annette von Droste-Hülshoff in ihrem Gedicht „Die Mergelgrube“ aus der Zeit des Biedermeier als „Ockerdruse“ bezeichnet.

Drusen sind mineralische Hohlräume, wie sie ockerfarben nur durch Brauneisen gefärbt sein können. „Hexenschüsselchen“ lassen sich vor allem in sandigen Ablagerungen der älteren Eiszeiten in Norddeutschland finden, wie sie auch in Annette von Droste-Hülshoffs heimatlichem Münsterland verbreitet sind. Ein Beispiel gewöhnlicher, völlig andersartiger Drusen in Sandstein zeigt Abb. 249. Das abgebildete „Hexenschüsselchen“ stammt aus saalezeitlichem, eiszeitlichem Schmelzwassersand bei Glinstedt, Landkreis Rothenburg/Wümme, Nordniedersachsen.

chennähe. So führt ein Fe-Gehalt im Bindemittel, z. B. wenn Ankerit beteiligt ist, unter Einwirkung von sauerstoffhaltigem Sickerwasser zur Bildung von rostbraunem FeOOH (Eisenoxidhydrat). Äußerlich braune Sandsteinbrocken sind im unverwitterten Inneren oft grau.

Rotsandstein ist eine petrografische Gesteinsbezeichnung für braunroten bis ziegelroten Sandstein, der zusätzlich eine schwache violette Tönung aufweisen kann. Die Rotfärbung ist an dünne Pigmentflecken oder -überzüge aus Hämatit (Fe_2O_3 = Roteisen) auf den Außenflächen der detritischen Körner gebunden. Auch eine Matrix aus hämatithaltigem, rotem Ton in den Kornzwischenräumen färbt Sandstein rot. Für beide Arten der Rotfärbung sind spurenartig geringe Fe-Gehalte im Gestein ausreichend, wie sie ebenso auch viele graue Sandsteine aufweisen, dann allerdings in reduzierter Form. Rotsandsteine entstehen als Sedimente auf dem Festland, nicht als Meeresablagerung. Sie sind die verbreitetste Art von kontinentalen Rotsedimenten.

Ausschlaggebend für die Rotfärbung sind nicht besonders hohe Fe-Gehalte, sondern ein oxidierendes Milieu bei der Sedimentation bzw. im Boden. Dies setzt Vegetationsarmut voraus und das damit verbundene Fehlen von reduzierend wirkendem Humus bzw. organischem Kohlenstoff. Diese Bedingung war im Verlauf der jüngeren Erdgeschichte nur unter trockenem Wüstenklima erfüllt. Eine durchweg als selbstverständlich vorausgesetzte Bedingung ist ein signifikanter Sauerstoffgehalt in der Atmosphäre. Erst ab weniger als 1,8 Milliarden Jahren vor heute sind Rotsandsteine allgemein auf der Erde verbreitet. Ältere Rotsandsteine fehlen mangels damaliger Verfügbarkeit von Sauerstoff. Dies schließt Sonderfälle nicht aus. So kann Hämatitpigment lokal über geringe Strecken aus überlagernden Rotsedimenten in primär anders gefärbte Sandsteine infiltriert worden sein. Auch gab es 2,45 Miliarden Jahre vor heute vorübergehend eine deutliche Anreicherung von Sauerstoff in der Atmosphäre (*great oxidation event*).

Grünsandstein verdankt seine Grünfärbung meist kugelartig rundlichen Aggregaten (Pellets) des grünen Glimmerminerals Glaukonit, die mit ähnlichen Korngrößen unter die detritischen Körner von Grünsandsteinen gemischt sind. Die Pellets sind mikrokristalline Aggregate des Glimmerminerals Glaukonit, gewöhnlich vermengt mit weiteren Schichtsilikaten. Glaukonit, z. B. $K_{0,8}(Fe,Al)_{1,3}(Mg,Fe)_{0,7}\square Al_{0,1}Si_{3,9}O_{10}(OH)_2$, bildet keine makroskopisch sichtbaren, plättchenförmigen Kristal-

Abb. 246: Besonders intensiv gefärbter Rotsandstein des höchsten Oberkarbons (Stefan). Die Rotfärbung ist an die Zwischenräume zwischen den detritischen Quarzkörnern gebunden. Die größten zerbrochenen Quarzkörner heben sich mit ihrem nicht gefärbten Inneren hell von der Gesteinsmatrix ab. Die vorspringende Sandsteinbank in der Bildmitte ist an ihrer Unterseite von einem geschlossenen Überzug aus Roteisenpigment überzogen. Steilwand oberhalb der Saale in Rothenburg/Saale, Saalekreis, Sachsen-Anhalt.

Abb. 247: Rotsandstein von Helgoland mit unterschiedlicher Rot- und Orangefärbung und hellen, graugelblichen Lagen, die den schichtigen Aufbau verdeutlichen. Das Material ist Feinsandstein bis Schluffstein des zentralen, von den sedimentliefernden Gebieten besonders weit entfernten Inneren des Sedimentationsbeckens des Mittleren Buntsandsteins. Die Sedimentation erfolgte im tiefstgelegenen Inneren einer Wüste, in dem sich das Wasser episodischer Starkregenereignisse sammelte. Sockel des Buntsandsteinfelsens am Nordostende der Hauptinsel Helgolands am „Jägerstieg“ (Verbindungsweg vom Unterland zum Oberland).

Abb. 248: Grünsandstein. Die Grünfärbung ist schichtgebunden und an rundliche Aggregate (Pellets) des mikrokristallin ausgebildeten Glimmerminerals Glaukonit gebunden. Unverwitterter Glaukonit ist immer grün gefärbt und färbt je nach Mengenanteil die einbettenden Sandsteine insgesamt grün. Durch Anwitterung verfärbt Glaukonit sich gelb. Glaukonit ist ein Indikator für Sedimentation in Meerwasser bei geringer Wassertiefe. Glazialgeschiebe (Nahgeschiebe) am Nordende der Ostseeinsel Öland bei Byrum, Kalmar Län, Südschweden. Originalherkunft: Meeresgrund des Kalmarsunds. Größter Durchmesser ca. 10 cm.

Abb. 249: Roter Feinsandstein mit eingelagerten Drusen. Drusen sind Hohlräume, deren Wände mit Kristallen ausgekleidet sind. Im abgebildeten Beispiel kleidet Kalzit die Hohlräume aus. Da Höhlungen nicht sedimentiert werden können, müssen sie nach der Sedimentation nachträglich im Sediment bzw. Sedimentgestein entstanden sein. Vor allem geschieht dies durch Auflösung von ursprünglich im Sediment eingelagerten Mineralen, die wasserlöslich sind. Hierfür kommt vor allem Gips in Betracht. Besonders die ehemalige Ausfällung von Gips in Form von knollenförmigen Konkretionen im zunächst losen Sediment der Buntsandsteinwüste ist recht wahrscheinlich. Helgoland liegt im Bereich des Beckentiefsten des Buntsandstein-Ablagerungsraums, in dem sich episodisch ionenreiches, kontinentales Wasser gesammelt hat. Während Trockenperioden kann aufsteigendes Grundwasser mit hohem Ionengehalt nahe der temporären Sediment-Oberfläche eingetrocknet sein, sodass es zur Ausfällung von z. B. Gips gekommen sein kann. Die Hohlräume schließlich sind durch spätere Auflösung des Gipses durch Wasser erklärbar, das von oben durch den Porenraum eingesickert ist. Nordstrand der Hauptinsel Helgolands unterhalb des „Jägerstiegs". Breite des abgebildeten Teils des drusigen Rotsandsteins ca. 20 cm.

le, wie sie sonst für Glimmer kennzeichnend sind. Gewöhnlich werden die grünen Aggregate insgesamt als Glaukonit bezeichnet, obwohl auch andere Minerale beteiligt sein können. Solch Glaukonit bildet sich nur synsedimentär am Meeresboden, vorzugsweise in geringen Wassertiefen im Schelfbereich unter aufströmendem Tiefenwasser bei insgesamt geringer Strömungseinwirkung und geringer Sedimentzufuhr. Grünsandsteine sind durchweg Meeresablagerungen.

Sedimentstrukturen in Sandstein:
Sandsteine sind nur selten über viele Profilmeter schichtungslos. Sehr viel üblicher ist eine Schichtung, die durch tonige Zwischenlagen oder durch Farbwechsel akzentuiert sein kann oder durch Variation der Korngrößen der detritischen Körner. Die Oberflächen (Schichtflächen) der einander überlagernden Sandsteinbänke repräsentieren jede für sich ehemalige sandige Meeresbodenflächen oder Landoberflächen, wie sie im Zuge sukzessiver Sedimentationsschübe nacheinander bestanden. Außer der Sedimentation selbst können verschiedene diagenetische, d. h. postsedimentäre chemische und physikalische Prozesse Sedimentgesteine über deren Verfestigung hinaus prägen. Beispiele hiervon sind Verfärbungen und Entfärbungen sowie die Entstehung von Hohlräumen.

Ehemals sandige Oberflächen können Bedingungen und Vorkommnisse zur Zeit ihrer oft Jahrhundertmillionen zurückliegenden Ablagerung in besonders anschaulicher Weise abbilden. Rippelmarken können je nach ihrer Form die Richtung und auch Intensität ehemaliger Wasserströmungen anzeigen oder Wellenschlag in Gewässern (Abb. 80, Abb. 223, Abb. 232). Trockenrisse in Rotsandstein zeigen die Austrocknung von kurzlebigen episodischen Gewässern an (Abb. 234). Fährten verschiedenster Tiere und Grabgänge können vor Jahrhundertmillionen in Sekunden entstanden sein.

Ton, Tonstein und Schieferton: Produkte der chemischen Verwitterung von Feldspäten
Ton und dessen diagenetisch veränderte Folgeprodukte bilden zusammen mit ihren metamorphen Abkömmlingen wie Phyllit, Glimmerschiefer und vielen Paragneisen die weltweit mengenmäßig bedeutendste Gruppe von Gesteinen, deren Zusammensetzung durch chemische Gesteinsverwitterung, Umlagerung samt Sortierung und Sedimentation geprägt ist. Die Ent-

Abb. 250: Rotsandstein mit Entfärbungsflecken. Die durch Oxidation geringer Mengen von Eisen im Sediment zu Fe_2O_3 (Roteisenpigment) verursachte Rotfärbung des abgebildeten Feinsandsteins kann durch Reduktionseinwirkung ausgebleicht werden. Hierzu kann organisches Material im Sedimentgestein führen oder ein reduzierend wirkendes Mineral eines chemischen Elements, das in verschiedenen Wertigkeitsstufen vorkommt. Auch energiereiche Strahlung im Gestein kann entfärbend wirken. Die hierbei entstehenden „Bleichungshöfe" haben gemäß der Reichweite der einzelnen Strahlungsarten anders als die hier abgebildeten Entfärbungsflecken ideal kugelförmige Gestalt und oft auch eine konzentrische interne Gliederung in Form mehrerer Kugelschalen. Häufig ist ein Korn eines Uranminerals im Zentrum die Ursache. Nordstrand der Hauptinsel Helgolands unterhalb des „Jägerstiegs". Breite des sichtbaren (nicht verdeckten) Abschnitts des Rotsandsteins 18 cm.

stehung von Ton beginnt mit der Verwitterung von Feldspäten. Bei ihrer chemischen Verwitterung verbinden sich die im Feldspat-Kristallgitter eng miteinander verknüpften chemischen Elemente Aluminium, Silizium und Sauerstoff unter Einbau von OH-Gruppen neu als Tonminerale. Feldspäte bilden die mengenmäßig be-

Abb. 251: Sandstein-Schichtfläche mit Spurenfossilien (Lebensspuren), die durch sich aktiv fortbewegende Lebewesen verursacht worden sind. Die symmetrisch aufgebauten Spuren stammen wahrscheinlich von Arthropoden (Trilobiten?), die den ehemals losen Sand am Meeresboden z. B. auf der Suche nach Nahrung durchstöbert haben. Die Spurenfossilien gehören in eine formenreiche Gruppe von paläozoischen Wühlspuren, die unter dem Sammelnamen *Cruziana* zusammengefasst werden. In Wegpflasterung eingebaute Sandsteinplatte in Göreme, Provinz Nevşehir, Kappadokien, Türkei. Originalherkunft nicht geklärt. Breite des abgebildeten Ausschnitts 15 cm.

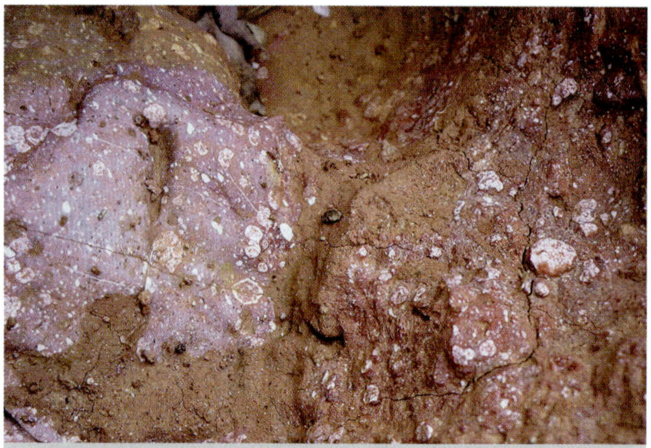

Abb. 252: Weicher, roter Ton als Produkt der chemischen Verwitterung von Leucitphonolith. Der ehemalige Phonolith ist durch Verwitterung unter dem Einfluss von tropischem Regenwaldklima vollständig und *in situ* in Verwitterungston (Saprolit) umgewandelt worden. Ehemalige Leuciteinsprenglinge sind als helle Querschnitte in ihren ursprünglichen Positionen erkennbar. Der Verlauf ehemaliger Baumwurzeln ist durch lokale Braunfärbung des Tons gekennzeichnet. Bauxitmine Barreira, nordwestlich Poços de Caldas, Minas Gerais, Südbrasilien. Breite des abgebildeten Ausschnitts ca. 20 cm.

deutendste Mineralgruppe der Magmatite und Metamorphite der kontinentalen Erdkruste. Sie sind das wesentlichste Ausgangsmaterial zur Bildung von Tonmineralen und -gesteinen.

Abb. 253: Tonschlamm (Schlick) bei Tideniedrigwasser in einem Priel zwischen Salzwiesen. Schlick ist unter Gezeiteneinfluss sedimentierter, breiig-weicher Schlamm aus Ton- und Schluffpartikeln. Die dunkelgraue Färbung beruht auf einem Gehalt an organischem Material, das dem Schlamm einen für Schlick typischen Modergeruch verleiht. Für Tonschlamm, der unabhängig von Gezeiteneinfluss sedimentiert worden ist, gilt die Bezeichnung Schlick nicht. Die niedrigen Steilkanten unmittelbar unterhalb des Bewuchses und vorne links im Bild hinter den hölzernen Lahnungsresten bestehen aus schon mäßig kompaktiertem und entwässertem ehemaligem Schlick, jetzt Marschenton. Dieser ist der in den Küstenmarschen übliche Tonboden, der mit dem aus dem Niederdeutschen stammenden Begriff Klei (vgl. engl. *clay*) bezeichnet wird. Deichvorland der Nordseeküste in Westerhever, Halbinsel Eiderstedt, Kreis Nordfriesland, Schleswig-Holstein.

Abb. 254: Aus dem Tonmineral Kaolinit $Al_2Si_2O_5(OH)_4$ bestehender reiner Kaolinton. Der Ton ist ein Verwitterungsprodukt von permischem Rhyolith unter subtropisch feuchtwarmem Klima zur Zeit des Tertiärs. Unter der Verwitterungseinwirkung ist vor allem SiO_2 in gelöster Form abgeführt worden, bis auf den Anteil, der im Kaolinit gebunden ist. Der im Foto gezeigte Kaolinton ist Ausgangsmaterial zur Porzellanherstellung. Seilitz, nordwestlich Meißen, Lommatzscher Pflege, Landkreis Meißen, Sachsen.

Abb. 255: Schurf in Ton bis Tonstein des Unteren Jura (Toarc), der im Gegensatz zum Schlick der Abb. 253 fortgeschritten kompaktiert und entwässert ist. Das Gestein ist kohäsiv und formstabil, solange es nicht einem Wechsel aus Einfrieren und Wiederauftauen unterworfen wird. Tongrube Grimmen, westlich Greifswald, Landkreis Vorpommern-Rügen, Mecklenburg-Vorpommern.

Manche Tonminerale enthalten geringe Mengen von Alkalien oder Magnesium sowie molekulares Wasser. An der Zusammensetzung von Ton und Tongesteinen sind meist zusätzlich zu den Tonmineralen feiner Quarzabrieb und auch organisches Material beteiligt. In Tonmineralen, Ton und Tongesteinen ist Aluminium gegenüber den feldspatführenden Ausgangsgesteinen der chemischen Verwitterung relativ angereichert. Dies liegt vor allem an der mechanischen Abtrennung des Quarzes in Form von Sandkörnern und am Verlust der Alkalien und des Kalziums in gelöster Form. In petrografischer Hinsicht sind Tonminerale und Tongesteine Folgeprodukte der Feldspatverwitterung.

Tonminerale bilden so kleine Kristalle, dass diese selbst mikroskopisch (lichtmikroskopisch) kaum erkennbar sind. Wegen ihrer geringen Korngrößen und wegen plättchenförmiger Kristallausbildung werden Tonpartikel selbst von langsam strömendem Wasser als Schwebfracht transportiert. Ton lagert sich dort ab, wo Wasser kaum strömt bzw. zeitweise stagniert. Gröbere Sedimentpartikel, die nur durch schnellere Wasserströmung bewegt werden können, werden anderenorts sedimentiert. Ton wird in Stillwasserbereichen wie küstenfernen Meeresbecken, in Zentralbereichen von Seen, in episodischen Wüstengewässern und bei Tidewasserstillstand in Wattgebieten und Flussmündungen sedimentiert.

Ein Teil der Tonminerale kann Wasser aufnehmen und bei Trockenheit abgeben. Hierbei quellen oder schrumpfen solche Tone. Das Tonmineral Kaolinit ist nicht quell- oder schrumpffähig. Dies ist eine Voraussetzung für dessen Eignung zur Porzellanherstellung.

Ton und Tongesteine treten in vielfältiger Ausbildung auf. Frisch abgelagerter Tonschlamm besteht aus kartenhausartig locker und wirr übereinander gestapelten Tonplättchen, gewöhnlich zusammen mit feinem Quarzmehl und organischen Partikeln. Wasser in den Zwischenräumen kann 90 % des Gesamtvolumens ausmachen.

Die Bezeichnung Ton ist trotz der Zusammensetzung aus überwiegend Tonmineralen nicht stofflich definiert. Die Voraussetzung zur Berechtigung der Bezeichnung ist eine Korngröße der Einzelpartikel von maximal 2 µm (= 1/500 mm). Es fügt sich, dass in diesem Korngrößenbereich von Natur aus die Kristallgröße der Tonminerale liegt.

Abb. 256: Schieferähnlich plattiger schichtiger Tonstein (Schieferton) des Rotliegend (Perm), dessen plattige Teilbarkeit durch die sedimentäre Schichtung angelegt ist, nicht durch tektonische Schieferung. Zusätzlich hat eine zeitweise mächtige Überlagerung durch jüngere Sedimentgesteine kompaktierend gewirkt sowie der thermische Einfluss einer wenige hundert Meter entfernten subvulkanischen Intrusion von andesitischem bzw. dioritischem Magma. Die Überdeckung ist inzwischen längst wieder abgetragen. Straßenböschung bei Rauschermühle, südlich Niederkirchen, Landkreis Kaiserslautern, Rheinland-Pfalz.

Einen besonders hohen Anteil organischen Materials, mehr als Schlick, enthält **Faulschlamm**. Er bildet sich als toniges oder bei zusätzlichem Kalkgehalt mergeliges Sediment im Bodenbereich von Gewässern mit fehlender Zirkulation zwischen dem gut durchlüfteten Wasser nahe der Oberfläche und dem stagnierenden Wasser in Bodennähe. Wegen Sauerstoffmangels an der Sedimentoberfläche kann organisches Material dort nicht zersetzt werden. Aus Faulschlamm entstehen schließlich Schwarzschiefer oder Ölschiefer (Abb. 262 – Abb. 264).

Durch Entwässerung und Kompaktion unter Überlagerungsauflast entsteht aus Tonschlamm Ton als bindiges, sedimentäres Lockergestein. Feuchter Ton ist plastisch verformbar. Im trockenen Zustand verliert Ton seine Plastizität und verhärtet. Brocken aus trockenem Ton verhalten sich spröde. Sie halten geringem Druck stand. Erhöhter Druckbeanspruchung geben sie unter sprödem Zerbrechen nach. Unter Zufuhr von Wasser wird Ton wieder weich und knetbar.

Unter mächtiger Überlagerung und entsprechendem Auflastdruck wird Ton weiter kompaktiert. Die ursprünglich unregelmäßig miteinander verschränkten Tonmineralplättchen regeln sich dann in der Schichtungsebene parallel ein. Zusätzlich kann es zur Ausfällung von Mineralen, z. B. von Kalzit aus dem Porenwasser kommen. Hierdurch entsteht weitgehend entwässerter, möglicherweise durch Bindemittel stabilisierter, nicht mehr knetbarer Tonstein. Erst unter mehrmaligem Durchfrieren und Wiederauftauen zerfällt solch Tonstein zu knetbarem Ton bis Tonschlamm.

Tonstein ist wegen der parallelen Einregelung der texturbestimmenden Tonmineralplättchen oft in der Schichtungsebene bevorzugt teilbar (Abb. 256). Beim Aufschlagen größerer Brocken entstehen dann Bruchstücke von tendenziell plattiger Form. Solch schichtig-plattig texturierter Tonstein heißt auch **Schieferton** (nicht Tonschiefer). Er steht im Gegensatz zu massigem Tonstein, der keine bevorzugte Teilbarkeitsrichtung zeigt.

Die Teilbarkeit von Schieferton kann der von mäßig gut ausgebildetem Tonschiefer nahekommen. Tonschiefer (Abb. 340, Abb. 357) sind aus tonigen Sedimentgesteinen hervorgegangene, niedriggradig metamorphe Gesteine, die anders als der nur diagenetisch geprägte Schieferton als Folge von tektonischer Durchbewegung geschiefert worden sind. Hierzu muss das Gestein von einer plattentektonisch verursachten Gebirgsbildung (Orogenese) erfasst gewesen sein. Im außeralpinen Mitteleuropa haben Tonschiefer mindestens karbonische Alter, um von der letzten wirksam gewesenen Gebirgsbildung, der Variszischen Orogenese, betroffen gewesen sein zu können. Schieferton und Tonstein gehören in Mitteleuropa vor allem den Schichtfolgen des Jura und der Unteren Kreide an.

Schluff ist feinkörniges Sedimentmaterial mit Korngrößen, die zwischen denen von Feinsand und Ton liegen. In diesem Sinne sind die einzelnen Schluffpartikel größer als 0,002 mm und kleiner als 0,063 mm. Solche Korngrößen lassen sich nur unter Laborbedingungen präzise bestimmen. Im Gelände wirkt Schluff äußerlich wie Ton. Anders als für Sand oder Sandstein sind ohne optische Hilfsmittel kaum Einzelkörner auszumachen. Eine ungefähre Abgrenzung zu Ton lässt sich am einfachsten durch eine einfache Fingerprobe erreichen: Feuchter Ton fühlt sich beim Reiben zwischen zwei Fingerkuppen glatt und geschmeidig an, während Schluff im feuchten wie im staubtrockenen Zustand rau und hakig erscheint. Schluff wirkt abschleifend. Die Ursache für diesen Unterschied liegt außer in den Korngrößen auch in der splittrig-rauen Kornform von Schluffpartikeln gegenüber der elastischen und blättchenförmigen Ausbildung

Abb. 257: Untersuchungsschurf in Schluff, der ähnlich wie Ton sowohl im feuchten wie auch im trockenen Zustand kohäsiv und daher in Steilwänden standfest ist. Die Oberflächenstruktur aus flachen Einmuldungen und schmalen Graten ist kein Merkmal für Schluff. Sie ist bei der Endbearbeitung des Schurfs mit einer Handschaufel (Pflanzschaufel) erzeugt worden. Nationaler Geotop Liether Kalkgrube, Klein Nordende, Kreis Pinneberg, Südholstein.

Abb. 258: Lössdecke von mehreren Metern Mächtigkeit, die durch das Elbtal und durch Steinbruchbetrieb angeschnitten ist. Eiszeitlicher Löss überlagert angewitterten Granit des Meißener Plutons, der die unteren 2/3 der Profilhöhe ausmacht. Der jüngste, weichselzeitliche Löss bildet nur die ockergelbe, senkrechte Wand von einheitlicher Höhe am oberen Rand des Anschnitts. Zwischen dem weichselzeitlichen Löss und dem sich blockig abhebenden Granit ist älterer Löss zwischengelagert, der vor allem Vertiefungen der Granitoberfläche ausfüllt und dessen Oberfläche sich durch eine intensiver braune fossile Bodenbildung abzeichnet. Der weichselzeitliche Löss bildet die gesamte Oberfläche des von einzelnen Bäumen bewachsenen Plateaus, das sich oberhalb der Steinbruchkante erstreckt. Plateaurand oberhalb der Elbe und Elbtalstraße bei der „Karpfenschänke“ unmittelbar vor dem nordwestlichen Stadtrand von Meißen, Sachsen.

typischer, aus Tonmineralen bestehender Tonpartikel. Die meisten Schluffe bestehen zu erheblichem Anteil aus kleinen, scharfkantigen Quarzscherben, wie sie bei der mechanischen Rundung von Sandkörnern als Abrieb entstehen. Im Gegensatz zu Sandkörnern werden Schluff- wie Tonpartikel in fließendem Wasser nicht gerollt, sondern vor allem als Schwebfracht transportiert, sodass sie kaum einer mechanischen Rundung unterliegen.

Löss entsteht als vom Wind verfrachteter Flugstaub im Leebereich großer, vegetationsloser Sandflächen. Dies können Trockenwüsten sein. In Deutschland ist Löss am Nordrand der Hügelländer und Mittelgebirge verbreitet sowie in deren Talsenken und an Bergflanken. Die Lössgebiete z. B. der Magdeburger und Hildesheimer Börde bestehen aus eiszeitlich verwehtem Gesteinsstaub, der dem während der Eiszeiten vegetationslosen Vorland der Inlandeisdecken entstammt, das vor allem aus jungen Schmelzwasserablagerungen bestand. Transportmedium war Wind (katabatischer Wind), der vom Rand des Inlandeises nach Süden strömte, weil die Luft über dem Eis abgekühlt und dadurch spezifisch relativ schwer war. Dies entspricht dem kalten Wind, wie er bei ruhigem Wetter unterhalb von Alpengletschern talwärts strömt.

Abb. 259: Löss der in Abb. 258 gezeigten Art mit eingelagerten kalkig-konkretionären „Lösskindeln". Die kleinen dunklen Flecken sind Flechtenbewuchs. Die Lösskindeln sind punktuelle Ausfällungsprodukte (Konkretionen) von durch Sickerwasser umgelagertem Kalzit, der ursprünglich eine gleichmäßig verteilte Komponente des Lösses war. Der als Löss zusammengewehte Staub entstammt dem damals vegetationslosen, sandigen Vorland der weiter nördlich gelegenen eiszeitlichen Inlandeisdecke. Der Kalkanteil des zu Löss gewordenen Flugstaubs geht auf vom Inlandeis verfrachtetes Kalkmehl aus der vom Eis überfahrenen Schreibkreide und aus paläozoischen Kalkgesteinen zurück, wie sie beide im Gebiet der südlichen und zentralen Ostsee der Eis-Erosion unterlagen. Breite des abgebildeten Ausschnitts 28 cm. Überdeckung des Kaolintons in der Kaolingrube Seilitz (Abb. 254), nordwestlich Meißen, Lommatzscher Pflege, Landkreis Meißen, Sachsen.

Schwarzschiefer und Ölschiefer

Als **Schwarzschiefer** werden dünnschichtige (sedimentär laminierte), sehr dunkle, tonige bis mergelige Sedimentgesteine bezeichnet. Sie entsprechen den im Englischen als *shale* bezeichneten Gesteinen. Die einzelnen Schichten der Schichtstapel erreichen oft kaum Millimeterdicke. Ihre Schwarzfärbung beruht auf hohen Gehalten von kohligem oder bituminösem Material und oft auch fein verteiltem Pyrit. Schwarzschiefer sind verfestigte, ehemalige Faulschlammablagerungen, wie sie in stagnierendem, anaerobem Bodenwasser abgelagert werden. Anaerob bedeutet, dass freier Sauerstoff fehlt, sodass am Meeresboden und im Sediment lebende Tiere wie z. B. Würmer und Krebse nicht existieren können. Das Sedimentationsmilieu ist lebensfeindlich, auch weil oft giftiger Schwefelwasserstoff bzw. Sulfidionen im Sediment und bodennahen Wasser vorhanden sind. Trotz der lebensfeindlichen Bedingungen während der Sedimentation enthalten manche Schwarzschiefer besonders gut erhaltene Fossilien, wenn auch gewöhnlich aufgrund der Sedimentsetzung plattgedrückt. Zumeist handelt es sich um die Überreste frei schwimmender Tiere, die im sauerstoffhaltigen Wasser weiter oberhalb des Gewässerbodens gelebt haben, wie z. B. Fische. Ihren oft guten Erhaltungszustand verdanken sie der Abwesenheit von Aasfressern auf und im Sediment und auch dem Mangel an Sauerstoff, der sonst die Zersetzung von organischem Material bewirkt hätte.

Aus Faulschlamm wird durch Diagenese fester Schwarzschiefer. Die Diagenese umfasst Entwässerung, Kompaktion und Verfestigung durch Mineralisation im verbliebenen Porenraum. Hinzu kommt eine Umwandlung des reichlich enthaltenen organischen Materials in flüchtige und flüssige Kohlenwasserstoffverbindungen sowie Bitumina, wie sie auch im Erdöl enthalten sind. Die unter abdichtender Überdeckung in der Tiefe erhaltungsfähigen flüchtigen und flüssigen Kohlenwasserstoffe fehlen in Ölschiefervorkommen in der Nähe der Erdoberfläche, weil sie sich längst verflüchtigt haben. Nur die festen Bitumina bleiben auch an der Erdoberfläche erhalten. Der Gehalt an Bitumina kann immer noch so hoch sein, dass dünne Späne des Gesteins brennen oder unter Rauchentwicklung schwelen können (Abb. 262). Schwarzschiefer mit mindestens 5 % bituminösen Komponenten gelten als **Ölschiefer**. Sie sind potenzielle Erdölmuttergesteine, die einen gewöhnlich relativ geringen Anteil der in ihnen enthaltenen flüssigen und gasförmigen Kohlenwasserstoffe in überlagernde Speichergesteine wie z. B. porösen Sandstein abgeben können. Durch Fracking kann die Entnahme von Öl („Schieferöl") und Gas („Schiefergas") direkt aus den Muttergesteinen (Ölschiefern) ermöglicht werden. Hierbei wird eigentlich abdichtender Ölschiefer künstlich für Flüssigkeit

Abb. 260: Schwarzschiefer (Posidonienschiefer des Unteren Jura). Durch Verwitterungseinfluss dicht unter der Erdoberfläche ist die millimeterdünne Feinschichtung (Lamination) des Schwarzschiefers teilweise aufgeblättert. Einzelne kalkige Lagen und eine Kalkkonkretion (unten rechts, mit hellen Schlagspuren) sind in den Schwarzschiefer eingelagert. Im tieferen Untergrund, in dem die leichter flüchtigen Bestandteile des Posidonienschiefers noch nicht verloren gegangen sind, ist er ein potenzielles Ziel für Fracking auf Gas und Öl. Posidonienschiefer ist eines der wichtigsten Erdölmuttergesteine Deutschlands. Die Erdöllagerstätten Norddeutschlands sind maßgeblich durch Ölmigration aus Posidonienschiefer des Jura entstanden. Ehemaliger Eisenerztagebau Fischerköpfe, nördlich Hahndorf, Landkreis Goslar, Niedersachsen.

und Gas durchlässig (permeabel) gemacht und so das oft riesige Potenzial der Erdöl- und Gas-Muttergesteine erschlossen.

Schwarzschiefer und Ölschiefer sind immer perfekt ebenflächig und dünnplattig geschichtet und teilbar. Anders als im heutigen Nordseewatt ist das tonige Sediment nach dessen Ablagerung nicht durchwühlt worden und zu Boden gesunkene Kadaver nicht von Aasfressern zerlegt. Selbst die feinste Schichtung und Fossilien von Tieren, die keine kalkigen Gehäuse oder Skelette ausgebildet hatten, sind oft mit vielen Details überliefert. Schwarzschiefer ist ein wie geschiefert wirkendes, in Wahrheit jedoch dünnplattig sedimentär geschichtetes Gestein, das Fossilien frei schwimmender Tiere wie z. B. Fische enthalten kann. Schwarzschiefer ist trotz ähnlicher Färbung und trotz dünnplattiger Teilbarkeit etwas ganz anderes als Tonschiefer bzw. Dachschiefer, dessen dünnplattige Teilbarkeit tektonische Ursachen hat. Wenn im Zusammenhang mit Fracking von Schiefer bzw. Schieferöl und Schiefergas die Rede ist, dann geht es nicht um tektonisch geschieferte Gesteine, sondern um sedimentäre Schwarzschiefer.

Abb. 261: Posidonienschiefer mit plattgedrückten Ammonitengehäusen der Gattung *Dactylioceras*. Der bituminöse Posidonienschiefer (Schwarzschiefer) ist aus Faulschlamm hervorgegangen, der im Zuge anhaltender Sedimentüberlagerung und dadurch bewirkter Kompaktion und Entwässerung auf einen Bruchteil der ursprünglichen Sedimentmächtigkeit komprimiert wurde. Hierbei sind die fragilen Ammonitengehäuse zu flachen Abdrücken verformt worden. Körperlich (plastisch) erhaltene Gehäuse gibt es nur in frühdiagenetisch gebildeten Konkretionen (Abb. 77) und Kalklagen, die vor dem Einsetzen der Kompaktion das Sedimentgefüge stabilisiert haben. Schurfgrube beim „Urwelt-Museum Hauff" in Holzmaden, Landkreis Esslingen, Baden-Württemberg.

Der in Schwarzschiefern häufig in feiner Verteilung und in Form von Konkretionen enthaltene Pyrit geht auf die ehemalige Anwesenheit von Sulfidionen im bodennahen Wasser zurück. Unter Verwitterungseinwirkung kann es durch Oxidation von Sulfid zur Bildung von Sulfat kommen. Gewöhnlich entsteht dann durch Reaktion mit Kalzit das Ca-Sulfatmineral Gips.

Schwarzschiefer sind geochemische Fallen für vor allem Eisen, Zink, Blei und Kupfer, aber auch für viele seltenere Metalle. Hierzu gehört auch Uran. Schwarzschiefer mit besonders hohem Uran-Gehalt heißen auch *„hot shale“*, wenn sie eine signifikante Intensität von Gammastrahlung aufweisen. Ein bekanntes Beispiel eines Schwarzschiefers mit regional erheblichen Metallgehalten ist der permische **Kupferschiefer** in Sachsen-Anhalt mit Kupfergehalten von z. T. über 4 %.

Abb. 262: Sichtbar- und Riechbarmachen des Bitumengehalts von Posidonienschiefer des Jura (Toarc) durch Erhitzen einer dünnen Schichtplatte. Unmittelbar vor der Aufnahme des Fotos ist der Span mit einem Feuerzeug erhitzt worden. Hierdurch ist heller, intensiv bituminös riechender Rauch entstanden, der brennbar ist. Der hier verwendete Posidonienschiefer lag mindestens 60 Jahre unüberdeckt frei in der in Abb. 260 gezeigten Aufschlusswand, sodass alle leicht flüchtigen Kohlenwasserstoffverbindungen des Ölschiefers inzwischen entwichen sind. Vor 40 Jahren brannten solche Posidonienschieferspäne aus der gleichen Grube (Eisenerztagebau Fischerköpfe im Landkreis Goslar) nach dem Anzünden einige Sekunden selbständig weiter. Das ehemalige potenzielle Erdölmuttergestein enthält nur noch hochpolymeres, festes Gesteinsbitumen als letzten Rest des ehemaligen Gehalts an Kohlenwasserstoffen.

Abb. 263: Kupferschiefer (Schwarzschiefer) mit heringsgroßem, fossilem Fisch *Palaeoniscus freieslebeni* auf einer freiliegenden Schichtfläche. Die ebenflächige, ungestörte Feinschichtung beruht auf dem sauerstofffreien (anaeroben) Sedimentationsmilieu des ehemaligen Faulschlamms. Aasfresser konnten im bodennahen Wasser nicht existieren. Dies ist der Grund dafür, dass der Fisch bis zur vollständigen Überdeckung durch weiteren Faulschlamm unzerlegt am Meeresboden liegen konnte. Allerdings sind Fossilien, so auch der Fisch, wegen der Setzung des ehemaligen Schlamms typischerweise plattgedrückt. Nationaler Geotop Liether Kalkgrube, Klein Nordende, Kreis Pinneberg, Südholstein. Hinweis: Die Entnahme solcher „Kupferschieferfische“ ist in der Liether Kalkgrube wegen Fehlens freiliegenden Kupferschiefers nicht mehr möglich und aus Naturschutzgründen ohnehin nicht erlaubt. Der abgebildete Fisch ist ein Fund aus der Betriebszeit des gewerblichen Kalkabbaus vor 1991.

Abb. 264: Grenzfläche zwischen Konglomerat des Rotliegend und auflagernden Resten von dunkelgrauem Kupferschiefer des Zechsteins (Draufsicht) mit grünen Cu-Verwitterungsmineralen. Diese sind im oberflächennahen Verwitterungsbereich Indikatoren für die Anwesenheit von Kupfer. Der Kupferschiefer wird hier durch seine sichtbare Kupfermineralisation seinem Namen gerecht. Auch das unmittelbar unterlagernde Konglomerat ist mit Kupfer infiltriert. Der reduzierend wirkende, H_2S enthaltende Schwarzschiefer hat Buntmetall-Ionen in Form von Sulfiden fixiert. Der Metallgehalt stammt aus unterlagernden Rotliegend-Sandsteinen und Konglomeraten. Das Transportmedium war aufsteigendes Porenwasser. Naturdenkmal Weiße Wand in Dobis, Stadt Wettin-Löbejün, Saalekreis, Sachsen-Anhalt.

Alaunschiefer

Es gibt kein Gestein, das im petrografischen Sinne als Alaunschiefer zu bezeichnen ist. Vielmehr hebt der Name auf eine stattgefundene Nutzung mancher Schwarzschiefer zur Alaunherstellung ab. Ab ca. 1500 bis ins frühe 19. Jahrhundert hinein wurden Pyrit-führende Schwarzschiefer mit hohem Gehalt an Bitumina in großem Umfang zur Gewinnung von Aluminiumkaliumdisulfat $KAl(SO_4)_2 \cdot 12\,H_2O$ = Kalialaun verwendet. Der damals wichtige chemische Grundstoff Kalialaun war kein Bestandteil solcher Alaunschiefer. Er entstand erst nach Brennen und Auslaugen des zerkleinerten Schiefers durch Auskristallisation aus wässriger Lösung. Ehemalige Alaunschieferwerke sind an Halden von ziegelrot gebrannten Schwarzschieferscherben erkennbar.

Der aus der Lösung auskristallisierte Alaun bezog seinen Sulfatschwefel aus der Oxidation von Pyrit, das Aluminium aus den Tonmineralen des Schwarzschiefers und das Kalium aus der Asche des beim Brennen eingesetzten Holzes.

Beispiele für die vielen Vorkommen ehemals industriell verwendeter Alaunschiefer sind Schwarzschiefer des höheren Unteren Jura (Toarc) Nordostenglands, im Silur des Vogtlands und im Kambrium Schonens, Västergötlands (Kinnekulle) und auf der Insel Öland in Schweden.

Mergel und Mergelstein

Feiner Tonschlamm wird am Boden von Stillwasserbereichen abgelagert. Wenn zusätzlich Kalkschlamm beteiligt ist, entsteht ein tonig-kalkiges Mischsediment, das je nach Ton/Kalk-Mengenverhältnis z. B. als mergeliger Kalkstein (85 – 95 % Karbonatanteil), Mergelkalk (75 – 85 % Karbonatanteil), Kalkmergel (65 – 75 % Karbonatanteil), Mergel (35 – 65 % Karbonatanteil), Tonmergel (25 – 35 % Karbonatanteil), Mergelton (15 – 25 % Karbonatanteil) oder mergeliger Ton (5 – 15 % Karbonatanteil) bezeichnet werden kann. Die zuverlässige Bestimmung des Ton/Karbonat-Verhältnisses erfordert Laboruntersuchungen. Einen ersten Eindruck im Gelände vermittelt die Festigkeit des jeweiligen Gesteins. Mit abnehmendem Karbonatanteil gibt es eine zunehmend mürbe Konsistenz. Je höher der Tonanteil, desto bröckeliger ist das Gestein unter Verwitterungseinfluss.

Lehm heißt unverfestigtes Gemisch aus Sand und Ton, gewöhnlich mit zusätzlicher erheblicher Beteiligung von Schluff. Für verfestigte Entsprechungen gibt es keine Bezeichnung wie „Lehmstein". Man würde stattdessen von tonigem Sandstein sprechen müssen oder von sandigem Tonstein.

Abb. 265: Auf Halde liegender, gebrannter und ausgelaugter Schwarzschiefer („Alaunschiefer“) des Oberkambriums. Der ursprünglich dunkelgraue bis schwarze Schwarzschiefer ist beim Brennen, ähnlich wie beim Brennen von Ton zu Ziegelsteinen, durch Oxidation des geringen Eisengehalts rot gefärbt. Die Rotfärbung beruht auf Hämatit (Roteisen) Fe_2O_3, der das Material feinkörnig durchsetzt. Ehemalige Alaungewinnung ist an roten Abraumhalden erkennbar. Südlich Degerhamn, Westküste im Süden der Ostseeinsel Öland, Kalmar län, Ostsmåland, Südschweden.

Abb. 266: Wechsellagerung von Mergelkalk mit untergeordneten Mergel-Zwischenlagen. Unterer Muschelkalk (Jena-Formation) im Bereich der Schaumkalkbänke. Der mergelige Gesteinscharakter wird im Gelände durch den bröckeligen Zerfall des weichen Materials unter Verwitterungseinfluss deutlich. Das Schichteinfallen mit der Hangneigung führt zur Anhäufung des kleinstückigen mergeligen Schutts am Fuß der Böschung. Sportplatz von Breuna-Niederlistingen, Landkreis Kassel, Nordhessen.

Abb. 267: Auenlehm im Uferbereich eines Fließgewässers, das je nach Wasserführung und damit verbundener Fließgeschwindigkeit nur sandig-toniges Material transportiert oder zusätzlich auch vereinzelte Körner der Kiesfraktion und Steine. Das abgebildete Profil eines Prallhangs aus kohäsivem, standfestem Material mit signifikantem Ton- und Schluffanteil besteht im hellbraunen, mittleren Abschnitt, außer in dessen höchstem Anteil, fast nur aus feinkörnigem Lehm, der vor längerer Zeit von dem Bach selbst in einem Auenwaldgelände abgelagert worden ist. Im höheren, grauen und im tieferen, auch grauen Abschnitt sind größere Gerölle bis hin zur Grobkiesfraktion (< 63 mm) beteiligt. Der steinfreie Mittelbereich aus Auenlehm ist bei mäßig strömendem bis nahezu stagnierendem Hochwasser abgelagert worden. Die steinführenden Abschnitte gehen auf Überflutungen zurück, die im abgebildeten Bereich mit starker Strömung des aus dem weniger als 1 km entfernten Harz herabfließenden Bachs verbunden waren. Goldbach, nördlicher Stadtrand von Blankenburg, Landkreis Harz, Sachsen-Anhalt.

Till und Tillit: „Geschiebemergel“ und „Geschiebelehm“

„Geschiebemergel“ und „Geschiebelehm“ sind weder Mergel noch Lehm im petrografischen Sinne. Sie enthalten anders als Lehm oder Mergel immer einen erheblichen Anteil von Kiesfraktion und fast immer auch Steine. Für beide gilt seit einiger Zeit die aus Schottland stammende Bezeichnung Till. Unabhängig von den Benennungen geht es in jedem Fall um Bildungen mit besonderer Entstehungsweise: Ablagerung durch Gletscher- oder Inlandeis. In diesem Sinne sind Tills und Tillite Klimazeugnisse. Sie dokumentieren ehemalige Eisbedeckungen. Die Gesteinsbezeichnungen Till, Geschiebemergel und Geschiebelehm haben, was eigentlich nicht sein soll, eine spezifische Entstehungsweise als Benennungsgrundlage.

Petrografisch handelt es sich unabhängig von der Art der Entstehung um **Diamiktite**, d. h. klastische, schichtungslose Mischsedimente mit schlechter Sortierung aus einem Durcheinander von sehr unterschiedlichen Korngrößen. Diamiktite verdanken ihre Sedimentation Prozessen, bei denen es nicht zu einer Sortierung nach der Korngröße kommt, wie es bei Ablagerung durch fließendes Wasser der Fall ist. Diamiktite können u. a. durch turbulentes Abgleiten von Schutt und Verwitterungsprodukten an Berghängen entstehen oder durch Ablagerung aus Eis. Fließendes Eis ist ein Transportmedium, das Material jeder Korngröße unterschiedslos transportieren und unsortiert ablagern kann. Till ist unmittelbar durch Eis abgelagerter Diamiktit. **Tillit** ist die diagenetisch verfestigte Entsprechung. Die Zusammensetzung von Tills hängt von der Geologie des vom Eis überfahrenen Gebiets ab. Tills des Norddeutschen Tieflands sind typischerweise aus Sand und Kies in einer kalkhaltigen, tonigen Matrix zusammengesetzt. Daneben kommen auch fast reine Sandtills vor (z. B. zweiter Eisvorstoß der Elster-Kaltzeit im Raum nördlich von Bremen). In den meisten Fällen sind Steine und vereinzelte bis tonnenschwere Blöcke beteiligt. Tills sind verbreitete Sedimente im Norddeutschen Tiefland, das zwischen 400.000 Jahren und 15.000 Jahren vor heute von mehreren Eisvorstößen des Eiszeitalters überfahren worden ist. Hierbei hat das aus dem Norden heranfließende Eis Kreidekalk, paläozoische Kalksteine und Mergel der Ostseesenke überfahren sowie Tone und Sande des Tertiärs und überall daraus Material aufgenommen. Die Bezeichnung „Geschiebemergel“ wird für kalkhaltigen Till verwendet. Als „Geschiebelehm“ wird verwitterungsbedingt entkalkter Till bezeichnet. Vorhandener oder fehlender Kalkgehalt hat große Bedeutung für die landwirtschaftliche Eignung der Böden. Tills der älteren Eiszeiten (Elster- und Saale-Kaltzeiten in Norddeutschland) sind nahe der Oberfläche oder unter wasserdurchlässigen Sandschichten oft entkalkt. Besonders gilt dies, wenn sie das Bodensubstrat unmittelbar unter der Erdoberfläche bilden. Aus dem ursprünglichen, kalkhaltigen Geschiebemergel ist dann kalkfreier Geschiebelehm entstanden. Geschiebelehm ist in diesem Sinne ein Verwitterungsprodukt von Geschiebemergel. Jüngere Tills (der Weichsel-Kaltzeit) liegen auch in Oberflächennähe oft noch als kalkhaltige Geschiebemergel vor.

Für Tills ist es unabhängig vom Kalkgehalt typisch, dass sie zusätzlich zur fehlenden Korngrößensortierung keine interne Schichtung zeigen. Durchweg enthalten sie Steine verschiedener Größen. Diese zeigen oft Gletscherstriemung als Hinweis auf einen Kontakt gegen fließendes, von Steinen durchsetztes Eis und damit auf Ablagerung durch Gletscher- bzw. Inlandeis. Die einzelnen vom Eis transportierten Steine heißen Glazialgeschiebe (kurz Geschiebe), obwohl sie nicht vom Eis geschoben, sondern im Eis eingeschlossen transportiert worden sind. In diesem Sinne bedeutet „Geschiebemergel“ ein geschiebeführendes, unmittelbar vom Eis abgelagertes Sediment.

Abb. 268: Grauer Till der Weichseleiszeit an einem Ostseesteilufer. Das graue Material mit hohem Anteil feinkörniger Matrix ist durch dunklen Ton des Tertiärs geprägt, der vom Inlandeis im Gebiet der südlichen Ostsee überfahren wurde. Die in großer Menge eingestreuten Steine sind Glazialgeschiebe aus Hunderte von Kilometern im Norden liegenden Herkunftsgebieten. Der Gesteinsinhalt ist vom Transportweg des Eises abhängig, das an dem jeweiligen Ort sedimentiert hat. Der Till ist aufgrund seines Gehalts an Ton- und Schluffkomponenten sowie wegen fein gemahlenen Kreidekalks kohäsiv und daher vor allem im trockenen Zustand standfest und wenig wasserdurchlässig. Unter Wasserzufuhr und besonders durch Frost und Wiederauftauen büßt der Till seine Standfestigkeit ein. Im abgebildeten Uferkliff ist es zu Rutschungen gekommen und es haben sich lose Brocken aus dem Zusammenhang abgelöst. Der Kliffsockel wird bei Sturmfluten von der Brandung erreicht. Das Kliff und die abgelösten Brocken sind durch Brandungseinwirkung aufgearbeitet worden. Die Kantenrundung der Blöcke und Steine ist vor allem eine Wirkung von zeitweise heftiger Brandung, unter der Sand, Kies und Steine herumgewirbelt werden. Die Steine, die Kieskörner und der Sand in der Strandfläche sind vom Wasser aus dem Till herausgewaschen. Dies gilt einschließlich der größten Steine im Bild. Der ausgewaschene Schluff- und Tonanteil aus dem Till ist in einiger Entfernung vom Ufer am Grund der Ostsee sedimentiert. Tills wie der abgebildete sind unmittelbare Ablagerungen des eiszeitlichen Inlandeises. Ostsee-Steilufer bei Hubertsberg, nordwestlich Todendorf, Kreis Plön, Schleswig-Holstein.

Abb. 269: Tillitgeröll mit der für Tills und Tillite charakteristischen Schichtungslosigkeit und fehlenden Korngrößensortierung. Die enthaltenen Klasten aus unterschiedlichen Gesteinen in dem diagenetisch verfestigten, ehemaligen Till deuten auf ein relativ großes Einzugsgebiet des Eises, von dem der ehemalige Till abgelagert worden ist. Der Tillit entstammt wahrscheinlich den in Skandinavien am Südostrand der Fjells zutage tretenden Glazialablagerungen der vor ca. 700 Millionen Jahren erfolgten Varanger-Vereisung. Glazialgeschiebe am Ostseesteilufer von Friederikenhof, Wangels, Kreis Ostholstein. Originalherkunft wahrscheinlich Norddalarna, Mittelschweden. Größter Durchmesser 30 cm.

Am besten sind eiszeitliche Tills in den Steilufern der südlichen Ostsee zu beobachten. Sie bilden standfeste, steile Abschnitte der Kliffs. Durch Auswaschen der feineren Bestandteile bei Hochwasser reichern sich an ihrem Sockel die mitgeführten Geschiebe als Strandgerölle an.

Für verfestigte Entsprechungen von Tills wird hinsichtlich des Namens nicht zwischen einer Abkunft aus Geschiebemergel oder Geschiebelehm unterschieden. Solche Gesteine heißen in jedem Fall Tillit.

Till der Ostseesteilufer: Dokument von eiszeitlicher Eisbedeckung und „Urlandschaft"

Die Eiszeiten, deren Inlandeisdecken in Zeitabschnitten zwischen 400.000 Jahren vor heute bis vor knapp 15.000 Jahren immer wieder das Norddeutsche Tiefland erreicht hatten, haben eine Vielfalt von Spuren hinterlassen. Hiervon sind vor allem die aus dem Norden, aus Baltoskandien, transportierten, tonnenschweren Findlinge und kleineren Steine im allgemeinen Bewusstsein. Hinzu kommen Gletscherschliff und Eisstriemung auf Steinen und durch Eisstauchung entstandene Hügel (Stauchmoränen). Wenig Beachtung, selbst in der Naturschutzbürokratie, erfahren die als Eiszeitfolgen entlang der deutschen Ostseeküste in großer Anzahl aufgereihten Steilufer aus Till. Immerhin dokumentiert jedes aus Till bestehende Steilufer die ehemalige Anwesenheit mächtiger Inlandeismassen, wie sie heute in der Antarktis und auf Grönland existieren. Das Material, aus dem die Steilufer bestehen, ist der vom Eis mitgebrachte Inhalt an Steinen, Sand, Kies, Ton und Kreidekalk. Die in den Ostseesteilufern freiliegenden Tills sind die nicht aufschmelzbare Fracht ehemaligen Inlandeises. Auch dokumentieren die Tills den Gesteinsbestand und damit die Geologie des riesigen Einzugsgebiets des Eises in Skandinavien, am Grund der Ostsee, in Südfinnland und im Baltikum. Der von der Brandung ausgewaschene Bestand an Gesteinen in Form von Glazialgeschieben repräsentiert die letzten knapp 1,9 Milliarden Jahre der Erdgeschichte, 1,2 Milliarden Jahre mehr, als irgendwo sonst in Deutschland in Form von anstehenden Gesteinen überliefert sind. Hinzu kommt, dass die Steilufer mit ihren vorgelagerten Geröllstränden neben dem alpinen Hochgebirge und dem Wattenmeer eine der wenigen „Urlandschaften" Mitteleuropas sind. Die meisten Steiluferlandschaften der Ostseeküste würden nicht anders aussehen, wenn es keine menschliche Einwirkung gäbe. Ihr Landschaftscharakter hat sich während der letzten Jahrtausende nicht grundsätzlich verändert. Die Tills unterlagern große Anteile des Norddeutschen Tieflands, sodass sie immer wieder in Ausschachtungen sichtbar werden. Aber nur an Ostseesteilufern sind sie über große, zusammenhängende Strecken und permanent zugänglich.

Abb. 270: Eines der vielen überwiegend aus Till aufgebauten Steilufer der deutschen Ostseeküste. Im Wechsel mit den touristisch beanspruchten Sandstränden bilden die allermeisten der durchweg aus Till aufgebauten Steilufer sich selbst überlassene „Urlandschaften". Alle bei Hochwasser von der Brandung erreichten Till-Steilufer unterliegen der Küstenerosion. Entsprechend werden sie z. T. im Jahresdurchschnitt um Meterbeträge zurückversetzt. Fehlender oder spärlicher Bewuchs weist auf intensiven Küstenrückgang hin. Von der Brandung kaum attackierte Steilufer hingegen können von Gehölzen bewachsen sein und am Kliffsockel von z. B. Gras und Schilf. Der beim Kliffrückgang von der Brandung aus dem Till ausgewaschene Sandanteil findet sich nach Verlagerung durch uferparallele Strömung an den Sandstränden wieder, soweit er nicht vor den Kliffs am Meeresboden verbleibt. Nur größere Steine, die sich nicht vom Wasser transportieren lassen, verbleiben als Auswaschungskondensat vor dem jeweiligen Kliffsockel. Stohler Ufer, nördlich Kiel, Kreis Rendsburg-Eckernförde.

Flysch und Grauwacke: Sedimentbildung und Plattentektonik

Während Tills Produkte der außergewöhnlichen klimatischen Verhältnisse während der Eiszeiten sind, bezeichnet der **Faziesname Flysch** Ablagerungen infolge eines besonders dynamischen Szenarios in zumeist längst nicht mehr existierenden Ozeanen. Flysch ist kein Gesteinsname, sondern eine Fazies-Bezeichnung für sich vielfach wiederholende Schichtfolgen von sandsteinartigen Bänken im Wechsel mit tonigem Gestein. Flysch-Schichtfolgen werden im Zuge von beginnenden Gebirgsbildungen in tiefem Wasser von Ozean-Randbereichen abgelagert. Sie haben gewöhnlich Mächtigkeiten von mehreren Kilometern. Ihre Sedimentation ist an die Sockelbereiche von submarinen Abhängen an Kontinentalrändern und vor Inselbögen gebunden. Flysch-Serien werden vor allem an Plattenrändern abgelagert, an denen Subduktion, tektonische Einengung und Gebirgsbildung mit oder ohne Vulkanismus stattfinden. Dies hat zur Folge, dass Flyschsedimente schließlich in den Faltenbau von Falten- und Deckengebirgen (Orogenen) einbezogen werden. In tektonisch inaktiven

Abb. 271: „Felsige“ Küste aus Glazialgeschieben nordischer Herkunft, die durch die Meeresbrandung aus Till herausgewaschen worden sind. Die Steilufer weichen unter der Küstenerosion zurück. Grobe Gerölle und Findlinge sammeln sich über und unter Wasser vor dem zurückweichenden Kliff an. Dort können sie „Felsbiotope“ bilden, im Foto erkennbar durch dichten Bewuchs aus Blasentang. Dieser benötigt festen Felsuntergrund oder fest gelagerte Steine zur Verankerung. Ostseesteilufer von Friederikenhof, Wangels, Kreis Ostholstein.

Plattformgebieten, in Schelfmeeren, in flachen Randmeeren und in Wattgebieten werden keine Flyschabfolgen sedimentiert.

Die sandsteinartigen und die tonigen Schichten, die in Flyschablagerungen miteinander wechsellagern, entstehen im Zuge von Ereignisketten, zu denen kurze, hochturbulente Sedimentationsphasen und meist länger anhaltende stagnierende Strömungsverhältnisse gehören. Am Anfang steht die plattentektonisch verursachte Heraushebung von jungen Faltengebirgen oder vulkanischen Inselbögen mit der Folge intensiver Abtragung der morphologisch exponierten Gebirgslandschaft. Der aus verschiedensten Korngrößen zusammengesetzte Abtragungsschutt gelangt nach meist nur kurzem Sedimenttransport und unter entsprechendem Ausbleiben signifikanter chemischer Verwitterung ins Meer. Dort kommt es zur vorläufigen Ablagerung und submarinen Vorschüttung mächtiger klastischer Sedimentstapel. Die Standfestigkeit der noch unverfestigten, ozeanseitig steil geböschten Schüttkörper wird mit anhaltender Sedimentanhäufung immer wieder überschritten. Hinzu kommt die destabilisierende Wirkung von Erdbeben, wie sie mit der plattentektonischen Aktivität verbunden sind. Die Folge ist ein episodisches Abgleiten großer Mengen von unverfestigtem Sediment an den Kontinentalhängen bzw. an den Inselbogenböschungen bis in die angrenzenden Tiefseebereiche. Die hierbei ausgelösten Turbidity Currents (submarine Sedimentlawinen) entwickeln Geschwindigkeiten von über 100 km/h. Ihre Ablagerungen, die Flysch-Schichtfolgen, heißen entsprechend **Turbidite**.

Im Anschluss an die turbulente Sedimentausbreitung kommt es im schließlich wieder stagnierenden Wasser zum Absinken des aufgewirbelten Sedimentmaterials, das aus Partikeln von verschiedensten Korngrößen besteht. Das Nebeneinander verschiedener Korngrößen in Turbiditen ist einer der Unterschiede gegenüber gewöhnlichen Sandsteinbänken. Sandstein ist normalerweise durch einen begrenzten Korngrößenbereich des Detritus gekennzeichnet.

In Deutschland kommen Flyschbildungen mit mesozoischen Altern am nördlichen Alpenrand vor, so in den Allgäuer Alpen und im Chiemgau. In Form von Grauwackeserien, mit paläozoischen Altern, sind sie in den Mittelgebirgen verbreitet, die herausgehobene Schollen des ehemaligen Variszischen Orogens sind, so im Harz und im Rheinischen Schiefergebirge.
Die aus dem Schweizerdeutschen stammende Bezeichnung Flysch steht ursprünglich für labile Bodenverhältnisse, die an Hängen zu Fließbewegungen und Rutschungen führen können. Sichtbare Folgen hiervon können „betrunkene Wälder“ mit unterschiedlich schief stehenden Bäumen und Gebäude- wie Straßenschäden

Sedimentäre Fazies

Eine „sedimentäre Fazies" bildet spezifische Ablagerungsmilieus ab. Dies geschieht in Form eines oder mehrerer zeitlich und räumlich miteinander verknüpfter Gesteine. So repräsentiert ein Sandstein mit oder ohne assoziierte Begleitsedimentite sandig-klastische Fazies. Diese kann im konkreten Einzelfall marin oder aber terrestrisch entstanden sein. Sedimentationsabfolgen im Flachmeer, in Trockenwüsten oder in Dünenlandschaften an Flachküsten bestimmen jeweils eigene Ablagerungsmilieus, d. h. Faziestypen. In jedem Fall kommt es darauf an, dass lose Klasten, z. B. Quarzkörner, in großer Menge durch strömendes Wasser oder durch Wind transportiert und abgelagert werden. Im marinen Bereich kann eine sandige Fazies z. B. ehemalige, ufernahe Sandbarren repräsentieren. Kalkige Fazies kann durch eine Vielzahl verschiedener Arten von Kalkstein repräsentiert sein. In jedem Fall ist sie Folge von meist biogener Kalkfällung, zumeist im Meer. Weitere faziesbestimmende Faktoren sind die Wassertiefe, das Klima zur Zeit der Sedimentation sowie die Art der überlieferten Lebewesen. Flysch bezeichnet in diesem Sinne eben kein Gestein, sondern eine Gesteinsassoziation besonderer Entstehung unter Beteiligung von submarinen Sedimentlawinen (Turbidity Currents) aus instabil gelagerten klastischen Sedimentanhäufungen im oberen Randbereich submariner Böschungen.

sein. Die Ursache hierfür sind die tonigen Schichten innerhalb der Flyschfolgen, die in den geologisch jungen Gebirgen Europas zumeist nur schwach verfestigt sind und zudem z. T. aus quellfähigen Tonmineralen bestehen. Flyschserien können in sehr verschiedenen Mengenverhältnissen aus sandsteinartigen Lithareniten und Zwischenlagen aus Tongesteinen bestehen. Die **Litharenite** der Flyschablagerungen unterscheiden sich von gewöhnlichen Sandsteinen vor allem dadurch, dass ein wesentlicher Teil der detritischen Körner nicht aus jeweils einzelnen Mineralkörnern von Quarz oder auch Feldspat bestehen. Stattdessen sind etliche der

Abb. 272: Flyschabfolge (Ligurischer Flysch) mit hohem Anteil von Ton im Wechsel mit Litharenitbänken, die in unregelmäßigen Abständen eingeschaltet sind. Die tonigen Schichten sind kaum verfestigt und neigen in besonderem Maß zum Aufquellen, Schrumpfen, Zerbröckeln und Abrutschen. Anders als in Grauwacken gibt es keine metamorphe Beeinflussung. Die Litharenitbänke sind Ablagerungen episodischer subaquatischer „Lawinenabgänge" (Turbidity Currents). Die tonigen Zwischenlagen repräsentieren die permanente, feinkörnig-tonige Hintergrundsedimentation in Ruhephasen ohne Turbidity Currents. Nordöstlicher Ortsrand von Solignano, Provinz Parma, Emilia-Romagna, Norditalien.

Klasten Gesteinsbröckchen. Diese bestehen, wie es für Gesteine üblich ist, jeweils aus mehreren miteinander verwachsenen Mineralkörnern. Der Feldspatanteil ist höher als in Sandsteinen üblich. Auch karbonatisch zusammengesetzte Klasten können vorkommen. In manchen Flyschvorkommen treten tonige Schichten weitgehend zurück, in anderen überwiegen sie.

Abb. 273: Flysch-Wechselfolge aus viel Litharenit mit nur geringen tonigen Zwischenlagen. Die Sedimentation des Cilento-Flyschs, zu dem die abgebildeten Schichten gehören, fand vor einem aktiven Kontinentalrand in tiefem Wasser des ehemaligen Ozeans Tethys ab der jüngsten Kreidezeit bis zum Miozän statt. Die Gesteinsfolge von insgesamt über 1000 m Mächtigkeit ist Teil eines Ablagerungsfächers, in dem das Material einer Vielzahl von Turbidity Currents zum Stillstand gekommen ist. Für den Fall des abgebildeten Schichtabschnitts gab es nur geringe Ruhephasen, in denen allein Hintergrundsedimentation von Ton stattfand. Steilufer südwestlich Ogliastro Marina (Ortsteil von Castellabate), Cilento, Provinz Salerno, Campanien, Süditalien. Breite des Bildausschnitts ca. 120 cm.

Abb. 274: „Betrunkener Wald" über kreidezeitlichen Flyschschichten am Alpennordrand. In diesem Gebiet besteht der Flysch zu einem hohen Anteil aus Ton bzw. Tonstein mit nur untergeordneten Einlagerungen von sandsteinartigen Litharenitbänken. An steilen Abhängen führt dies zu Rutschungen. In Wäldern zeigen sich diese dadurch, dass etliche der Bäume nicht senkrecht stehen, sondern zu „torkeln" scheinen, indem sie uneinheitlich stark in verschiedene Richtungen geneigt sind. Südwestlich Siegsdorf im Chiemgau, am Kloster Maria Eck, Landkreis Traunstein, Südostbayern.

Eines der auffälligen Merkmale vieler Flysch-Litharenite ist schlechte Korngrößensortierung als Folge des Transports und der Ablagerung unter turbulenten Bedingungen. Anders als gewöhnliche Sandsteine, deren Sandkörner durch gleichmäßig fließendes Wasser oder Wind sortiert und in Abhängigkeit von den Strömungsgeschwindigkeiten abgelagert worden sind, enthalten sie ein relativ breites Korngrößenspektrum von submikroskopisch kleinen Tonpartikeln bis mindestens zur Sandfraktion. Oft kommen Anteile von Kies und seltener sogar Steine von Dezimetergröße hinzu. Ein Teil der Körner ist nur unvollkommen gerundet bis eckig. „Wildflysch" ist durch das Vorkommen tonnenschwerer und z. T. hausgroßer Blöcke von Gesteinsarten gekennzeichnet, wie sie zumeist sonst in der näheren Umgebung nicht vorkommen.

Bei der Ablagerung des Sedimentinhalts aus den schließlich erlahmenden Turbidity Currents kommt es aufgrund von korngrößenabhängig unterschiedlichen Sinkgeschwindigkeiten zu **gradierter Schichtung** (Abb. 278). Sie ist jedoch nur dann gut entwickelt, wenn ein Teil der Körner groß genug ist, um individuell gut sichtbar zu sein. Größere Körner sinken bei der Sedimentation schneller ab als das feinere Material. Das gröbere Korn wird so zuerst, also im Sockelbereich der Flysch-Litharenit- bzw. Grauwackebänke konzentriert (korngrößengradierte Schichtung). Zum Dach der einzelnen Bänke hin nehmen die maximalen beteiligten Korngrößen ab. Ein verbreitetes Merkmal ist eine Korngrößengradierung zwischen Sockeln und Oberkanten der einzelnen Litharenitbänke. Solche korngrößengradierte Schichtung zeigt sich als Verringerung der Korngrößen der jeweils gröbsten detritischen Körner von unten nach oben. Das Vorkommen der gröberen Korngrößen ist auf basisnahe Abschnitte der Schichten beschränkt. Gradierte Schichtung ist naturgemäß nur in den Bänken von Flyschsandsteinen (Lithareniten) entwickelt, die aus ihrem Sedimentliefergebiet einen Anteil von ausreichend grobem (gut sichtbarem) Korn beziehen konnten. Wenn es im angehäuften Ausgangsmaterial eines Turbidity Currents kein grobes Korn gab, dann kann es in den daraus entstandenen Lithareniten keine makroskopisch sichtbare gradierte Schichtung geben. Dies gilt z. B. für die Litharenite der Abb. 273.

Die schnelle und turbulente Ausbreitung von Turbidity Currents, denen die Litharenitbänke von Flysch- und Grauwackeserien ihre Entstehung verdanken, ist häufig mit dem Entstehen von Auskolkungen in der aus noch weichem, tonigem Material bestehenden Unterlage verbunden. Am häufigsten entstehen in Strömungsrichtung langgestreckte Flute Casts. Die Auflast von noch unverfestigtem Sediment von Turbidity Currents auf einer hydroplastisch verformbaren, schlammigen Unterlage führt durch differenzielles Einsinken zu Belastungsmarken (Load Casts). Das Vorkommen von Belastungsmarken ist nicht auf Turbidite beschränkt.

Bei Beteiligung von ausreichend grober Kiesfraktion finden sich oft vollständige Gesteinsbrocken aus noch aneinanderhaftenden Kristallen verschiedener Minerale. Häufige Gesteinsfragmente sind Granite, Tonschieferbrocken und Vulkanite. Die Sand- und Kiesfraktion enthält außer dem in Sandsteinen üblichen Quarz zumeist reichlich Feldspat, vor allem Plagioklas. Die genannten Merkmale qualifizieren Flysch-Litharenite als Sonderfall unter den sandsteinartigen Gesteinen. „Flyschsandstein" ist eine unpräzise Näherungsbezeichnung.

Feldspäte, besonders Plagioklas, sowie die Gesteine Granit, Tonschiefer und Kalkstein verwittern recht schnell. Ihr reichliches Vorkommen in Flysch-Lithareniten weist auf schnelle Abtragung der Ursprungsvorkommen hin und auf schnellen Sedimenttransport über eher kurze Strecken. Flysch-Litharenite kontrastieren durch ihren Gehalt an leicht verwitterbaren Komponenten gegenüber gewöhnlichen Sandsteinen, die weitgehend nur aus

Abb. 275: Beispiel von Belastungsmarken (Load Casts) auf der ursprünglichen Oberseite einer Tonschieferlage in einer tektonisch steil aufgerichteten Turbiditabfolge. Der ursprünglich weiche, wasserreiche Tonschlamm wurde bei noch waagerechter Lagerung durch die sandige Ablagerung eines Turbidity Currents überschüttet (massiges Gestein links im Bild). Aufgrund einer gegenüber dem Tonschlamm höheren Dichte des sandigen Materials ist dieses geringfügig und ungleichmäßig in die nachgiebige Unterlage eingesunken, unter geringer komplementärer Aufwölbung der nicht eingesunkenen Zwischenbereiche. Hierdurch hat sich die ungeordnet wellige Oberfläche des ehemaligen Tonschlamms eigendynamisch ausgebildet (rechts im Bild). Ehemaliger Grauwackebruch am Einersberg im Westharz, Innerstetal zwischen Clausthal-Zellerfeld und Wildemann, Landkreis Goslar, Niedersachsen.

Abb. 276: Flute Casts auf der ursprünglichen Unterseite einer Grauwackebank. Diese ist die Ablagerung eines Turbidity Currents, der bei seiner rasend schnellen Ausbreitung die tonige Unterlage (jetzt der Tonschiefer rechts im Bild) ausgekolkt hat. Die länglichen, parallel elongierten Flute Casts sind die Ausfüllungen von auf der Tonoberfläche entstandenen Auskolkungen. Sie sind in der Bewegungsrichtung des Turbidity Currents langgestreckt. Ehemaliger Grauwackebruch am Einersberg im Westharz, Innerstetal zwischen Clausthal-Zellerfeld und Wildemann, Landkreis Goslar, Niedersachsen.

Abb. 277: Kleinräumige Sedimentationsmarken an der Unterseite einer Grauwackebank. Wegen relativ langsamer Strömungsgeschwindigkeit sind keine langgestreckten Flute Casts entwickelt wie in Abb. 276, sondern nur die stromaufwärts orientierten, mit sandigem Sediment ausgefüllten Kolke, wie sie sonst die Anfänge der längeren Flute Casts markieren. Ehemaliger Grauwackebruch am Einersberg im Westharz, Innerstetal zwischen Clausthal-Zellerfeld und Wildemann, Landkreis Goslar, Niedersachsen.

Quarz bestehen. Im Gegensatz zu solchen Sandsteinen als kompositionell reifen klastischen Sedimentgesteinen sind Flysch-Litharenite kompositionell unreif.

Grauwacken sind Litharenite von paläozoischem oder höherem Alter, die als Bestandteile von Flysch-Schichtfolgen sedimentiert worden sind. Anders als viele jüngere Flysch-Litharenite mit mesozoischen oder tertiären Altern sind sie durchweg schwach metamorph überprägt, ohne dass dies äußerlich offensichtlich ist. Die Metamorphose hat vor allem Mineralneubildungen in der feinkörnigen Matrix zwischen den gröberen detritischen Körnern bewirkt. Hierdurch besitzen Grauwacken eine hohe mechanische Festigkeit. Die namengebende Graufärbung, typischerweise mit grünlicher Tönung verbunden, verdankt Grauwacke einem geringen Anteil von feinkörnigem, metamorph gebildetem Chlorit. Die ehemals mürben tonigen Zwischenlagen sind durch niedriggradige Metamorphose zu Tonschiefer verfestigt.

Während die Flysch-Litharenit- bzw. Grauwackebänke kurzzeitige, turbulente Ablagerungsphasen repräsentieren, sind die Zwischenlagen aus Tonstein bzw. Tonschiefer Bildungen aus den Zeiträumen mit stetiger Sedimentation. Je nach Häufigkeit der Abgänge von Turbidity Currents und der Menge des in den Zwischenzeiten abgelagerten Tonmaterials gibt es Grauwackenabfolgen, die kaum Tonzwischenlagen zwischen den Litharenitbänken enthalten wie auch Abfolgen aus ganz überwiegend Tongesteinen.

Der übliche geotektonische Zusammenhang der Flyschsedimentation mit entstehenden Orogenen bzw. Inselbögen bedeutet, dass Grauwacken und Flyschgesteine nicht auf tektonisch stabilen Plattformen abgelagert werden, sondern nur im Zuge intensiver plattentektonischer Aktivität. Sie sind typischerweise an frühe Entwicklungsphasen von Orogenen gebunden. Die gewöhnlich sehr ausgeprägte Schichtung ist entsprechend oft verfaltet bzw. schräg gestellt. Vorkommen von Grauwacken oder Flyschgesteinen zeigen an, dass man sich in einem Orogen befindet, allerdings eher in dessen Randbereich als im durch hochgradig metamorphe Gesteine und durch Plutonite geprägten Zentralbereich.

Abb. 278: Korngrößengradierung (gradierte Schichtung) in einer Grauwackebank. Die abgebildete Gesteinsprobe erfasst das vollständige Profil einer korngrößengradierten Grauwackebank von deren Sohle bis zur Oberkante. Grobes Korn ist auf den basisnahen Abschnitt der Grauwackebank beschränkt (im Foto unten). Durch unterschiedliche Farben der Klasten und entsprechend unterschiedliche Gesteinsarten samt isolierten Feldspäten wird die für Grauwacken charakteristische kompositionelle Unreife deutlich. Milchquarz bildet nur einen geringen Anteil. Ehemaliger Steinbruch am Einersberg im Westharz, Innerstetal zwischen Clausthal-Zellerfeld und Wildemann, Landkreis Goslar, Niedersachsen. Längste Achse 19 cm.

Abb. 279: Wechsellagerung aus Grauwackebänken und Tonschiefer. Hundisburg (Flechtinger Höhenzug), südlich Haldensleben, Landkreis Börde, Sachsen-Anhalt.

Das geordnete Bild von parallel übereinander gelagerten Litharenitbänken (Grauwacken) und tonigen Zwischenlagen (Tonschiefern) im bewaldeten Mittelgebirge dokumentiert im Gegensatz zu dem ersten Eindruck von Ruhe und Beständigkeit ehemaliges dramatisches Geschehen an untermeerischen Abhängen am Rand zur Tiefsee.

Karbonatgesteine, Kalkstein: Wechselwirkungen von Lithosphäre, Hydrosphäre, Atmosphäre und Biosphäre

Kalkstein ist das häufigste Karbonatgestein. Anders als die meisten Gesteine enthält es in seiner reinen Form kein SiO_2. Diese extreme Zusammensetzung steht am Ende einer gerichteten Entwicklungsfolge. Kalkstein hat daher keine Stellung innerhalb eines „Kreislaufs der Gesteine“, sondern stattdessen eine Position am Ende einer „Sackgasse“ der Gesteinsbildung. Umso bemerkenswerter ist es, dass Kalkstein mit Bestandteilen der Atmosphäre (CO_2) in Wechselwirkung stehen kann. Einerseits bilden die Kalksteinvorkommen der Erde die bedeutendsten CO_2-Deponien unseres Planeten, andererseits kann bei Erhitzen, technisch oder im Zuge einer Metamorphose, CO_2 aus Kalkstein in die Atmosphäre entlassen werden.

Das Kalzium des Kalksteins entstammt ursprünglich der chemischen Verwitterung Ca-haltiger Silikatminerale wie vor allem Plagioklas und Ca-reicher Pyroxene. Es ist zumeist im Meer mit CO_2 aus der Atmosphäre bzw. mit daraus hervorgegangenem H_2CO_3 in Verbindung

Abb. 280: Selke-Grauwacke (Formationsname) des Oberdevons: Sie zeigt die für Grauwacken- und Flysch-Litharenite kennzeichnende lithologische Vielfalt der Klasten sowie deren breites Spektrum von Korngrößen. Ebenso typisch ist die Einbettung in eine Matrix aus feinerem Korn und überwiegend fehlende Kornrundung. Insgesamt ist das Gestein kompositionell und strukturell unreif. Wegböschung am Selke-Uferweg, südwestlich Meisdorf, Landkreis Harz, Sachsen-Anhalt.

Abb. 281: Kalzit und damit ebenso Kalkstein sind in geringem Maße wasserlöslich, sehr viel weniger zwar als Steinsalz und auch Gips, jedoch unter lange anhaltender Einwirkung doch signifikant. Eine sichtbare Folge sind dann Karstphänomene. Das Foto zeigt verkarsteten Kalkstein ohne zusammenhängende Bodenbedeckung (nackter Karst), dessen Oberfläche von Lösungskolken durchsetzt ist. Zwischen ihnen sind Abschnitte mit geringerer Lösungseinwirkung als Aufragungen stehengeblieben. Die raue Oberflächenmorphologie ist eine Folge davon, dass die Auflösung nicht nur von der Oberfläche aus wirkt, sondern auch entlang von Klüften in die Tiefe greift. Hierbei erweitern sich die Klüfte zu voluminöseren, steilwandigen Lösungshohlformen (Schlotten). Cala Bianca, östlich Marina di Camerota, Provinz Salerno, Campanien, Italien.

gekommen, in den meisten Fällen durch Mitwirkung von Organismen. Das CO_2 entstammt dabei letztlich dem Erdmantel, aus dem es im Laufe der Erdgeschichte andauernd, vor allem im Zuge von Vulkanismus, aufgestiegen ist und immer noch entströmt. Die Gesamtmenge von Kalkstein auf der Erde samt dessen metamorphen bzw. diagenetischen Umwandlungsprodukten wie Marmor und Dolomit hat im Laufe der Erdgeschichte massiv zugenommen. Kalkstein ist das Ergebnis der Bindung von CO_2 in Karbonatgesteinen. Das Kalzium der Riesenmengen des Kalksteins der Erde hat keine realistische Möglichkeit, in signifikantem Umfang wieder in Plagioklas oder Pyroxen und damit in Basalt oder Gabbro eingebaut zu werden, aus denen es ursprünglich vor allem stammt. Das in geologisch jungen Basalten und Gabbros enthaltene Kalzium war kein Bestandteil von irgendwelchem Kalkstein, sondern es ist „neues“

Porenwasser und Sedimentverfestigung

Die meisten Sedimente werden am Boden von Gewässern abgelagert, zumeist am Meeresboden. Dies betrifft außer den aus Kalkschlamm hervorgegangenen Kalksteinen z. B. auch Sand- und Tonsteine. Bei der Sedimentation der Partikel ergibt sich zunächst eine recht lose Packung der abgelagerten Sedimentpartikel mit einem großen Volumenanteil von mit Wasser ausgefülltem Kornzwischenraum (Porenwasser im Porenraum). Bei anhaltender Überlagerung durch weiteres Sediment steigt der Auflastdruck, der zur Kompaktion des Sediments führt. Hierbei verringert sich das Volumen des Porenraums, sodass ein zunehmender Anteil des zunächst darin steckenden Wassers ausgepresst wird und nach oben aufsteigt. Hierdurch sind Sedimentgesteine über lange Zeit einem aufsteigenden Porenwasserstrom ausgesetzt. Das Porenwasser verändert durch Wechselwirkung mit dem durchströmten Sedimentgestein seine Zusammensetzung. Hierbei kann es sowohl zur Anlösung von Sedimentpartikeln kommen wie auch zur Ausfällung von Mineralen aus dem Porenwasser. Die Ausfällungsprodukte können den Porenraum zunehmend ausfüllen und damit neben der Kompaktion zur Verfestigung des zunächst lockeren Sediments führen. Die Entstehung von festem Kalkstein aus Kalkschlamm oder auch die von Sandstein aus ehemals losem Sand findet unter Einwirkung des Porenwassers statt.

Kalzium, das als Folge der Teilaufschmelzung von Gesteinen des Erdmantels in die Erdkruste gelangt ist.

Ein großer Teil der Kalksteinvorkommen ist aus ehemaligem Kalkschlamm hervorgegangen, der zumeist primär in Form winziger Aragonit- bzw. Kalzitkörnchen (jeweils $CaCO_3$) im Meer abgelagert worden ist. Die Verfestigung von Kalkschlamm zu massivem Kalkstein beruht auf der Fähigkeit von $CaCO_3$, im Porenwasser zwischen den Kalzitpartikeln in Lösung zu gehen und auch wieder ausgefällt zu werden. Dies führt zum Weiterwachstum und zur Zementation der zunächst losen Kalzitkörnchen zu festem Gestein unter Ausfüllung des ursprünglichen Porenraums. Wesentlicher Antrieb der Umkristallisation ist ein geringer Mg-Gehalt des ursprünglich im Meer sedimentierten Kalzits, der ihn unter dem Einfluss des im Sediment aktiven Porenwassers tendenziell instabil sein lässt. Dies führt zur Umkristallisation des primären, Magnesium-haltigen Kalzits zu stabilerem, weitgehend Magnesium-freiem Kalzit. Hierbei wird das ursprünglich in die Kalzit-Kristallgitter eingebaut gewesene Magnesium in das Porenwasser abgegeben.

Die Wasserlöslichkeit von Kalzit, verbunden mit der oft beträchtlichen Mächtigkeit und Flächenausdehnung vieler Kalksteinvorkommen ist der Grund dafür, dass Kalkstein zur **Verkarstung** neigt. Hierzu gehört, dass größere Höhlen als besonders spektakuläre Karstbildungen an Kalksteinregionen gebunden sind. Nur Gipsgestein ermöglicht mit seiner besonders guten Löslichkeit noch intensiver als Kalkstein die Höhlenbildung. Allerdings sind die Gipsvorkommen gewöhnlich kleiner und viel seltener als die von Kalkstein. Einmal von Grund- oder Sickerwasser benutzte Klüfte oder Spalten erweitern sich durch fortgesetzte Auflösung immer weiter, sodass schließlich begehbare Gänge und weite Hallen vorliegen. Für massive Kalksteinvorkommen ist es kennzeichnend, dass sie im Gelände flächenhaft der allmählichen Auflösung unterliegen. Kalksteinlandschaften sind oft in charakteristischer Weise verkarstet.

Einen Sonderfall unter den gewöhnlich sehr festen Kalksteinen bildet die **Schreibkreide** Nordwesteuropas, die auch nach ca. 80 Millionen Jahren und trotz Überlagerung durch meist über 1000 Meter jüngerer Sedimente zwar kompaktiert und kohäsiv ist, aber eine hochporöse, bröckelig-lockere Konsistenz behalten hat. Die Ursachen für das Ausbleiben einer Verfestigung, wie sie sonst in Kalksteinen üblich ist, sind durch den Aufbau und die Chemie der den Kreide-Kalkschlamm hauptsächlich zusammensetzenden Coccolithen bedingt. Diese sind Fragmente der Skelette einzelliger Kalkalgen, die während der von Treibhausklima geprägten jüngeren Kreidezeit massenhaft lebten. Umhüllungen der Cocco-

Abb. 282: Abbau von Kreidekalk als Rohstoff zur Zement- und Kalkherstellung. Die Schreibkreide der jüngeren Oberkreide ist standfest, kann aber mit Baggern ohne vorbereitende Sprengungen aus dem Gesteinsverband entnommen werden. Die dünnen, nahezu horizontalen dunklen Lagen sind Aneinanderreihungen (dreidimensionale Lagen) von Flint. Kreidegrube in Lägerdorf, Kreis Steinburg, Südholstein.

Abb. 283: Gesamtansicht des Lägerdorfer Kreide-Tagebaus. Blickrichtung nach Nordwesten. Die Grube ist in dieser Richtung ca. 2 km lang. Sie ist im Laufe der letzten Jahrzehnte durch Zusammenlegung zweier älterer Kreidegruben und durch eine zusätzliche Erweiterung entstanden. Das Foto deutet das riesige Ausmaß der nordwesteuropäischen Kreidevorkommen an, die weite Teile Norddeutschlands, Dänemarks, Englands, Nordfrankreichs und der Nordsee unterlagern. Die normalerweise in Südholstein in über 1 km Tiefe unter mächtigen Tertiärschichten und einer quartären Überlagerung liegende kreidezeitliche Schreibkreide ist im Raum Lägerdorf durch einen unterlagernden, großen Salzstock in die oberflächennahe Position gehoben. Der im Bildvordergrund liegende, wassergefüllte Teil der Grube ist über 100 m tief. Kreidegrube in Lägerdorf, Kreis Steinburg, Südholstein.

lithen aus organischem Material und ihre chemische Zusammensetzung aus von vornherein stabilem, Mg-freiem Kalzit wirken der sonst für Kalkschlamm bzw. Kalkstein üblichen Umkristallisation zu Mg-armem Kalzit und der damit verbundenen diagenetischen Gesteinsverfestigung entgegen. Kreidekalk hat keine chemische Veranlassung zur Umkristallisation und der damit verbundenen diagenetischen Gesteinsverfestigung.

Kalkstein baut riesige Gebirgszüge auf, bildet mächtige, großflächige Schichtpakete, aus Riffkalk aufgebaute ozeanische Inseln und Saumriffe und in Form von Schreibkreide Kalzitanhäufungen von mehreren hundert Metern Mächtigkeit über Riesenareale in Nordwesteuropa. Kalkstein ist trotz seines häufigen Vorkommens ein ungewöhnliches Gestein. Schon aufgrund seiner chemischen Zusammensetzung fällt Kalkstein aus dem Rahmen der anderen häufigen Gesteine. Anders als z. B. Granit, Basalt, Sandstein, Tonstein oder Rhyolith enthält reiner Kalkstein keine Minerale, an deren Zusammensetzung SiO_2 beteiligt ist. Statt aus Silikatmineralen, wie es z. B. Feldspäte, Glimmer und Pyroxene sind, oder aus reinem SiO_2 in Form von Quarz besteht Kalkstein aus dem Karbonatmineral Kalzit mit der chemischen Zusammensetzung $CaCO_3$. In der Stoffbilanz entspricht dies einer Kombination von CaO und CO_2.

Diese Zusammensetzung ist von besonderer Bedeutung in Bezug auf die Klimastabilität. Freies, nicht etwa in Kalkstein gebundenes CO_2 ist bekanntlich das Treibhausgas Kohlendioxid. Die großen Mengen von Kalkstein nehmen eine herausragende Rolle als „Deponie“ riesiger Mengen von CO_2 ein. Als freies Gas würde die weltweit in Kalkstein gebundene Menge von CO_2 die Menge von Stickstoff und Sauerstoff der gegenwärtigen Atmosphäre in einer dann vielfach voluminöseren Atmosphäre überwiegen. Das Klima würde ohne die auf der Erde stattgefundene Bindung von CO_2 in Kalkstein dem ähneln, das auf der Venus herrscht. In diesem Sinne ist Kalkstein nicht einfach nur eine von vielen Gesteinsarten, sondern ein Material, das wegen seiner Zusammensetzung für die Bewohnbarkeit der Erde unverzichtbar ist. Zum Glück ist die Bildung zunehmender Mengen von Kalkstein ein gerichteter Prozess im Lauf der Erdgeschichte und das im Kalkstein gebundene CO_2 ist besser in der Lithosphäre untergebracht als in der Atmosphäre. Es ist gewiss spannend, sich beim Anblick eines Kalksteinmassivs z. B. in den südlichen oder nördlichen Kalkalpen (Abb. 284) bewusst zu machen, dass mit dem CO_2 ein erheblicher Anteil des hoch aufragenden felsigen Gesteins auch mobil in der Atmosphäre seinen Platz haben könnte und wohl sogar schon hatte.

Abb. 284: Felsmassiv aus gebanktem Kalkstein der Trias (Dachsteinkalk). Das vollständig aus Kalkstein bestehende Bergmassiv vermittelt ebenso wie Abb. 285 eine anschauliche Vorstellung davon, welch riesige Mengen von CO_2 weltweit in Form von Kalkstein als Kalzit $CaCO_3$ gebunden sein müssen. Das hier abgebildete Kalksteinmassiv ist nur ein Beispiel von vielen ganzen Gebirgszügen weltweit, die aus Kalkstein bestehen und dadurch der Atmosphäre Unmengen von CO_2 ersparen. Westflanke des Watzmann, Landkreis Berchtesgadener Land, Südostbayern.

Benennung der verschiedenen Arten von Kalkstein

Die Karbonatsedimentologie ist ein komplexes Teilfach der Sedimentpetrografie und Geologie. Naturgemäß gibt es hierzu konkurrierende Klassifikationen. Hier werden die wichtigsten Arten von Kalkstein in einer Weise charakterisiert, wie sie in der Geländegeologie üblich ist und wie sie den Entstehungsbedingungen und dem Erscheinungsbild der verschiedenen Arten von Kalksteinen unmittelbar entspricht. In diesem Sinne wird z. B. ein von Organismen lagig ausgefällter Kalkstein hier nicht als „Bindstone“ vorgestellt, sondern im passenden Einzelfall als Stromatolith, womit dann auch gleichzeitig eine spezifische Konfiguration zum Ausdruck kommt. Ein Kalkstein voller Überreste riffbildender Organismen wird als Riffkalk eingestuft und nicht vorrangig als „Bafflestone“.

Abb. 285: Im weitgehend von der alpidischen Orogenese erfassten Mittelmeerraum gibt es ausgedehnte mesozoische Kalksteinvorkommen, die metamorph in Marmor umgewandelt worden sind. Das Foto zeigt einen Ausschnitt des seit der Antike genutzten Marmorvorkommens von Carrara. Für Marmor gilt ebenso wie für unmetamorphen Kalkstein, dass er der Atmosphäre große Mengen von CO_2 erspart. Die mächtigen Vorkommen von Carrara vermitteln einen Eindruck von den Dimensionen. Steinbruchbetriebe von Carrara, Provinz Massa-Carrara, Toskana, Italien.

Abb. 286: Triassischer Kalkstein mit darin enthaltenen Querschnitten (weiß) von „Kuhtrittmuscheln" (Megalodonten). Diese Muscheln, die ursprünglich in geringer Wassertiefe in weichem Kalkschlamm lebten, sind in manchen Kalksteinen der Trias gesteinsprägend. Im abgebildeten Bereich sind sie ein Beispiel für eine artenarme, jedoch individuenreiche Fauna. Ihre dickschalige Gestalt ist eine Anpassung an zeitweise turbulentes Wasser. In der nicht von Boden bedeckten, verkarsteten Kalksteinoberfläche sind feinste Klüfte durch Anlösung zu deutlichen Furchen erweitert. Cala Bianca, östlich Marina di Camerota, Provinz Salerno, Campanien, Italien.

Kalkstein ist es einerseits zu verdanken, dass das Leben in der gegenwärtigen Form auf der Erde überhaupt möglich ist. Andererseits verdanken die meisten Kalksteinvorkommen ihre Entstehung kalkabscheidenden, überwiegend marinen Lebewesen. Es besteht in diesem Sinne eine Abhängigkeit auf Gegenseitigkeit. Überreste der kalkabscheidenden Lebewesen können als Fossilien das Gestein prägen oder auch als mikroskopisch kleine Objekte makroskopisch unsichtbar sein. Magmatischer Kalkstein (Karbonatit) kommt auch vor, spielt aber mengenmäßig keine relevante Rolle. Unter Metamorphosebedingungen kristallisiert Kalkstein zu Marmor um.

Kalkstein wird hinsichtlich der Vielfalt von Sedimentstrukturen und häufiger Fossilführung von keiner anderen sedimentären Gesteinsart übertroffen. Unter den Kalksteinvorkommen gibt es ehemalige Riffe, andere sind aus feinem Kalkschlamm hervorgegangenen oder aus zusammengeschwemmten Organismenresten entstanden. Manche Kalksteine sind Ausfällungsprodukte von Grünalgen oder Cyanobakterien. Kalksteinvorkommen können plattig-schichtig aufgebaut sein, andere bilden kaum gegliederte, massige Gesteinskörper von z. T. Kilometern Mächtigkeit.

Bei aller Variabilität hinsichtlich Gefüge und auch Farbe ist Kalkstein zuverlässig als solcher erkennbar (Kasten). Entweder ist er als verfestigter Kalkschlamm so feinkristallin, dass er als Mikrit makroskopisch eine matte, homogen erscheinende Oberfläche zeigt, oder er ent-

Abb. 287: Kalkstein des Silur mit mikritischen und sparitischen Anteilen. Unregelmäßig rundlich konfigurierte, sich farblich (braun) abhebende, offenbar biogene Strukturen sind in mikritischer Matrix eingebettet. Der Mikrit, ehemaliger Kalkschlamm, ist grünlich hellgrau und im makroskopischen Maßstab strukturlos homogen. Sparit hebt sich nesterweise als weißes, erkennbar kristallin aufgebautes, reines Kalzitkristallisat von der Umgebung ab. Der auffälligste sparitische Anteil liegt knapp unterhalb der Bildmitte. Diese und die anderen Spariteinlagerungen sind diagenetische Neubildungen aus grobkristallinem Kalzit, dessen Spaltflächen ein Glitzern bzw. einen spätigen Glanz bewirken. Kalksteinbruch Bjärsjölagård, nördlich Sjöbo, Schonen, Südschweden. Breite des abgebildeten Ausschnitts ca. 12 cm.

Erkennen von Kalkstein

Kalkstein lässt sich sicher erkennen, z. B. durch Beachtung des Vorkommens sparitischer Anteile, durch Feststellen einer wesentlichen Beteiligung von kalkschaligen Organismenresten, durch Erzeugen einer Ritzfurche mit einem Stahlwerkzeug oder auch auf Grundlage des Vorkommens von Lösungsstrukturen an der Oberfläche. Kalksteinvorkommen zeigen im Gelände oft Verkarstung. Beim Ritzen von Kalkstein durch Stahl entsteht an der Oberfläche des deutlich weicheren Gesteins eine Rille samt einer hellen Spur aus Gesteinsstaub. Auf einem möglicherweise wegen äußerlicher Ähnlichkeit zunächst mit Kalkstein verwechselten Quarzit oder auf Milchquarz würde statt einer Rille eine metallische Abriebspur entstehen (Abb. 32). Die Abriebhärte von Stahl (Härte 5) liegt zwischen der von Quarz (Härte 7) und von Kalzit (Härte 3). Kalzit und damit auch Kalkstein sind mit ihrer Ritzhärte 3 immer weicher als Stahl.

Wenn am Ende trotz allem kein sicherer Befund zustande kommt, hilft die Salzsäureprobe als „Brachialmethode". Hierzu wird ein gut schließendes Tropffläschchen (Abb. 18) mit 10-prozentiger Salzsäure benötigt. Grundlage der Salzsäureprobe ist eine auffällige Reaktion von Kalzit mit Salzsäure. Die Anwesenheit von Kalzit gibt sich dadurch zu erkennen, dass ein aufgetupfter Salzsäuretropfen heftig aufschäumt. Ursache hierfür ist die durch die Salzsäure bewirkte spontane Freisetzung von CO_2-Gas. Ein Aufschäumen lässt sich auch bei Verwendung von Essigsäure beobachten, allerdings abhängig von deren Konzentration mit tendenziell geringerer Intensität.

hält Anteile, die aus glitzernden (spätigen) Kalzitkriställchen bestehen (Sparit). Diese sind nicht direkt sedimentiert, sondern erst im vorhandenen Sediment durch Umkristallisation von Kalzit entstanden. Das Gefüge von feinkörnigem (dichtem) Kalkstein heißt mikritisch, entsprechendes Material **Mikrit**. Das Gefüge von spätigem Kalkstein heißt sparitisch, das Material **Sparit**.

Trotz der einheitlichen und einfachen chemischen und mineralogischen Zusammensetzung unterscheiden sich die unterschiedlichen Arten von Kalkstein hinsichtlich Gefüge, Sedimentstrukturen und auch Farben intensiv. Die Abbildungen 286 bis 298 samt Abb. 301 vermitteln einen Überblick über deren Vielfalt.

Abb. 288: Steilwand aus massig-homogener Schreibkreide in einem Tagebau der Zementindustrie. Das mürbe Gestein löst sich an Klüften aus der Wand und häuft sich an deren Sockel zu eckigem Haufwerk an. Die weiche Konsistenz wird durch einen schließlichen Zerfall in erdig feines Material deutlich, das sich am untersten Rand des Schuttsockels angesammelt hat. Kreidegrube in Lägerdorf, Kreis Steinburg, Südholstein.

Abb. 289: So wie Kalkstein im Zuge von Verkarstung in Lösung gehen kann, gibt es auch die Möglichkeit der Wiederausfällung, z. B. in Form von Tropfstein, wie er in Höhlen in Kalkstein verbreitet ist. Statt Höhlen können auch vor Regen geschützte Nischen in Felswänden die Bildung von Tropfstein-artigem Kalksinter ermöglichen. Das Foto zeigt solch eine von Kalksinter samt sich daraus abhebenden Stalaktiten ausgekleidete überhängende Steilwand aus Kalkstein, aus der zeitweise Sickerwasser austritt. Marina di Camerota, Provinz Salerno, Campanien, Italien.

Abb. 290: Plattenkalk: Durch Schichtfugen plattig gegliederter Kalkstein des Ordoviziums. Der Kalkstein ist aus Kalkschlamm entstanden, der in einem seichten Meer auf kontinentaler Kruste (Epikontinentalmeer) abgelagert worden ist. Die Schichtfugen sind dadurch akzentuiert, dass es auf ihnen lange nach der Sedimentation im Gesteinsverband zur Auflösung von Kalzit gekommen ist, unter Akkumulation geringer Mengen von Lösungsrückständen in Form von Ton und Hämatitpigment auf schartig konfigurierten Ablösungsflächen. Die im Foto erkennbaren, durch die Meeresbrandung freigelegten Schichtflächen der Kalksteinplatten sind dadurch unebenflächig ausgebildet, abhängig davon, wie weit sie bei Hochwasser in der Brandung durch bewegtes Geröll abgeschliffen sind. Der im Foto gezeigte Kalkstein ist durch häufiges Auftreten der nicht eingerollten Gehäuse von fossilen, Nautilus-artigen Kopffüßern (Orthoceren) gekennzeichnet (kleines Nebenfoto 290a). Hierauf geht die Bezeichnung Orthocerenkalk zurück. Im Foto 290 überwiegt roter Orthocerenkalk, während grauer Orthocerenkalk nur untergeordnet auftritt. Roter Orthocerenkalk verdankt seine Färbung oxidierenden Sedimentationsbedingungen ohne Beitrag von reduzierendem, organischem Material. In Zusammenhang mit der roten Oxidationsfarbe enthält der rote Orthocerenkalk kaum organische Bestandteile. Auch gibt es kaum Spuren von im Sediment wühlenden Organismen, die sich ihre Nahrung im Schlamm gesucht hätten. Stattdessen dominierten aktiv im freien Wasser jagende Tiere wie Trilobiten und Cephalopoden (Orthoceren). Westküste der Ostseeinsel Öland, nordwestlich Löttorp, Kalmar län, Ostsmåland, Südschweden.

Abb. 290a: Schichtfläche von rotem Orthocerenkalk mit zwei gerade gestreckten Cephalopodengehäusen („Orthoceren"). Westküste von Öland, Nordteil der Insel in Byxelkrok, Kalmar län, Ostsmåland, Südschweden. Bildbreite 25 cm.

Abb. 291: Unebenflächig (flaserig) geschichteter mergeliger Kalkstein (Wellenkalk) des mitteltriassischen Unteren Muschelkalks (Jena-Formation) mit eingelagerten, festen Kalkbänken. Der Wellenkalk ist das kennzeichnende Sedimentgestein des Unteren Muschelkalks, dessen Gesteine aus den Sedimenten eines weitgehend vom Ozean abgetrennten Binnenmeers hervorgegangen sind. Das Muschelkalkmeer war durch zeitweise überhöhten Salzgehalt bei subtropisch trockenwarmem Klima und durch die Wirkung von Windgezeiten geprägt. Ohmgebirge nördlich Worbis, Landkreis Eichsfeld, Nordwestthüringen.

Abb. 292: Fossilkalk (Crinoidenkalk) des Silurs, der maßgeblich aus Skelettresten von Crinoiden (Seelilien) zusammengesetzt ist (weiße Komponenten des Gesteins). Die relativ massiven Skelettelemente sind überwiegend Stielglieder der sessilen Crinoiden, die wie Seeigel und Seesterne zu den Stachelhäutern (Echinodermen) gehören. Die abgebildeten Crinoidenreste weisen durch ihre robuste Gestaltung auf eine Anpassung an turbulentes Wasser im Einwirkungsbereich der Brandung an Riffen oder in Ufernähe hin. Glazialgeschiebe von Klütz Höved, Nordwestmecklenburg. Originalherkunft Gotland oder umgebendes Gebiet am Grund der zentralen Ostsee. Größte Achsenlänge 22 cm.

Abb. 293: Silurzeitlicher Riffkalk aus verzweigtem Korallenstock (unten links im Bild) und gewölbt-vielschichtig aufgebauten Stromatoporen (Bildmitte bis oben rechts), anstehend aus losem, kalkigem Brandungsschutt ragend. Stromatoporen lebten vom Ordovizium bis Devon als kalkabscheidende, koloniebildende, schwammähnliche Tiere in seichten Meeresgebieten. Sie waren wichtige Riffbildner. Strandbereich in Langhammars Naturreservat, Ostseeinsel Fårö, Gotland, Schweden.

Abb. 294: Geologisch junger, quartärzeitlich-rezent gebildeter Sinterkalk („Süßwasserkalk“) als Ausfällungsprodukt aus Quellwasser, das aus kalkhaltigem Gestein ausfließt. Rechts im Bild liegt geschichteter Mergel des lokalen Untergrunds frei, aus dem das Wasser entspringt. Links unten im Bild ist der locker-poröse Sinterkalk („Kalktuff“) anders als in der Bildmitte nicht von Moos überwachsen. Tal der Weißen Traun bei Eisenärzt, südlich Siegsdorf, Chiemgauer Alpen, Landkreis Traunstein, Südostbayern.

Abb. 295: Rogenstein, Kalkoolith des Unteren Buntsandsteins. Rogenstein ist oolithischer Kalkstein, der durch ungewöhnlich große Ooide von > 2 mm Durchmesser geprägt ist. Ooide sind kugelförmige Aggregate, die oft konzentrisch-schichtig aufgebaut sind. Sie sind in bewegtem Wasser ausgefällte Aggregate, deren Kugelgestalt eine Folge von rundum gleichmäßiger Kalkausfällung in bewegtem Wasser ist. Die einzelnen kugeligen Aggregate heißen Ooide, das aus ihnen bestehende Gestein heißt Oolith. Am häufigsten sind aus Kalzit (trigonales $CaCO_3$) bzw. primär aus Aragonit (hexagonales $CaCO_3$) bestehende Kalkoolithe. Weniger häufig sind Eisenoolithe (Abb. 321), deren Ooide aus oxidischen Eisenmineralen oder auch aus eisenreichem Chlorit bestehen. Unabhängig von den beteiligten Mineralen haben individuelle Oolithe jeweils recht einheitliche Korngrößen der Ooide. Hierin drückt sich eine von der jeweils wirksam gewesenen Strömungsintensität abhängige Sortierung aus, ähnlich wie es für die detritischen Sand- und Kieskörner in klastischen Sedimentgesteinen gilt, die von fließendem Wasser abgelagert worden sind. Oolithe sind Bildungen hochenergetischer Sedimentationsbedingungen im Gegensatz zur Ablagerung in stagnierendem Wasser, wie es für Kalkschlamm gilt.

Kalkoolithe in Rogensteinausbildung („*giant ooids*") sind erdgeschichtlich-zeitliche und regionale Sonderbildungen. Ihre Entstehung war an die Zeit unmittelbar nach dem Massenaussterben an der Perm-Trias-Grenze gebunden. Räumlich ist das Vorkommen von *giant ooids* auf frühtriassische küstennahe Regionen in Norddeutschland, Südchina und in den USA beschränkt. Nach Li et al. (2021) steht die gesteigerte Ausfällung von $CaCO_3$ mit dem Massenaussterben am Perm-Trias-Übergang in Zusammenhang, als dessen Folge die vorher und später wieder verbreiteten kalkabscheidenden Organismen weitgehend fehlten. Hierdurch kam es zu einer gegenüber modernen Ozeanen signifikanten Kalzium-Karbonat-Übersättigung des Meerwassers. Im norddeutschen Verbreitungsgebiet, d. h. besonders im nördlichen Harzvorland, ist Rogenstein ein bevorzugter Baustein gewesen, mit der Folge, dass die Vorkommen in der Landschaft durchweg ausgeräumt und von Abraum verschüttet sind. Am einfachsten ist Rogenstein daher im Mauerwerk älterer Gebäude zu besichtigen. Das Foto zeigt Rogenstein als Baustein der neuromanischen Kirche in Benzingerode, östlich Wernigerode, Landkreis Harz, Sachsen-Anhalt. Breite des abgebildeten Ausschnitts ca. 22 cm.

Abb. 296: Onkolith, Kalkstein, dessen Gefüge durch spezielle Kalkaggregate (Onkoide) geprägt ist. Diese werden gelegentlich mit Ooiden verwechselt, obwohl es einen signifikanten Unterschied gibt: Onkoide haben allenfalls vereinzelt Kugelgestalt. Die allermeisten Onkoide („Algenbällchen") sind unregelmäßig knollenförmig konfiguriert und sie kommen im Gegensatz zu den im jeweiligen Gestein immer gleich großen Ooiden mit deutlich uneinheitlichen Größen nebeneinander vor. Ihre Formen gehen auf Kalkfällung durch Algenbewuchs bei geringer Strömungsgeschwindigkeit des Wassers zurück. Daher fand an den Abschnitten ihrer Außenflächen, die von unterlagerndem und umgebendem Sediment verhüllt waren, kaum Wachstum statt, anders als auf den gegen das Wasser exponierten Seiten- und Oberflächen. Eine Sortierung durch Wasserbewegung blieb aus. Onkoide können im gleichen Gesteinsstück nebeneinander Größen von wenigen Millimetern bis zu mehreren Zentimetern haben. Das Foto zeigt eine freiliegende Sedimentoberfläche (ehemaligen Meeresboden) in onkolithischem Kalkstein des Oberen Perm (Zechsteinkalk). Ähnlich wie die Entstehung des Rogensteins der Abb. 295 steht auch die Bildung des hier gezeigten Onkoliths mit dem endpermischen Massenaussterben in zeitlichem und wahrscheinlich kausalem Zusammenhang. Nationaler Geotop Liether Kalkgrube, Kreis Pinneberg, Südholstein.

Dolomit ist die Bezeichnung sowohl für das Karbonatmineral mit der Zusammensetzung $CaMg(CO_3)_2$ als auch für das daraus bestehende Gestein. Letzteres kann zwecks Klarheit der Aussage auch als Dolomitstein bezeichnet werden. Anders als $CaCO_3$ wird $CaMg(CO_3)_2$ (Dolomit) kaum primär sedimentiert. Dolomit bildet sich durch Dolomitisierung von Kalzit dadurch, dass es unter Einwirkung von Mg-reichem Wasser zum Austausch von einem Teil des Kalziums des Kalzits durch Magnesium kommt. Diese Dolomitisierung ist ein Vorgang, der zur Diagenese gerechnet wird. Sie ist mit einem Volumenschwund von > 10 % verbunden. Wie weit sich diese

Abb. 297: Aus Kalkstein bestehender Stromatolith, der im Aufschluss von einer Seite her angeschnitten ist und daher seinen internen Aufbau im Profilschnitt zeigt. Stromatolithischen Kalkstein in größerem Zusammenhang zeigt Abb. 298. Stromatolithe sind flächenhafte Ausfällungsprodukte (karbonatischer Bindstone) mit üblicherweise unebenflächig wulstigen Oberflächenformen und laminiertem inneren Aufbau. Sie entstehen durch biogene, sukzessive *in situ*-Ausfällung aufgrund der Wirkung von dichten Belegen aus kalkabscheidenden Algen und/oder Cyanobakterien in Wassertiefen, die vom Sonnenlicht erreicht werden. Von besonderer Bedeutung sind Stromatolithe im Archaikum als älteste biogene Strukturen der Erdgeschichte. Im Phanerozoikum sind sie Ausnahmeerscheinungen, die an besondere Umweltbedingungen gebunden sind (Temperatur, Salinität, Fauna). Eine denkbare Ursache des ausgeprägten Stromatolithwachstums kurz nach dem bedeutendsten Massenaussterben der Erdgeschichte zum Ende des Perm ist, dass im Sedimentationsraum womöglich kaum Tiere (z. B. Schnecken) in ausreichend großer Menge existierten, dass sie die kalkfällenden Algenmatten hätten abweiden können. Die hier abgebildeten stromatolithischen Strukturen bestehen aus nacheinander und übereinander gewachsenen kalkigen Lagen als Folge des Höhenwachstums des Stromatolithstocks. Das Stromatolithwachstum, in diesem Fall während der Zeit des untersten Buntsandsteins Norddeutschlands, steht mit der Bildung von Rogenstein (Abb. 295) in ursächlichem Zusammenhang. Die Stromatolithstrukturen Norddeutschlands sind ebenso wie die dortigen Rogensteine aus karbonatübersättigtem Wasser ausgefällt. In gewisser Weise herrschte unmittelbar nach dem endpermischen Massenaussterben eine Ozeangeochemie, die hinsichtlich Alkalinität und Ca^{2+}-Ionengehalt des Meerwassers (Li et al. 2021) derer zu manchen Zeiten des Archaikums ähnelte. Ehemaliger Rogensteinabbau zwischen Benzingerode und Heimburg am nördlichen Harzrand, Landkreis Harz, Sachsen-Anhalt.

Abb. 298: Stromatolithstock des Unteren Buntsandsteins, aus der durch Abraum verschütteten Böschung eines ehemaligen Rogensteinabbaus ragend. Im Anschnitt in der Vorderseite zeigt sich der deutlicher in Abb. 297 zum Ausdruck kommende, unebenflächig schichtige Aufbau. Die runzelig-wulstig geformte Oberfläche (Wachstumsendfläche) mit nach oben konvexen Emporwölbungen entspricht der temporären, in diesem Fall endgültigen Konfiguration der im Flachwasser gebildeten Stromatolithoberfläche in tektonisch bedingter Schrägstellung. Deren überwachsene Vorgängerflächen sind im Profilschnitt (Abb. 297) als wellige Strukturen im Querschnitt zu beobachten. Ehemaliger Rogensteinabbau zwischen Benzingerode und Heimburg am nördlichen Harzrand, Landkreis Harz, Sachsen-Anhalt.

Volumenverringerung auf das Gefüge des am Ende vorliegenden Gesteins auswirkt, hängt davon ab, wann die Dolomitisierung stattfindet, frühdiagenetisch oder spätdiagenetisch.

Frühdiagenetische Dolomitisierung findet in zeitlichem Zusammenhang mit der Sedimentation von Kalkschlamm statt. Hierbei kann ein wesentlicher Anteil des Volumenverlusts, der an der Sedimentoberfläche erfolgt, sofort durch neu sedimentierten Kalkschlamm ausgefüllt werden. Das Ergebnis ist ein dicht und kompakt ausgebildeter Dolomit, dessen restlicher Porenraum makroskopisch am ehesten dadurch in Erscheinung tritt, dass das Gestein Feuchtigkeit länger hält als benachbarter Kalkstein. Diese Eigenschaft kann sich durch dunklere Tönung aufgrund des Feuchtigkeitsgehalts zeigen sowie oft auch durch verstärkten Algen- oder Moosbewuchs. Frühdiagenetischer Dolomit bildet gewöhnlich klar abgegrenzte Schichten innerhalb von Schichtstapeln von Kalkstein und anderen Sedimentgesteinen.
Dolomit kann in größerer Menge als Kalzit Fe^{2+} in das Kristallgitter einbauen. Fe^{2+} und Mg^{2+} haben einander ähnliche, jedoch erheblich von Ca^{2+} abweichende Ionenradien. Hierdurch ergibt sich eine weitgehende Mischbarkeit zwischen Dolomit und Ankerit (Braunspat) $Ca(Fe,Mg)(CO_3)_2$. Dies hat zur Folge, dass Dolomit anders als Kalzit in merklichem Umfang Fe^{2+} in die Kristallstruktur einbaut, wenn es im sedimentierenden Wasser verfügbar ist. Als Ergebnis kann **frühdiagenetischer Dolomit** irgendwann unter Verwitterungseinwirkung und dadurch bedingter Oxidation der geringen Mengen von

Abb. 299: Spätdiagenetischer Dolomit. Im Gestein enthaltene Fossilien sind in für spätdiagenetischen Dolomit typischer Weise nur als Hohlräume überliefert. Das Gestein selbst zeigt fein strukturierten zuckerkörnigen Glanz als Folge der Volumenverminderung im Zuge der Umwandlung von Kalzit zu Dolomit. Glazialgeschiebe aus Vastorf, Landkreis Lüneburg, Nordniedersachsen. Originalherkunft Devon des Baltikums. Länge der Gesteinsprobe 9 cm.

Abb. 300: Frühdiagenetischer Dolomit. Im Gegensatz zum spätdiagenetischen Dolomit zeigt der frühdiagenetische Dolomit keinen zuckerkörnigen Glanz. Seine Porosität ist so gering und fein strukturiert, dass mit bloßem Auge keine Poren erkennbar sind. Eine Mikroporosität, die immer noch die von gewöhnlichem Kalkstein übertrifft, wirkt sich vor allem dadurch aus, dass aufgetropftes Wasser schnell aufgesogen wird und dass das Gestein relativ langsam wieder trocknet. Die fleckige Rotfärbung geht auf Hämatitpigment Fe_2O_3 zurück. Es verdankt sein Eisen der Fähigkeit des Dolomits, anders als Kalzit nennenswert Eisen ins Kristallgitter einzubauen. Glazialgeschiebe, Vastorf, Landkreis Lüneburg, Nordniedersachsen. Originalherkunft Devon des Baltikums. Länge der Gesteinsprobe 11 cm.

Eisen durch fein verteiltes FeOOH (Brauneisen) verfärbt werden. Das Brauneisen bewirkt bei geringer Konzentration eine Gelb- bis Brauntönung des Dolomits. Frühdiagenetischer Dolomit hebt sich dementsprechend durch eine gelblichere Färbung von umgebendem, meist grauen Kalkstein ab. Unter geeigneten oxidierenden Bedingungen kann statt der Gelbfärbung auch eine an Hämatit (Roteisen) gebundene Rotfärbung entwickelt sein (Abb. 300).

Spätdiagenetischer Dolomit entsteht ohne zeitlichen Zusammenhang mit der Sedimentation erst im bestehenden Gesteinsverband unterhalb der Erdoberfläche. Kalkstein wird hierbei durch Mg-haltiges, aufsteigendes Porenwasser dolomitisiert. Ein Teil des Kalziums des Kalzits wird durch Magnesium ersetzt. Die Dolomitisierung erfolgt in diesem Fall nicht schichtgebunden, sondern sie erfasst unabhängig von der sedimentären Schichtung unregelmäßig konfigurierte Bereiche innerhalb mächtiger Kalksteinvorkommen. Der mit der Dolomitisierung verbundene Volumenschwund kann anders als bei frühdiagenetischem Dolomit nicht durch synchron abgelagerte Sedimentpartikel ausgeglichen werden. Auch kann schon im Ausgangskalkstein fehlendes Fe^{2+} nicht später dem Dolomit hinzugefügt werden. Folglich zeigt spätdiagenetischer Dolomit meist eine wenig ausgeprägte Gelbfärbung, stattdessen aber einen oft deutlichen „zuckerkörnigen"

Glanz, dessen Glitzern an die Oberflächen von Würfelzucker denken lässt. Dieser ist durch die sekundäre Porosität des Dolomits bedingt. Die bei der Dolomitisierung massenhaft entstandenen, nicht verfüllten, kleinen Hohlräume sind von ebenen, das Licht einspiegelnden Dolomit-Kristallflächen der Hohlraumwände begrenzt.

Dedolomit ist Kalkstein, der in Umkehrung der Dolomitisierung dadurch entsteht, dass die Mg-Ionen von Dolomit diagenetisch durch Ca-Ionen ersetzt werden. Hierdurch ist die Dolomitisierung von Kalzit umkehrbar, Dolomit wird in Kalzit bzw. Kalkstein zurück umgewandelt. Ein Nebeneffekt der Dedolomitisierung ist, dass Ionen des zweiwertigen Eisens, die im Kristallgitter des Dolomits einen geringen Anteil des Mg ersetzen können, im Kalkstein „heimatlos" werden. Sie bilden infolge von Verwitterung unter Oxidation und Wasseraufnahme als selbständiges Mineral feinkörniges Brauneisenpigment (FeOOH), das schon in geringer Konzentration eine Gelbfärbung des Gesteins bewirkt. Vor allem im Unteren Muschelkalk Südniedersachsens, Nordhessens, Ostwestfalens und Westthüringens kommen Dedolomite als „eigelbe Kalke" schichtgebunden vor. Sie gehen auf ehemalige frühdiagenetische Dolomite zurück, aus denen der färbende Fe-Gehalt freigesetzt worden ist. Die besonders kräftige Gelbfärbung der „eigelben Kalke" wird erst durch Anwitterung bewirkt. Einige Meter unterhalb der Erdoberfläche, z. B. im frischen Anbruch in Steinbrüchen, fehlt die leuchtend gelbe Verwitterungsfarbe in den entsprechenden Schichten.

Abb. 301: Dedolomit („eigelber Kalk") in der stratigrafischen Zone der Oolithbänke des Unteren Muschelkalks (Mittlere Trias). Die abgebildete Felswand ist ein natürlicher Aufschluss über einem nicht mehr aktiven Prallhang an der Diemel bei Liebenau im Norden des Landkreises Kassel. Die Gesteine sind aufgrund der Situation lange der Verwitterung – und auch der Verschmutzung – ausgesetzt. Zur Ausbildung gut entwickelter gelber Dedolomite ist außer der Dedolomitisierung länger anhaltende Verwitterungseinwirkung erforderlich. Der Gelbkalk sowie die unter- und überlagernden grauen Kalksteinschichten des Unteren Muschelkalks ohne Dolomit-Vorgeschichte zeigen ihre verschiedenen Färbungen, soweit die Gesteinsoberflächen nicht von Staub, Flechten, Pilzgewebe und Algen bzw. deren toten Überresten verhüllt sind. Die Bindung des ehemaligen Dolomits an einen klar begrenzten Schichtabschnitt innerhalb der Schichtfolge ist ein Indiz dafür, dass es sich um einen frühdiagenetischen Dolomit gehandelt haben muss. Lokal sind Gelbkalke (Dedolomite) des Unteren Muschelkalks in geringem Umfang für Dekorationszwecke abgebaut worden, z. B. zur Herstellung von gelben Splittbröckchen. In Deutschland kommen keine anderen ähnlich gelb gefärbten Kalksteine vor. Das Gestein ist homogen und frei von erkennbaren Fossilien. Die synsedimentäre (frühdiagenetische) Dolomitisierung steht mit überhöhten Salzgehalten des Meerwassers zur Zeit der Dolomitbildung in Zusammenhang. Das Vorkommen von gelben Dedolomiten gibt sich oft nur durch Abbaureste zu erkennen und durch verstreute Lesesteine in Wald- und Ackerböden.

Mergel sind Mischsedimente aus einem tonigen Anteil und aus Karbonatmineralen, seien diese Kalzit oder Dolomit. Es gibt entsprechend kalkige und dolomitische Mergel. Je nach den Mengenverhältnissen zwischen tonigem und karbonatischem Material werden Abstufungen vorgenommen (Text bei Abb. 266).

Mergelige Gesteine treten oft in schichtigem Wechsel mit Kalkstein auf. Die mergeligen Schichten zeigen sich als bindige (nicht rieselfähige), gewöhnlich weiche, bei Nässe schmierig werdende Gesteine. Durch intensive diagenetische Verfestigung entsteht aus Mergel fester Mergelstein. Mergel und Mergelstein sind Produkte von tonig-karbonatischer Mischsedimentation in zumeist uferfernen Flachmeergebieten.

Abb. 302: Periodische Wechsellagerung von bröckelig-weichem Mergel mit dünnplattigem, unebenflächigem, festem Mergelkalk in einem natürlichen Uferaufschluss. Die gesamte Wechselfolge wird in stratigrafischem Bezug als Visby-Mergel des tieferen Silurs eingestuft. Die fossilreichen Gesteine (Abb. 213) sind Ablagerungen eines tropischen Flachmeers. Westküste im Norden der schwedischen Ostseeinsel Gotland, Uferabschnitt Halls Hok nördlich Lärbro.

Evaporitgesteine

Bei der Eindampfung von mit Ionen beladenem Wasser, vor allem von Meerwasser und auch von kontinentalem Salzwasser, bleiben Lösungsrückstände zurück, die als Evaporite (Eindampfungsgesteine) bezeichnet werden. Dieser Sedimentationsmechanismus (Ausfällung aus wässriger Lösung) qualifiziert die so entstehenden Ablagerungen als chemische Sedimente. Die relevanten Beispiele sind Steinsalz und Gips bzw. Anhydrit.

Steinsalz

Steinsalz ist ein leicht wasserlösliches Mineral und ebenso ein marmorartig kristallin aussehendes Gestein gleicher Zusammensetzung. In Steinsalz kommen chemische Komponenten zusammen, die teils der Gesteinsverwitterung und teils vulkanischen Gasen und Fluiden entstammen. Typischerweise erfolgt die Ablagerung von Steinsalz durch Eindampfen von Meerwasser, das eine Salzlösung mit bedeutendem Gehalt an Ionen ist, vor allem von Na^+ und Cl^-. Das bei der Eindampfung von Meerwasser entstehende Natriumchlorid NaCl heißt als Mineral Halit oder Steinsalz. Steinsalz ist ebenso auch die Benennung für das aus Halit bestehende Gestein. Halit ist chemisch das gleiche Material wie Kochsalz NaCl. Wegen seiner hohen Wasserlöslichkeit gehört Steinsalz in Mitteleuropa nicht zu den Gesteinen, die an der Oberfläche im Gelände anzutreffen sind. Es kommt angesichts unseres feuchten Klimas von Natur aus nur im tieferen Untergrund vor. Im Salzstock Elmshorn in Südholstein z. B. setzt es nach Bohrbefund ab 135 m Tiefe ein. In geringerer Tiefe wurden nur Lösungsrückstände und unlösliche Begleitgesteine angetroffen. Grundwasser löst Steinsalz auch unter der Erdoberfläche. Solche Subrosion führt zum Einsinken der Überdeckung des Salzgesteins. Dies kann großflächig geschehen (Abb. 308) oder es kommt zur Entstehung von lokalen, z. T. schachtartigen Erdfällen, die oft mit jüngeren Sedimenten ausgefüllt sind (Abb. 428 und 429).

Das Salz verbirgt sich in Gebieten mit feuchtem Klima unter Auflösungsresiduen, unter dem geringer wasserlöslichen Salzbegleitgestein Gips oder unter jüngerer Sedimentüberdeckung. Gipsgestein ist ein üblicher Begleiter von Steinsalz. Es ist an der Erdoberfläche nur bedingt erhaltungsfähig, kann aber schroffe Gipsfelsen bilden. Steinsalz zeigt selbst in Trockengebieten immer deutliche Auflösungserscheinungen auf seinen Oberflächen. Hierdurch und allein schon wegen seines Kochsalzgeschmacks ist Steinsalz nicht mit ande-

Abb. 303: Steinsalzbrocken auf stark salzhaltigem Boden in einem Trockengebiet am Fuß der in Abb. 304 gezeigten, aus Steinsalz bestehenden Steilwand. Das farblos-klare Steinsalz ähnelt mit seiner angelösten Oberfläche schmelzendem Wassereis. Die plastisch vorspringenden Einlagerungen bestehen aus schwer löslichen Beimengungen des Salzgesteins, die nach vollständiger Salzauflösung als Auflösungsresiduum übrigbleiben würden. Tuzluca, Provinz Iğdir im äußersten Osten der Türkei.

Abb. 304: Steinsalz an der Erdoberfläche in einer durch historischen Salzabbau modifizierten Steilwand aus Steinsalzgestein. Die von mehlig erscheinendem Salz überkrustete, senkrechte Oberfläche des im Vordergrund anstehenden Salzfelsens geht auf gelegentliche Anlösung im Regen und Wiederausfällung bei anschließender Trockenheit zurück. Das Salz ist während des Oligozäns abgelagert worden und damit geologisch jünger als das in Norddeutschland im Untergrund verbreitete permzeitliche Salz. Den Erhalt an der Erdoberfläche verdankt das Salz trockenem Steppenklima. Tuzluca, Provinz Iğdir im äußersten Osten der Türkei.

Abb. 305: Marmorartig grobkristallines Steinsalzgestein (blass rötlich) des Zechsteins weit unterhalb des Einwirkungsbereichs von Grundwasser. Die bläulich grau gefärbten, dünnschichtigen Einlagerungen und der Anteil links unten im Bild bestehen aus Anhydrit $CaSO_4$, der wasserfreien Entsprechung von Gips $CaSO_4 \cdot 2\ H_2O$. Vor allem im Untergrund des Norddeutschen Tieflands, aber auch z. B. in den Gebieten um Fulda, Heilbronn und in Südbaden gibt es untertage mächtige Steinsalzlagerstätten, die durch ihre Überdeckung vor der Auslaugung durch Oberflächenwässer geschützt sind. Die Salzvorkommen sind lokal durch Laugungsbergbau und vor allem durch Schachtanlagen erschlossen. 840 m-Sohle im ehemaligen Erkundungsbergwerk Gorleben, Landkreis Lüchow-Dannenberg, Nordostniedersachsen.

Abb. 306: Lösungsrückstand von Evaporitgesteinen. Salz im oberflächennahen Untergrund unterliegt der Auflösung durch Grund- und Sickerwasser, weniger ausgeprägt gilt dies auch für Gipsgestein. Die Auflösung betrifft alle Salzvorkommen nahe der Oberfläche in Mitteleuropa, z. B. in norddeutschen Salzstöcken. Bis in Tiefen von > 100 m wird das ehemals vorhanden gewesene Salz durch dessen Lösungsrückstände vertreten, Gips zum Teil. Ein Beispiel für die Lösungsrückstände unreiner Evaporitgesteine ist das hier abgebildete graue, feinkörnige, in diesem Fall kalkige Lockermaterial: „Liether Kalkasche". Der Salz-Lösungsrückstand ist mit Brocken von unlöslichen Salz-Begleitgesteinen durchsetzt. Die „Liether Kalkasche" wurde über mehr als 60 Jahre als Düngekalk für die Landwirtschaft abgebaut. Nationaler Geotop Liether Kalkgrube, Klein Nordende, Kreis Pinneberg, Südholstein.

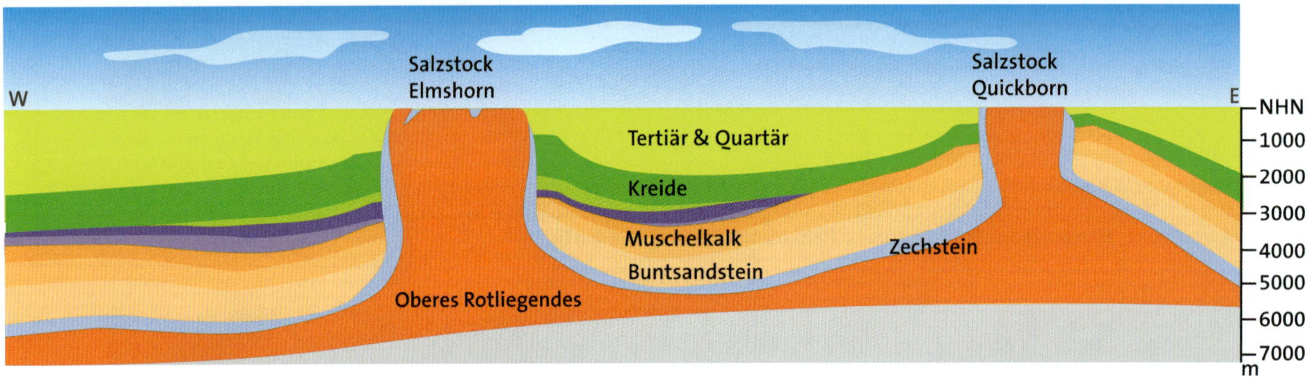

Abb. 307: Schematischer Profilschnitt im Bereich des Salzstocks Elmshorn (nicht überhöht). Aus Vinx (2015) vereinfacht und umgezeichnet nach Frisch & Jürgens aus Baldschuhn & Kockel (1996).

ren Gesteinen verwechselbar. Es hat eine nur geringe Härte. Meistens ist es farblos, kann aber auch durch Beimengungen rötlich gefärbt sein. Vereinzelt können blaue Schlieren vorkommen.

Steinsalz ist das wichtigste Evaporitgestein (Eindampfungsgestein). Kleinere oder mit tonigem Material vermischte Salzvorkommen können Ausfällungsprodukte kontinentaler Salzseen und Salzsümpfe sein. Die meisten Steinsalzvorkommen sind bei der Eindampfung großer Mengen von Meerwasser in teilweise abgeschnürten Randmeeren und Lagunen entstanden. Durch Eindampfen von Meerwasser in abgeschlossenen Randmeeren unter aridem Klima sind dem Ozean immer wieder Riesenmengen von Na^+- und Cl^--Ionen entzogen worden. Gegenwärtig spielt solche Salzabscheidung nirgendwo auf der Erde eine wesentliche Rolle. Kristallisiertes Steinsalz ist ein Endprodukt der chemischen Verwitterung verschiedener Gesteine.

Salzstöcke prägen den verborgenen Untergrund des Norddeutschen Tieflands. Von der Erdoberfläche aus sind sie meist nur anhand geophysikalischer Messun-

Abb. 308: Einer der wenigen norddeutschen Salzstöcke, dessen Existenz in der Landschaft erkennbar ist: Zechstein-Salzstock von Bad Segeberg mit Resten eines Gipsfelsens („Segeberger Kalkberg") im Vordergrund und einer Auslaugungssenke über dem Salz im Mittelgrund. Letztere wird durch den im Bild erkennbaren Großen Segeberger See ausgefüllt. Der sichtbare Gipsfelsen bildet als Kulisse den Nordrand eines ehemaligen Steinbruchs, dessen Betrieb der größte Teil des ursprünglichen Gipsfelsens zum Opfer gefallen ist. Bad Segeberg, Kreis Segeberg, Zentralholstein.

gen erkennbar. In ihnen sind gewaltige Mengen von Steinsalz und dessen Begleitgesteinen wie vor allem Anhydrit konzentriert. Der Wortteil „Stock" stammt aus dem Bergbau. Damit sind Gesteins- und vor allem Erzkörper gemeint, die im Gegensatz zu z. B. flözartig oder als plattige Gangfüllungen ausgebildeten Vorkommen meist als voluminöse, beulenförmige Körper in ihrer Gesteinsumgebung stecken. Diesem Bild entsprechen Salzstöcke, die als ballonartige oder auch langgestreckte Aufwölbungen in Umgebungen aus gewöhnlichen Sedimentgesteinen stecken. Sie entstehen durch den Aufstieg von Salz aus der Tiefe, wenn das ursprünglich als horizontale Schicht abgelagert gewesene Salz sich lokal sammelt und dort aufsteigt. Salzgestein ist durch Gleiten an den Salzkristall-Außenflächen, an innerkristallinen Gleitebenen und durch sukzessive Umkristallisation langfristig plastisch deformierbar. Der Salzaufstieg wird dadurch ausgelöst, dass das Salz, das eine relativ geringe Dichte hat (2,2 t/m^3), von gewöhnlichen Gesteinen mit höheren Dichten wie Sandstein, Kalkstein oder Tonstein überlagert wird. Deren Dichten variieren um 2,6 – 2,7 t/m^3. Die Energie für den Salzaufstieg resultiert daraus, dass die schweren Deckgesteine großflächig durch ihren Auflastdruck in das unterlagernde Salzgestein einsinken und es dabei lokal in benachbarte Salzstöcke pressen. Zu Anfang der Bewegung bildet das Salz flache, kissenförmige Aufwölbungen (Salzkissen). Über diesen ist der mechanische Widerstand der Überdeckung verringert, sodass der Salzaufstieg dort verstärkt stattfinden kann, bis das unterlagernde Salz aus der Umgebung weitgehend in die benachbarten Salzstöcke verpresst ist.

Anhydrit bzw. Gips treten regelmäßig als Begleiter von Steinsalz auf oder auch ohne begleitendes Salz. Unter der Einwirkung von feuchtem Klima und bei Kontakt mit Grund- und Sickerwasser im Nahbereich der Erdoberfläche tritt Gips als wasserhaltiges Ca-Sulfat auf. Gips ist schwerer löslich als Steinsalz, zeigt aber durchweg intensive Verkarstung als Folge seiner im Vergleich zu z. B. Kalkstein besonders ausgeprägten Wasserlöslichkeit. Gips kann im Gegensatz zu Steinsalz auch in Mitteleuropa Felsen an der Erdoberfläche bilden, während Steinsalz nur in Trockengebieten an der Erdoberfläche vorkommt (Abb. 306).

Für Anhydrit $CaSO_4$ (Abb. 307) und Gips $CaSO_4 \cdot 2H_2O$ gilt Entsprechendes wie für Dolomit. Mit den Bezeichnungen können sowohl die Gesteine gemeint sein wie auch die Minerale, aus denen die Gesteine bestehen. Ebenso wie Steinsalz ist Gips gewöhnlich ein Ausfällungsprodukt aus Meerwasser, das unter trocken-heißem Klima verdunsten konnte, oder auch aus kontinentalen Salzseen bzw. Salzsümpfen in Wüstengebieten. Bei der Eindampfung von Meerwasser gibt es eine Reihenfolge der sukzessive dominierend ausgefällten Minerale. Die Ausfällungsabfolge beginnt normalerweise, d. h. bei Temperaturen unter 50 bis 60 °C, mit Gipsschlamm. Bei unrealistisch hohen Wassertemperaturen von > 50 bis 60 °C würde anstelle von Gips Anhydrit ausgefällt werden. Unter mäßiger Überlagerung durch weitere Sedimente und bei den in einiger Tiefe herrschenden Temperaturen von über 40 °C gibt der primär ausgefällte Gips das in den Kristallen gebundene Wasser vollständig ab und wird so im Zuge der Diagenese zu H_2O-freiem Anhydrit. Dies bedeutet, dass Kalziumsulfat grundsätzlich als Anhydrit vorliegt, wenn es wenigstens zeitweise in Tiefen von größenordnungsmäßig tausend Meter oder mehr versenkt gewesen und danach nicht von Wasser erreicht worden ist. In einer in den Jahren 1873 bis 1878 im Salzstock Elmshorn abgeteuften Tiefbohrung wurde in 1200 m Tiefe eine Temperatur von 45 °C gemessen. Die Temperaturmessungen in dieser historischen Tiefbohrung und in einer Vorläuferbohrung in Sperenberg südlich Berlin waren Grundlage für die Ermittlung der geothermischen Tiefenstufe, die seitdem zum Inhalt der Geologie-Lehrbücher gehört. Bei der geothermischen Tiefenstufe geht es um die systematische Temperaturzunahme mit der Tiefe im Untergrund.

Die bei fortgesetzter Eindampfung von Meerwasser einsetzende Ablösung der Gipsausfällung durch die Ablagerung großer Mengen von Natriumchlorid als Evaporitmineral zeigt sich in Salzablagerungen zunächst durch Wechsellagerung von Steinsalz und Anhydrit (Abb. 305), bis schließlich mächtige Ablagerungen von weitgehend reinem Steinsalz einsetzen. Am Ende der Abscheidungsfolge kommt es dann in vollständig entwickelten Evaporitabfolgen zur Ausfällung von Kalium- und Magnesiumsalzen.

Eine für Bauwerke wie Häuser, Straßeneinschnitte und Tunnel kritische Eigenschaft von Anhydrit ist seine Neigung, sich unter Zutritt von Wasser in Gips zurückzuverwandeln. Hierbei kommt es zu einer beträchtlichen Volumenzunahme, die mit starker Druckentwicklung und entsprechender Sprengwirkung einhergeht. Kalziumsulfatgestein liegt selbst unter dem Einfluss des feuchten mitteleuropäischen Klimas bis in einige Meter oder Zehnermeter Tiefe als Gips vor. Erst in größerer Tiefe und in ausreichendem Abstand von wasserführenden Klüften setzt unvergipster Anhydrit ein. Häufig gibt es im nur teilweise vergipsten Gesteinskörper einen Farbwechsel zwischen dem Verwitterungsprodukt Gips und dem Ausgangsmaterial Anhydrit. Während der Gips zumeist weiß bis gelblich weiß und matt erscheint, zeigt der Anhydrit häufig eine bläuliche Tönung oder er ist glasklar mit deutlich glänzenden Spaltflächen. In

Abb. 309: Anhydritquellung, ein für Gebäude kritisches Phänomen. Aus Anhydrit durch Wasserzutritt entstandenes Gipsgestein. Die Bankung des Gesteinskörpers ist aufgrund der mit der Vergipsung von Anhydrit verbundenen Volumenzunahme hochgewölbt. In dem abgebildeten Bereich, der von Natur aus unter ca. 25 m Salz-Lösungsrückstand lag, ist kein Anhydrit erhalten geblieben. Das mustergültige Aufquellungsgewölbe ist ca. 2020 durch Vandalismus zerstört worden. Nationaler Geotop Liether Kalkgrube, Klein Nordende, Kreis Pinneberg, Südholstein.

Abb. 310: Volumenzunahme bei der Umwandlung von Anhydrit zu Gips: Die Aufquellung zeigt sich in dem abgebildeten Gipsblock in Form von netzartig angelegten Dehnungsfugen. Gipsfelsen des Kalkbergs von Bad Segeberg, Zentralholstein. Anmerkung: Mit dem historischen Namen „Kalkberg" für die Gipsfelsen u. a. von Bad Segeberg und Lüneburg kommt nur scheinbar eine mangelnde Materialkenntnis in den Zeiten vor der Verwendung von Branntkalk bzw. Zement als Mörtelbasis zum Ausdruck. Jedenfalls ist der heute übliche gebrannte Gips als Mörtel ungeeignet. Dem steht entgegen, dass viele historische Gebäude mit Gipsmörtel gemauert worden sind, was zu besonderen Anforderungen bei Restaurierungsarbeiten führt. Die Auflösung des Problems der Verwendung von Gipsmörtel anstelle von Kalkmörtel liegt darin, dass durchweg „Hochbrandgips" verwendet wurde, der intensiver (bei ca. 900 °C) gebrannt worden ist, als es heute für gebrannten Gips üblich ist und der gegenüber Kalkmörtel keine Festigkeitsnachteile aufweist. Details finden sich auf der Webseite der Baustoffmanufaktur Hundisburg. Probleme haben sich vor allem dann ergeben, wenn historische Gipsmörtelbauten mit Kalkmörtel „saniert" worden sind.

jedem Fall ist er mit einer Ritzhärte von 3–3½ härter als Gips mit seiner Härte 2. Der Härteunterschied wirkt sich auch dadurch aus, dass der eher mürbe Gips beim Anschlagen mit einem Hammer dumpf klingt, während beim Anschlagen von Anhydrit ein heller Klang entsteht, wie er für feste Gesteine wie z. B. Kalkstein üblich ist.

Radiolarit

Radiolarit verdankt seine Entstehung der diagenetischen Umwandlung von Radiolarienschlamm, wie er in der Tiefsee abgelagert wird. Dessen Hauptbestandteil sind die aus SiO_2 bestehenden Skelette von mikroskopisch kleinen Radiolarien. Diese lagern sich mit nur geringer Beteiligung von Ton und anderen Komponenten in küstenfernen Wassertiefen ab, in denen kalkiges Material beim Niedersinken aus oberflächennahem Wasser aufgelöst wird, statt abgelagert zu werden. Radiolarite gehen auf Sedimente zurück, die unterhalb der Karbonat-Kompensationstiefe (CCD = *carbonate compensation depth*) abgelagert worden sind. Die CCD lag und liegt in einigen Kilometern Wassertiefe.

Tiefseeablagerungen gelangen nur als Folge von plattentektonisch verursachten Gebirgsbildungen (Orogenesen) an Land. Dementsprechend treten Radiolarite nicht in ungefalteten Sedimentfolgen von Plattformregionen auf, wie z. B. der Süddeutschen Schichtstufenlandschaft oder des Thüringer Beckens. Sie gehören zum Gesteinsbestand der Alpen sowie derjenigen Mittelgebirge, die herausgehobene Segmente des Variszischen Orogens sind. Beispiele hierfür sind u. a. der Harz und das Rheinische Schiefergebirge.

Radiolarite sind gegenüber dem Ausgangssediment Radiolarienschlamm stark diagenetisch verändert. Hierzu gehört eine Kompaktion auf 1/3 bis 1/5 der Ursprungs-Schichtmächtigkeit. Die gesteinsbildend angehäuften Radiolarien sind allenfalls mikroskopisch erkennbar. In günstigen Fällen können sich die Reste von Radiolarien auf angewitterten Außenflächen als kugelförmige Gebilde von < 1 mm Durchmesser zeigen. Ganz überwiegend ist das SiO_2 der Radiolarite zu einer dichten, homogenen Masse aus mikrokristallinem Quarz umkristallisiert, der harte und spröde Bänke von Zentimeter- bis Dezimeterdicke bildet. Die einzelnen Bänke sind durch tonige, durchweg weit unter 1 cm dünne Zwischenlagen voneinander abgesetzt. Auf tektonische Bewegungen reagieren Radiolarite typischerweise durch Knickfaltung mit Sätteln und Mulden von wenigen Metern Spannweite und Amplitude. Die tektonische Bewegung wirkt sich durch Zerbrechen der spröden Radiolaritbänkchen und Gleitbewegungen auf den tonigen Zwischenlagen aus. Die hierbei in den Radiolaritbänkchen entstandenen Dehnungsfugen sind mit weißem Quarz ausgefüllt. Die resultierende weiße Durchäderung ist neben der Knickfaltung ein markantes Merkmal von Radiolariten, deren Grundfarbe zumeist entweder schwarz oder rot ist. Schwarzfärbung ist für paläozoische Radiolarite die Regel. Ein Sondername für solche schwarzen Radiolarite ist **Lydit** oder mit irreführendem Namen auch Kieselschiefer, obwohl Radiolarit nie dünnplattig oder gar geschiefert auftritt. Radiolarit ist vielmehr ein extremes Gegenbeispiel zu Schiefern jeglicher Art. Rotfärbung ist für mesozoische Radiolarite der alpidischen Orogene die Regel.

Radiolaritgerölle in Gebirgsflüssen fallen gegenüber meist besser gerundeten Geröllen aus z. B. Granit oder Grauwacke durch kantig-polygonale Formen auf. Hierin drückt sich eine besonders große Abriebsresistenz aus. In kompositionell reifen Konglomeraten kann Radiolarit bzw. Lydit einen Hauptanteil der Gerölle ausmachen.

Torf und Kohlen

Unter weitgehendem Luftabschluss kann die Zersetzung und Oxidation von Pflanzenresten ausbleiben, sodass es zur Anhäufung von organischem Material kommt. Ferner fehlten bis in das Karbon manche Pilze, die heute den Abbau von Holzsubstanz bewirken. Torf und Kohlen sind Sedimente bzw. Sedimentgesteine, die nicht nur

Abb. 311: Radiolarit (Lydit) mit einer für dieses Gestein kennzeichnenden, kurzwelligen Knickfaltung. Der Radiolarit geht auf Radiolarienschlamm zurück, der während des tiefen Unterkarbons vor Beginn der Turbiditschüttungen in der Tiefsee sedimentiert wurde. Die Faltung erfolgte während der Variszischen Gebirgsbildung im Oberkarbon. Weganschnitt an der Forststraße vom Sternplatz zum Luchsstein, nördlich des Sternplatzes (Passhöhe zwischen Lautenthal und Seesen), Westharz, Landkreis Goslar.

Abb. 312: Lose Radiolaritbrocken (schwarzer Lydit) des Unterkarbons. Die kantig-polygonalen Formen sind Folge der hohen Beständigkeit des zu nahezu 100 % aus feinkristallinem Quarz bestehenden Gesteins gegen mechanischen Abrieb und gegen chemische Verwitterung. Die eckigen Kanten sind Folge des Zerbrechens der Radiolaritbänkchen bei tektonischer Beanspruchung. Das Gestein verhält sich mechanisch spröde, statt interne Verformung zu ermöglichen. Die grünlich grauen, plattigen Steine links der Bildmitte bestehen aus Grauwacke. Ufergerölle am Westufer des Innerstestausees zwischen Lautenthal und Langelsheim, Landkreis Goslar, Westharz.

durch die Wirkung von Organismen gebildet worden sind, sondern die darüber hinaus selbst aus Substanz der Organismen bestehen.

Für Anhäufungen pflanzlichen Materials gibt es eine diagenetische Entwicklungsreihe, die von Torf über Braunkohle zu Steinkohle führt. Im Verlauf dieser Entwicklungsreihe kommt es zu einer kontinuierlichen Abnahme des Wassergehalts und auch von flüchtigen Kohlenwasserstoffverbindungen. Kohlenstoff hingegen wird relativ angereichert. Der Prozess wird als Inkohlung bezeichnet.

Torf entsteht beobachtbar unmittelbar an der Erdoberfläche z. B. im Norddeutschen Tiefland durch Akkumulation vor allem der Reste von Moosen und Gräsern, weniger von Gehölzen. Die Torfbildung geschieht vor allem in Hochmooren in niederschlagsreichen, nicht wirksam drainierten Arealen. Torf ist eine geologisch junge Bildung mit quartärem, durchweg holozänem Alter.

Unmittelbar unter der Oberfläche ist hellbrauner Weißtorf als schwammartig strukturierte Anhäufung von noch erkennbaren Pflanzenfasern verbreitet. Nach Trocknung ist Weißtorf luftig-porös und wegen seines faserdurchsetzten Aufbaus zusammenhaltend. Auf mäßigen Druck reagiert er elastisch. In wenigen Metern Tiefe geht Weißtorf in Schwarztorf über, der in feuchtem wie auch trockenem Zustand schwarzbraun bis dunkelbraun gefärbt ist und eine dichte, nicht mehr ausgeprägt schwammartige Konsistenz hat. Die Pflanzenreste sind

Abb. 313: Lebendes Hochmoor als gegenwärtiger Entstehungsort von Torf. In dem Gebiet wird seit Jahrzehnten durch Blockierung der ursprünglich vorgesehen gewesenen Drainage das Moorwachstum weiterhin ermöglicht. Vor der im Mittelgrund erkennbaren Wasserfläche (Huvenhoopssee) erstreckt sich ein Schwingrasen, der wässrigen Schlamm überdeckt. Bei Betreten, das ohnehin nicht erlaubt ist, droht Versinken. Naturschutzgebiet Huvenhoopsmoor bei Augustendorf, Landkreis Rotenburg/Wümme, Nordniedersachsen.

Abb. 314: Weißtorf (hellbrauner Hochmoortorf). Das Foto zeigt einen im Rahmen eines „Moorlehrpfads“ in Handarbeit angelegten Torfstich. Solche Torfstiche wurden bis weit in die 50er-Jahre des 20. Jahrhunderts in Moorgebieten für den lokalen Eigenbedarf zur Gewinnung von Torfsoden als Brennmaterial betrieben. Drainierter Anteil des Huvenhoopsmoors bei Augustendorf, Landkreis Rotenburg/Wümme, Nordniedersachsen.

weitgehend zersetzt. Der Wassergehalt im ursprünglichen Verband liegt für Schwarztorf über 75 %.

Bei weniger als 75 % Wassergehalt liegt **Braunkohle** als Produkt intensiverer Inkohlung anstelle von Torf vor. Die üblichen Braunkohlen haben tertiäre Alter, in Deutschland vor allem des Miozän und des Eozän. Anders als quartärer Hochmoortorf sind die Braunkohlen vor allem aus Hölzern von Sumpfwäldern entstanden. In der weitgehend zersetzten, homogenen Braunkohlemasse können robustere Pflanzenrelikte wie Holz, manche Blätter und holzige Früchte enthalten sein. Anders als Torf tritt Braunkohle in Flözform, d. h. schichtig zwischen jungen Lockersedimenten wie Sand und Ton eingelagert auf. Trockene Braunkohle, die kaffeebraun bis schwarz gefärbt sein kann, zeigt eine braune Strichfarbe beim Reiben auf einer unglasierten Porzellantafel (Strichtafel). Typische Braunkohle hat matte Oberflächen. Glänzende Oberflächen leiten zu Steinkohle über.

Abb. 315: Braunkohlebrocken, der aus einem Braunkohleflöz entnommen worden ist. Es handelt sich bei der Probe also nicht um handelsübliches, brikettiertes Material. Normalerweise wäre die zunächst bergfrische Braunkohle allerdings beim Trocknen kleinstückig zerbröckelt. Der Zusammenhalt ist dadurch erhalten geblieben, dass die Kohle über zwei Jahre zwecks Verhinderung schneller Schrumpfung in dauerkühler Umgebung extrem langsam getrocknet worden ist. Braunkohle des Eozän, Helmstedt, Ostniedersachsen. Längste Achse des Brockens 15 cm.

Abb. 316: Braunkohleflöz aus der Zeit des Eozän. Die Kohle bildet den unteren Bereich der im Bildzentrum gezeigten ehemaligen Abbauwand. Die Aufnahme stammt aus der Zeit kurz nach der Einstellung des Kohleabbaus, als Sicherungsarbeiten zur Stabilisierung der Grubenböschung durchgeführt wurden. Nicht abgebaute Kohlereste bilden das dunkelbraune Flöz, das hinter den gelben Baggerarmen ansteht. Das im oberen Böschungsabschnitt stellenweise ausgebreitete dunkelgraue Material ist Ton, mit dem zu steil geböschte Abschnitte im Niveau der Deckschichten ausgefüllt worden sind. Die Braunkohleprobe der Abb. 315 stammt aus dem Flöz, das hier im Foto zu sehen ist. Ehemaliger Braunkohletagebau Helmstedt, Ostniedersachsen.

Steinkohle ist schwarz glänzend. Die Inkohlung von Steinkohle ist Folge der kilometertiefen Versenkung der Kohleflöze im Verlauf der Erdgeschichte. Hierbei wurden aufgrund der üblichen Temperaturzunahme mit der Tiefe die flüchtigen Anteile verstärkt abgegeben. Steinkohle tritt schichtig in Form von Flözen in Abfolgen diagenetisch verfestigter Sedimentgesteine wie Sandstein und Schieferton bis Tonschiefer auf. Steinkohle ist zumeist strukturlos dicht. Erkennbare Pflanzenreste sind die Ausnahme. Auf der Strichtafel zeigen alle Steinkohlen einen schwarzen Strich. Steinkohle ist wie andere feste Gesteine von Klüften durchzogen. Gut erkennbare Pflanzenfossilien treten vor allem in flözbegleitenden Tonsteinen und Sandsteinen auf (Abb. 318). Die allermeisten mitteleuropäischen Steinkohlen haben karbonische Alter. Sie sind das Produkt ausgedehnter tropi-

Abb. 317: Steinkohlebrocken (Anthrazit). Der nahezu metallisch wirkende Glanz ist für Anthrazit kennzeichnend. Der abriebfeste Anthrazit färbt anders als Braunkohle oder manche weicheren Steinkohlen nicht in der Hand ab. Er besteht fast nur aus Kohlenstoff. Oyenhausenschacht in Ibbenbüren, Kreis Steinfurt, Nordrhein-Westfalen.

Abb. 318: Schichtfläche auf flözbegleitendem Tonschiefer des Oberkarbons mit kohlig erhaltenen, farnartigen Pflanzenresten, die einen kleinen Ausschnitt der Flora repräsentieren, aus deren Überresten die ursprünglich unmittelbar unterlagernde Steinkohle durch Akkumulation und diagenetische bzw. schwach metamorphe Veränderung entstanden ist. Sandsteinbruch Piesberg in Osnabrück, Südwestniedersachsen. Breite des abgebildeten Ausschnitts ca. 22 cm.

scher Regenwälder, die im Zuge plattentektonischer Nordwanderung der mitteleuropäischen kontinentalen Kruste gediehen, als während des Oberkarbons äquatoriale Breiten überquert wurden. Die höchste Inkohlungsstufe von Steinkohle, die von **Anthrazit**, ist nicht allein die Folge von Versenkung. Vielmehr muss eine zusätzliche, geringgradig metamorphe Wärmequelle wirksam gewesen sein. Dies gilt z. B. für die Anthrazitvorkommen von Ibbenbüren (Schafberg) und vom Piesberg nahe Osnabrück. Ursache der Anthrazitbildung ist hier der Aufstieg eines großen Magmenvolumens bis in wenige Kilometer Tiefe während der Kreidezeit (Bramscher Massiv) mit der Folge einer regionalen Aufheizung der überdeckenden Gesteine.

Phosphatgesteine bilden zumeist geringfügige, selten mächtige Einlagerungen in Sedimentabfolgen, vor allem in Assoziation mit Kalkstein. Das Phosphat liegt durchweg in Form von makroskopisch dichtem, d. h. kryptokristallinem bis amorphem Fluor-Karbonat-Apatit $Ca_5(F,OH,CO_3)(PO_4)_3$ vor, der mit Kalzit und organischem Material vermengt ist. Dieses entweder schichtig oder in Form von rundlichen Knollen (Konkretionen) auftretende Gemenge wird als Phosphorit bezeichnet. Es ist gewöhnlich tiefschwarz bis dunkelbraun. Unter Verwitterungseinfluss geht die Farbe in helleres Braun über. Beim Anschlagen verströmt Phosphorit einen fauligen Geruch, der auf die beteiligten organischen Beimengungen zurückgeht. An der Erdoberfläche kann Phosphorit vertiefte Abdrücke von Pflanzenwurzeln zeigen, die den Phosphorit von außen anlösen, weil ihre Wurzeln Säure abgeben, um das Phosphat als Pflanzennährstoff für sich zu erschließen.

Abb. 319: In der Brandung am Ostseestrand angeschliffene Phosphoritknolle, die ursprünglich in Ton des Eozäns steckte. Phosphoritführender Eozänton bildet nahe des Nordostufers des Ostteils von Fehmarn flächenhaft die Unterlage des Meeresbodens. Aus solchem Ton stammt die abgebildete Phosphoritkonkretion. Für Phosphorit ist die extrem feinkörnig-dichte Beschaffenheit samt schwarzer bis lederbrauner Färbung kennzeichnend. Die runden Sprünge in der Oberfläche sind Schlagmarken, die durch heftige Stöße entstanden sind, wie sie in der Brandung durch aufprallende Steine entstehen. Strandgeröll an der Steilküste Katharinenhof, Ostende der Insel Fehmarn, Kreis Ostholstein. Längste Achse 6 cm.

Phosphat in Sedimentgesteinen kann auch aus angehäuften Resten von primär phosphorhaltigem Material wie Knochen, Schuppen, Zähnen oder Chitinpanzern von Organismen zurückgehen. Größere Phosphoritvorkommen sind zumeist mit Kalkstein assoziiert, der in vielen Fällen zusätzlich kleine Kügelchen (Pellets) des grünen Glimmerminerals Glaukonit enthält (Abb. 248). Phosphorit und Glaukonit kommen oft gemeinsam vor. Phosphatgesteine, die nicht auf die mechanische Anhäufung von Organismenresten zurückgehen, verdanken ihre Entstehung vor allem der Ausfällung des Phosphats aus kühlem Ozeanwasser, das aus größerer Tiefe über seichte Schwellen und Schelfbereiche geströmt ist. Das Phosphat ist bei der damit verbundenen Erwärmung des Wassers ausgefällt worden.

Abb. 320: Pflaster von konkretionärem Phosphorit auf einer Schichtfläche aus marinem, kambrischem Kalkstein. Der Kalkstein enthält außer Phosphorit auch Pyrit und Glaukonit. Hierdurch werden reduzierende Bedingungen zur Zeit der Sedimentation bzw. Diagenese angezeigt. Ostseeküste bei Nabben, nahe Gislövshammar, Schonen, Südschweden.

Eisenstein sedimentärer Entstehung verdankt seine Entstehung der Wasserlöslichkeit von Eisen in zweiwertiger Form (Fe^{2+}) im Gegensatz zu dessen Unlöslichkeit in oxidierter, dreiwertiger Form (Fe^{3+}). Unter reduzierenden Bedingungen wird Eisen in Lösung transportiert. Wenn es jedoch durch Zufuhr von Sauerstoff zur Oxidation kommt, wird das zuvor gelöst gewesene Eisen als Fe^{+3} an Ort und Stelle vor allem als FeOOH ausgefällt. Durch diagenetische Umwandlung kann daraus Hämatit Fe_2O_3 entstehen. Auch Fe-reicher Chlorit kann eine Rolle spielen.

Mögliche Szenarien der Ausfällung von Fe-Mineralen sind das Zusammentreffen von reduzierendem, z. B. humussaurem Flusswasser, das Fe^{2+}-Ionen in Lösung enthält, mit sauerstoffreichem Meerwasser oder eine Fe-

Abb. 321: Oolithischer sedimentärer Eisenstein des Jura. Das oolithische Gefüge ist durch die Anhäufung der kleinen, kugelförmigen Aggregate (Ooide) aus in diesem Fall Eisenmineralen geprägt. Sie dokumentieren Ablagerungsbedingungen in bewegtem Wasser. Solch oolithischer Eisenstein spielte in der Frühzeit der Industrialisierung in Mitteleuropa eine große Rolle als Eisenerz. Mit Fe-Gehalten von meist knapp unter 30 % gibt es an solchen Fe-Erzen (z. B. Minette Lothringens) heute kein wirtschaftliches Interesse mehr. Ehemaliger Eisenerztagebau Morgenstern, nordöstlich Hahndorf, Landkreis Goslar, Niedersachsen. Breite des abgebildeten Ausschnitts ca. 7 cm.

Abb. 322: Quarzgebänderter Eisenstein (*banded iron formation* „BIF"), bestehend aus einer Wechsellagerung von Hämatit (Roteisen) mit quarzreichen, hellen Abschnitten. Solch quarzgebänderter Eisenstein kommt global mit Altern von 2,8 – 1,8 Milliarden Jahren vor und ist daher an Regionen aus jungarchaischen bis altproterozoischen Gesteinen gebunden. Die ursprüngliche Entstehung ist marin-sedimentär. Zusätzlich sind die Erze metamorph überprägt. Das Vorkommen ist auf die sehr alten Kerne der Kontinente beschränkt, wie es sie in Mitteleuropa nicht gibt. Solche quarzgebänderten Eisensteine, auch „Itabirite" nach einer Lokalität in Südostbrasilien, bilden die größten und wirtschaftlich bedeutendsten Eisenerzvorkommen der Erde. Die marine Ausfällung der Riesenmengen von Fe-Mineralen setzt einen hohen Fe-Gehalt des zunächst reduzierenden Meerwassers samt der schließlichen Zufuhr von großen Mengen Sauerstoff voraus. Die Entstehung solchen Eisensteins ist somit an das Einsetzen oxidierender Bedingungen und demzufolge an das Wirksamwerden der Fotosynthese durch autotrophe marine Organismen gebunden. Deren zunächst weitgehendes Fehlen hatte die vorangehende Löslichkeit von Eisen in zweiwertiger Form ermöglicht. Quarzgebänderte Eisensteine sind Produkte einer grundlegenden Umstellung der Ozeangeochemie in der Erdgeschichte, wie es sie ab dem mittleren Proterozoikum nicht mehr gegeben hat. Die Abbildung zeigt eine Probe von Verbrauchsmaterial für gesteinskundliche Übungen mit unbekannter Herkunft. Breite des abgebildeten Ausschnitts ca. 8 cm.

Zufuhr aus reduzierenden Verwitterungslösungen samt dessen Kontakt mit sauerstoffreichem Oberflächenwasser. Die erstgenannte Möglichkeit führt mit oder ohne Beteiligung von Mikroorganismen zur Bildung von oft recht voluminösen Vorkommen mariner Eisensteine, oft in oolithischer Ausbildung, die zweite vor allem zur Bildung kleinräumiger, oberflächengebundener Vorkommen von Raseneisenerz (Sumpferz), gewöhnlich auch unter Beteiligung von Mikroorganismen.

Konkretionen sind „Steine, die individuell gewachsen sind", allerdings nicht in Ackerböden, sondern unbeobachtet unter Überdeckung in Sedimenten, die noch nicht diagenetisch ausgereift sind, d. h., in denen noch Mineralisation im Porenraum stattfindet. Sie sind klar umgrenzte Steine, die im Zuge meist der frühen Diagenese im Sediment wachsen. Dies geschieht jedoch nicht unmittelbar unter der Erdoberfläche, wie hinsichtlich der oft lästigen Feldsteine schon mal von Land-

Abb. 323: Salzgitter-Trümmererz. Durch Verwitterung ist das ursprünglich kompakte Erz zu losen Brocken zerfallen. Das während der frühen Kreidezeit sedimentierte Trümmererz ist im unverwitterten Zustand ein Konglomerat, dessen Klasten Fragmente ehemaliger Toneisenstein-Konkretionen (z. B. Abb. 331) des Jura sind. Diese entstammen Tongesteinen des Unteren und Mittleren Jura, die von der Brandung und Strömung des früh-kreidezeitlichen Meeres abgetragen und aufgearbeitet worden sind. Hierbei sind die festen Konkretionen aus den Tongesteinen ufernah akkumuliert und diagenetisch zu Konglomerat verfestigt worden. Das Salzgitter-Trümmererz ist von seiner Stellung im regionalgeologischen Rahmen ein Transgressionskonglomerat, das als älteste Ablagerung des sich ausbreitenden (transgredierenden) kreidezeitlichen Meers tektonisch verstellte Schichten des Juras und der Trias unmittelbar überlagert. Die Toneisensteinbrocken sind nach ihrer Freilegung aus den ursprünglich einbettenden Tongesteinen von den Außenflächen her unter Bildung von Brauneisen FeOOH oxidiert. Das Salzgitter-Trümmererz besteht, wie im Foto sichtbar, zu maßgeblichem Anteil aus den abgeplatzten Brauneisenkrusten des verwitterten Toneisensteins. Gegenwärtig ist das Salzgitter-Trümmererz wegen geringer Eisengehalte und auch weitgehender Ausräumung der ursprünglichen Vorkommen ohne wirtschaftliche Bedeutung. Ehemaliger Eisenerztagebau Fischerköpfe, nördlich Hahndorf, Landkreis Goslar, Niedersachsen.

wirten geargwöhnt wurde, weil auf manchen Böden jedes Jahr beim Pflügen reichlich Steine neu zum Vorschein kommen. Konkretionen wachsen dadurch, dass Verkittung durch Bindemittel lokal konzentriert im Sediment stattfindet, während sie im angrenzenden noch lockeren Sediment ausbleibt oder weniger bedeutend ist. Normalerweise liegt die Konkretionsbildung lange zurück. Im meist noch nicht lange abgelagerten Sediment entstehen frühdiagenetisch feste, knollenartige oder plattige Gebilde in einer geringer oder überhaupt nicht verfestigten Umgebung. Besonders in Tongesteinen und in Kalkstein können Konkretionen aus Quarz, Kalzit, Siderit $FeCO_3$, Ankerit $Ca(Fe,Mg,Mn)(CO_3)_2$, Pyrit FeS_2 oder anderen Mineralen eingelagert sein. Die aus kryptokristallinem Quarz +/- Opal (= wasserhaltiges, amorphes SiO_2) bestehenden Flintknollen („Feuerstein", Abb. 324, Abb. 325) der Schreibkreide und die diesen ähnlichen Hornsteine (Abb. 329) in manchen festen Kalksteinen sind Konkretionen aus submikroskopisch feinkörnigen SiO_2-Mineralen.

Für manche konkretionär auftretenden Minerale gilt, dass sie bei ihrer Kristallisation das umgebende Sediment verdrängen und dann entsprechend rein auftreten, wie z. B. Pyrit in Ton, Sandstein (Abb. 330) oder in Schreibkreide. In anderen Fällen können die diagenetisch neugebildeten Minerale sich darauf beschränken, lediglich den Porenraum auszufüllen und dabei die *in situ* verbliebenen ursprünglichen Sedimentpartikel bindemittelartig zu umwachsen. In diesem Fall bestehen die Konkretionen aus dem ursprünglich sedimentierten Detritus plus den diagenetisch ausgefällten Mineralen. So bestehen die häufig in Tonen auftretenden Mergelkonkretionen bzw. Toneisensteine (Abb. 331) aus dem ursprünglichen Tonanteil plus Kalzit bzw. Ankerit oder Siderit als Neubildung.

Für manche Sedimentgesteine sind jeweils spezifische Arten von Konkretionen kennzeichnend. So enthält die Schreibkreide regelmäßig Konkretionen aus mikrokristallinem bis amorphem SiO_2 (Flint = Feuerstein) und in geringerer Menge auch Pyrit. In Tongesteinen kommt Pyrit häufig vor, neben Knollen aus mit Kalzit oder Ankerit verkittetem Ton (Mergelstein, Toneisenstein). Ein signifikanter Anteil von organischem Material in Tonstein und Kalkstein kann zur Ausfällung von

Abb. 324: Flintkonkretionen *in situ* in Schreibkreide der jüngsten Oberkreide. Die unregelmäßige, durch rundliche Vorsprünge und Eintiefungen geprägte Oberfläche ist eine der vielen für Flintkonkretionen üblichen Konfigurationen. Die Entstehung solcher Flintknollen ist mit der Ausfällung von wässrigem SiO_2-Gel im weichen Kalkschlamm eingeleitet worden. Die harten Flinte bilden die Form der ehemaligen Gelkörper ab. Nach der Verfestigung bestehen die Flinte aus mikrokristallinem Quarz plus/minus amorphem, wasserhaltigem SiO_2 (Opal). Steilufer Stevns Klint, Ostküste der Insel Seeland (Sjælland), Dänemark.

Abb. 325: Schwarzer Flint der im Norddeutschen Tiefland und an der Ostsee häufigsten, „normalen" Art mit weißer Rinde. Der Flintbrocken ist aus dem weichselkaltzeitlichen Till eines Ostseesteilufers herausgewaschen und quer zerbrochen. Die Bruchfläche zeigt die homogen-dichte Beschaffenheit des Flints in seinem Inneren. Makroskopisch erkennbare Kristalle kommen nicht vor. Diese Charakteristik von Flint samt der Neigung zu scharfkantigem Bruch bedingte die Eignung zur Herstellung von kunstvollen Werkzeugen und Waffen während der Jungsteinzeit und bis in die Bronzezeit. Ursprünglich stammt der abgebildete Flint aus der Schreibkreide Dänemarks oder vom Grund der südlichen Ostsee. Die ursprünglich die gesamte Oberfläche einhüllende weiße Rinde besteht allgemein kaum aus anhaftender Schreibkreide. Im gezeigten Beispiel ist diese längst durch Brandungseinwirkung abgewaschen. Gewöhnlich besteht die weiße Rinde aus fest mit dem Flint verbundener kryptokristalliner, poröser SiO_2-Masse. Erst nach häufiger bzw. lange andauernder Exposition in der Brandung wäre auch diese nicht kalkige weiße Rinde weggeschliffen. Die schwarze innere Färbung verdankt der Flint einem Anteil von organischer Substanz. Der abgebildete Flintbrocken wäre wegen günstiger Größe, kompakter Form und Homogenität während der Jungsteinzeit zur Herstellung von Flintwerkzeugen geeignet gewesen. Strandgeröll am Steilufer von Hubertsberg, nördlich Panker, Kreis Plön, Schleswig-Holstein. Größte Länge der schwarzen Bruchfläche ca. 30 cm.

Phosphoritknollen (Abb. 319, Abb. 320) führen, die außer aus organischen Anteilen aus mikrokristallinem Apatit $Ca_5(PO_4)_3(OH)$ bestehen.

Dass Konkretionen zumeist frühdiagenetische Bildungen sind, zeigt sich daran, dass oft in ihrem Inneren eine Kompaktion anders als im umgebenden Sediment ausgeblieben ist. Die sichtbare Folge hiervon ist es, dass in Konkretionen enthaltene Fossilien nicht plattgedrückt sind (Abb. 77) wie die gleichen Fossilarten nebenan im einbettenden Tonstein (Abb. 261). Stattdessen sind sie innerhalb der kalkigen, mergeligen oder aus Toneisenstein bestehenden Konkretionen in ihrer ursprünglichen, dreidimensionalen Gestalt überliefert. In manchen Fällen sind die den Fossilien zugrunde liegenden ehemaligen Organismen die Auslöser der Konkretionsbildung. Durch bei der Verwesung entstehende Substanzen und Veränderungen z. B. des pH-Werts kann in der unmittelbaren Umgebung die Bildung von Kalzit oder Ankerit/Siderit begünstigt werden. H_2S kann reduzierend wirken und die Ausfällung von Pyrit ermöglichen. Gewöhnlich geht die Konkretionenbildung von einer lokalen Abweichung des chemischen Milieus aus, wie sie häufig durch sich zersetzendes organisches Material verursacht wird oder durch aneinandergrenzende unterschiedliche Ionengehalte des Meerwassers und des Porenwassers im Sediment. In geringer Tiefe unter der temporären Sedimentoberfläche, z. B. am Meeresboden, kommt von oben ins Sediment diffundierendes Meerwasser mit aufsteigendem Porenwasser aus dem unterlagernden Sediment in Kontakt. Der hiermit möglicherweise verbundene Sprung des pH-Werts oder der Oxidations- bzw. - Reduktionsbedingungen wie auch der Temperatur kann zur Ausfällung von Bindemittel führen, besonders da, wo das physikalisch-chemische Milieu durch im Sediment eingelagerte Inhomogenitäten von dem der Umgebung abweicht. Überzufällig häufig finden sich im Zentrum von Mergel- und Toneisensteinkonkretionen gut erhaltene Fossilien.

Abb. 326: Grün gerindeter Flint der im Foto gezeigten Art hat eine besondere Bildungsgeschichte, die es mit sich bringt, dass solcher Flint nicht häufig vorkommt. Die grüne Rinde besteht aus dem grün gefärbten Glimmermineral Glaukonit, der vor allem die poröse weiße Rinde des Flints infiltriert hat. Die Grünfärbung ist Folge der Exposition von Flint gegen reduzierend wirkendes Meerwasser in Flachwasserbereichen, in denen sich Glaukonit gebildet hat. Die grün gerindeten Flinte des Norddeutschen Tieflands haben ihre Überfärbung während des Paläozäns (Alttertiär) nach Überflutung einer Landoberfläche aus freiliegender Schreibkreide erhalten. Der Meeresüberflutung (Transgression) war eine Zeit vorangegangen, während derer die Schreibkreideoberfläche des südlichen Ostseeraums landfest war und der subaerischen Verwitterung ausgesetzt. Hierbei sind die aus der aufgeweichten Kreideoberfläche herauswitternden Flinte zu großem Anteil zu Scherben zerbrochen, bis sie schließlich vom vordringenden Meer zu einer Kies- bzw. Konglomeratlage aufgearbeitet wurden. Der abgebildete Flint repräsentiert den üblichen Größen- und Formzustand der norddeutschen grün gerindeten Flinte. Frisch aus dem Till herausgewaschenes Strandgeröll am Steilufer von Hubertsberg, nördlich Panker, Kreis Plön, Schleswig-Holstein. Größter Durchmesser 5 cm.

Abb. 327: Brauner Flint, dessen Braunfärbung von der Oberfläche aus bis in knapp 1 cm Tiefe ins Innere des Flints reicht. Die Braunfärbung steht in Zusammenhang mit glaukonitischer Grünfärbung von der in Abb. 326 gezeigten Art. Unter oxidierender Einwirkung verfärbt sich Glaukonit als Fe^{2+}-haltiges Mineral rostbraun. Zweiwertiges Eisen ist mobil und kann in gelöster Form Flint infiltrieren. Durch anschließende Oxidation bildet sich Brauneisen FeOOH, das die rostig-braune Färbung verursacht. Das Vorkommen solchen braunen, ursprünglich grünen Flints (Abb. 326) in einiger Menge am Strand der Helgoländer Düne (Nebeninsel von Helgoland) belegt das Vorkommen von frühen Tertiärschichten im Bereich des submarinen Helgoländer Felssockels. Strandgeröll von der Aade, Oststrand der Helgoländer Düne. Länge des Gerölls 7 cm.

Aufgrund ihres Wachstums in prinzipiell beliebiger Richtung haben Konkretionen Formen, die oft eher biologisch wirken als mineralisch. Besonders formenreich sind die Flintkonkretionen in der Schreibkreide. Oft sind sie mit jeweils spezifischen Formen schichtparallel in der Kreide angeordnet. Dies können Kugeln, Platten oder geweihartig verzweigte Gebilde sein sowie Flintknollen mit durchgehenden Löchern („Hühnergötter"). In geologischen Instituten im Verbreitungsgebiet von Kreide-

Abb. 328: Roter Helgoländer Flint. Er kommt ausschließlich an den Stränden der Helgoländer Düne vereinzelt neben den üblichen schwarzen Flinten vor. Die schwarzen Flinte, die im Norddeutschen Tiefland und auf den Geröllstränden der Ostsee in großer Menge vorkommen, entstammen der Schreibkreide der jüngsten Abschnitte der Kreidezeit, vor allem dem Maastricht, untergeordnet aber auch dem Campan und Santon. Der rote Helgoländer Flint stammt aus dem Kreidekalk des Turon und damit aus der tieferen Oberkreide. Turonschichten liegen auf dem nördlich der Helgoländer Düne sich unter Wasser weit erstreckenden Felssockel frei. Bei Sturmereignissen werden sowohl Kalksteinbrocken wie auch roter Flint auf den Strand verfrachtet. Der Grund für die an Hämatitpigment gebundene Rotfärbung des Flints ist nicht bekannt. Allerdings tritt Rotfärbung auch in Kalken des Turon auf. Oberflächenvorkommen roten Turonkalks gab bzw. gibt es z. B. in Lüneburg und in Baddeckenstedt zwischen Salzgitter und Hildesheim. Größter Durchmesser des Flints ca. 12 cm. Finder und Eigentümer der abgebildeten Probe: Hans H. Stühmer, Helgoland, dem für die Fotoerlaubnis zu danken ist.

flinten werden immer mal auf natürliche Weise geformte Flinte präsentiert, die z. B. als versteinerte Eulen, Teddybären oder Füße ehemaliger Tiere angesehen werden oder auch als frühgeschichtliche Götterskulpturen. Es erfordert dann Feingefühl, die erhoffte Bestätigung nicht auszusprechen, ohne eine zu große Enttäuschung zu bewirken.

Abb. 329: Kalkstein des Jura mit eingelagerten Hornsteinkonkretionen. Die Hornsteinkonkretionen heben sich im abgebildeten Fall durch nahezu schwarze Fäbung und rostbraune Säume von dem einbettenden grauen Kalkstein ab. Die Hornsteine sind bei insgesamt unregelmäßiger Form schichtparallel ausgelängt bis hin zu ausgedehnt schichtiger Konfiguration (Grenzbereich zwischen unterem und mittlerem Drittel des angeschnittenen Profils). Hornstein-Einlagerungen kommen im Gegensatz zu den Flinten der Schreibkreide in älteren und diagenetisch stärker verfestigten Kalksteinen vor. Sie sind wie die Kreideflinte konkretionäre Gebilde aus weitgehend reinem SiO_2. Zwischen Hornstein und Flint gibt es außer durch deren Vorkommen in unterschiedlichen Arten von Kalkstein keine grundlegenden Unterschiede, außer dass Hornsteine makroskopisch erkennbar kristalline Anteile enthalten können. In länger an der Erdoberfläche exponierten Kalksteinen ragen Hornsteine wegen fehlender Wasserlöslichkeit plastisch aus den Kalksteinoberflächen heraus. Hornsteinführender Kalkstein des Jura am Kap Palinuro westlich Palinuro, Provinz Salerno, Campanien, Italien.

Abb. 330: Knollenförmige Konkretion aus Pyrit (FeS_2) in Grünsandstein des Kambriums. Der Sandstein dokumentiert reduzierende Sedimentations- und Diagenesebedingungen auf zweierlei Weise: durch Pyrit und durch Glaukonit, der für die Grünfärbung verantwortlich ist. Der Grünsandstein für sich gleicht bezüglich Zusammensetzung und Herkunft dem der Abb. 248. Glazialgeschiebe vom Ostseesteilufer von Friederikenhof, Wangels, Kreis Ostholstein. Originalherkunft: Meeresgrund des Kalmarsunds zwischen der Insel Öland und dem småländischen Festland, Ostsmåland, Südschweden.

Abb. 331: Durch Brandungserosion aus einbettendem schichtigem Tonstein (Schieferton) des Unteren Jura (Toarc) freigelegte Toneisensteinkonkretionen, die durch Verwitterungseinwirkung äußerlich rostig braun verfärbt sind. Muldenförmige Vertiefungen in der Tonstein-Oberfläche zeigen die Positionen von ehemals vorhanden gewesenen Toneisensteinkonkretionen an. Felsenwatt in der Nordseebucht von Port Mulgrave nördlich Whitby, North Yorkshire, Nordostengland.

16 Metamorphe Gesteine

Ähnlich wie schon etwas länger für magmatische Gesteine gibt es seit 2007 für die Klassifikation und Benennung metamorpher Gesteine international vereinbarte Empfehlungen der International Union of Geological Sciences durch deren Subcommission on the Systematics of Metamorphic Rocks (Fettes & Desmons 2007). Die nachfolgenden Beschreibungen basieren auf dieser Grundlage. Metamorphose bedeutet vom Wortsinn her Umwandlung. Gesteinsmetamorphose findet gewöhnlich unbeobachtbar in der Tiefe statt. Eine Ausnahme bildet die thermische Einwirkung von heißer Lava. Die einfachste Art von Gesteinsmetamorphose geschieht allein durch Aufheizung unter statischen Bedingungen. Solche rein thermische Metamorphose kann durch Wärmezufuhr am Kontakt gegen heißes Magma bewirkt werden (**Kontaktmetamorphose**). Auch die unmittelbare Nähe von festem, tektonisch schnell aufgestiegenem, heißem Gestein, vor allem in Form von Erdmantelsegmenten oder von Gestein der tiefen kontinentalen Kruste, kann reaktionsfähiges Nebengestein deutlich metamorph verändern (***hot slab metamorphism***). Räumlich eng begrenzt kann in geringer Tiefe unter Luftzutritt unterirdisch brennende Kohle Nebengestein aufheizen und metamorph umwandeln (**Verbrennungsmetamorphose**). Im Extremfall kann es zur Sinterung kommen, ähnlich wie bei zu heiß geratenen Fehlbränden in Ziegeleibrennöfen. In allen rein thermisch metamorphen Gesteinen gibt es wegen der ausschließlich statischen Metamorphosebedingungen keine Texturen, die auf gerichteten Druck oder interne Durchbewegung während der Metamorphose zurückgehen. Dies wären z. B. parallel ausgerichtete neugebildete Kristalle oder flächig eingeregelte Komponenten.

In sehr viel größerem Umfang findet Metamorphose im Zuge von plattentektonisch bedingten Gebirgsbildungen (Orogenesen) in der Tiefe der kontinentalen Erdkruste statt. Hierbei kommen zur großräumigen Aufheizung gerichteter tektonischer Druck und bis in den Einzelkornbereich wirksame Durchbewegung hinzu. Wegen der großräumigen Ausdehnung der von dieser Art von Metamorphose erfassten Bereiche heißt solche orogene Metamorphose **Regionalmetamorphose**. Eine alternative Bezeichnung ist **Thermo-Dynamo-Metamorphose**.

Da metamorphe Gesteine prinzipiell immer Umwandlungsprodukte von zuvor bestehenden Gesteinen sind, stellt sich für jeden Metamorphit die Frage nach der Art des Ausgangsgesteins, des **Edukts**. Eine Antwort hierauf wird vor allem dadurch ermöglicht, dass sich bei der Metamorphose die pauschale chemische Zusammensetzung nicht wesentlich ändert, abgesehen von der Zu- oder Abfuhr von Wasser samt einigen bevorzugt von wässriger fluider Phase transportierbaren Ionen wie z. B. K^+ und CO_3^{2-}. Mit der Ermittlung des Edukts sieht man gewissermaßen in die Vorgeschichte des Gesteinskörpers. Dies ermöglicht die Rekonstruktion der geologischen Situation im Untersuchungsgebiet in der Zeit vor der Metamorphose. Aus Tongestein hervorgegangene Metamorphite reflektieren z. B. eine völlig andere Situation als ein metamorphes Produkt aus ehemaligem Granit. Im ersten Fall wird mit hoher Wahrscheinlichkeit ehemaliges Sediment vorliegen, das an einem Meeresboden abgelagert wurde. Großes Volumen deutet zusätzlich auf ehemaligen Ozeanboden hin, z. B. im Bereich eines Kontinentalhangs. Im zweiten Fall (granitisches Edukt) ergibt die Rekonstruktion eine Ausgangsposition in einiger Tiefe innerhalb kontinentaler Kruste. Eine grobe, traditionelle Unterscheidung hinsichtlich der prämetamorphen Geschichte von Metamorphiten besteht darin, dass auf magmatische Edukte zurückgehende Metamorphite als **Orthometamorphite** (z. B. Orthogneis) benannt werden, auf sedimentäre Edukte zurückgehende als **Parametamorphite** (z. B. Paragneis). Besondere Bedeutung hat diese Unterscheidung für metamorphe Gesteinsarten, die sowohl aus Magmatiten wie auch aus Sedimentiten hervorgegangen sein können, wie z. B. Gneise. So können Orthogneise aus Graniten hervorgegangen sein und Paragneise aus Grauwacken oder Tonschiefern. Indikatoren für die eine oder die andere Möglichkeit sind die jeweiligen chemischen Zusammensetzungen, wie sie in den metamorphen Mineralbeständen zum Ausdruck kommen. Auch die Geländegeologie der Vorkommen kann auf das eine oder auf das andere hinweisen.

Regionalmetamorphe Gesteine nehmen trotz der Prägung ihres Mineralbestands und damit des Gesteinscharakters in der Tiefe der kontinentalen Kruste große Areale an der Erdoberfläche ein. Dies gilt für die in ausgedehnten Schildregionen an der Erdoberfläche liegenden Sockel ehemaliger Faltengebirge und für die Zentralbereiche aktuell bestehender Falten- und Deckengebirge. Beispiele sind der Baltische Schild in Nordeuropa bzw. die Zentralalpen wie auch Mittelgebirge wie der Südschwarzwald, der Bayerische Wald, das Erzgebirge und Anteile von Spessart, Odenwald und Kyffhäuser. In allen genannten Regionen ist die ursprünglich mehrere Kilometer mächtige Gesteinsüberdeckung im Laufe geologischer Zeiträume abgetragen worden, sodass die in der Tiefe geprägten regionalmetamorphen Gesteine jetzt freiliegen.

Die Auswirkung der Metamorphose hängt von der Reaktionsfähigkeit der Ausgangsgesteine ab. So wird ein quarzgebundener Quarzsandstein, der praktisch nur aus Quarz besteht, selbst nach einer hochgradigen Metamorphose weiterhin nur aus Quarz bestehen. Der schließlich entstandene metamorphe Quarzit ließe sich anhand des mit einer Lupe oder mikroskopisch erkennbaren Gesteinsgefüges von fest verkittetem, porositätslosem Quarzsandstein unterscheiden. Tonige Edukte hingegen unterliegen aufgrund ihrer chemischen Zusammensetzung chemischen Reaktionen, bei denen spezifische metamorphe Minerale entstehen. In ehemaligen Tonen bilden sich in Abhängigkeit von den erreichten Temperaturen und Drücken z. B. spezifische Al_2SiO_5-Minerale (Andalusit, Sillimanit oder Disthen).

Abb. 332 Mikrofoto: Granoblastisches Gefüge eines Granatamphibolits, aufgenommen ohne Analysator. Die Farben sind daher Eigenfarben der einzelnen Minerale. Grün bis olivfarben sind Hornblendekristalle. Farblos weiß mit strukturloser Oberfläche sind Plagioklase. Weiß farblos bzw. kaum wahrnehmbar blass rötlich mit fein runzeliger Oberfläche (Chagrin) sind Granatkristalle. Die Unterschiedlichkeit der Farben der Hornblende-Kristalle ist eine Folge ihres Pleochroismus. Pleochroismus bedeutet, dass Kristalle in Abhängigkeit von den verwirklichten Schwingungsrichtungen des Lichts im Kristall Licht unterschiedlicher Wellenlängen und damit Farben unterschiedlich stark absorbieren. Pleochroismus wirkt sich aus, wenn nur Licht mit wenigen Schwingungsrichtungen zur Verfügung steht. Dies ist der Fall, wenn im Polarisationsmikroskop der Polarisator in den Strahlengang geschaltet ist. Er bewirkt, dass auf das Präparat Licht mit nur einer Schwingungsrichtung trifft. Das Absorptionsverhalten und damit die verwirklichte Eigenfarbe von pleochroitischen Kristallen ergibt sich im konkreten Fall dadurch, mit welcher von jeweils nur zwei bei gegebener Orientierung im Kristall möglichen Schwingungsrichtungen die Schwingungsrichtung des vom Polarisator kommenden Lichts eine gemeinsame Vektorkomponente hat. Das granoblastische Gefüge besteht darin, dass die beteiligten Kristalle körnig sind, d. h. ohne Längserstreckung oder flächige Ausbildung in irgendeiner Richtung. Besonders kennzeichnend ist das Auftreten von Dreikorn-Berührungspunkten, an denen 120 °-Winkel der vom Berührungspunkt ausgehenden Korngrenzen entwickelt sind. Bildbreite 4,5 mm. Glazialgeschiebe von Granatamphibolit (Abb. 381). Stohler Ufer, nördlich Kiel, Kreis Rendsburg-Eckernförde.

Auch Feldspäte können gebildet werden oder bei zusätzlicher Verfügbarkeit von Fe und Mg auch Cordierit $(Mg,Fe)_2Al_4Si_5O_{18}$.

Besonders verbreitete regionalmetamorphe Gesteine sind Gneise, Glimmerschiefer und Grünschiefer. Auch Amphibolite, Marmore, Quarzite und Granulite können außer untergeordneten Einlagerungen auch ganze Bergmassive aufbauen. Regionalmetamorphite sind immer Zeugnisse von prinzipiell nicht beobachtbaren Vorgängen, die in der Tiefe der kontinentalen Erdkruste bei plattentektonisch bedingten Gebirgsbildungen stattfinden.

Metamorphe Gesteinsgefüge bilden die Vorgänge direkt ab, die bei der jeweiligen Metamorphose wirksam waren. Dies können dynamische Bewegungsvorgänge im Inneren der Gesteinskörper gewesen sein oder die Kristallisation von Mineralen, die im Zuge der Metamorphose im Gestein gewachsen sind. Im erstgenannten Fall entstehen Gefüge, die als Texturen gelten, im Gegensatz zu Strukturen, wie sie allein durch das Wachstum der einzelnen Minerale zustande kommen.

Granoblastisches Gefüge (Struktur) zeigen metamorphe Gesteine, deren gesamter metamorph neugebildeter Mineralbestand aus isometrisch gewachsenen (körnigen) Kristallen besteht. Die Metamorphite sind massig ausgebildet. Ihr Aussehen ist wie das von richtungslos-körnigen Plutoniten unabhängig von der Betrachtungs- bzw. Anschnittrichtung einheitlich.

Abb. 333: Granoblastisches Gefüge eines feldspatführenden Quarzits. Die Feldspäte (Kalifeldspäte) heben sich durch rötliche bzw. gelbliche Färbung aus der Masse von farblosen bis schwach rotbraun getönten Quarzkörnern ab. Anders als in Sandstein sind keine detritischen Körner von zwischengeschaltetem Bindemittel abgesetzt. Stattdessen sind die Quarzkörner, die muscheligen Bruch zeigen, unmittelbar miteinander in Kontakt oder gegenseitig verzahnt. Glazialgeschiebe von Klütz Höved, Nordwestmecklenburg Breite des abgebildeten Ausschnitts 4 cm..

Abb. 334: Granatglimmerschiefer mit porphyroblastischem Gefüge. Dieses ist dadurch gekennzeichnet, dass in dem metamorphen Gestein angenähert idiomorphe, vorzugsweise isometrische, d. h. weder langgestreckte noch blättchenförmige Kristalle gefügebestimmend eingestreut sind. Hierbei ist es auch wichtig, dass die eingestreuten Kristalle (Porphyroblasten) metamorphe Neubildungen sind und nicht aus dem Edukt ererbter Altbestand. Das abgebildete Gesteinsstück ist ein quarzreicher Glimmerschiefer, der von Granat-Porphyroblasten durchsetzt ist. Außer hellem Glimmer und Granat ist Quarz ein wesentlicher Bestandteil des Glimmerschiefers. Der Quarz bewirkt die dickplattige Form des in Fundposition im Gelände liegenden Gesteinsstücks. Ablagerung des Gletschers Gaisbergferner im Inneren Ötztal, oberhalb Obergurgl, Tirol. Längste Achse des Gesteinsstücks ca. 25 cm.

Abb. 335: Glimmerschiefer (Hornblende-Garbenschiefer), der in einer Matrix aus hellem Glimmer und Quarz Porphyroblasten aus Granat (rot, isometrisch) und reichlich Hornblende (schwarz, nadelförmig = nematoblastisch) enthält. Die Hornblende-Nadeln sind zu divergentstrahligen Aggregaten gebündelt. Die in Form von Bündeln miteinander verwachsenen Hornblende-Nadeln sind in der Frühzeit der Petrografie, vor der Zeit der Mähdrescher, mit den damals auf den Kornfeldern aufgestellten Getreidegarben assoziiert worden. Hiervon leitet sich der immer noch übliche Name Garbenschiefer ab, für metamorphe Schiefer mit divergentstrahlig aggregierten nadelförmigen Porphyroblasten. Abschmelzfront des Gletschers Rotmoosferner im Inneren Ötztal, oberhalb Obergurgl, Tirol. Breite des abgebildeten Ausschnitts am unteren Bildrand ca. 30 cm.

Porphyroblastisches Gefüge (Struktur) ähnelt dem porphyrischen Gefüge von Vulkaniten, die Einsprenglinge führen. Kennzeichnend ist eine relativ feinkörnige Matrix, in die deutlich größere Kristalle eingestreut sind. Trotz des Aussehens, das dem von magmatischen Porphyren ähnelt, gelten im Zusammenhang mit Metamorphiten nicht die für Magmatite reservierten Begriffe Porphyr, porphyrisch, Einsprenglinge und Grundmasse. Für Metamorphite gibt es eigene Begriffe. Das Gesteinsgefüge heißt porphyroblastisch, die den magmatischen Einsprenglingen entsprechenden großen eingestreuten Kristalle heißen Porphyroblasten. Falls die Porphyroblasten nadelig oder leistenförmig ausgebildet sind, heißen sie auch nematoblastisch.

Poikiloblastisches Gefüge (Struktur) entsteht, wenn ein sich metamorph neubildendes Mineral andere Minerale umwächst und einschließt. Das poikiloblastisch ausgebildete Mineral ist dann von den eingeschlossenen Mineralen durchsetzt.

Abb. 336: Mikrofoto mit beiden Polarisationsfiltern des Mikroskops im Strahlengang, poikiloblastisches Gefüge: Idiomorphe Epidotkristalle $Ca_2Al_2FeSi_2O_7SiO_4O(OH)$ mit bunten Interferenzfarben sind von zwei das Bildfeld ausfüllenden Quarzkristallen mit leicht unterschiedlich weißgrauen Interferenzfarben umschlossen. Das gesteinsartige Material aus Quarz und Epidot ist bei Temperaturen von niedriggradiger Metamorphose aus fluider Phase in einer Kluftspalte abgesetzt worden. Glazialgeschiebe vom Ostseesteilufer Klütz Höved in Nordwestmecklenburg. Originalherkunft unbekannt. Breite des abgebildeten Ausschnitts ca. 2,5 mm.

Einregelung (Textur) besteht darin, dass plättchenförmige oder leistenförmig gestreckte Minerale parallel zueinander orientiert sind. Sie ist Ausdruck von gerichtetem Druck zur Zeit des Mineralwachstums, gewöhnlich verbunden mit bis in den Einzelkornbereich durchgreifender Scherbewegung als Ausdruck orogener Deformation.

Abb. 337: Gneis (aus Granit hervorgegangener Orthogneis) mit Einregelung der hellen und dunklen Glimmer in der Abbildungsebene. Hierdurch ergibt sich auch für die Feldspäte und den Quarz eine Auswalzung in der Einregelungsebene der Glimmer. Größte Achsenlänge des Gerölls ca. 14 cm. Glazialgeschiebe am Ostseesteilufer Klütz Höved, Landkreis Nordwestmecklenburg. Originalherkunft unbekannt.

Bänderung (Textur) wirkt sich zusätzlich zur bloßen Einregelung dadurch aus, dass es im Gestein eine Aufeinanderfolge unterschiedlich zusammengesetzter Lagen gibt. Diese sind parallel zueinander angeordnet, sodass das Bild diesbezüglich dem von sedimentärer Schichtung ähnelt. Von Schichtung und Schichten darf allerdings im Fall von metamorpher Bänderung nicht

Abb. 338: Metamorphe Bänderung in unreinem Marmor. Das überwiegend aus weißen Karbonatmineralen (Kalzit, Dolomit) bestehende Gestein enthält parallele Lagen, die reich an farbigen Silikatmineralen sind (z. B. grüner Diopsid, grüner Serpentin und brauner Vesuvian $Ca_{19}(Al,Mg,Fe)_{13}Si_{18}O_{68}(O,OH,F)_{10}$). Die Bänderung bildet keine sedimentäre Schichtung des Edukts ab, sondern die Deformation und lagige Auswalzung von Inhomogenitäten des Stoffbestands. Marmor ist besonders leicht deformierbar. Glazialgeschiebe am Ostseesteilufer von Friederikenhof, Wangels, Kreis Ostholstein. Größte Länge des Strandgerölls 15 cm.

gesprochen werden. Schichtung entsteht nur durch Sedimentation. In metamorphen Gesteinen ist es nicht ausgeschlossen, jedoch eine seltene Ausnahme, dass sedimentäre Schichtung des Edukts erhalten geblieben ist (Abb. 394).

Schieferung (Textur) zeigt sich als dünnplattige Teilbarkeit von metamorphem Gestein, die nichts mit sedimentärer Schichtung zu tun hat. Dies gilt auch, obwohl im Deutschen manche dünnplattig und ebenflächig geschichteten Sedimentgesteine als Schiefer bezeichnet werden (z. B. Schwarzschiefer, Ölschiefer, Kupferschiefer, Posidonienschiefer). Schieferung im engeren Sinne ist eine Folge von Faltung im Zuge tektonischer Durchbewegung, die das Gestein während einer Orogenese bis in den Einzelkornbereich erfasst hat. Die Anlage der Schieferung ist regelmäßig mit einer zumindest geringgradigen Metamorphose verbunden. Die einzelnen Schieferplatten sind durch Scherflächen voneinander abgesetzt, an denen Relativbewegung der beiden angrenzenden Gesteinssegmente gegeneinander stattgefunden hat. Die Schieferung kann mit einer ursprünglichen sedimentären Schichtung zusammenfallen oder diese in beliebigem Winkel schneiden. Die geometrischen Beziehungen hängen von der jeweiligen Position des betrachteten Gesteinsausschnitts innerhalb der Faltengeometrie ab.

Flaserung (Textur) besteht aus einem nach kurzen Strecken aus- und wieder einsetzenden inhomogenen Aufbau von metamorphem Gestein, zumeist von Gneis. Gewöhnlich zeigt sich die Flaserung in Form eines unebenflächigen Wechsels von hellen und dunklen Gesteinsanteilen.

Foliation ist ein allgemeiner Sammelbegriff für alle tektonisch verursachten Texturen, deren Wesen in einer zumindest tendenziellen parallelen Anordnung der Mi-

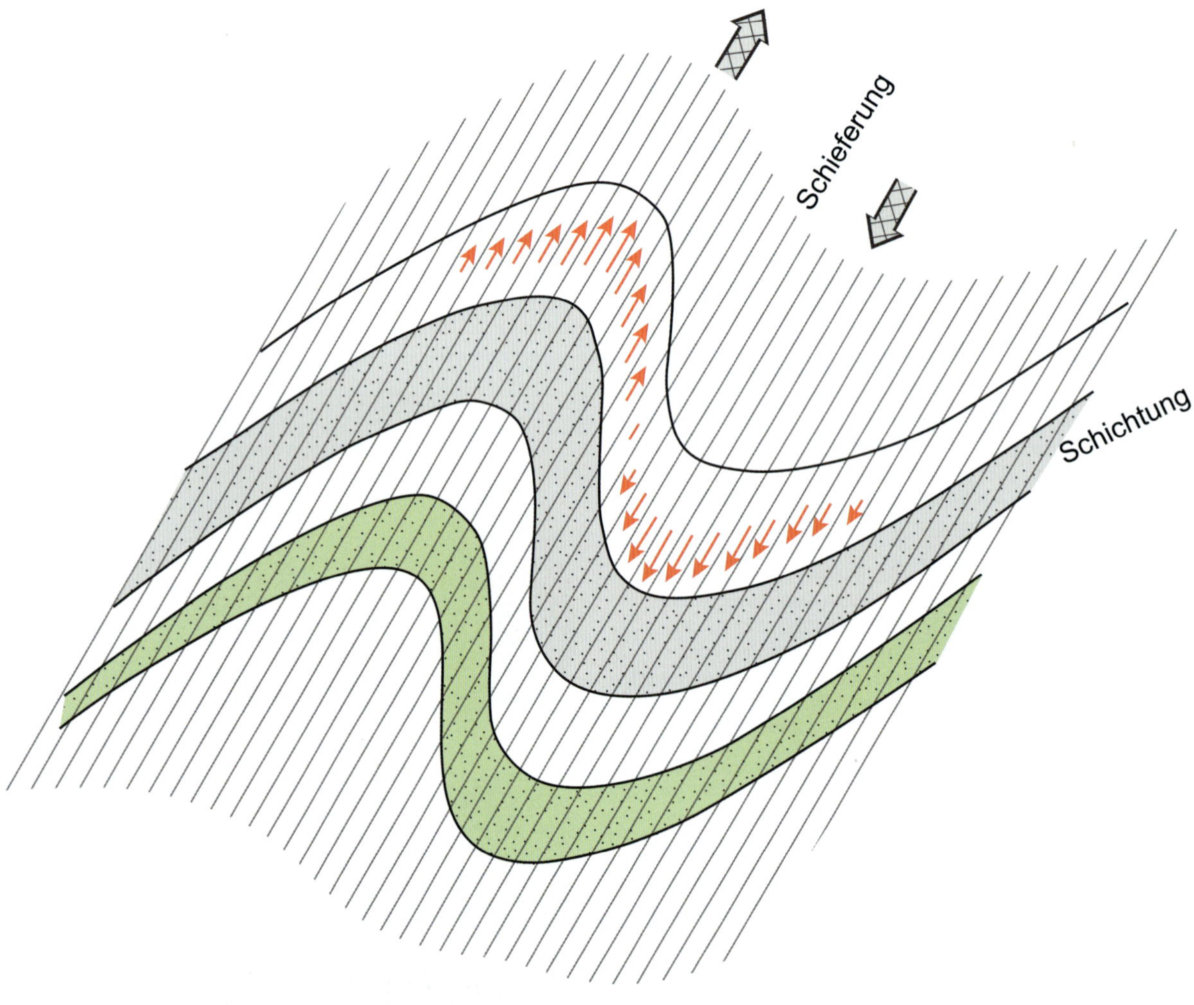

Abb. 339: Faltung in Tonschiefer: Die in Form der gebogenen Schichtverläufe erkennbare Faltung ist nicht durch einfache Verbiegung bewirkt, sondern dadurch, dass das leicht deformierbare Material in Form dünner Platten zerschert worden ist. Die einzelnen Platten haben sich an planaren Gleitflächen relativ zueinander bewegt, indem sie in den Faltenscheiteln am weitesten bewegt worden sind (durch die Pfeile angedeutet), während die Bewegung an den Faltenflanken zurückgeblieben ist.

Abb. 340: Tonschiefer des Unterkarbons, dessen Schichtung sich nahezu rechtwinklig mit der Schieferung schneidet. Die Schichtung liegt angenähert waagerecht, sie bewirkt Absatzflächen und Unstetigkeiten der Schieferung, die steil nach rechts einfällt. Diese geometrischen Verhältnisse zeigen an, dass der Aufschluss einen Ausschnitt in der Nähe des Scheitels einer Falte zeigt, deren Wellenlänge weit über den aufgeschlossenen Bereich hinausreicht. Gipfelbereich des Bielsteins (495 m ü. NHN) nördlich Lautenthal, Landkreis Goslar, Westharz.

Abb. 341: Orthogneis mit Flasergefüge. Die Flaserung unterscheidet sich von Bänderung dadurch, dass die Texturelemente, in diesem Fall sind es hell-rötliche Feldspat-Bereiche und dunkle Biotit-Anreicherungen, nur über kurze Strecken aushalten, um dann auszukeilen und meist versetzt wieder einzusetzen. Die Flaserung ist Ausdruck intensiver Durchbewegung im Zuge der Metamorphose. Glazialgeschiebe am Ostseesteilufer von Friederikenhof, Wangels, Kreis Ostholstein. Größte Länge des Strandgerölls ca. 25 cm.

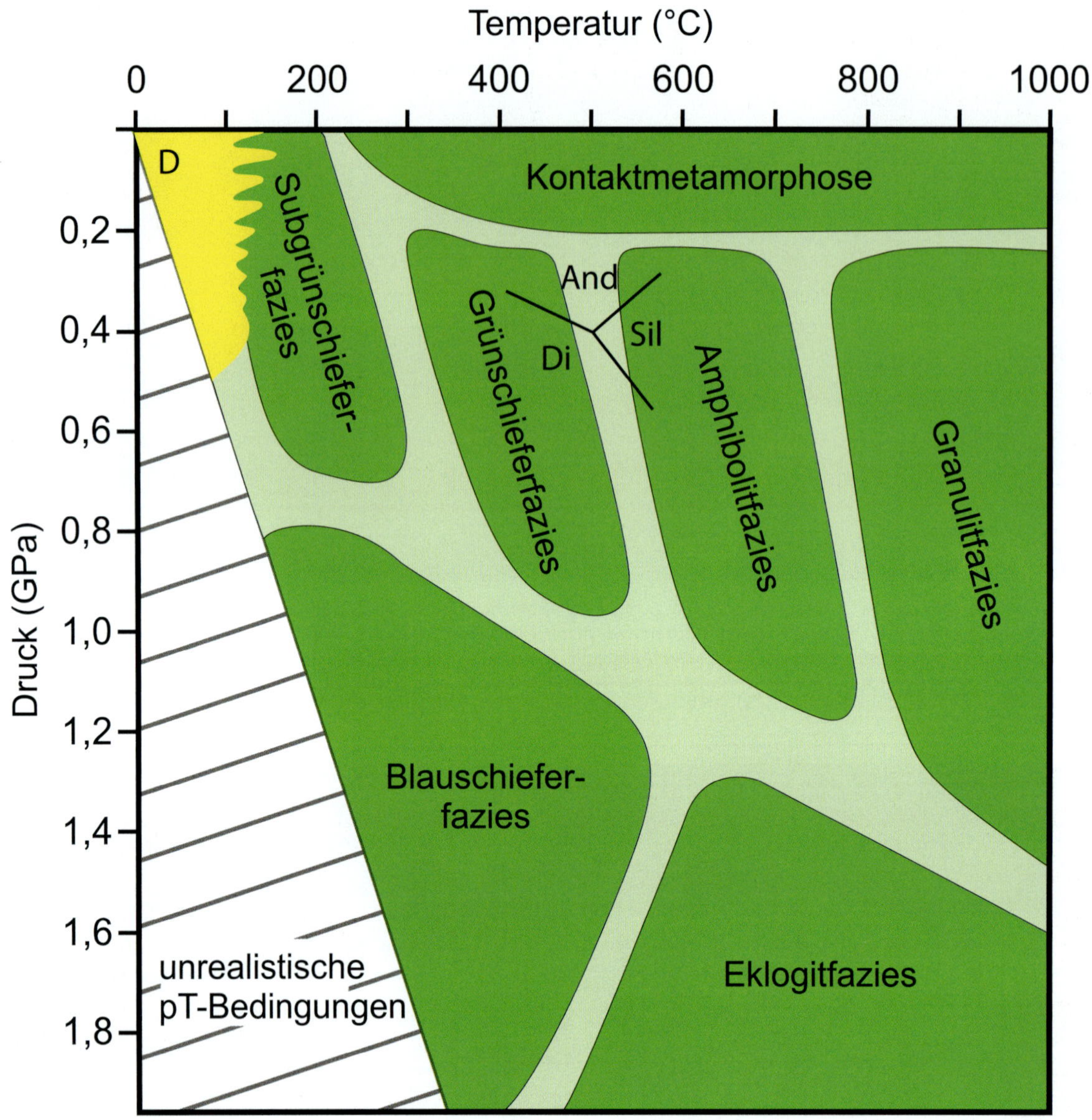

Metamorphe Faziesbereiche

in Anhängigkeit von Druck und Temperatur

And = Andalusit
D = Diagenese
Di = Disthen
Sil = Silimanit

Abb. 342: Metamorphe Faziesbereiche als Ausdruck der wirksamen Druck-Temperaturkombinationen. Zusätzlich ist der Berührungspunkt (Tripelpunkt) der Stabilitätsfelder der drei Al_2SiO_5-Minerale Andalusit (And), Disthen (Di) und Sillimanit (Sil) eingetragen. Das gelbe Feld mit der Eintragung „D“ steht für den Druck-Temperaturbereich der Diagenese. Auf Grundlage von Bucher & Frey (2002) und Bucher & Grapes (2011).

nerale und anderer Gesteinsbestandteile besteht. Dies betrifft Einregelung, Bänderung, Schieferung und Flaserung. Auch Augengneisgefüge ist eine Art von Foliation (Abb. 366). Foliation jeglicher Art hat zur Folge, dass das betroffene Gestein abhängig von der Betrachtungsrichtung unterschiedlich aussieht. Bei Blickrichtung senkrecht auf die Foliationsebene kann die Foliation unerkennbar sein. Bei Betrachtung in Richtung der Foliationsebene erscheint das Gestein hingegen streifig inhomogen oder/und plattig gegliedert.

Metamorphe Fazies (Abb. 342)

Metamorphe Gesteine sind sowohl durch ihre chemisch-mineralogische Zusammensetzung und damit durch die Art des Edukts geprägt als auch durch die Art und Intensität der Metamorphose. Die maximal erreichte Metamorphosetemperatur und der dabei herrschende Druck wirken sich in Form eines daran angepassten Mineralbestands aus. Unter gerichtetem Druck stattfindende Durchbewegung resultiert in interner Deformation. Metamorphe Gesteine dokumentieren so die zur Zeit der Metamorphose herrschenden Druck-Temperatur-Bedingungen.

Es ist üblich, die bei einer Metamorphose herrschenden Maximaltemperaturen durch Angabe der Zugehörigkeit zu einer metamorphen Fazies einzugrenzen. Deren Benennung orientiert sich unabhängig von der Art des tatsächlich vorliegenden Gesteins an dem Metamorphit, der aus einem basaltisch zusammengesetzten Edukt bei der jeweiligen Temperatur-Druck-Kombination entstehen würde. Wenn z. B. von Amphibolitfazies die Rede ist, muss das Gestein kein Amphibolit sein und das Edukt kein basaltisch zusammengesetztes Gestein gewesen sein. Nur die zur Bildung von Amphibolit erforderliche Temperatur muss erreicht gewesen sein. So sind Gneise, die oft überhaupt keinen Amphibol enthalten, in der Regel amphibolitfaziell geprägt. Lediglich ein in das Edukt des Gneises, z. B. in Grauwacke, eingelagerter basaltischer Gang würde dann nach der Metamorphose tatsächlich als Amphibolit vorliegen. Die Angabe einer Fazieszugehörigkeit umgeht die quantitative Festlegung der Temperaturen und Drücke in Grad Celsius und Kilobar, die in der geologischen Geländepraxis nur größenordnungsmäßig ermittelbar sind. Durch die recht grobe, gewöhnlich leicht mögliche Zuordnung einer Fazies ist jedoch eine für die meisten Zwecke ausreichende Eingrenzung der Entstehungsbedingungen eines Metamorphits gegeben.

Für Metamorphite gilt, dass ihre Mineralbestände gewöhnlich die höchsten im Verlauf eines „Druck-Temperaturpfads" erreichten Metamorphosetemperaturen reflektieren. Gesteine sind im Laufe ihrer Metamorphosegeschichte jedoch nicht nur einer einzigen Temperatur unterworfen. Vielmehr hat ein konkreter Metamorphit einen „Metamorphosepfad" im Druck-Temperatur-Feld durchlaufen, d. h. es gab einen zeitlichen Verlauf der beiden nicht voneinander abhängigen Variablen Druck und Temperatur. An der Erdoberfläche findet sich am Ende nur das dekomprimierte und abgekühlte Resultat des metamorphen Geschehens z. B. in Form von Gneis oder Glimmerschiefer.

Nach anhaltendem Anstieg der Temperatur und oft auch des Drucks ist ein Maximalwert durchlaufen worden, mit daran anschließender Abkühlung. Metamorphe Gesteine verhalten sich ähnlich wie Maximumthermometer. Der Grund für die dominierende „Aufzeichnung" gerade der Maximaltemperatur ist Aktivität von wässriger fluider Phase während des Temperaturanstiegs im Gegensatz zu deren Fehlen bei anschließend wieder absinkender Temperatur. Nur bei ansteigender Temperatur werden OH-haltige Minerale nacheinander instabil und geben wässrige Fluide in ihre Umgebung ab. Sie werden sukzessive durch OH-freie Minerale ersetzt. An die Stelle von z. B. Amphibol tritt Pyroxen. Das freigesetzte Wasser bewirkt den Transport von Ionen und begünstigt dadurch die Kristallisation der Mineralneubildungen. Bei wieder absinkender Temperatur wird nicht nur keine wässrige fluide Phase freigesetzt, sondern es werden OH-haltige Minerale potenziell wieder stabil. Das zu ihrer Kristallisation erforderliche Wasser fehlt jetzt jedoch bzw. es wird verbraucht, sofern es von außen zugeführt wird. Weil dies zumeist ohnehin nicht in bedeutendem Umfang geschieht, bleiben die bei hohen Temperaturen gebildeten, z. B. granulit- oder amphibolitfaziellen Mineralbestände weitgehend erhalten (durch „Trocknung konserviert"). Metamorphe Umwandlungen bei ansteigender Temperatur sind der Normalfall, sodass solche prograde Metamorphose gewöhnlich als die eigentliche Metamorphose gilt, ohne dass der prograde Charakter ausdrücklich genannt wird. Metamorphe Mineralneubildungen bei sinkender Temperatur hingegen sind selten bedeutend. Wenn solche rückläufige Metamorphose wirksam gewesen ist, wird sie als **retrograde Metamorphose** bezeichnet. Oft wirkt sie sich nur in Form von makroskopisch kaum deutlich werdenden geringfügigen Mineralneubildungen aus, die z. B. Randsäume an den bei der prograden Metamorphose entstandenen Mineralen bilden. Besonders kann sich der Einfluss der retrograden Metamorphose in Form von dunkelgrünen Chloritsäumen um die in prograden Metamorphosestadien entstandenen Pyroxene, Amphibole oder Biotite zeigen. Ebenso oder zusätzlich können Plagioklase anteilig in Epidot umgewandelt sein und dadurch eine makroskopisch erkennbare grünliche Tönung angenommen haben.

Abb. 343: Mikrofoto, aufgenommen mit beiden Polarisationsfiltern des Mikroskops im Strahlengang. Alle Farben und Hell-Dunkel-Kontraste gehen auf Interferenz des Lichts zurück. Plagioklase in dem abgebildeten Orthogneis zeigen in Form heller und dunkler Parallelstreifen Verzwillingung, die allerdings im Zentrum des Kristalls in der Bildmitte und rechts der Mitte ausgelöscht ist. Alle Plagioklase sind von Epidot- und auch Glimmerkristallen durchsetzt, die unter Einwirkung von fluider Phase bei niedrigen Metamorphosetemperaturen retrograd gebildet worden sind. Makroskopisch würde der Plagioklas wegen des eingelagerten Epidots grün erscheinen (Abb. 191). Glazialgeschiebe unbekannter Herkunft. Breite des abgebildeten Bereichs 2,5 mm.

Kontaktmetamorphe Gesteine bilden sich bei lokaler, räumlich eng begrenzter Erwärmung. Im typischen Fall sind sie durch eingestreute Kristalle von Mineralen gekennzeichnet, die unter statischen Bedingungen allein aufgrund erhöhter Temperatur im Gestein gesprosst sind. Als Folge der nur statisch wirksamen Kontaktmetamorphose, die sich auf Temperaturerhöhung beschränkt, fehlen Anzeichen von tektonischer Durchbewegung, außer wenn es diese schon vor der Kontaktmetamorphose gab. Das Auftreten von Kontaktmetamorphiten ist an den thermischen Einflussbereich von magmatischen Intrusivkörpern gebunden. Das ehemalige Magma hat im Zuge seiner Abkühlung und bei seiner Auskristallisation Wärme in die Nebengesteine abgegeben. Hierbei ist es bedeutend, dass bei der Auskristallisation von Magma über dessen unmittelbaren Wärmeinhalt hinaus über längere Zeit Kristallisationswärme freigesetzt wird, die einer schnellen Abkühlung entgegenwirkt.

Das erkennbar von der thermischen Einwirkung erfasste Volumen im Umfeld eines magmatischen Intrusivkörpers wird als Kontaktaureole bezeichnet. Gewöhnlich reichen Kontaktaureolen nur wenige hundert Meter senkrecht zur Kontaktfläche über den ehemaligen Magmenkontakt hinaus in die Nebengesteine. An der Erdoberfläche können Kontaktaureolen aufgrund der Anschnittgeometrie in der Fläche erheblich weiter reichen, wenn die Kontaktfläche flach abtaucht und dadurch in geringer Tiefe unter der Erdoberfläche verläuft.

Kontaktmetamorphite zeigen im Gegensatz zu den sehr viel verbreiteter auftretenden regionalmetamorphen Gesteinen keine interne Deformation wie z. B. Einregelung leisten- oder blättchenförmiger Minerale. Bei der Kontaktmetamorphose neu kristallisierte Minerale sind auch bei länglicher oder flächiger Kristallgestalt wegen des Fehlens von gerichtetem Druck bzw. von tektonischer Durchbewegung uneinheitlich und in beliebige Richtungen ausgerichtet. Allerdings kann in manchen nur mäßig kontaktmetamorph umgewandelten Tonschiefern die schon vor der Kontaktmetamorphose angelegt gewesene Schieferung erhalten geblieben sein. Wegen bevorzugter Mobilität von Fluiden auf den vorgeprägten Schieferungsflächen sind kontaktmetamorph entstandene Minerale dann oft bevorzugt in der von Anfang an bestehenden Schieferungsebene eingeregelt.

Abfolgen von Gesteinen mit zum Kontakt hin sukzessive zunehmender kontaktmetamorpher Prägung heißen kontaktmetamorphe Serien. Dies betrifft besonders solche Gesteine, die aufgrund ihrer chemisch-mineralogischen Zusammensetzungen besonders reaktionsfähig und daher zu deutlichen Mineralneubildungen befähigt sind. Vor allem trifft dies auf ehemals tonige und tonig-sandige Sedimentgesteine zu, auf basische Pyroklastite und auf karbonatisch-silikatische Mischsedimente. Alle diese Zusammensetzungen sind weit verbreitet. In ehemaligen, fast nur aus Quarz bestehenden Sandsteinen oder in reinen Kalksteinen gibt es hingegen auch bei hoher Metamorphosetemperatur keine chemische Veranlassung zur Bildung neuer Minerale. Lediglich die Gefüge können durch Neukonfiguration der Quarz- bzw. Kalzitkörner verändert sein. Dies kann sich durch Verzahnung der Quarzkristalle oder durch Kornvergröberung des Kalzits bzw. Quarzes auswirken.

In ehemals tonigen Sedimentgesteinen, die vor Beginn der Kontaktmetamorphose gewöhnlich Tonschiefer waren, führt metamorphe Temperaturerhöhung aufgrund der für Tone üblichen hohen Al_2O_3-Gehalte und besonderen Reaktionsfähigkeit zur Neubildung von Al-reichen Mineralen. Diese sind vor allem Andalusit Al_2SiO_5 und Cordierit $(Mg,Fe)_2Al_4Si_5O_{18}$. Ein erstes Anzeichen für geringe Kontaktmetamorphose, wie sie im Außenbereich von Kontaktaureolen stattfindet, ist das Vorkommen kleiner, punktförmiger Cordierit- bzw. Andalusitkriställchen, die zunächst kaum als spezifische Mineralart erkennbar sind. Die Benennung solcher Gesteine weicht dementsprechend einer definitiven Mineralbestimmung aus. In der Petrografie heißen solche Gesteine oft einfach **Knotenschiefer** (Abb. 347, Abb. 348), im Englischen *„spotted slate"*. Mit weiterer Annäherung an den ehemaligen Magmenkontakt nimmt die Größe der „Knoten" zu und sie zeigen dann für Cordierit oder für Andalusit typische Ausbildungsformen.

Andalusit tritt in größerer Entfernung vom magmatischen Kontakt ähnlich wie Cordierit zunächst in Form

Abb. 344: Ehemaliger, ordovizischer Tonschiefer, der im Kontaktbereich eines Granit-Plutons (Skiddaw-Granit) in Andalusit-führenden „Chiastolithschiefer" umgewandelt worden ist. Die Andalusit-Porphyroblasten sind aufgrund fehlender Durchbewegung bei der Kontaktmetamorphose nicht eingeregelt, sondern in beliebige Richtungen orientiert. Das abgebildete Gesteinsstück zeigt sowohl Längsschnitte von Andalusiten, die oberflächenparallel eingeregelt sind, als auch kleinflächige, rechteckige Querschnitte von Kristallen, die mit ihren Längsachsen quer zur Oberfläche orientiert sind. In beiden Fällen zeigen sich die für „Chiastolith" kennzeichnenden dunklen Kernbereiche, die von kohligen Phytoklasten durchsetzt sind, wie dies deutlicher im Mikrofoto (Abb. 346) erkennbar ist. Tonschiefer-Kontaktaureole des Skiddaw-Granits nordöstlich Keswick, Lake District, Cumbria, England. Länge der längsten Andalusitkristalle ca. 2 cm.

von unspezifischen, punktförmig-winzigen Knötchen auf, die sich jedoch mit zunehmender Nähe zur ehemals wärmeliefernden Kontaktfläche als leistenförmige Porphyroblasten entwickeln. Diese sind dann als Andalusit erkennbar. Die Ursache für diese Erkennbarkeit ist die Eigenschaft des Andalusits, kohlige Phytoklasten nicht zu umwachsen, sondern diese auf den wachsenden Außenflächen der leistenförmig konfigurierten Kristalle zu den Längskanten der Kristalle zu verschieben und zwar von jeweils beiden an die gemeinsame Kante grenzenden Kristallflächen aus. Hierdurch bleibt das Innere der Kristalle hell, mit Ausnahme der Wachstumsspuren der sich mit dem Kristallswachstum immer weiter von der Mittelachse entfernenden Kristallkanten. Die Folge ist ein im Querschnitt der Kristalle sich zeigendes, die Kanten verbindendes, dunkles x-förmiges Kreuz (Abb. 346). Im Längsschnitt zeigen die Kristalle eine dunkle Zentralachse, die die Schnittlinie der Kreuzäste repräsentiert. Frühere Petrografen haben die länglichen Andalusitkristalle in Knotenschiefern mit dem Aussehen von Getreidekörnern assoziiert und die betreffenden Gesteine als „Fruchtschiefer" benannt. Ein Sondername für die durch ein dunkles Einlagerungskreuz gekennzeichneten Andalusite ist „Chiastolith" bzw. für das einbettende Gestein „Chiastolithschiefer". Dies ändert nichts daran, dass das Mineral nichts anderes als Andalusit ist. Chiastolith ist also kein eigenes Mineral, sodass ein Mineralname „Chiastolith" überflüssig ist und Verwirrung stiften kann. Der Name bezeichnet lediglich eine spezifische Ausbildungsvariante von Andalusit.

Mit zunehmender Annäherung an den Kontakt werden die Andalusit-Porphyroblasten größer und ihre Menge pro Gesteinsvolumen nimmt zu. Nahe am Kontakt kann massiger Andalusit-Hornfels den Knotenschiefer ablösen.

Hornfels ist massiges, nicht geschiefertes, granoblastisches, kontaktmetamorph geprägtes Gestein. Der Name hebt auf eine Ähnlichkeit mit dem Material Horn ab, z. B. dem der Pferdehufe, das vor der Zeit der Kunststoffe für dichtes, feinkörnig-homogenes Material stand. Mit dieser Bezeichnung wird die Festlegung auf einen bestimmten Mineralbestand umgangen. Der Wortteil -fels steht für Granofels. Granofelse sind metamorphe Gesteine ohne Schieferung, Bänderung oder andere Texturen, die auf Durchbewegung bei der metamorphen Umkristallisation zurückgehen. Granofelse haben körnige Gefüge, die das Gestein unabhängig von der Betrachtungsrichtung als homogen und einheitlich aufgebaut zeigen. Hornfelse werden von Fall zu Fall mal auf Grundlage ihres metamorph entstandenen Mineralbestands bezeichnet, mal nach ihrem Edukt. Letzteres gilt besonders, wenn das Gesteinsgefüge mehr durch das Edukt geprägt ist als durch makroskopisch oft nicht deutlich erkennbare, recht feinkörnige Mineralneubildungen. So ist Grauwackehornfels ein Hornfels, der im Idealfall trotz erfolgter Umkristallisation vor allem der Feldspäte immer noch den ursprünglichen Aufbau aus detritischen Körnern erkennen lässt. Die Be-

Abb. 345: Andalusit-Cordierit-Hornfels aus dem unmittelbaren Kontaktbereich in nur wenigen Metern Entfernung vom Granit, dessen Magma die kontaktmetamorphe Umwandlung ehemaligen Tonschiefers bewirkt hat. Das massige Gestein ist vollständig umkristallisiert und zeigt daher anders als der Chiastolithschiefer der Abb. 344 keine Ähnlichkeit mehr mit Tonschiefer. Die dominierende metamorphe Neubildung ist Cordierit, der vollständig von kohligen Phytoklasten durchsetzt ist und daher homogen schwarz entwickelt ist. Anders als Andalusit, der die Phytoklasten bei seinem Wachstum zu den Kanten hin „kehrt", umwächst Cordierit diese, wo sie gerade vorliegen. Innerster (ehemals heißester) Bereich aus Hornfels der Kontaktaureole des Skiddaw-Granits nordöstlich Keswick, Lake District, Cumbria, England. Breite des abgebildeten Ausschnitts 7 cm.

Abb. 346: Mikrofoto ohne Analysator, die Farben sind Eigenfarben: Andalusit-Porphyroblast („Chiastolith") in kontaktmetamorphem „Chiastolithschiefer". Schnitt durch den Kristall senkrecht zur Längserstreckung. Das für kontaktmetamorphen Andalusit kennzeichnende Kreuz aus dunklen, kohligen Einlagerungen und Störungen des Kristallbaus ist deutlich entwickelt. Die kräftig braunen Flächen bestehen aus metamorph gebildetem Biotit. Tonschiefer-Kontaktaureole des Skiddaw-Granits nordöstlich Keswick, Lake District, Cumbria, England. Breite des abgebildeten Ausschnitts 2,5 mm.

zeichnung ist dann berechtigt, wenn die Entstehung aus Grauwacke z. B. aufgrund des geologischen Zusammenhangs erkennbar ist.

Cordierit ist ein eigentlich quarzähnlich aussehendes, farblos klares oder bläulich getöntes Mineral mit muscheligem Bruch, ohne dass er dies in Knotenschiefer zeigen kann. Dies hat mit einer besonderen Eigenschaft von Cordierit zu tun. Bei seinem Wachstum umschließt er die in Tonschiefern allgegenwärtigen kohligen Partikel (Phytoklasten) und schirmt sie dadurch gegen ihre Oxidation („Verbrennen") ab, sodass diese den Cordierit schwarz pigmentieren. Sich durch ihre Korngröße aus der umgebenden Matrix abhebende, größere Cordieritkristalle (Cordierit-Porphyroblasten) in kontaktmetamorph überprägten Tonschiefern sehen entsprechend kohlig schwarz und matt aus. Das Gestein insgesamt ist dann schwarz gesprenkelt mit Größen der einzelnen pigmentierten Cordierit-Porphyroblasten von bis zu ca. 5 mm. Mit kontaktnah immer reichlicher und größer entwickelten Cordieriten geht schließlich das ursprüngliche schiefrige Gefüge des Gesteins verloren. Das auch in der Matrix völlig umkristallisierte, cordieritreiche Gestein ist dann ein massig ausgebildeter Hornfels (Abb. 345). Wenn die Identifikation des Cordierits sicher ist, können die entsprechenden Kontaktmetamorphite als Cordierit-Knotenschiefer bzw. als Cordierit-Hornfels bezeichnet werden. Für Knotenschiefer bzw. Hornfelse, die durch Andalusit geprägt sind, gilt Entsprechendes (Andalusithornfels).

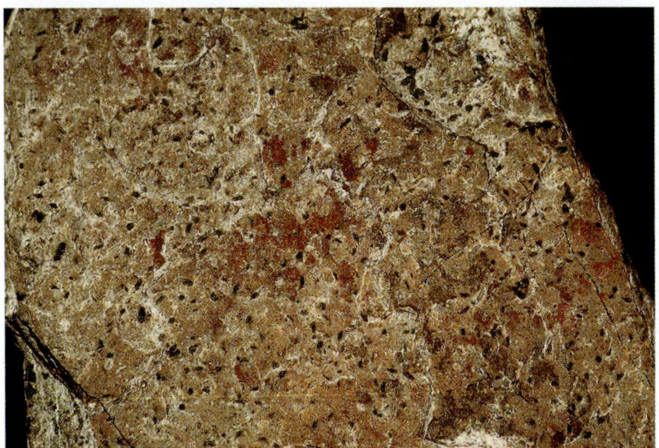

Abb. 347: Cordierit-Knotenschiefer aus relativ kontaktfernem Bereich, in dem die kontaktmetamorph gesprossten Cordieritkristalle noch klein sind (maximal 4 mm). Die Cordierite sind mattschwarz, weil sie von kohligen Phytoklasten durchsetzt sind, wie es für kontaktmetamorphe Cordierite charakteristisch ist. Außerhalb der Cordieritkristalle sind die ursprünglich überall im Edukt-Tonschiefer vorhanden gewesenen kohligen Phytoklasten durch Oxidation bei hohen Temperaturen verschwunden. Kontaktaureole von Andlau, Vogesen, Elsass, Frankreich.

Abb. 348: Cordierit-Knotenschiefer aus einem näher am Kontakt gelegenen Bereich als es für den Knotenschiefer der Abb. 347 der Fall war. Wegen höherer erreichter Temperatur und damit verbundener längerer Metamorphose-Einwirkungsdauer sind die Cordierite entsprechend größer gewachsen (maximal 1 cm). Der seidige Glanz der Matrix außerhalb der Cordierite beruht auf metamorph neugebildetem, feinkristallinem Muskovit („Serizit"). Kontaktaureole von Andlau, Vogesen, Elsass, Frankreich.

Abb. 349: Granit-Hornfels-Kontakt: Schwarzer, feinkörnig-dichter Hornfels grenzt an körnigen, grauen Granit des Brockenmassivs. Im linken Bilddrittel sind der Hornfels und Granit von Wegschotter aus überwiegend Kalkstein entfernterer Herkunft überdeckt. Der Kontakt zwischen dem engständig geklüfteten Hornfels oben und dem massigen Granit unten ist abrupt. Talweg an den Oberen Ilse-Wasserfällen, südwestlich Ilsenburg, Landkreis Harz, Sachsen-Anhalt.

Eine besonders intensive, jedoch nur sehr lokal und selten auftretende Art von Kontaktmetamorphose ist **Verbrennungsmetamorphose**. Deren Wärmequelle ist nicht die Wärmeabgabe eines angrenzenden Magmas, sondern die Verbrennungshitze eines schwelenden Kohleflözes. Solche Flözbrände sind in Braunkohle- und Steinkohlerevieren dann möglich, wenn Luft Zutritt zu einem Kohleflöz findet. Selbstzündung von Kohle ist durch Oxidation von Pyrit möglich, wie er häufig in Kohlen vorkommt. So kommt für das in Abb. 354 gezeigte Beispiel der Folgen eines frühen ehemaligen Flözbrands aus vorindustrieller Zeit keine Zündung durch menschliche Einwirkung in Betracht. Selbstzündung ist mög-

Abb. 350: Aus Grauwackehornfels bestehende Felsklippe. Durch die Kontaktwirkung unterlagernden Granitmagmas ist die ehemalige Grauwacke in nur mikroskopisch erkennbarer Weise umkristallisiert und gehärtet, vor allem durch Neubildung von Quarz und Feldspat. Daher ragt die Hornfelskuppe auf einer Unterlage aus Granit als schroffer Felsen über seine Umgebung empor. Der Hornfels widersteht der Verwitterungseinwirkung besser als der Granit. Achtermannshöhe (927 m ü. NHN), Harz, nordwestlich Braunlage, Landkreis Goslar, Niedersachsen.

Abb. 351: Bruchfläche des Grauwackehornfels' der in Abb. 350 gezeigten Felsklippe. Dem Gestein fehlen typisch metamorphe Neubildungsminerale wie z. B. Cordierit oder Andalusit, wie sie manche anderen Hornfelse prägen. Die makroskopisch sichtbare Körnigkeit des Gesteins beruht auf weiter gewachsenen Mineralen des Eduktmineralbestands wie Feldspäten und Quarz. Achtermannshöhe, Harz, nordwestlich Braunlage, Landkreis Goslar, Niedersachsen.

Begriffsklärung Hornfels und Hornstein

Beide Namen bezeichnen Gesteine, die im typischen Fall feinkörnig-dichte, hornartig-homogen wirkende Gefüge zeigen. Das Auftreten von Hornfels als kontaktmetamorphes Gestein ist an magmatische Kontakte gebunden. Hornstein ist hingegen in Form von konkretionären Knollen oder Platten auftretender mikrokristalliner Quarz als diagenetische Neubildung in Kalkstein (Abb. 329). Hornstein ist eine sedimentär-diagenetische Bildung, an deren Entstehung keine Metamorphose beteiligt ist.

lich, wenn ein Kohleflöz an einem Berghang zutage ausstreicht und womöglich durch Trocknung und Schrumpfung rissig geworden ist oder wenn in einem Flöz Luftzufuhr über Bergbau-Grubenbaue stattfindet. Aktive Flözbrände geben sich durch Rauchaustritte, Hitze am Erdboden, geschädigte Vegetation und durch Geruch von Kohlerauch zu erkennen. Besonders spektakuläre Folgen hat Verbrennungsmetamorphose, wenn toniges Gestein an ein Kohleflöz grenzt. Es kommt dann zu einer Umwandlung des Tons in ziegelartig hart gebranntes,

Abb. 352: Rauchentwicklung über einem aktiven Braunkohle-Flözbrand im Untergrund. Der Schwelbrand wird durch Hohlräume begünstigt, die auf ehemaligen Braunkohleabbau zurückgehen. Die auffälligste Folge des seit über 400 Jahren schwelenden Flözbrands ist aus dem Boden austretender Rauch, der nach Schwefelverbindungen, SO_2 und H_2S riecht. Der Geruch ist je nach Windrichtung zeitweise schon in einer Entfernung von mehreren hundert Metern wahrnehmbar. Hoher Meißner nahe Hessisch Lichtenau, Werra-Meißner-Kreis, Nordhessen.

Abb. 353: Brocken von gebranntem Gestein, die aus tertiärem Ton bei einem Flözbrand entstanden sind. Das ziegelartig feste Material ist zeitweise zur Befestigung von Fahrwegen abgebaut worden. Die höchsten Temperaturen haben die schwarzen, gesinterten Anteile erlitten. Dobrčice (Dobschitz), České středohoří (Böhmisches Mittelgebirge) östlich Most (Brüx) Westböhmen, Tschechien.

Abb. 354: Ehemalige Abbauwand in gebranntem Gestein. Tertiärer Ton ist durch ein vollständig verbranntes Braunkohleflöz in einer Hanglage zu gebranntem Gestein metamorphosiert worden. Das Kohleflöz lag dort innerhalb der Schichtfolge, wo im oberen Profilteil besonders dunkles gesintertes Gestein ansteht. Nach unten hin, wo gelbe und rotbraune Farben dominieren, war die thermische Kontaktwirkung geringer. Dobrčice (Dobschitz), České středohoří (Böhmisches Mittelgebirge) östlich Most (Brüx) Westböhmen, Tschechien.

Abb. 355: Gneis mit hellen, verfalteten Lagen. Die hellen Lagen (Leukosom) gehen auf partielle Aufschmelzung zurück, die bei der höchsten erreichten Temperatur tief im Untergrund eines entstehenden Orogens stattgefunden hat. Der Gneis ist dementsprechend migmatitisch (Abb. 367–370). Der abgebildete Gesteinsblock repräsentiert das Zusammenwirken von hoher Temperatur und temperaturbedingt bruchloser tektonischer Durchbewegung im Zuge einer Orogenese. Bei den erreichten hohen Temperaturen um ca. 700 °C hat das glühend heiße Gestein auf gerichteten Druck plastisch reagiert. Die Verbindung von orogener Metamorphose (Regionalmetamorphose) mit durchgreifender Verformung ist der Normalfall. Eines der seltenen Gegenbeispiele zeigt Abb. 356. Glazialgeschiebe, Küste der südlichen Ostsee. Originalherkunft mit großer Wahrscheinlichkeit Südwestschweden. Größte Länge ca. 55 cm.

dichtes Gesteinsmaterial, das auch die für technisch hergestellte Ziegel charakteristische Rot- oder Gelbfärbung zeigt. Im unmittelbaren Flözkontakt kann die Erhitzung wie bei Ziegel-Fehlbränden zur Sinterung führen. Hierbei entsteht ein schlackig strukturiertes, lavaähnlich aussehendes Material. Die Bezeichnung für alle Arten von durch Verbrennungsmetamorphose entstandene Gesteine ist unabhängig vom Ausmaß der wirksam gewesenen Erhitzung **gebranntes Gestein**.

Regionalmetamorphe Gesteine entstehen im Zusammenhang mit plattentektonisch verursachten Orogenesen (Gebirgsbildungen). Aufgrund der mit Gebirgsbildungen einhergehenden Bewegungsabläufe zeigen sie zumeist Auswirkungen von bis in den Einzelkornbereich durchgreifender Deformation. Hieran ist immer eine einheitliche Einregelung von länglich oder plattig gewachsenen Mineralkörnern beteiligt.

In seltenen Fällen können Gesteine trotz einer Regionalmetamorphose der Deformation entgehen, sodass z. B. Sedimentstrukturen nicht ausgelöscht werden. Dies gilt für Regionalmetamorphose, die ähnlich wie Kontaktmetamorphose allein auf die thermische Einwirkung von Magmenkörpern zurückgeht, jedoch in mehreren Kilometern Krustentiefe und unter entsprechend hohem statischem Druck aufgrund eines mächtigen Stapels überlagernder Gesteine. Durchbewegung kann auch Gesteinen erspart bleiben, die selbst bei hoher Temperatur mechanisch ausreichend starr bleiben, um sich einer plastischen Deformation zu widersetzen. Hierzu gehören manche großen Quarzitvorkommen, zumal wenn sie von leicht deformierbaren Gesteinen umgeben sind, die die orogene Durchbewegung aufnehmen können. Die meisten regionalmetamorphen Gesteine sind jedoch durch die mit der Gebirgsbildung verbundenen Bewegungsvorgänge geprägt. Hierbei läuft es darauf hinaus, dass alle nicht isometrischen Mineralkörner, die entweder plattige oder längliche Kristallgestalt haben, in bevorzugter Richtung eingeregelt sind. In diesem Zusammenhang sind verschiedene anisotrope Gefüge möglich, wie Mineral-Einregelung, Bänderung, Flaserung, Augengneisgefüge und Schieferung. Anisotrop bedeutet, dass das Gestein je nach Betrachtungsrichtung unterschiedlich erscheint, im Gegensatz zu isotropen Gefügen, die unabhängig von der Betrachtungsrichtung einheitlich aussehen. Wenn das metamorphe Gestein vollständig aus isometrischen Kristallen wie Feldspäten und Quarz besteht, die weder plattig noch länglich kristallisieren, fehlt die Voraussetzung zur Anlage üblicher anisotroper Gefüge. Abb. 372 zeigt ein Gegenbeispiel von anisotropem Gefüge eines Granulits allein

Abb. 356: Ein Beispiel von trotz hochgradiger Regionalmetamorphose undeformiert erhalten gebliebenen Sedimentstrukturen des prämetamorphen Edukts. In dem abgebildeten Aufschluss sind Schichtunterseiten von ehemals sandigem Sediment mit Rippelmarken (Abb. 233) undeformiert erhalten. Das Gestein ist Quarzit (Abb. 394), der aus vor ca. 1,8 Milliarden Jahren sedimentierten Ablagerungen eines ehemaligen Flussmündungsdeltas hervorgegangen ist. Der Quarzit ist bei ähnlichen metamorphen Temperaturen, wie das Gestein der Abb. 365 sie erfahren hat, innerhalb eines viele hundert Meter mächtigen, starren Gesteinskörpers aus fast nur Quarz mechanisch fest geblieben. Eine Teilaufschmelzung ist in dem allein aus Quarz bestehenden Gestein wegen der hohen erforderlichen Schmelztemperatur nicht zustande gekommen. Für Quarz liegt diese je nach Reinheitsgrad weit über 1000 °C (maximal ca. 1700 °C). Straßenböschung an der E 22 zwischen Västervik und Gamleby, nördlich Segelrum. Ostsmåland, Südschweden.

auf Basis von Quarz und Feldspat. Quarz und Feldspat begünstigen sonst isotropes Gefüge. Angewandt auf metamorphe Gesteine heißt dieses granoblastisch („kornwüchsig"). Hierbei bezieht sich die Bezeichnung primär nicht auf das Gestein insgesamt, sondern zunächst auf die einzelnen Mineralkörner. Vollständig aus granoblastischen Mineralen besteht z. B. Marmor, der nur aus Kalzit oder Dolomit besteht. Anisotrope Gefüge sind vor allem für Gneise und metamorphe Schiefer kennzeichnend. Die verschiedenen Arten von anisotropen, auf metamorphe Deformation zurückgehenden Gefügen können unter dem Sammelbegriff **Foliation** bezeichnet werden.

Regionalmetamorphe Serien

Es gibt zwei unter metamorpher Einwirkung besonders reaktionsfähige chemische Gesteinszusammensetzungen, die in der Geologie von besonderer Bedeutung sind. Dies gilt, weil sie zu den am häufigsten vorkommenden Gesteinszusammensetzungen gehören. Sie bilden die Grundlage der beiden bedeutendsten metamorphen Serien. Hiermit sind Abfolgen von Metamorphiten gemeint, die bei jeweils einheitlicher chemischer Zusammensetzung in Abhängigkeit vom erreichten Metamorphosegrad mit unterschiedlichen Mineralbeständen auseinander hervorgehen könnnen.

Die mengenmäßig bedeutendsten Sedimentgesteine sind Tone bzw. Tonsteine und tonreiche Turbidite bis hin zu manchen matrixreichen Flysch- bzw. Grauwacke-Lithareniten. Hierbei unterliegen die sandsteinartigen Litharenite erst bei höheren Metamorphosetemperaturen durchgreifenden Veränderungen des Gesteinscharakters. Für Tone und Schiefertone setzt hingegen schon unter grünschieferfaziellen Metamorphosebedingungen eine signifikante Gesteinsumprägung ein. Auf Tongesteine gründet eine metamorphe Serie, zu der mit ansteigender Temperatur Tonschiefer, Phyllit, heller Glimmerschiefer, Gneis und Granulit bzw. Migmatit gehören.

Die zweite der beiden geologisch besonders bedeutenden metamorphen Serien geht von basisch bis intermediär zusammengesetzten Edukten aus. Dies können außer massivem Basalt oder Andesit auch basaltisch oder andesitisch zusammengesetzte Pyroklastite sein. Diese sind wegen ihrer Feinkörnigkeit bei verminderter Massivität besonders reaktionsfähig. Aus Basalt, wie er vor allem die Ozeanböden aufbaut, kann mit ansteigender Metamorphosetemperatur eine Abfolge aus Grünschiefer bzw. Grünstein, Amphibolit bzw. mafischem Migmatit, mafischem Granulit und Eklogit entstehen.

Tonschiefer (Subgrünschieferfazies und Grünschieferfazies)

Unter geringer, subgrünschieferfazieller bis niedrig temperiert grünschieferfazieller Metamorphose reagieren tonige Sedimentgesteine durch Entwässerung, Kompaktion, Neubildung des glimmerähnlichen Tonminerals Illit und unter Umsatz von Quarz mit dem Ergebnis, dass ein festes und recht verwitterungsresistentes Gestein entsteht, das in großer Menge als Dachschiefer mit Haltbarkeiten über Jahrhunderte verwendet wurde. Im Zuge orogener Durchbewegung ist mit der metamorphen Umkristallisation eine oft ausgeprägte tektonische Schieferung verbunden. Sie beruht auf der Anlage von dünnplattigen Gleitkörpern, die durch Scherbewegungen im Zusammenhang mit der Faltung der Gesteinsstapel entstehen. Schichten aus Tongesteinen werden bei ihrer Faltung nicht einfach gebogen, sondern es kommt zu Relativbewegungen dünnplattiger Segmente gegeneinander, die sich zu großen Faltenkörpern addieren. Die flächigen Bewegungsbahnen sind angenähert parallel zur Scheitelebene der entstehenden Falte angeordnet. Während die Segmente an den Außenflanken der Falten relativ zurückbleiben, bewegen sich die Segmente nahe des Faltenzentrums besonders stark in Richtung auf den Faltenscheitel zu. Das Ergebnis dieser mit niedriggradiger Metamorphose verbundenen Durchbewegung

Abb. 357: Tonschiefer des Mittel- bis Oberdevons mit engständiger Schieferung, dessen Schieferungsflächen zusätzlich schwach gefaltet sind. Der Tonschiefer ist durch niedriggradige Metamorphose im Gegensatz zu seinem Edukt (Tonstein) so verwitterungs- und frostbeständig, dass er die abgebildete, stabil standfähige Böschung aufbauen kann. Selketal, südwestlich Meisdorf, Landkreis Harz, Sachsen-Anhalt.

ist eine unabhängig von der ursprünglichen sedimentären Schichtung orientierte plattige Teilbarkeit. Sie ist Grundlage der Schieferung. Diese kann in Tonschiefern so dünnplattig und ebenflächig angelegt sein, dass das Material zum Decken von Dächern und zur Verkleidung von Fassaden geeignet ist. Die meisten Dachschiefer

„Schieferchaos“: ein Name für drei verschiedene Gesteinsarten

Weil es im Deutschen für drei sehr unterschiedliche Gesteine einen gemeinsamen Grundbegriff (Schiefer) gibt, kommt es zwangsläufig zu Missverständnissen, wenn eine Präzisierung fehlt. Im Englischen gibt es hingegen drei eigene Begriffe: *slate*, *schist* und *shale*. Keines der genannten Gesteine ist der „echte“ Schiefer und keines ist unrechter Schiefer. Alle sind Gesteine „nach eigenem Recht“.

Slate entspricht Tonschiefer bzw. Dachschiefer im Deutschen. Er ist ein im Zuge von Gebirgsbildung und Faltung geringgradig metamorph geprägtes, dünnplattig teilbares Gestein. Das Ausgangsmaterial (Edukt) war fast immer ein toniges Sediment. In seltenen Fällen kann auch vulkanischer Aschentuff Ausgangsmaterial sein. Die dünnplattige Teilbarkeit ist nicht durch sedimentäre Schichtung, sondern durch Schieferung in Form von engständig angelegten, parallel orientierten ehemaligen Bewegungsbahnen (Scherflächen) bedingt. Die Bildung von Tonschiefer erfordert eine Gebirgsbildung mit entsprechender tektonischer Durchbewegung bis in den Einzelkornbereich des Gesteins.

Schist entspricht im Deutschen die Bezeichnung kristalliner Schiefer. Es ist Gestein, das im Zuge von Gebirgsbildung unter mäßiger bis mittelgradiger Metamorphose geschiefert worden ist. Die Schieferung ist an hohe Anteile von blättchenförmigen und parallel eingeregelten Kristallen gebunden, vor allem von Glimmer und/oder Chlorit, deren einzelne Kristalle zumindest teilweise makroskopisch lokalisierbar sind. Beispiele sind Phyllit, Glimmerschiefer und Chloritschiefer (Grünschiefer z. T.). Auch leistenförmig kristallisierende Minerale können die Schieferung metamorpher Gesteine ermöglichen, z. B. Amphibole.

Shale (Schwarzschiefer) ist sedimentäres, nicht metamorphes Gestein, dessen plattige Teilbarkeit keine Folge von Schieferung ist, sondern von feinmaßstäblicher, perfekt ebenflächiger sedimentärer Schichtung (Lamination). Anders als in kristallinen Schiefern und Tonschiefern ist die plattige Teilbarkeit nicht durch Metamorphose und Durchbewegung entstanden. Die Schwarzfärbung geht auf feine kohlige Partikel (Phytoklasten) und Bitumina zurück. Die perfekte, dünnplattige Schichtung ist eine Folge des Fehlens von wühlenden Sedimentbewohnern aufgrund von lebensfeindlichen Bedingungen am Gewässerboden (Fehlen von Sauerstoff, Anwesenheit von giftigem Schwefelwasserstoff).

Abb. 358: Ausschnitt der traditionellen Dachschieferdeckung eines historischen Gebäudes. Der stabile Zustand des jedem Wetter ausgesetzten Schieferdachs beweist die ausgeprägte Verwitterungsresistenz des verwendeten Tonschiefers. Die leicht rauen Ränder der einzelnen Schieferplatten lassen erkennen, dass sie nicht gesägt, sondern in Form geschlagen worden sind. Rathaus in Wernigerode, Landkreis Harz, Sachsen-Anhalt.

sind Tonschiefer. Allgemein sind sie aufgrund eines Anteils feinkörniger kohliger Partikel (Phytoklasten) schwarz oder dunkelgrau gefärbt.

Phyllit (Grünschieferfazies)
Unter grünschieferfaziellen Metamorphosebedingungen wird aus Tonschiefer unter reichlicher Neubildung von feinschuppigem Muskovit („Serizit") meist heller, auf den Schieferungsflächen seidig glänzender Phyllit, der besonders dünnplattig (blättrig) geschiefert ist. Der Name Phyllit ist aus dem griechischen Wort für Blätter abgeleitet. Schwarzphyllit ist aus Schwarzschiefer hervorgegangener Phyllit mit hohem Gehalt von kohligen Partikeln, die aus bituminösen oder pflanzlichen Bestandteilen des Edukts hervorgegangen sind. In Phylliten ist die Bildung von eingestreuten größeren, metamorph neu gebildeten Kristallen (Porphyroblasten) nicht üblich. Dies schließt allerdings nicht aus, dass z. B. Pyrit eingestreut sein kann, wie er auch in nicht metamorphen Sedimentgesteinen vorkommt. Häufig ist in Phyllit Segregationsquarz eingelagert. Er bildet linsen-

Abb. 359: Phyllit, grünschieferfaziell metamorph umgewandeltes Tongestein. Phyllit ist das mit ansteigender Temperatur auf Tonschiefer folgende metamorphe Produkt. Ähnlich wie in Tonschiefern gibt es auch in Phylliten mit wenigen seltenen Ausnahmen kaum Porphyroblasten. Ein auffälliger Unterschied zu Tonschiefern ist ein ausgeprägter seidiger Glanz auf den Schieferungsflächen, der durch feine Glimmer- und z. T. auch Chloritschüppchen verursacht wird. Hinzu kommt eine extrem dünnplattige Teilbarkeit entlang der Schieferungsflächen, die in dem hier gezeigten Aufschlussfoto deutlich wird. Der Name Phyllit hebt auf diese dünnblättrige Teilbarkeit des Gesteins ab. Straßenböschung im Wippertal zwischen Friesdorf und Rammelburg, Stadt Mansfeld, Landkreis Mansfeld-Südharz, Sachsen-Anhalt.

Abb. 360: Segregationsquarz (weiß) in Phyllit. Bei niedriggradiger Metamorphose von Tongesteinen ist gewöhnlich wasserreiche fluide Phase in hohem Maße aktiv. Hierbei geht von vornherein im tonigen Edukt enthaltener, feinkörniger Quarz in Lösung und wird im selben Gestein aus heißer wässriger Lösung in Form größerer Einlagerungen, meist als weißer Milchquarz, wieder abgesetzt. Zusätzlich kann Quarz beteiligt sein, der bei metamorphen Reaktionen freigesetzt wird. Der umgesetzte Quarz wird schließlich in Form von Schlieren, Gängen und linsenförmigen Körpern als Segregationsquarz lokal konzentriert abgesetzt. Wenn dies bei gleichzeitiger Durchbewegung des leicht verformbaren Gesteins geschieht, bilden sich unregelmäßig verfaltete Quarz-Einlagerungen im schiefrigen Gestein, deren Dicke kleinräumig an- und abschwillt. Besonders massiv sind solche Quarzeinlagerungen zumeist in den Faltenscheiteln. Das Foto zeigt solchen Segregationsquarz in dünnplattig geschiefertem und verfaltetem Phyllit. Straßenböschung im Wippertal zwischen Friesdorf und Rammelburg, Stadt Mansfeld, Landkreis Mansfeld-Südharz, Sachsen-Anhalt.

und lagenförmige Körper aus zumeist milchig-weißem Quarz, der durch lokal fokussierte Ausfällung von Quarz aus heißer fluider Phase zustande gekommen ist. Der Quarz entstammt der Auflösung von ursprünglich gleichmäßig fein verteiltem Quarz aus dem Gesteinsverband. Die Ausfällung ist an Bereiche lokal verringerten Drucks gebunden, z. B. in Faltenscheiteln des im Zuge von Gebirgsbildung deformierten Materials. Einlagerungen von Segregationsquarz, die ursprünglich in Phylliten angelegt worden sind, können bei zunehmenden Metamorphosetemperaturen erhalten bleiben und in Glimmerschiefern oder Paragneisen noch fortbestehen.

Abb. 361: Granatglimmerschiefer. Das gesteinsprägende Mineral ist Hellglimmer (Muskovit $KAl_2\square AlSi_3O_{10}(OH)_2$ oder/und Paragonit $NaAl_2\square AlSi_3O_{10}(OH)_2$). Muskovit und Paragonit sind makroskopisch nicht unterscheidbar. Die unebenflächige Ausbildung der Schieferungsflächen geht auf einen für Glimmerschiefer üblichen Gehalt an Quarz zurück. Der Quarz ist gewöhnlich nur im Bruch quer zur Schieferung gut erkennbar. In Richtung der Schieferung ist er weitgehend von Glimmern verhüllt. Die zu > 5 % des Gesteinsvolumens eingestreuten, idiomorphen Granat-Porphyroblasten qualifizieren das Gestein als Granatglimmerschiefer. Glimmerschiefer sind die Entsprechungen von Tonschiefern und Phylliten, die bei relativ geringen Temperaturen der Amphibolitfazies gebildet werden. Anders als noch für Phyllite ist es für Glimmerschiefer recht üblich, dass sie deutliche Porphyroblasten enthalten. Besonders Granatglimmerschiefer sind recht häufige Gesteine. Bei < 5 % Granat würde das Gestein granatführender Glimmerschiefer heißen. Gletscherfront des Rotmoosferners oberhalb (südlich) Obergurgl, Gemeinde Sölden im Inneren Ötztal, Tirol, Österreich. Durchmesser der Granatkristalle maximal 8 mm.

Abb. 362: Hornblende-Granatglimmerschiefer. Der Glimmerschiefer enthält außer Quarz und Hellglimmer idiomorphe Porphyroblasten bzw. Nematoblasten (die schwarze Hornblende), die den Gesteinscharakter maßgeblich prägen. Die nadelig ausgebildeten Hornblendekristalle bilden divergentstrahlige Büschel, die dem Gestein abgesehen von den Granat-Porphyroblasten das Gepräge von Hornblende-Garbenschiefer geben (Abb. 335). Gletscherfront des Rotmoosferners oberhalb (südlich) Obergurgl, Gemeinde Sölden im Inneren Ötztal, Tirol, Österreich. Breite des abgebildeten Ausschnitts ca. 15 cm.

Abb. 363: Heller Glimmerschiefer als landschaftsprägendes Gestein. Die Schieferung und damit plattige Ablösung des Gesteins und dessen durch Hellglimmer bedingter silbrig-heller Glanz lassen schon von ferne erkennen, dass die Felsböschung aus Glimmerschiefer besteht. Felsflanke oberhalb der Gletscherfront des Rotmoosferners südlich Obergurgl, Gemeinde Sölden im Inneren Ötztal, Tirol, Österreich.

Glimmerschiefer (mäßig temperierte Amphibolitfazies)
Bei mittleren Metamorphosegraden entstehen im Zuge von Gebirgsbildungen bei entsprechend intensiver Durchbewegung aus ehemals tonigen Sedimentgesteinen unter Kristallisation gröberer, individuell erkennbarer Glimmerkristalle Glimmerschiefer. Es hängt von der chemisch-mineralogischen Zusammensetzung des vormetamorphen Ausgangsgesteins (Edukt) ab, ob der Glimmer des Glimmerschiefers überwiegend oder ausschließlich Hellglimmer (Muskovit, Paragonit) oder dunkler Biotit ist. Die blättchenförmige Kristallgestalt der Glimmer ermöglicht das schiefrige Gesteinsgefüge dadurch, dass die Glimmer bei der metamorphen Durchbewegung mit ihren Plättchenebenen parallel eingeregelt werden. Die metamorphen Temperaturen bei der Bildung von Glimmerschiefern reichen aus, dass manche spezifisch metamorphen Minerale als Porphyroblasten vorkommen, z. B. Disthen, Granat, Staurolith, Hornblende. Die meisten Glimmerschiefer enthalten in beträchtlicher Menge Quarz, der jedoch bei Betrachtungsrichtung senkrecht auf die Schieferungsflächen kaum sichtbar wird. Wichtig ist daher ein ergänzender Blick in Richtung der Schieferungsebene, d. h. auf den Querbruch der Glimmerschieferplatten. Nur hierbei zeigt sich der Quarzanteil zumeist deutlich.

Gneis (hochtemperierte Amphibolitfazies, Granulitfazies)
Gneise sind als regionalmetamorphe Gesteine Boten aus der Tiefe der kontinentalen Kruste. Typischerweise sind Gneise Gesteine aus hauptsächlich Feldspäten und Quarz. Statt Feldspäten kann auch der Feldspatvertreter Nephelin ein Gestein als Gneis qualifizieren. Gleiches gilt für Cordierit. In jedem Fall muss Gneis aber ein Gneisgefüge zeigen, d. h. Mineraleinregelung, Bänderung, Flaserung oder ein Augengneisgefüge, d. h. irgendeine

Abb. 364: Paragneis aus Granat (rot), Cordierit (blaugrau), Quarz und Feldspat (hell gelblich grau) sowie Biotit (schwarze, kleine Sprenkel). Zusätzlich vorkommender Sillimanit ist makroskopisch nicht erkennbar. Die maßgebliche Beteiligung von Cordierit und Granat am Mineralbestand zeigt einen relativ hohen Aluminiumgehalt des Gesteins an. Es gibt kein magmatisches Edukt, das eine entsprechende Zusammensetzung hat. Stattdessen sind Tongesteine ausreichend Al-reich, um die metamorphe Bildung großer Mengenanteile von Cordierit und Granat zu ermöglichen. Ganz besonders gilt dies auch für Sillimanit Al_2SiO_5. Auch kennzeichnend für Paragneise ist das Fehlen von rotem Feldspat und damit eine, vom Granat abgesehen, insgesamt graue Färbung des Gesteins. In diesem Fall war das Edukt toniges, turbiditisches Material, das vor ca. 1,8 Milliarden Jahren vor einem Kontinentalhang in tiefem Ozeanwasser abgelagert worden ist. Während einer nicht lange nach der Sedimentation erfolgten Orogenese (Svekofennische Orogenese) ist der Granat-Cordierit-Gneis entstanden. Als Maximaltemperatur sind ca. 750 °C erreicht worden. Dies hat zur Folge, dass es zur Bildung von Nestern aus granitisch zusammengesetzter Teilschmelze gekommen ist. Die hellen Quarz-Feldspat-Schlieren repräsentieren diese ehemalige Schmelze. Wegen des Auftretens solcher Leukosomschlieren als Produkte einer Teilaufschmelzung ist der Gneis migmatitisch. In geologischen Abhandlungen über seine Heimatregion heißt er entsprechend *„Sörmland adergnejs“*. Glazialgeschiebe, Steilufer Katharinenhof, Fehmarn, Originalherkunft Södermanland, Südschweden. Breite des Bildausschnitts ca. 22 cm.

Art von Foliation. Die Bildung von Gneisen erfordert hohe Temperaturen und Durchbewegung, wie sie im Zusammenhang mit der Entstehung von plattentektonisch verursachten Faltengebirgen (Orogenesen) im tieferen Untergrund wirksam sind. An der Erdoberfläche kann Gneis erst nach lange anhaltender Abtragung der ursprünglich überlagernden Gesteine erscheinen oder er wird durch lokalen tektonischen Aufstieg nach oben befördert. Immer muss aber zunächst die ursprüngliche, gewöhnlich über 10 km mächtige Überdeckung beseitigt oder durchstoßen sein, um Gneis an der Erdoberfläche zugänglich werden zu lassen. Aus ursprünglich sedimentärem Gestein hervorgegangener Gneis (**Paragneis**) kann bei weiter ansteigender Metamorphosetemperatur aus Glimmerschiefer gebildet werden, der als metamorphe Vorläuferstufe letztlich auf toniges Edukt zurückgeht. Hierbei entsteht durch Reaktion von hellem Glimmer (Muskovit) und Quarz des Glimmerschiefers Feldspat (Kalifeldspat) als Reaktionsprodukt. Durch den Ersatz des blättrig kristallisierten Muskovits des Glimmerschiefers durch den körnig (granoblastisch) kristallisierenden Kalifeldspat wird der schiefrige Gesteinscharakter durch ein körniges Gesteinsgefüge er-

Abb. 365: Orthogneis mit hohem Anteil von rotem Kalifeldspat. Mit seinem weiteren Mineralbestand aus Plagioklas (grau mit schwacher Grüntönung), Quarz (grau bis weiß) und Biotit (kleine schwarze Schüppchen) entspricht die Zusammensetzung der von Granit. Es fehlen jegliche Minerale, wie auch eine graue Färbung, die einen Paragneis-Charakter wahrscheinlich machen würden. In diesem Fall hat sich die Metamorphose nur als Deformation ausgewirkt, die eine im Foto links-rechts orientierte Auswalzung bewirkt hat. Der granitische Mineralbestand ist erhalten geblieben. Glazialgeschiebe am Ostseesteilufer Klütz Höved, Nordwestmecklenburg. Größte Achsenlänge ca. 20 cm.

Abb. 366: Augengneis (Orthogneis). Das Gesteinsgefüge (Augengneisgefüge) ist durch linsenartig konfigurierte, rote Kalifeldspat-Aggregate geprägt. Diese sind ausgewalzte ehemalige Kalifeldspat-Einsprenglinge des plutonischen Edukts, das ein ausgeprägt porphyrisches Gefüge gehabt haben muss. Die deformierten Feldspat-Aggregate sind intern zu kleinen Kalifeldspatkörnchen granuliert. An ihren Enden laufen die Kalifeldspat-Aggregate spitzwinklig aus. Diese Formgebung ist Grundlage der Bezeichnung Augengneis. Die ausgeprägt dunkle Matrix zwischen den „Augen" ist vor allem durch reichlich Biotit bedingt. Kleinere weiße „Feldspataugen" in der Matrix bestehen aus Plagioklas. Glazialgeschiebe, Ostseesteilufer Schönhagen, Halbinsel Schwansen, Kreis Rendsburg-Eckernförde, Schleswig-Holstein. Längste Achse 18 cm.

setzt. Der hieraus resultierende Gneis zeigt zwar immer noch eine parallele Einregelung des verbliebenen dunklen Glimmers (Biotit) und eines möglichen Restbestands von Muskovit. Die schiefrig-dünnplattige Teilbarkeit des Glimmerschiefers ist jedoch in einen dicker plattigen Lagenbau übergegangen. Glimmerschiefer lässt sich in der Regel ohne viel Aufwand mit einem geeigneten Hammer und etwas Geschicklichkeit in Platten von weniger als 1 cm Dicke spalten. Gneis hingegen bildet beim Aufspalten Platten von mehr als 1 cm Dicke oder es entstehen ähnlich wie beim Zerschlagen von z. B. Granit unregelmäßig geformte Blöcke.

Statt wie Paragneis aus metasedimentärem Glimmerschiefer oder sonstigen ehemaligen Sedimentgesteinen werden **Orthogneise** aus Magmatiten wie z. B. Granit gebildet. Hierbei kann der ohnehin an hohe (magmatische) Temperaturen angepasste Mineralbestand weitgehend erhalten bleiben. Aber das richtungslos körnige (isotrope) Gefüge des magmatischen Edukts wird durch plastische Deformation bis in den Einzelkornbereich ausgelöscht und durch die Anlage einer Foliation ersetzt. Dies geschieht durch parallele Einregelung von plättchenförmigen Glimmern und/oder stängeligen Kristallen wie vor allem Amphibolen. Auch die Feldspäte können plattig oder linsenförmig ausgewalzt werden. Aus der Durchbewegung resultiert ein Gneisgefüge. Dies kann eine Bänderung in Form einer Wechsellagerung von hellen und dunklen Lagen sein, eine parallele Einregelung der Glimmer und Amphibole oder die Anlage linearer Gefügeelemente, die in einheitlicher Orientierung angeordnet sind. Aus Plutoniten mit großen Feldspat-Einsprenglingen werden Augengneise, in denen die Feldspat-Einsprenglinge des ehemaligen Plutonits verformt und linsenförmig ausgewalzt worden sind (Abb. 366). Die mechanisch widerstandsfähigen Feldspatkristalle keilen dann mit spitz auslaufenden Druckschatten aus feinkörnigem Granulat innerhalb der Foliationsebene aus (Augengneis). Orthogneise enthalten häufig rötliche Kalifeldspäte oder die Gesteinsfarbe ist insgesamt rot. Ebenso gibt es aber auch graue Orthogneise. Paragneisen fehlen durchweg rötliche Feldspäte.

Gneise erhalten ihre Prägung in Tiefen von durchweg mehr als 10 km innerhalb der kontinentalen Kruste. Die individuellen Bildungsbedingungen hinsichtlich Druck und Temperatur werden durch nicht selbstverständliche Begleitminerale angezeigt wie z. B. Sillimanit, Disthen, Cordierit, Granat, Muskovit. Gneise sind durchweg amphibolitfaziell geprägte Gesteine. Seltene Sonderfälle sind grünschieferfaziell oder auch granulitfaziell entstanden. Hierbei geht eine grünschieferfazielle Prägung zumeist auf rückläufige (retrograde) Umwandlung unter Neubildung von z. B. Chlorit und Albit zurück.

Migmatit (hochtemperierte Amphibolitfazies)

Im Untergrund entstehender Falten- und Deckengebirge können Temperaturen erreicht werden, die vor allem bei Verfügbarkeit von wässriger fluider Phase zur Teilaufschmelzung von feldspat- und quarzhaltigen Gesteinen führen können. Wasser senkt die Schmelztemperaturen ab. Es entstehen dann unter der Beteiligung von Schmelzeinlagerungen nicht einfach gewöhnliche Gneise, sondern gneisartige Gesteine, die Schlieren, Nester oder Lagen der ehemals geschmolzenen, im System verbliebenen Anteile enthalten. Solche hochmetamorphen Gesteine, die ansatzweise zu Magmatiten überleiten, heißen Migmatite („Mischgesteine"). Im Gegensatz zu gewöhnlichen Gneisen sind sie großmaßstäblich, d. h. im Zentimeter- bis Dezimetermaßstab inhomogen. Grob texturierte Migmatite sind daher in Form kleiner Handstücke oft nicht von gewöhnlichem Gneis unterscheidbar. Der Migmatitcharakter zeigt sich oft erst an großen Blöcken oder im anstehenden Felszusammenhang. In den relativ dunklen, gneisartigen Anteilen von Migmatiten stecken hellere, magmatische Einlagerungen, die die vorübergehend entstandene Schmelzfraktion repräsentieren. Migmatite sind von hellem Material, der ehemaligen Schmelze, durchädert. Zumeist ist der Mineralbestand der als **Leukosom** bezeichneten, ehemals aufgeschmolzenen Anteile granitisch zusammengesetzt, d. h. aus Kalifeldspat und Quarz bestehend, und das Gefüge der Leukosomeinlagerungen ist richtungslos körnig wie das von Plutoniten. Der nicht aufgeschmolzene, dunkle, oft biotit- oder amphibolhaltige Anteil wird als **Melanosom** bzw. **Paläosom** bezeichnet. Das Melanosom ist der refraktäre Rest der Teilaufschmelzung, des-

Abb. 367: Migmatitfindling mit parallel zueinander orientiertem Melanosom und Leukosom. Die Lagen aus dunklem Melanosom zeigen Augengneisgefüge. Der Lagenbau des Gesamtgesteins ist in der gleichen Ebene angeordnet wie die Auswalzungsebene der „Feldspataugen" im Melanosom. Hierdurch wird eine einheitliche Deformation sowohl des Melanosoms wie auch des hellen Leukosoms angezeigt. Glazialgeschiebe am Ostseesteilufer von Friederikenhof, Wangels, Kreis Ostholstein. Größte Länge des Strandgerölls ca. 30 cm.

Abb. 368: Migmatitfindling mit verfaltetem Leukosom. Dieser Migmatit besteht außer aus Leukosom aus feinkörnigem, grauem Paläosom, das Orthogneis-Charakter hat. Das Leukosom zeigt granitischen Mineralbestand aus Kalifeldspat (rötlich), Plagioklas (hell gelblich grau) und Quarz (weiß bis grau). Das Gefügebild des Migmatitblocks insgesamt zeigt, dass granitische Schmelze in plastisch leicht deformierbaren, durch Hitze erweichten Gneis weitgehend widerstandslos injiziert worden ist. Die granitische Teilschmelze stammt hier nicht aus dem unmittelbar sichtbaren Nahbereich, muss aber in nächster Nähe entstanden sein. Entsprechend fehlt im sichtbaren Gesteinsausschnitt ein zum Leukosom volumenmäßig komplementäres Melanosom, bis auf eine spärliche Andeutung schmaler, dunkler Säume zwischen Leukosom und Paläosom. Glazialgeschiebe am Ostseesteilufer von Friederikenhof, Wangels, Kreis Ostholstein. Größte Länge des Strandgerölls ca. 45 cm.

sen entgegengesetzter Pol das Leukosom ist. Ein **Paläosom** kann fehlen. Wenn es vorkommt, ist es das unveränderte Ausgangsmaterial, aus dem durch teilweise Aufschmelzung das Leukosom und der Aufschmelzungsrückstand, das Melanosom, entstanden sind. Das Melanosom und das Paläosom zeigen gewöhnlich eine Einregelung der plättchen- oder leistenförmigen Minerale und würden ohne ihre enge Verknüpfung mit dem Leukosom als Gneis einzustufen sein. Die Konfiguration der hellen und dunklen Bereiche nebeneinander kann geometrisch vielfältig sein, die internen Konturen können prägnant oder auch verwaschen erscheinen. Oft kommt eine Faltung oder kleinmaßstäbliche Verfältelung hinzu. Hierdurch wird plastische Verformbarkeit des ehemals glühend heißen Materials in der Tiefe der kontinentalen Kruste abgebildet.

Abb. 369: Migmatitgeröll mit diffus voneinander abgegrenztem Melanosom und Leukosom. Mengenmäßig überwiegt granitisch zusammengesetztes, rötliches Leukosom. Spärliche schwarze Melanosomanteile sind unzusammenhängend in das Leukosom eingestreut. Die Teilaufschmelzung muss *in situ* innerhalb des vom Geröll erfassten Bereichs stattgefunden haben. Glazialgeschiebe, Steilufer bei Hubertsberg, nordwestlich Todendorf/Ostsee, Kreis Plön, Schleswig-Holstein. Größte Achsenlänge ca. 18 cm.

Wenn auch Migmatite mit granitähnlichem, SiO_2-reichem Leukosom (saure Migmatite) besonders häufig sind und als die typischen Migmatite gelten, so können auch basische, Ca- und Mg-reiche Metamorphite der partiellen Aufschmelzung unterliegen. Hierzu sind höhere Temperaturen notwendig als bei der Entstehung normaler (saurer) Migmatite. Das Melanosom basischer Migmatite besteht vor allem aus schwarzer Hornblende, mit oder ohne Plagioklas. Granat und/oder Biotit können als Begleitminerale auftreten. Das zugehörige Leukosom basischer Migmatite ist nicht granitisch, sondern oft tonalitisch zusammengesetzt, d. h. aus Plagioklas und Quarz bestehend. Basische Migmatite kommen sehr viel seltener vor als saure Migmatite.

Abb. 370: Basischer Migmatit: dunkler Granatamphibolit mit hellen Leukosomschlieren. Die Leukosomschlieren bestehen aus Quarz und Plagioklas. Sie entsprechen daher dem magmatischen Gestein Tonalit. Das dunkle Paläosom bzw. Melanosom besteht aus Hornblende mit eingestreutem Granat. Die Leukosombildung, d. h. die Teilaufschmelzung, ist unter Zufuhr von wässriger fluider Phase durch die damit verbundene Schmelzpunkterniedrigung zustande gekommen, allerdings bei höheren Temperaturen, als sie für die Teilaufschmelzung von normalen, sauren Migmatiten erforderlich sind. Bevor die durch Wasserzufuhr ausgelöste Teilaufschmelzung und Amphibolbildung eingesetzt hatten, bestand das Gestein aus Pyroxen und Granat (mafischer Granulit) ohne Tonalitschlieren. Die Bildung von tonalitisch zusammengesetzter Schmelze durch Teilaufschmelzung von basischem Material entspricht im Kleinen der im frühen und mittleren Archaikum weltweit verbreitet gewesenen Entstehung riesiger Mengen von Tonaliten, wie sie heute in archaischen Grundgebirgsregionen als tonalitische Gneise verbreitet sind. Sie verkörpern Vorläuferphasen der später durch erneute Teilaufschmelzung (der tonalitischen Gneise) erfolgten Entstehung von manchen granitischen Schmelzen und schließlich der Riesenmengen von Graniten der kontinentalen Kruste. Kattegatküste von Stensjö Strand zwischen Varberg und Halmstad, Halland, Südwestschweden.

Granulit, Granulitgneis (Granulitfazies)

Als Granulite (im engeren Sinne) werden helle, maßgeblich aus Feldspäten und Quarz zusammengesetzte, SiO_2-reiche = saure, gneisartige Granulite bezeichnet. Nur bei trotz granulitfaziellem Mineralbestand deutlich entwickeltem Gneisgefüge kann die Bezeichnung Granulitgneis angemessen sein. Mit der Namenszuordnung Granulit bzw. Granulitgneis wird zum Ausdruck gebracht, dass das jeweilige Gestein einer granulitfaziellen, d. h. besonders heißen Metamorphose (> 700 °C) unterworfen war. Dies entspricht dem Temperaturbereich, in dem es auch zur Aufschmelzung kommen kann, z. B. in Form des Leukosoms in Migmatiten. Da Aufschmelzung bei eigentlich granulitfaziellen Temperaturen auf die Anwesenheit von Wasser im Gesteinsverband angewiesen ist, wird durch dessen Fehlen die Aufschmelzung verhindert, sodass es dann zur Bildung von Granulit statt Migmatit kommt. Dies ist der Fall, wenn im Gestein Minerale fehlen, die in ihrem Kristallgitter Wasser in Form von OH-Gruppen enthalten und dieses bei Überschreiten ihrer Stabiliätstemperaturen freisetzen können. In Gneisen stecken die OH-Gruppen vor allem in den Glimmern und oft auch in Hornblende oder anderen Amphibolen.

Für Granulite ist es kennzeichnend, dass sie einen „trockenen“ Mineralbestand aufweisen. Glimmer und Amphibole fehlen ihnen. Die in normalen, amphibolitfaziellen Gneisen im Biotit enthaltenen Elemente Fe und Mg stecken dann z. B. in Granat, der in Granuliten häufig vorkommt. Das Aluminium kann nicht im fehlenden Muskovit untergebracht sein, sondern außer in Feldspat vor allem auch in Granat, Disthen oder in Sillimanit. Ein Überschuss von Eisen kann in Magnetit enthalten sein. Mit einem kräftigen Magneten lässt sich entsprechend in dunklen Bereichen mancher Granulite die Anwesenheit von Magnetit nachweisen. Granulite sind oft im Gegensatz zu Gneisen besonders feinkörnig ausgebildet. Eine Ursache hierfür ist der Mangel an Wasser als dem wirksamsten Transportmittel der Ionen bei der Kristallisation der das Gestein zusammensetzenden Minerale. Entsprechend des Fehlens von Glimmern und Amphibol sowie wegen der Feinkörnigkeit der meisten Granulite ist auch eine Einregelung oder lagenweise Anreicherung dunkler Minerale anders als in Gneisen oft unauffällig. Bei näherem Hinsehen zeigt sich aber fast immer ein schwach entwickeltes Gneisgefüge. Entsprechend kann auch von granulitischem Gneis die Rede sein, zumal wenn aufgrund retrograder Wasserzufuhr

Abb. 371: Heller Granulit, der fast nur aus Quarz und Feldspäten besteht („Weißstein"). Einzige dunkle Minerale sind in der Foliationsebene ausgewalzte Granate und in schmalen Lagen konzentrierte Biotite, die retrograd, d. h. im Anschluss an die granulitfazielle Prägung entstanden sind. Das Gestein ist ausgeprägt feinkörnig, als Folge der unter Wassermangel stattgefundenen granulitfaziellen Metamorphose. Waldheim, Sächsisches Granulitgebirge, Landkreis Mittelsachsen. Breite des abgebildeten Ausschnitts 5 cm.

und Neubildung von Biotit oder anderen OH-haltigen Mineralen kein typischer Granulit mehr vorliegt. Viele Granulite sind während ihrer Abkühlungszeit unter amphibolitfaziellen Temperaturen retrogradiert, oft unter Neubildung von Biotit.

Granulite können die mit Orogenesen verbundene Deformation nicht so einfach aufnehmen, wie dies bei amphibolitfaziellen Gneisen der Fall ist. In letzteren können glimmer- oder amphibolreiche Lagen eingeregelt werden und die Durchbewegung als Gleitflächen ermöglichen. Bei granulitfazieller Metamorphose fehlen beide. Stattdessen gibt es mit Feldspäten, Quarz und womöglich Granat ganz überwiegend isometrisch

Abb. 372: Heller Granulit aus Diskenquarz (dünnplattig, farblos grau und weiß) neben ebenfalls ausgewalztem Kalifeldspat (roter Mikroklin). Dunkle Minerale (z. B. Biotit) fehlen, sodass zur Aufnahme der metamorphen Gesteinsdeformation nur Quarz und Feldspat zur Verfügung standen. Nordküste der Kullen-Halbinsel bei Arild, Schonen, Südwestschweden. Breite des abgebildeten Ausschnitts ca. 10 cm.

Abb. 373: Stronalit: heller, millimeterkörniger Granulit aus Quarz, Plagioklas und rotem Granat. Entsprechend der granulitfaziellen Prägung fehlen dem Metamorphit jegliche Minerale, die OH-Gruppen enthalten. Der Granat vertritt in chemischer Hinsicht als Fe- und Mg-haltiges Mineral den in amphibolitfaziellen Gneisen üblichen Biotit bzw. die Hornblende. Das hochgradig metamorphe Gestein ist Bestandteil der Ivrea-Zone in den Westalpen, in der Gesteine der Unteren Kontinentalen Kruste und des Oberen Erdmantels zutage treten. Wegböschung am westlichen Ortsrand von Forno im Stronatal, Valstrona, Piemont, Norditalien. Breite des abgebildeten Ausschnitts ca. 20 cm.

Abb. 374: Intermediärer Granulit aus Plagioklas, Pyroxen und Granat. Das Gestein nimmt mit einem SiO_2-Gehalt, der gegenüber saurem Granulit verringert, jedoch höher ist als in mafischem Granulit (Abb. 382 und 383), eine vermittelnde Stellung ein. Ebenso wie der Stronalit der Abb. 373 ist der intermediäre Granulit Bestandteil des hochmetamorphen Gesteinsbestands der Ivrea-Zone. Bachlauf in der Talsohle des Stronatals zwischen Forno und Campello Monti, Valstrona, Piemont, Norditalien. Breite des Bildausschnitts ca. 25 cm.

kristallisierende Minerale. Dies bedeutet, dass die Deformation sich „gewaltsam" auf Quarz oder Feldspat auswirken muss. Die Folge ist dann plattenförmig ausgewalzter Quarz (Diskenquarz), der jedoch, anders als in Abb. 372, oft nur unter dem Mikroskop gut erkennbar ist. Dies hat auch damit zu tun, dass das Fehlen von Wasser bei granulitfazieller Metamorphose das Größenwachstum der Mineralkörner bei deren Kristallisation hemmt. Unter granulitfaziellen Bedingungen steht kein Wasser als Transportmedium für die zur Kristallisation erforderlichen Ionen zur Verfügung.

Grünstein und Grünschiefer

Vor allem Ozeanbodenbasalte liegen nach niedriggradiger (grünschieferfazieller) Metamorphose als Grünstein oder Grünschiefer vor. Die Grünfärbung ist durch meist feinkörnig ausgebildete, durchweg grün gefärbte Minerale bedingt, die den ursprünglichen, magmatisch entstandenen Mineralbestand ersetzen. Der Plagioklas ist wenigstens teilweise durch grünen Epidot ersetzt und aus dem Pyroxen sind grüner Amphibol (Aktinolith) und Chlorit hervorgegangen. Falls ursprünglich Olivin vorhanden war, nehmen normalerweise Mineralgemenge aus maßgeblich Serpentin dessen Platz ein. Zusätzlich zu den grün gefärbten Mineralen kann anstelle von Plagioklas der Na-Feldspat Albit als weißes oder glasklar transparentes Mineral beteiligt sein. Hinsichtlich des Gefüges kann im Zuge der metamorphen Umkristallisation aus einem massig-kompakten Basalt ein plattig teilbarer Grünschiefer geworden sein. Grünschiefer unterscheidet sich bei gleichem Mineralbestand durch eine schieferig-plattige Textur von massigem Grünstein. Ursache der Schieferung ist durchgreifende Deformation im Zuge von Gebirgsbildung, die auch Verursacher der Metamorphose ist. Grünschiefer kann ganze Bergmassive aufbauen, die dann gewöhnlich ehemaligen Ozeanboden repräsentieren. Die ozeanische Entstehung kann in Grünstein noch durch kissenförmige Absonderung (Pillows, Abb. 378) dokumentiert sein, wie sie in Ozeanbodenbasalten häufig vorkommt (Abb. 136, Abb. 193).

Für vergrünte Basalte, die ihre Alteration bzw. Metamorphose schon unter der Einwirkung von submarin-vulkanisch aufgeheiztem, im Meeresboden zirkulieren-

Abb. 375: Granulitischer Orthogneis mit senkrecht einfallender Foliation. Das Gestein ist granulitfaziell überprägter ehemaliger Granit. Anders als in amphibolitfaziellen Gneisen besteht der Anteil dunkler Minerale vor allem aus Magnetit Fe_3O_4 statt aus Biotit bzw. Hornblende. Der Magnetitgehalt wird durch einen stark magnetischen Neodym-Eisen-Bor-Magneten angezeigt, der an einer dunklen, magnetitreichen Lage an der senkrechten Gesteinsoberfläche haftet. Der Magnetitgehalt ist Folge von granulitfazieller Metamorphose, die große Anteile Südwestschwedens vor ca. 1,0 Milliarden Jahren erfasst hat. Ehemaliger Steinbruch und Yachthafen Grötviks hamn, Halmstad-Söndrum, Halland, Südwestschweden. Durchmesser des Magneten 10 mm.

Abb. 376: Grünstein aus Chlorit, Epidot, Amphibol und Albit. Die beteiligten Minerale sind so feinkörnig, dass das Gestein als nahezu homogene, dichte Masse erscheint. Das Edukt ist mit aller Wahrscheinlichkeit ehemaliger Ozeanbodenbasalt gewesen. Trotz hohen Chloritanteils, der wenig zur Gesteinsfestigkeit beiträgt, ist das Gestein mechanisch widerstandsfähig, sodass es nicht in der zeitweise starken Meeresbrandung zerfallen ist, der es an seinem Platz im Brandungssaum der Ostsee ausgesetzt ist. Der Zusammenhalt beruht vor allem auf fein verteiltem Feldspat (Albit) und Epidot, die unter grünschieferfaziellen Bedingungen gebildet worden sind. Ein Netzwerk von millimeterdünnen, hellen Gängen geht auf mechanisches Zerbrechen und anschließende Mineralisation während tektonischer Beanspruchung noch im festen Gesteinsverband zurück. Glazialgeschiebe am Ostseesteilufer Klütz Höved, Nordwestmecklenburg. Originalvorkommen solchen Grünsteins im Einzugsbereich des nordischen Inlandeises, die Mecklenburg am nächsten liegen, gibt es im Oskarshamn-Jönköping-Gürtel in Ostsmåland, der sich zwischen den beiden namengebenden, südschwedischen Städten erstreckt. Die dort vorkommenden Metamorphite haben Alter von ca. 1,8 Milliarden Jahren. Größte Achsenlänge des Geschiebeblocks 26 cm.

Abb. 377: Aus Chlorit, Aktinolith und Albit zusammengesetzter Grünschiefer, Blickrichtung auf die Schieferungsebene. Porzescharte, westliche Karnische Alpen, Osttirol, Österreich. Breite des abgebildeten Ausschnitts ca. 11 cm.

dem Meerwasser erfahren haben, gibt es den Sondernamen Spilit (Abb. 192, Abb. 193). Der spezifische Alterationsprozess wird als Spilitisierung bezeichnet, die ein spezieller Fall von grünschieferfazieller Metamorphose ist (Ozeanbodenmetamorphose). Ein großer Teil der in Orogenen weit verbreiteten Ozeanbodenbasalte ist spilitisiert. Die Bildung von Grünstein und Grünschiefer aus Basalt kann im Einzelfall sowohl auf Metamorphose im Zuge einer Gebirgsbildung und/oder auf statisch stattgefundene Ozeanbodenmetamorphose zurückgehen. Die für Grünschiefer im Gegensatz zu massigem Grünstein kennzeichnende Schieferung dokumentiert in jedem Fall tektonische Durchbewegung infolge einer plattentektonisch bewirkten Gebirgsbildung (Orogenese), wie sie zusammen mit bloßer Ozeanbodenmetamorphose nicht stattfindet.

Blauschiefer ist ein Produkt von Hochdruckmetamorphose unter relativ geringen Temperaturen. Die geotektonische Voraussetzung zur Entstehung von Blauschiefer ist schnelle Subduktion, bei der aufgrund der „mitgebrachten" Kühle des Gesteins die Aufheizung zurückbleibt. Das übliche Edukt von Blauschiefer ist basaltisch zusammengesetzter Ozeanboden. Dies alles bedeutet zusammen, dass Blauschiefer durch Versenkung von Ozeanboden zustande kommt und damit ehemalige Subduktion anzeigt. Um als Blauschiefer erhalten zu bleiben, muss das Gestein nach der Subduktion im Zuge von Gebirgsbildung bald wieder tektonisch herausgehoben werden.

Abb. 378: Durch grünschieferfazielle Metamorphose in Grünstein umgewandelter, ca. 1,8 Milliarden Jahre alter Ozeanbodenbasalt. Die rundlichen Strukturen im vorderen Abschnitt der Felsfläche sind ehemalige Basaltpillows mit den noch erkennbaren metamorphen Folgeprodukten ehemaliger Sideromelankrusten (Abb. 167). Diese heben sich mit besonders dunkler grüner Färbung vom helleren Inneren der Pillows ab, das nicht glasig erstarrt gewesen ist. Ehemalige Gasblasen im Inneren der Pillows sind mandelsteinartig (Abb. 195) mit hellen Mineralisationen gefüllt. Västerås südlich Årset, Ostsmåland, Südschweden.

Abb. 379: Blauschiefer, dessen graublaue Färbung auf den im Gestein dominierenden, alkalihaltigen Hochdruckamphibol Glaukophan zurückgeht. Insel Syros, Kykladen-Archipel, Griechenland. Breite des Gesteinsstücks ca. 10 cm.

Die Blaufärbung des Blauschiefers ist an den bei hohem Druck sich bildenden Na-haltigen Alkaliamphibol Glaukophan $Na_2Mg_3Al_2Si_8O_{22}(OH)_2$ gebunden, der blaugrau bis lavendelblau gefärbt ist. In Deutschland kommt Blauschiefer (Glaukophanschiefer) nicht vor. In Europa tritt Glaukophanschiefer im Mittelmeergebiet auf.

Amphibolit

Das für die Amphibolitfazies der Metamorphose namengebende Gestein ist hinsichtlich seiner mineralogischen Zusammensetzung komplex definiert. Vereinfacht läuft es darauf hinaus, dass der Amphibolanteil mindestens 40 % erreichen soll. Daneben muss Plagioklas, evtl. gemeinsam mit Quarz, mindestens 10 % ausmachen. In jedem Fall wird unter Amphibolit ein metamorphes Gestein verstanden, dessen Charakter durch Dominieren von Amphibol (gewöhnlich Hornblende) gegenüber anderen beteiligten Mineralen geprägt ist. Mit geringerem Plagioklasanteil und komplementär erhöhtem Quarz- und Kalifeldspatgehalt erfolgt der Übergang zu Gneis, wenn eines der Gneisgefüge verwirklicht ist. Das meist einzige oder neben wenig Quarz bedeutendste helle Mineral in Amphibolit ist Plagioklas. Als untergeordnete dunkle Minerale können neben überwiegender Hornblende Pyroxene, Granat, Biotit und Titanit $CaTiSiO_5$ beteiligt sein. Das Gefüge ist entweder granoblastisch oder es kann durch parallele Einregelung länglich geformter Amphibolkristalle foliiert sein. Wenn sich durch parallele Einregelung der schwarzen Amphibolkristalle eine dünnplattige oder stängelige Teilbarkeit ergibt, liegt bei entsprechendem Mineralbestand statt Amphibolit Hornblendeschiefer vor. Die schwarze Färbung von Hornblende bewirkt, dass die allermeisten Amphibolite im Gelände als ausgesprochen dunkle bis schwarze Gesteine auffallen. Wegen guten Reflexionsvermögens der Außen- und Spaltflächen von Amphibolen, besonders von Hornblende, glitzern viele Amphibolite auffällig in direktem Sonnenschein. Amphibolite bilden oft Einlagerungen in Gneisen und anderen amphibolitfaziellen Metamorphiten, seltener auch größere Amphibolitkörper mit Ausdehnungen im Bereich von Hunderten von Metern.

Abb. 380: Granatführender Amphibolit mit weißen Tonalitschlieren als Leukosom. Basischer Migmatit, ähnlich dem der Abb. 370. Die dunklen Bereiche bestehen aus Hornblende und wenig Plagioklas. Bachlauf in der Talsohle des Stronatals in Forno, Valstrona, Piemont, Norditalien. Breite des Bildausschnitts ca. 35 cm.

Abb. 381: Granatamphibolit aus schwarzer, glänzender Hornblende, rotem Granat und weißem Plagioklas. Der Glanz der Hornblende, der sehr viel intensiver ist als der von jeglichem Pyroxen, wird durch die mineralspezifisch gute Spaltbarkeit der Hornblende begünstigt sowie durch das für Amphibole übliche Fehlen von Entmischungen. Wegen der je nach Wetter oft intensiven, schon aus einiger Entfernung sichtbaren Reflexion des Sonnenlichts auf den Amphibol-Spaltflächen heißt die Lokalität, von der das Foto stammt, *„Diamantklipporna"*. Nordwestlich Mölle an der Südwestküste der Kullen-Halbinsel, Kattegatufer, Schonen, Südschweden.

Die Edukte von Amphiboliten sind durchweg basische Gesteine wie Gabbros, Basalte oder Dolerite samt entsprechend zusammengesetzten Pyroklastiten. Nur sehr wenige Amphibolite, die dann auch nicht schwarz gefärbt sind, gehen auf sedimentäre Edukte zurück.

Granatführung von über 5 Vol.-% qualifiziert Amphibolit für die Bezeichnung Granatamphibolit. Granat bildet sich neben Hornblende nicht bei den geringen Drücken der höheren kontinentalen Kruste. Granatamphibolit ist ein Hochdruckmetamorphit, der sich erst bei Drücken bildet, die einer Versenkungstiefe von mindestens 20 bis 25 km entsprechen.
Manche Granatamphibolite haben ein Stadium als Eklogit oder mafischer Hochdruckgranulit durchlaufen. Sie sind dann retrograd bei immer noch hohen Drücken schließlich amphibolitfaziell geprägt. Manche Granatamphibolite enthalten tonalitisch (aus Plagioklas + Quarz) zusammengesetzte weiße Leukosomschlieren, die Produkte einer partiellen Aufschmelzung sind. Solche Amphibolite sind in diesem Sinne basische Migmatite (Abb. 370).

Mafischer Granulit
Die häufigsten Granulite, die gneisartigen, feldspat- und quarzdominierten leukokraten (sauren) Granulite, enthalten oft keine Minerale, die ihre Hochtemperatur- und/oder oft auch Hochdruckentstehung belegen könnten, wie z. B. Granat bzw. Disthen. Eine Einstufung als Granulit kann naheliegen, wenn OH-haltige Minerale wie z. B. Glimmer oder Amphibole fehlen. Für den Nachweis einer granulitfaziellen Prägung viel aussagekräftiger sind Gesteine, die zu großem Anteil aus Kalzium, Magnesium und Eisen plus/minus Aluminium bestehen. Dies gilt für Metamorphite, die aus Gabbros, Basalten oder anderen an dunklen Mineralen reichen Edukten hervorgegangen sind. Durch granulitfazielle Metamorphose entstehen aus ihnen mafische Granulite.

Bei granulitfaziellen Temperaturen und Wassermangel enstehen aus gabbroartig bzw. basaltisch zusammengesetzten Edukten Gesteine, die aus Pyroxenen und Plagioklas bestehen, sich von den Vorläufermagmatiten aber durch einfach konfigurierte, nicht verzahnte (granoblastische) Korngrenzen auszeichnen und in man-

Abb. 382: Mafischer Granulit als verwitterungsbedingt freiliegender Xenolith, der vom Magma basaltähnlichen Olivinnephelinits ins Niveau der Erdoberfläche befördert worden ist (Bildmitte). Der metamorph gebänderte Granulit besteht aus Pyroxen (dunkel) und Plagioklas (hell). Obwohl der Granulit aus der unteren kontinentalen Erdkruste stammt, ist sein Mineralbestand nicht durch extrem hohen Druck geprägt, wie dies beim mafischen Hochdruckgranulit (Abb. 383) der Fall ist. Er entspricht dem von gewöhnlichem Gabbro. Dies bedeutet, dass seine Herkunftstiefe nicht größer als ca. 30 km ist. Er ist ein Musterbeispiel für die Zusammensetzung der untersten kontinentalen Erdkruste bei nicht übergroßer Krustendicke nahe über der Grenze zum Erdmantel. Schuttsaum an der Felsklippe des Helfenstein bei Zierenberg, Landkreis Kassel, Nordhessen. Durchmesser des Granulitxenoliths 5 cm.

Abb. 383: Mafischer Hochdruck-Granulit, der in großer Krustentiefe (> 30 km) durch entsprechend hohen Druck geprägt worden ist. Das Gefüge und der Mineralbestand aus Granat (rot), Pyroxen (schwarz) und Plagioklas zeigen eine Anpassung an hohen Druck an. Besonders deutlich wird dies dadurch, dass der Granat Reaktionssäume um die Pyroxene bildet. Hierbei ist der Granat als Reaktionsprodukt entstanden (Abb. 384). Bei dieser Reaktion ist Plagioklas verbraucht worden, während der Pyroxen nur seine chemische Zusammensetzung angepasst hat. Felsböschung an einem Parkplatz bei Gislaved an der Westseite der Fernstraße 26 Jönköping – Smålandsstenar, Jönköpings län, Westsmåland, Südschweden. Breite des abgebildeten Ausschnitts ca. 15 cm.

Abb. 384: Mikrofoto von mafischem Hochdruck-Granulit der in Abb. 383 gezeigten Ausbildung, aufgenommen ohne Analysator. Die Farben sind Eigenfarben. Blass-rötlicher Granat bildet kräftig konturierte Girlanden um blass-grünlichen Pyroxen (coronitisches Gefüge). Die schwach bräunlich getönten, strukturlosen Flächen bestehen aus Plagioklas. Kleine, spärlich auftretende, völlig farblos-klare Körnchen an Kontakten zwischen Plagioklas und Granat sind Quarz als zusätzliches Reaktionsprodukt. Das abgebildete Gesteinsgefüge ist eine seltene Momentaufnahme aus dem Verlauf einer metamorphen Reaktion, die in Zehnerkilometern Tiefe abgelaufen, jedoch nicht zum Abschluss gekommen ist. Die Reaktion ist aufgrund von Abkühlung oder Druckentlastung unvollendet abgebrochen worden. Die Reaktionssäume sind Ausdruck des Nichtzustandekommens eines strukturellen Gleichgewichts, wie Abb. 385 es bei gleichem Mineralbestand zeigt. Gesteinsprobe aus Felsböschung an einem Parkplatz bei Gislaved an der Westseite der Fernstraße 26 Jönköping – Smålandsstenar, Jönköpings län, Westsmåland, Südschweden. Bildbreite 4,5 mm.

chen Fällen durch eine zusätzliche Einregelung mancher Mineralkörner. Solche mafischen Granulite wirken bei Betrachtung ohne Mikroskop immer noch eher wie magmatische Gesteine als wie Metamorphite. Sie kommen in Falten- und Deckengebirgen in Segmenten vor, die tektonisch aus Tiefen der unteren kontinentalen Kruste aufgestiegen sind, oder in Form kleiner Bröckchen als Xenolithe und Auswürflinge in basaltischen Förderschloten.

Wenn basaltisch zusammengesetzte Ausgangsgesteine Temperaturen um 800 °C und Drücken um 6000 bis 7000 bar ausgesetzt sind, entsprechend einer Versenkungstiefe von größenordnungsmäßig > 20 km, kann schließlich **mafischer Hochdruck-Granulit** entstehen. Er ist dadurch gekennzeichnet, dass sich an Kontakten von Plagioklas mit Pyroxenen Granat als Reaktionsprodukt findet. Gleichfalls neu entstandener Quarz bleibt makroskopisch unsichtbar. Das Ergebnis sind dann gabbroartig aussehende Gesteine, die wegen fein verteilten roten Granats eine für Gabbros nicht übliche, rostig bräunliche Gesamttönung annehmen. Nur bei bewusstem Hinsehen ist der rote Granat zwischen schwarzem Pyroxen und hellem Plagioklas gut erkennbar. Der Granat kann entweder die dunklen Minerale girlandenartig als Coronen einhüllen oder gemeinsam mit Plagioklas und Pyroxenen granoblastische Gefügekonfigurationen bilden. Die Coronen sind Ausdruck eines Reaktionsgeschehens, das anders als bei granoblastischen Gefügen keinen physikalisch-chemischen Gleichgewichtszustand erreicht hat. Mafische Granulite mit Granatumhüllung (Granatcoronen) der Pyroxene sind Momentaufnahmen einer nicht abgeschlossenen („eingefrorenen") metamorphen Reaktion. Bei Fehlen einer mit der Metamorphose verbundenen Durchbewegung, d. h. unter statischen Bedingungen können die ursprünglichen magmatischen Gefüge, z. B. ophitisches oder Intersertalgefüge wie auch magmatische Schichtung, zusätzlich noch erkennbar erhalten geblieben sein.

Eklogit

Eklogite gehören zu den besonderen und seltenen Gesteinen. Dies drückt sich auch im Namen aus, der „auserlesenes Gestein" bedeutet. Eklogite bilden gewöhnlich nur kleine Vorkommen. Mit einem Mineralbestand aus grünem Pyroxen und rotem Granat sind Eklogite oft auffällig und besonders ansprechend. Zusätzlich fallen Eklogitbrocken schon beim Anheben durch eine hohe Dichte auf. Schon während der Jungsteinzeit wurden geschliffene Steinbeile aus Eklogit, denen durchweg Abnutzungsspuren fehlen, offenbar als Statussymbole wertgeschätzt. Voll entwickelter Eklogit enthält keinen Feldspat, außer wenn er nach seiner Bildung unter verringertem Druck retrograd verändert wurde. Eklogite benötigen zu ihrer Entstehung hohe Drücke von > 1,2 GPa, entsprechend > 35 km Versenkungstiefe. Eklogite, die in Zusammenhang mit Gesteinen der kontinentalen Kruste vorkommen, gehen auf basaltische oder gabbroide Edukte zurück. Zwischen mafischen Hochdruck-Granuliten und Eklogiten gibt es Übergänge. Der entscheidende Unterschied zwischen mafischem Hochdruck-Granulit und Eklogit ist das vollständige Fehlen von Plagioklas im Eklogit, im Gegensatz zu mafischen Granuliten, in denen Plagioklas eine Hauptkomponente ist.

Die metamorphe Entstehung von Eklogit aus Basalt oder Gabbro beruht im Wesentlichen auf einer Reaktion bei hohem Druck von Plagioklas mit magmatischem Pyro-

Abb. 385: Mikrofoto von mafischem Hochdruckgranulit (ohne Analysator im Strahlengang), in dem es im Gegensatz zu Abb. 384 im Zuge der Granat produzierenden Reaktion zwischen Plagioklas (farblos) und Pyroxen (blassgrün) zum Erreichen eines strukturellen Gleichgewichts gekommen ist. Die schwarzen Körner sind Magnetit. Die kräftig olivgrünen Minerale sind retrograd entstandener Amphibol. Das entstandene Gefüge ist ausgeprägt granoblastisch mit im Gegensatz zum coronitischen Gefüge der Abb. 384 verringerten relativen Oberflächen der beteiligten Minerale. Anstelle eines Reaktionsgefüges ist in diesem Fall ein strukturelles Gleichgewicht erreicht worden. Träslövsläge, Kattegatküste südlich Varberg, Halland, Südwestschweden. Bildbreite 4,5 mm.

Abb. 386: Oberfläche eines Eklogitfindlings (Glazialgeschiebe). Der intakte, kaum retrogradierte Eklogit füllt die rechte Bildhälfte und die linke obere Bildecke aus. Dieses Gestein zeigt ein granoblastisches Gefüge, bestehend aus dunkelgrünem omphacitischem Pyroxen und rotem Granat. Schmale, helle Säume um viele der Granate bestehen aus Plagioklas, der eine retrograde Anpassung an verringerten Druck anzeigt, wie er beim irgendwann stattgefundenen tektonischen Aufstieg geherrscht haben muss. In der Bildmitte verläuft von unten nach oben eine gangartige Einlagerung aus abweichendem Material. Im Zentrum ist dies weißer Plagioklas plus roter Granat. Zum Außenrand hin kommt schwarzer Amphibol hinzu. Insgesamt dokumentiert der von Eklogit abweichend zusammengesetzte Bereich die massiv gesteinsverändernde Wirkung von wässriger fluider Phase, die entlang einer Fuge in den Eklogit eingedrungen ist. Dies geschah nach der eklogitfaziellen Kulmination von Druck und Temperatur im noch heißen Felsverband unter amphibolitfaziellen Bedingungen in der Tiefe der Erdkruste. In den randlichen abgebildeten Bereichen ist der Eklogit weitgehend intakt erhalten geblieben, weil er „trocken konserviert" geblieben war. Für eine signifikante retrograde Anpassung fehlte hier das Wasser als Transportmittel für die Ionen, die für eine Umkristallisation erforderlich gewesen wären. Der in diesem Foto gezeigte Eklogitblock ist so zusätzlich ein Hinweis auf die Wirksamkeit von wässriger fluider Phase in der Tiefe der Erdkruste. Glazialgeschiebe am Ostseesteilufer von Friederikenhof, Hohwachter Bucht, Schleswig-Holstein. Herkunft: Halland, Südwestschweden. Breite des abgebildeten Ausschnitts ca. 22 cm.

xen (Augit/Diopsid), wie sie auch bei der metamorphen Entstehung von mafischen Hochdruckgranuliten stattfindet, dort jedoch ohne Plagioklas und augitisch-diopsidischen Pyroxen vollständig zu verbrauchen. Bei der metamorphen Bildung von Eklogit kommt es außer zur Neubildung von Granat immer auch zur Entstehung von Na-haltigem Hochdruckpyroxen (Omphazit (Ca,Na)(Mg,Fe,Al)Si_2O_6), der sein Natrium aus dem Plagioklas des Edukts bezieht. Die Reaktion führt zum Verschwinden von Plagioklas.

Viele der an der Erdoberfläche auftretenden Eklogit-Gesteinskörper sind im Zuge ihres tektonischen Aufstiegs bei anhaltend hohen Temperaturen dekomprimiert worden. Für Hochtemperatur-Eklogite werden hierbei zunächst granulitfazielle Bedingungen im „Rückwärtsgang" durchlaufen. Unter Abwesenheit von wässriger fluider Phase entstehen hierbei aus dem Omphazit des Eklogits mikroskopisch fein strukturierte Verwachsungen von diopsidischem Pyroxen mit Plagioklas. Hierdurch wird faktisch der ursprüngliche, prämetamorphe, basaltisch/gabbroide Mineralbestand wiederhergestellt, allerdings ohne dass die ursprünglichen Gefügebeziehungen der basaltischen oder gabbroiden Edukte regeneriert werden. Stattdessen bilden sich filigrane Verwachsungen aus einander gegenseitig durchdringenden, verzweigten Skelettkristallen (Symplektite) von Plagioklas und Pyroxen (Abb. 387). Diese Symplektite sind so fein strukturiert, dass sie bei makroskopischer Betrachtung meist als mattgrüne, einheitliche Masse erscheinen (Abb. 388). Sie sind Reaktionsgefüge und Ausdruck strukturellen Ungleichgewichts. Vom ehemaligen Eklogit-Mineralbestand bleiben vor allem die Granatkristalle an Ort und Stelle erhalten. Solch retrogradierter (dekomprimierter) Hochtemperatur-Eklogit mit Plagioklas-Diopsid-Symplektiten ist letztlich ein granulitfaziell geprägtes Gestein.

Ein retrogradierter Eklogit, der an der Erdoberfläche vorkommt, muss wie jedes andere erreichbare metamorphe Gestein alle Zwischentemperaturen von der metamorphen Maximal- bis zur Oberflächentemperatur durchlaufen haben. Oft kommt es hierbei beim Durchgang durch amphibolit- oder grünschieferfazielle Bedingungen zur Zufuhr wässriger fluider Phase. Der ehemalige Eklogit enthält dann zwar immer noch Gra-

Abb. 387: Mikrofoto, aufgenommen mit beiden Polarisationsfiltern des Mikroskops im Strahlengang. Die Farben und Grautöne sind Interferenzfarben. Das Foto zeigt einen Ausschnitt aus dem makroskopisch mattgrünen, feinkörnig-dichten Material, wie es in Abb. 388 den Platz zwischen den roten Granatkristallen ausfüllt. Der in diesem Mikrofoto gezeigte Ausschnitt besteht aus einer filigran-feinkörnigen symplektitischen Verwachsung von farblos-grauem Plagioklas und unterschiedlich buntem Pyroxen, die einander durchdringen. Die symplektitische Verwachsung ist beim Zusammenbruch des Kristallgitters des Hochdruckpyroxens Omphacit entstanden, ohne dass die Folgeprodukte eine äußerlich erkennbar kristalline Konfiguration annehmen konnten. Das symplektitische Gefügebild ähnelt eher manchen biologischen Strukturen. Die symplektitische Verwachsung ist ein Reaktionsgefüge, das ein extremes strukturelles Ungleichgewicht anzeigt. Die bei geeigneter Temperatur verfügbare Reaktionszeit hat nicht für die Herstellung eines granoblastischen Gleichgewichtsgefüges ausgereicht. Solche feinkörnigen Symplektitgefüge entstehen typischerweise beim retrograden Durchlaufen durch Temperaturen der Granulitfazies und unter gleichzeitiger Abwesenheit von wässriger fluider Phase. Voraussetzung ist, dass ein zuvor bestehendes Mineral, in diesem Fall Omphacit, unter den neuen Bedingungen instabil ist. Das Foto zeigt die Auswirkung von Dekompression (Druckentlastung) bei anhaltend hoher Temperatur, bedingt z. B. durch tektonischen Aufstieg im Zuge einer Orogenese. Glazialgeschiebe, Stohler Ufer, Ostseesteilufer nördlich Kiel, Schleswig-Holstein. Originalherkunft Halland, Südwestschweden. Breite des abgebildeten Ausschnitts 2,5 mm.

nat, wenn auch oft mit Reaktionssäumen oder Säumen aus Plagioklas. Aber der Omphacit wird die retrograde Metamorphose nicht überstehen. Das retrograde Produkt kann dann amphibolitfaziell eingestellter Granatamphibolit sein. In grünschieferfaziell retrogradierten Eklogiten schließlich besteht die Matrix zwischen den Granatkristallen aus mikroskopisch feinkörnigen Gemengen von z. B. Epidot, Chlorit, Albit und Amphibol, die bis auf ihre Granatführung als Grünstein ausgebildet sind.

Abb. 388: Retrogradierter Eklogit *in situ* im Gelände. Das Gestein besteht aus zusammenhängender mattgrüner Masse von mikroskopisch feinen, symplektitischen Verwachsungen von grünem Pyroxen mit Plagioklas (Abb. 387) und darin eingelagertem, rotem Granat. Südwestlich des Gehöfts Lilla Ammås bei Ullared, Halland, Südwestschweden.

Als **Marmor** kann im Natursteinhandel jeder polierfähige Kalkstein bezeichnet sein. Im petrografischen Sinne gilt nur metamorph umkristallisiertes Karbonatgestein als Marmor. Neben mengenmäßig dominierendem Kalzitmarmor gibt es auch Dolomitmarmor. Marmor kann kontaktmetamorph ebenso entstehen wie regionalmetamorph. Marmor entsteht aus sedimentärem Kalkstein oder aus Dolomitgestein durch Umkristallisation. Hierbei kommt es durch Abbau sehr vieler kleiner Kalzit- oder Dolomitkristalle zur Sammelkristallisation in Form einer pro Volumen geringeren Anzahl größerer Kristalle. Typischer Marmor ist deutlich gröber gekörnt als Kalkstein. Dies führt dazu, dass Bruchflächen von Marmor individuell gut erkennbare, glitzernd reflektierende Kristallaußen- und Spaltflächen des Kalzits bzw. Dolomits zeigen, ähnlich wie sparitische Anteile in manchen Kaltsteinen. Vor und nach der Metamorphose ist der Mineralbestand unverändert Kalzit oder Dolomit. Im Gegensatz zur Häufigkeit von Kalkstein und Dolomit in Schichtfolgen des Mesozoikums und Paläozoikums sind Marmore in metamorphen Gesteinsserien des Proterozoikums sehr viel seltener. Große Marmorvorkommen gibt es neben ganzen Gebirgszügen aus Kalkstein im Mesozoikum der jungen Gebirge des Mittelmeerraums z. B. in Italien, Griechenland und in der Türkei. In den

Abb. 389: Unreiner Marmor mit diffus entwickelter metamorpher Bänderung. Diese zeigt sich in Form von gefärbten Silikatmineralen, während die weißen Anteile aus Kalzit bestehen. Glazialgeschiebe vom Ostseesteilufer Klütz Höved, Nordwestmecklenburg. Wahrscheinlichste Originalherkunft Södermanland, Südschweden. Länge des Gerölls ca. 12 cm.

großen Grundgebirgsarealen des Baltischen Schilds aus proterozoischen Gesteinen hingegen bilden Karbonatgesteine in Form von Marmor weit verstreute, jedoch relativ kleine Vorkommen. Diese sind zur Gewinnung von Branntkalk, für die Eisenverhüttung und für dekorative Zwecke intensiv abgebaut worden. Oft haben

Abb. 390: Mikrofoto von unreinem Marmor, aufgenommen mit eingeschaltetem Analysator des Polarisationsmikroskops. Die Farben sind Interferenzfarben. In der Nähe des Bildzentrums sind zwei Silikatminerale (mit blauen Interferenzfarben) in einer Umgebung aus Kalzit (verschiedene, mehrfarbig schillernde, blasse Interferenzfarben und Zwillingsstreifung) eingelagert. Der blau interferierende, rundliche Kristall mit deutlichen, z. T. gelben Zwillingsstreifen ist Klinopyroxen (Diopsid). Der ausgefranst konfigurierte, blass-blaue Kristall wenig rechts der Bildmitte ist Skapolith $Ca_4Al_6Si_6O_{24}CO_3$. Glazialgeschiebe vom Ostseesteilufer Klütz Höved, Nordwestmecklenburg. Wahrscheinlichste Originalherkunft Södermanland, Südostschweden. Breite des Bildausschnitts 2,5 mm.

Abb. 391: Gewinnung von Werksteinblöcken aus reinem Marmor. Das nur aus Kalzit bestehende und daher relativ weiche Gestein (Ritzhärte 3) wird mit Sägevorrichtungen aus dem Felsverband geschnitten und in Form großer, per LKW transportierbarer Quader zur Weiterverarbeitung vermarktet. Carrara, Provinz Massa-Carrara, Toskana, Italien.

die Marmorsteinbrüche nur Ausmaße im Bereich von einigen Zehnermetern bis zu wenigen hundert Metern. Ebenfalls eher klein und rar sind Marmorvorkommen im variszischen Grundgebirge Mitteleuropas.

Die Bildung von Marmor ist nicht an spezifische Metamorphosebedingungen hinsichtlich Temperatur und Druck gebunden. Über die jeweils wirksam gewesenen Temperaturen und Drücke gibt die Existenz allein der Karbonatminerale Kalzit und Dolomit keinen Aufschluss. Für die Ermittlung der Metamorphosebedingungen, d. h. von Druck und Temperatur sind hingegen die oft in Marmoren in geringer Menge enthaltenen SiO_2-haltigen Begleitminerale signifikant. Diese fehlen nur in manchen besonders reinen Marmoren. Als **reiner Marmor** gilt relativ selten vorkommendes metamorphes Karbonatgestein, das zu mindestens 95 % aus Kalzit oder/und Dolomit besteht. Viele Marmore sind **unreiner Marmor** mit 5–50 % nicht karbonatischem Anteil. Die allermeisten Marmore sind regionalmetamorphe Bildungen, zumeist als mengenmäßig eher geringfügige Einlagerungen in metamorphen Gesteinen wie z. B. Gneisen und Amphiboliten.

Abb. 392: Reiner Kalzitmarmor. Die Hell-Dunkel-Marmorierung bildet geringfügige interne Verunreinigungen ab, vor allem aber ein unterschiedliches Ausmaß von oberflächlicher Zerrüttung des granoblastischen Gefüges des Marmors beim Zerspalten des Gesteins. In den weißen Bereichen sind die oberflächennahen Kalzitkristalle tendenziell von ihrer Unterlage abgelöst, sodass es Lichtreflexionen aus den Kornhintergründen gibt. Carrara, Provinz Massa-Carrara, Toskana, Italien. Breite des abgebildeten Ausschnitts ca. 12 cm.

So wie es unter den Sedimentgesteinen in großer Menge unreine karbonatische Gesteine gibt, wie z. B. Mergel und Sandsteine mit kalkigem Bindemittel, treten naturgemäß die gleichen chemischen Zusammensetzungen auch in metamorph verändertem Zustand auf. Die resultierenden Metamorphite sind dann unreine Marmore. So können sich das Kalzium und das Magnesium von sedimentärem Dolomit $CaMg(CO_3)_2$ nach Reaktion mit SiO_2 in Form des Pyroxens Diopsid $CaMgSi_2O_6$ wiederfinden.

Abb. 393: Silikatmineral-reicher Marmor („Kolmården-Marmor“), der eine gut ausgebildete metamorphe Bänderung zeigt. Als Edukt kommt ein mergeliger Kalkstein in Betracht. In diesem Fall stammt der SiO_2-Anteil des Marmors aus der Tonkomponente des Edukts. Die Silikatminerale des Marmors sind u. a. Serpentin, Diopsid und Skapolith. Marmorbruch beim Gehöft Oxåker, östlich Krokek (Kolmården), nordöstlich Norrköping, Östergötlands län, Südostschweden.

Karbonatsilikatgestein ist marmorartiges metamorphes Gestein, dessen Karbonatanteil geringer als 50 % ist, jedoch nicht unter 5 %. Je nach Eduktzusammensetzung und Metamorphosetemperatur können als nichtkarbonatische Minerale z. B. Quarz, Pyroxene, Amphibole, Mg-Olivin (Forsterit = Mg_2SiO_4), Serpentin $Mg_3Si_2O_5(OH)_4$ und/oder Skapolith (z. B. $Ca_4Al_6Si_6O_{24}CO_3$) sowie Wollastonit $CaSiO_3$ auftreten. Der Kohlenstoff-Gehalt von ehemaligen organischen Anteilen ist in Form von Grafit repräsentiert.

Kalksilikatgestein ist metamorphes Gestein, dessen Kalzium- und Magnesium-Gehalt weitgehend in silikatischen Mineralen gebunden ist. Der Anteil der Karbonatminerale liegt unter 5 %. Im Gelände können Marmor, Karbonatsilikatgesteine und Kalksilikatgesteine gemeinsam vorkommen, z. B. miteinander wechsellagernd. Oft sind die silikatischen Anteile grünlich oder braun gefärbt, sodass sich im lagigen oder unregelmäßigen Wechsel zwischen weißen Karbonatanteilen und grünen bzw. braunen Silikatbereichen ein prägnantes Spiel aus Farben und Texturen ergibt, wie es schon der unreine Marmor der Abb. 389 zeigt.

Quarzit ist ähnlich wie Marmor ein Gestein, das auf ein chemisch und mineralogisch extrem zusammengesetztes Edukt zurückgeht. Quarzit steht als nahezu reines SiO_2, das nicht realistisch aufschmelzbar ist, ebenso wie Sandstein am Ende einer komplexen, gerichteten Entwicklung aus einer Kaskade von geologischen Prozessen. Hierzu gehören mehrfache Teilaufschmelzungen und verwitterungs-, transport- und sortierungsbedingte selektive Quarzanreicherung. Die prämetamorphen Ausgangsgesteine von Quarziten sind weitgehend reine Quarzsande, die als Residualbildung nach vollständiger chemischer Verwitterung von quarzführenden Magmatiten und Metamorphiten und nach Trennung von tonigen Verwitterungsprodukten durch Wasser oder Wind zustandekommen. Die Bezeichnung Quarzit ist nur für metamorphe, ganz überwiegend aus Quarz bestehende Gesteine anwendbar. Manche Quarzite der geologischen und geografischen Literatur sind in Wahrheit quarzgebundene Quarzsandsteine. Beide unterscheiden sich nicht grundsätzlich hinsichtlich ihrer Widerstandsfähigkeit gegen Verwitterung und mechanische Beanspruchung, jedoch durch ihre geologische Geschichte und entsprechend durch ihre Gefüge.

Während in diagenetischem Sandstein, unabhängig vom Bindemittel, immer noch die Konturen der ursprünglichen detritischen Körner makroskopisch, zumindest mit der Lupe, erkennbar sind, zeigen Quarzite zumeist eine intensive Verzahnung der einzelnen Quarzkristalle. In manchen Fällen kann Quarzit auch durch polygonal angeordnete Korngrenzen und damit durch granoblastisches Gefüge geprägt sein. Die in allen Sanden und Sandsteinen zwischen den Quarzkörnern in geringer Menge eingestreuten, sich farblich abhebenden, sons-

Abb. 394: Quarzit („Västervik-Quarzit") mit erhalten gebliebener sedimentärer Schichtung, die leicht gefaltet ist. Dass die Schichtung trotz hochgradiger (amphibolitfazieller) Regionalmetamorphose nicht ausgelöscht ist, verdankt das Gestein der auch bei hohen Temperaturen anhaltenden Starrheit von größeren Quarzitmassen. In ihnen können eigentlich empfindliche Sedimentstrukturen der Auslöschung entgehen (Abb. 356). Böschung an der E 22 zwischen Västervik und Gamleby, nördlich Segelrum. Ostsmåland, Südschweden.

tigen detritischen Körner, wie z. B. Granat, Magnetit, Pyroxen und Epidot, sind in Quarziten aufgrund der Umkristallisation des Quarzes zumeist in dessen Kristallen eingeschlossen. In Sandsteinen liegen sie zwischen den detritischen Quarzkörnern. Größere Gesteinskörper aus Quarzit sind nur schwer durch tektonische Beanspruchung deformierbar. Sie können als „harte Brocken" vom tektonischen Geschehen umflossen werden, sodass aus den Sandstein-Edukten überlieferte Sedimentstrukturen erhalten geblieben sein können (Abb. 356).

Abb. 395: Quarzit als metamorphes Folgeprodukt von Quarzsandstein. Als metamorphes Gestein ist der Quarzit im Gegensatz zu den meisten Sandsteinen frei von jeglicher Porosität. Einige der ursprünglich sedimentiert gewesenen detritischen Quarzkörner (grau erscheinend) sind im Bereich links oben trotz (unvollständiger) Verzahnung noch reliktisch erhalten und von dem umkristallisierten ehemaligen Quarzbindemittel (weiß) abgesetzt. Auf der Vorder- bzw. Oberseite bilden unvollständig abgesplitterte Späne, die wegen der Ablösungsspalten in ihrem Hintergrund weiß erscheinen, die Verzahnung der beteiligten Quarzkristalle ab. Dies wird durch ausgefranste und rau konfigurierte Ablöseränder deutlich. Glazialgeschiebe von der Küste der südlichen Ostsee. Größter Durchmesser ca. 10 cm.

Quarzite von einiger Ausdehnung bilden als abtragungsresistente Härtlinge in ihrer Umgebung oft die höchsten Erhebungen. Beispiele in den deutschen Varisziden sind die Kammlagen des Hunsrücks und des Taunus sowie der Kamm des Kellerwalds und der Acker-Bruchberg-Zug im Harz.

Dislokationsmetamorphite

Innerhalb und auch außerhalb von Orogenen kommt es relativ kleinräumig zu fokussierter tektonischer Bewegung und damit zu Gesteinsveränderungen, die sich weitgehend auf mechanische Zertrümmerung beschränken. Dies geschieht sowohl auf den Kontaktflächen von sich vertikal gegeneinander bewegenden tektonischen Schollen (Verwerfungen) als auch an Flächen mit horizontalem Versatz (Blattverschiebungen). Zusätzlich kann mechanische Gesteinszertrümmerung an die Sohlen tektonischer Schubdecken gebunden sein. Anders als bei Kontakt- und Regionalmetamorphose ist die Gesteinsveränderung nicht an erhöhte Temperatur oder an erhöhten hydrostatischen (= allseitig wirksamen) Druck gebunden. Die Temperaturen müssen nicht einmal den Bereich der Diagenese überschreiten. Die Dislokationsmetamorphose kann bis unmittelbar unter der kühlen Erdoberfläche erfolgen. Dislokationsmetamorphite füllen Streifen aus, an denen es zu bedeutenden Relativbewegungen aneinandergrenzender Krustenschollen gekommen ist. Die Vorkommen bilden dementsprechend langgestreckte, schmale Züge von gewöhnlich unter hundert Metern, in manchen Fällen auch unter einem Meter Breite. Häufig bilden Dislokationsmetamorphite die Grenze zwischen Gesteinsarealen unterschiedlicher Entstehung und unterschiedlichen Alters.

Dislokationsmetamorphose bewirkt eine mechanische Zerkleinerung der aneinandergrenzenden Gesteine bis hin zur feinkörnigen Aufmahlung. Hierbei kommt es je nach Tiefenlage der Gesteinszerkleinerung und in Abhängigkeit von der fluiden Aktivität oft zur Mineralisation in den Kornzwischenräumen, sodass am Ende ein festes Gestein vorliegt.

Kataklasit ist unfoliiertes Material, das kohäsiv sein kann (**tektonische Brekzie**) oder auch schüttfähig lose. Solch kohäsionsloser Kataklasit wird auch als **Kakirit** bezeichnet.

Abb. 396: Kataklasit und tektonische Brekzie. Das rote Gesteinsmaterial ist im Inneren einer tektonischen Störung (Verwerfung oder Horizontalverschiebung) fragmentiert worden. Zusätzlich sind die entstandenen Klasten gegeneinander gedreht und verkeilt worden. Die hierbei entstandenen Spalten und Fugen sind von heißer, wässriger fluider Phase durchströmt worden, aus der Milchquarz ausgefällt wurde. Die weißen Gänge und Spaltenfüllungen bestehen aus Milchquarz. Das ursprüngliche, rote Gesteinsmaterial ist aus der fluiden Phase eingekieselt worden, sodass es weitgehend auch aus Quarz besteht. Beide Gesteinsanteile zusammen machen die tektonische Brekzie aus, wie sie als Füllung von Verwerfungsspalten typisch ist. Glazialgeschiebe vom Ostseesteilufer Klütz Höved, Nordwestmecklenburg. Originalherkunft unbekannt. Größter Durchmesser ca. 8 cm.

Abb. 397: Ultramylonit, der im Zuge der Durchbewegung, die die Mylonitisierung bewirkt hat, zu einem dünnblättrig geschieferten Gestein geworden ist. Durch Rekristallisation während und nach der Mylonitisierung ist das Gestein splittrig hart verfestigt worden. Der Ultramylonit gehört zum Gesteinsbestand einer der Haupt-Störungszonen der Südalpen, der Ivrea-Zone. Talschluss des Strona-Tals bei Campello Monti, Valstrona, Piemont, Norditalien. Breite des Bildausschnitts ca. 20 cm.

Abb. 398: Gneisartiger Ultramylonit, der aus einem granitisch zusammengesetzten Edukt hervorgegangen ist. Das Gestein ist durch Rekristallisation zu einem ausgesprochen zähen Material geworden, das als Glazialgeschiebe den Eistransport und aktuell seine Position im Einwirkungsbereich von Sturmfluten unterhalb eines Nordsee-Steilufers unbeeinträchtigt überstanden hat. Geschiebeblock unterhalb des Till-Steilufers Emmerlev Klev, westlich Tønder, Sønderjylland, Dänemark.

Abb. 399: Pseudotachylit (schwarz) in Granodiorit (rot und gelblich grau, körnig). Die für die Entstehung des netzartig verzweigten Pseudotachylits erforderliche Hitze ist durch mechanische Reibung beim gravitativen Aufstieg und durch die thermische Kontaktwirkung von Rapakivi-Granitmagma des unmittelbar angrenzenden Åland-Rapakivigranit-Plutons generiert worden. Die Pseudotachylitschmelze, die jetzt als Gesteinsglas vorliegt, hat größere Feldspatkristalle des Granodiorits unaufgeschmolzen gelassen und umflossen. Halbinsel Hammarudda, südwestlich Mariehamn, Åland-Archipel, Südwestfinnland.

Abb. 400: Mylonitischer Cordieritgneis („Eckergneis"), dessen Mylonitisierung Folge von bis in den Einzelkornbereich durchgreifender Deformation ist. Diese ist durch einen Aufstieg aus mittlerer Krustentiefe und tektonischen Deckentransport als Bestandteil einer kilometergroßen Gesteinsscholle zustande gekommen. Das abgebildete Gestein ist das in der Eckergneisscholle im Oberharz dominierende Material, ein Mylonit aus vor allem Quarz (hell) und vollständig pinitisiertem Cordierit (dunkle Lagen). Die ursprünglichen Edukte waren Grauwacken und Tonschiefer, wie sie im Westharz unter den Gesteinen des Variszischen Grundgebirges dominieren. Die Eckergneisgesteine haben zusätzlich eine Versenkung bis in Tiefen und Temperaturbereiche erfahren, in denen sie einer amphibolitfaziellen Metamorphose unterworfen waren. Westufer des Nordteils des Eckerstausees, südsüdwestlich Bad Harzburg, Landkreis Goslar, Niedersachsen. Breite des abgebildeten Ausschnitts ca. 20 cm.

Mylonit ist immer foliiert und kann entsprechend gneisartig oder schiefrig aussehen. Bei der Mylonitisierung von Gesteinen kommt es außer zur mechanischen Zerkleinerung auch zu syntektonischer Rekristallisation der Gesteins- und Mineralfragmente, sodass Mylonit immer gneisartig fest ist. Mylonite, die zu > 90 % aus fein zermahlenem Material bestehen, heißen Ultramylonite. Gewöhnlicher Mylonit muss mindestens 10 % Gesteinsfragmente enthalten, die makroskopisch als individuelle Klasten erkennbar sind.

Pseudotachylit ist ein bei tektonischer Bewegung entstandenes Gesteinsglas. Es verdankt seine Existenz der Aufschmelzung von festem Gestein durch tektonische Reibungswärme, d. h. der Umwandlung von kinetischer in thermische Energie.

Abb. 401: Durch in der Nähe stattgefundenen Meteoritenimpakt zertrümmerter Weißjurakalkstein am Westrand des Meteoritenkraters des Nördlinger Rieses: kohäsionsloser Kataklasit. Berg Ipf, nördlich Bopfingen, Ostalbkreis, Baden-Württemberg.

17 Gesteine des Erdmantels

Unser Leben spielt sich an der Grenze zwischen kontinentaler Kruste und Atmosphäre ab, in besonderen Situationen auch zwischen Hydrosphäre und Atmosphäre. Die nächsttiefere, elementare Grenzfläche im Aufbau der Erde ist die zwischen Erdkruste und Erdmantel. Der aus besonderen Gesteinen bestehende Erdmantel liegt gewöhnlich unerreichbar tief unter uns, in Deutschland normalerweise in ca. 30 km Tiefe, und unter Einwirkung von glühend heißen Temperaturen. Allerdings wird lokal aufgrund der Dynamik des „lebenden“ Planeten Erde die strenge Gliederung der höheren Tiefenstockwerke der Erde in Kruste und Mantel durchbrochen. Unter besonderen Bedingungen können Gesteine des Erdmantels an der Erdoberfläche vorkommen, sowohl an Land wie auch am Ozeanboden. Größere Vorkommen von Erdmantelgesteinen an der Erdoberfläche wirken auf unbefangene Betrachtende durch überwiegend düstere Farben und oft kargen Bewuchs auch ohne definitive Bestimmung der konkreten Erdmantelgesteine oft „wie von einem fremden Planeten“.

Während in den uns vertrauteren Gesteinen der kontinentalen Kruste Quarz und Feldspäte sowie in Kalkstein Kalzit dominieren, besteht der Obere Erdmantel recht einheitlich aus Mg-reichem Olivin (Forsterit), Mg-reichem Orthopyroxen (Enstatit) und wenigen wechselnd auftretenden Begleitmineralen wie Chromspinell, Klinopyroxen und Granat. Das dominierende Gestein ist Peri-

Abb. 402: Erdmantelperidotit-Xenolithe (Spinellperidotit, grün) gehäuft in umhüllendem Basanit (grau). Das im Erdmantel durch Teilaufschmelzung entstandene Basanitmagma hat festes Gestein des Erdmantels durch die gesamte Erdkruste bis an die Oberfläche mitgerissen. In der abgebildeten Gesteinsprobe machen die grünen Erdmantelfragmente ungewöhnlicherweise über die Hälfte des Gesamtvolumens des Blocks aus. Die hellgrün-transparenten, mengenmäßig in den Peridotiten dominierenden Kristalle sind Mg-betonter Olivin (Forsterit), die schwarzen Körner sind Chromspinell. Im Xenolith links oben im Bild vereinzelt vorkommende intensiv grüne Kristalle sind Chromdiopsid (Ca- und Cr-haltiger Pyroxen). Dort zusätzlich erkennbare, blass olivbraune Kristalle sind Enstatit (Ca-freier Pyroxen). Der einbettende, dunkelgraue Basanit ist aufgrund von kurz vor der Erstarrung erfolgter Gasentmischung von Blasen durchsetzt. Peridotitische Xenolithe, wie auch Abb. 148 einen zeigt, sind weltweit mit einheitlicher Zusammensetzungsvariabilität verbreitet. Dies weist auf eine recht einheitliche Petrografie des Oberen Erdmantels hin. Die petrografische Vielfalt erreicht nicht ansatzweise die der kontinentalen Kruste. Abgesehen von dem in Abb. 148 erkennbaren Verwitterungseinfluss handelt es sich weltweit bei den Xenolithperidotiten um gleichartige Gesteine. Basin and Ranges Provinz, Arizona. Größte Achsenlänge 16 cm.

dotit. Peridot ist ein alternativer Name für Olivin. Es ist nicht üblich, von „Olivinit“ zu sprechen.

Unter grünschieferfaziellen Temperaturen von wenigen hundert Grad Celsius und bei Anwesenheit von Wasser geht Olivin in Serpentin über. Dies gilt für die Bedingungen, wie sie in höheren Stockwerken der kontinentalen Kruste üblich sind, auch unter Alterationseinfluss. Da der tektonische Aufstieg bis nahe der Erdoberfläche viel Zeit erfordert und weil wässrige Fluide in der Erdkruste allgegenwärtig sind, sind die Peridotite von tektonisch und entsprechend langsam aufgestiegenen Erdmantelsegmenten fast immer teilweise oder vollständig durch Serpentinit ersetzt. Flächen aus Erdmantelgesteinen mit einer Gesamtausdehnung von Hunderten von Quadratkilometern gibt es in der Betischen Kordillere im südlichsten Spanien. Kleinere Vorkommen von bis zu einigen Hektar Größe treten auch in Deutschland auf (Münchberger Gneismasse, Sächsisches Granulitgebirge, Erzgebirge).
Unveränderter Erdmantelperidotit tritt nur dann an der Erdoberfläche auf, wenn ihm ein langwieriger tektonischer Aufstieg durch die Erdkruste erspart geblieben ist und möglichst auch signifikante Verwitterungseinwirkung. Dies ist dadurch möglich, dass Erdmantelfragmente durch nicht lange zurückliegende vulkanische Fördertätigkeit in kurzer Zeit direkt aus dem Erdmantel nach oben befördert werden oder wenn sie bei tektonischem Aufstieg durch Einbettung z. B. in granulitischem (trockenem) Gneis von Wasserzufuhr abgeschirmt werden. In manchen basaltischen Vulkaniten (Basanite, Olivinnephelinite) treten recht häufig Xenolithe aus nicht serpentinisiertem Erdmantelperidotit auf, der sich seit seinem Herausbrechen aus dem Gesteinsverband des Erdmantels weder bezüglich seines Mineralbestands noch seines Gefüges verändert hat. Die Größen der Xenolithe von meist nur wenigen Zentimetern ermöglichen allerdings kaum Einblicke in großmaßstäbliche Zusammenhänge innerhalb des Erdmantels.

Erdmantelperidotite können Erdmantelmaterial repräsentieren, das noch nicht stofflich zur Bildung von basaltischen oder basaltartigen Magmen beigetragen hat. Solch Peridotit wäre entsprechend potenziell geeignet, basaltische Teilschmelze abzugeben (***fertile mantle***). Wenn Erdmantelperidotit schon Teilschmelze abgegeben hat, ist er an den chemischen Elementen verarmt, die in die Schmelze gegangen sind und die das System verlassen haben (***depleted mantle***). Die Zugehörigkeit zu der einen oder der anderen Art von Peridotit lässt sich daran erkennen, ob Minerale enthalten sind, deren Stoffbestand vorzugsweise in die Schmelzfraktion eingeht oder ob diese Minerale fehlen.

Abb. 403: Angewittertes Gestein des Oberen Erdmantels an der Erdoberfläche. Das dominierende Gestein ist Peridotit, der beim tektonischen Aufstieg durch die kontinentale Erdkruste nur wenig serpentinisiert wurde, sodass darin Olivin (Forsterit) dominiert. Die gelblich braune Farbe geht auf Verwitterung des erhalten gebliebenen Olivins zurück. Die plastisch leicht hervorstehenden, zentimeterdicken, helleren Lagen sind Pyroxenitschichten, wie sie neben Peridotiten auch für den Oberen Erdmantel üblich sind. Das Gesamtbild entspricht dem von magmatischer Schichtung. Die Schrägstellung der Schichtung ist dadurch bedingt, dass das insgesamt einige hundert Quadratkilometer große Erdmantelmassiv in die Deckentektonik und Faltung eines Orogens (Betische Cordillere) einbezogen war. Hierbei ist es anders als für die Paridotitxenolithe der Abb. 404 unter Zufuhr von Wasser aus umgebenden Gesteinen zur anteiligen Alteration (Serpentinisierung) des Peridotits gekommen. Das Foto zeigt nur einen repräsentativen Ausschnitt des größten geschlossenen Vorkommens von Erdmantelgesteinen an der Erdoberfläche (Rondamassiv). Wegen geringer Bodenfruchtbarkeit und überwiegend schroffer Morphologie ist das Erdmantelmassiv siedlungsleer. Sierra Bermeja, südlich Jubrique, Provinz Málaga, Andalusien, Südspanien.

Abb. 404: Seltene Momentaufnahme von magmenbildenden Vorgängen im Oberen Erdmantel: Zwei Arten von Erdmantelperidotit (grün) als Einschlüsse (Xenolithe) in einem basanitisch-olivinnephelinitischen Vulkanit (schwarz), dessen Magma schnell und ohne Zwischenaufenthalt aus dem Erdmantel aufgestiegen ist. Die Oberfläche des gesägten Gesteinsstücks ist plangeschliffen und poliert. Aufgrund schnellen Transports durch die kontinentale Erdkruste bei hoher (magmatischer) Temperatur sind die mitgerissenen Erdmantelfragmente einer Wasserzufuhr und damit der Serpentinisierung vollständig entgangen. Die Original-Mineralbestände aus dem Erdmantel sind konserviert: blassgrüner Olivin, kräftig grüner Klinopyroxen, olivgrauer Orthopyroxen und, vor allem im rechten Xenolith, schwarzer Chromspinell. Chromspinell als Al-reiches Mineral anstelle von Granat (Abb. 407) im Spinellperidotit erlaubt die Aussage, dass der Xenolith aus den obersten Stockwerken des Oberen Erdmantels stammt, aus < 80 km Tiefe. Die Gesteinsscheibe bietet einen beispielhaften Einblick in Teilschmelzvorgänge im Oberen Erdmantel. Der kleinere Xenolith (rechts unten) zeigt an seiner Unterseite und ebenso an der schmal zulaufenden Oberseite sich wenig vom umgebenden Vulkanit abhebende schwarze Randsäume, die im ursprünglichen Gesteinsverband im Erdmantel Spaltenfüllungen (Gänge) von basanitischer Schmelze bildeten. Das mobilisierte Magma in den Gangspalten ist noch im Oberen Erdmantel *in situ* als Amphibol auskristallisiert. Der Xenolith rechts enthält anders als der größere Xenolith links kaum grünen Klinopyroxen. Er ist an den Komponenten verarmt, die selektiv zur Bildung basanitischer Teilschmelze beigetragen haben. Dies betrifft z. B. das im Klinopyroxen enthaltene Kalzium, das in den anderen genannten Mineralen fehlt. Der Xenolith rechts repräsentiert *depleted mantle*, der Xenolith links hingegen *fertile mantle*, der von seinem Mineralbestand und seiner chemischen Zusammensetzung her bei Verbleib im Gesteinsverband des Erdmantels noch zur Abgabe basaltischer Teilschmelze befähigt gewesen wäre, angezeigt durch den grünen Klinopyroxen. Ehemaliger Steinbruch im Olivinnephelinit des Rosenbergs zwischen Hofgeismar und Niedermeiser, Landkreis Kassel, Nordhessen. Breite des abgebildeten Ausschnitts 9,5 cm.

Serpentinit, Granatserpentinit

Serpentinite sind mäßig weiche, leicht ritzbare Gesteine. Ihre Grundfarbe ist ganz überwiegend schwarz oder grünschwarz, selten rot. Schwarzer Serpentinit verdankt seine Färbung feinkörnigem Magnetit. Solch Serpentinit ist daher deutlich magnetisch (Abb. 62). In der extrem feinkristallinen Serpentinmasse können Serpentinite schmale, meist nicht über 1 cm breite Gänge von Faserserpentin (Serpentinasbest) oder von extrem feinkörnig-dichtem, grünem Edelserpentin enthalten. Bis zu millimetergroße, glänzend schwarze, rundliche Körnchen im Serpentinit sind gewöhnlich Chromspinell (Chromit). Orthopyroxen kann in Form von mehrere Millimeter großen, schillernd faserig wirkenden Kristallen eingestreut sein. Serpentinit ist verwitterungsbeständiger als unserpentinisierter Peridotit. Nur sehr allmählich kann sich unter Verwitterungseinfluss eine hellgraue bis weiße, kreidig erscheinende, jedoch feste Kruste entwickeln.

Serpentinite wirken unter den Gesteinen an der Erdoberfläche exotisch. Ihr Vorkommen ist an tektonische Trennfugen gebunden, die bis in den Erdmantel hinabreichen. Serpentinite lassen sich im Zuge von gebirgsbildenden Bewegungen leicht deformieren und in tektonische Fugen einpressen. Auf Verwerfungen und auf Decken-Schubflächen wirken sie wie ein „Schmiermittel". Kennzeichnend ist eine interne Gliederung von Serpentinit-Gesteinskörpern in linsig geformte Segmente (Phacoide), die geometrisch Pflaumenkernen ähneln. Die

Abb. 405: Granatlherzolith als nicht serpentinisiertes Erdmantelgestein, das als *fertile mantle* noch zur Abgabe von basaltischer Teilschmelze fähig wäre. Außer Olivin (blassgrün-transparent) enthält der Peridotit roten Granat und kräftig grünen Chromdiopsid sowie Orthopyroxen (Enstatit). Bei partieller Aufschmelzung könnte in dem Gestein basaltische Teilschmelze entstehen. Hierbei würden vorrangig der grüne Chromdiopsid und der Granat Material an die Schmelzfraktion abgeben. Der ockerfarbene Saum rechts im Bild ist eine Verwitterungsrinde, in der vor allem der Olivin durch Brauneisenpigment verfärbt ist. Die Farbe entspricht der Braunfärbung des Peridotits in Abb. 403. Rød Kleiva, Westnorwegen. Breite des abgebildeten Ausschnitts 7,5 cm.

Abb. 406: Serpentinit: Die z. T. wie poliert erscheinenden Oberflächen sind Folge von in verschiedensten Richtungen erfolgten internen Gleitbewegungen in dem extrem feinkristallinen Gestein. Die grüne Tönung des nahezu schwarzen Gesteins ist für die meisten Serpentinite kennzeichnend. Für die Schwarzfärbung ist pigmentartig fein verteilter Magnetit verantwortlich. Grüne Belege bestehen aus magnetitfreiem Serpentin. Die fleckig auftretenden weißen Krusten bestehen aus Huntit $CaMg_3(CO_3)_4$. Aufgelassener Serpentinitbruch am Haidberg in Zell, südlich Münchnerg, Landkreis Hof, Oberfranken.

Abb. 407: Granatserpentinit, ein Bote aus großer Tiefe: Granat in Serpentin ist ein Zeugnis besonders hohen Drucks bei der ursprünglichen Auskristallisation des überwiegend aus Olivin bestehenden Erdmantelgesteins Peridotit. Serpentinit entsteht daraus als Folge von Wasseraufnahme. Diese hat beim tektonischen Aufstieg des Peridotits in der kontinentalen Erdkruste stattgefunden. Die schwarze Serpentinmasse vertritt als Umwandlungsprodukt von Olivin Peridotit, der ursprünglich an ihrer Stelle vorhanden gewesenen war. Der rote Granat hatte sich schon in dem ursprünglichen Peridotit gebildet. Hieraus lässt sich eine Entstehungstiefe von mindestens 80 km Tiefe ableiten. In geringerer Tiefe bei entsprechend geringeren Drücken ist Granat nicht neben Olivin stabil. Die hellen Säume an den Rändern mancher der Granatkristalle sind ein Alterationsprodukt („Kelyphit"), das infolge der Druckentlastung beim tektonischen Aufstieg entstanden ist. Kelyphit besteht aus feinkörnigen Mineralgemengen, die makroskopisch nicht bestimmbar sind. Oft beteiligt sind: Hornblende, Orthopyroxen, Spinell, Phlogopit und Chlorit. Serpentinitsteinbruch in Marienberg, OT Zöblitz, Erzgebirgskreis, Sachsen. Breite des Bildausschnitts 9 cm.

Abb. 408: Serpentinitsteinbruch in Zöblitz, inzwischen verfüllter Ostteil. Aus diesem Steinbruch stammt der Granatserpentinit der Abb. 407. Der Serpentinit ist als dunkles Material vor allem in der kurzen Querwand zu erkennen. Das braun angewitterte Nebengestein ist Gneis, mit dem zusammen der darin vollständig eingebettet gewesene Serpentinit tektonisch aufgestiegen ist. Serpentinitsteinbruch in Marienberg, OT Zöblitz, Erzgebirgskreis, Sachsen.

Serpentinit-Phacoide haben durch Gleitbewegungen verursachte, glänzende, wie poliert wirkende Oberflächen („Harnische"). An solchen Gleitbahnen gibt es oft zusätzlich dünne Beläge aus transparent-grünem, magnetitfreiem „Edelserpentin". Das Magnesiummineral Serpentin entsteht durch Aufnahme von Wasser aus dem magnesiumreichen Olivin (Forsterit) von Erdmantelperidotiten. An der Erdoberfläche tritt Serpentinit sehr viel häufiger auf als unveränderter Peridotit, der nicht oder kaum serpentinisiert ist. Der geringe Eisengehalt des Olivins kann anders als Magnesium nicht im Kristallgitter von Serpentin untergebracht werden. Das Eisen des ursprünglichen Olivins findet sich daher nach der Serpentinisierung in Form von vielen kleinen eingestreuten Magnetitkörnchen im Serpentinit wieder. Der Magnetit bewirkt die Schwarzfärbung des Serpentinits sowie dessen magnetische Eigenschaften.

Erdmantelperidotit aus über 80 km Tiefe enthält Granat statt Chromspinell als aluminiumführendes Mineral (Granatperidotit). Der Granat kann die Serpentinisierung des umgebenden Olivins überstehen und als leuchtend rotes Mineral im schwarzen Serpentinit eingestreut sein. Granat in Serpentinit wie in Peridotit deutet auf eine Herkunft aus Tiefen von über 80 km hin.

Seltener vorkommende Erdmantelgesteine sind Pyroxenite, die nur lagenweise und untergeordnet in Erdmantelperidotiten eingelagert sein können. Besonders gut sind solche Pyroxenitlagen in unvollständig serpentinisierten Peridotiten der Betischen Kordillere in Südspanien zu beobachten (Abb. 403). Die als Bestandteile tektonischer Decken auftretenden Peridotitmassive von Ronda, Carratraca und Ojen enthalten kilometerlange Züge von Pyroxeniten. Diese Pyroxenite können primäre magmatische Schichtung aus der magmatischen Frühgeschichte der Peridotite abbilden oder in der Tiefe auskristallisiertes, nicht aufgestiegenes ehemaliges Basaltmagma verkörpern. Die ehemalige Entstehung von basaltischer Teilschmelze ist in Pyroxeniten der Betischen Kordillere unter günstigen Umständen mikroskopisch beobachtbar (Abb. 409).

Abb. 409: Blick in die „Basaltküche" im Oberen Erdmantel. Mikrofoto, mit eingeschaltetem Analysator. Die Farben sind Interferenzfarben. Der abgebildete Ausschnitt aus einem Pyroxenit (Websterit) des Erdmantels zeigt, dass dort basaltische Schmelze generiert worden ist, wenn auch in diesem Fall nur in geringer Menge. Die ehemalige Teilschmelze wird durch filigrane, symplektitische Verwachsungen von Plagioklas und Klinopyroxen (Diopsid) mit auffällig bunten Interferenzfarben repräsentiert. Der keine bunten Interferenzfarben zeigende Plagioklas (grau) der Symplektite wird im Bild weitgehend vom Pyroxen verdeckt. Die Mineralkombination Plagioklas plus Klinopyroxen entspricht dem Hauptmineralbestand von Basalt. Im abgebildeten Fall hat sich allerdings kein für einen Aufstieg durch die kontinentale Kruste ausreichend großes Schmelzvolumen gebildet, bevor der Websterit selbst tektonisch aufgestiegen und unter die Teilschmelztemperaturen abgekühlt war. Die Aufschmelzung fand aufgrund der für Mehrkomponenten-Systeme geltenden Schmelzpunkt-Erniedrigung an den Berührungsflächen von Spinell und Klinopyroxen statt. Hierbei hat der Spinell vor allem Aluminium und der Pyroxen vor allem Kalzium als chemische Elemente in die Schmelze abgegeben. Spinell $MgAl_2O_4$ führt bei eingeschaltetem Analysator zur vollständigen Auslöschung des Lichts, sodass er im Mikrofoto dunkel („schwarz") erscheint. Klinopyroxen ist im oberen Bildteil mit braungelber Interferenzfarbe erkennbar und in Form schmaler, heller Entmischungslamellen im Orthopyroxen rechts im Bild (graue Interferenzfarbe). Das von der Teilaufschmelzung betroffene Gestein ist Pyroxenit des Oberen Erdmantels, der als Teil einer tektonischen Decke der Betischen Kordillere in die Nähe der Erdoberfläche gelangt ist. Erdmantelmassiv Sierra de Aguas, östlich Carratraca, Provinz Málaga, Andalusien.

18 In und an Gesteinen dokumentierte besondere Ereignisse

Gesteine dokumentieren nicht nur ihre eigene Entstehung. Zusätzlich enthalten sie oft auch Spuren von weitergehenden erdgeschichtlichen Ereignissen. Hierdurch ermöglichen sie Einblicke in zumeist „ewig" lange zurückliegende Verhältnisse und Vorgänge. Nebenbei wird hierdurch deutlich, dass selbst in „ewig" weit zurückliegenden Zeiten die auf der Erde gültigen Naturgesetze die gleichen waren wie heute. Auf der Erde ging es abgesehen von fehlenden oder andersartigen Lebewesen „normal" zu. In vielen Fällen sind an Gesteinen Beobachtungen möglich, die vertraute exogene oder auch endogene Prozesse belegen. Oft ist dies schon im Gelände möglich, in anderen Fällen z. B. erst anhand mikroskopischer Beobachtungen. In diesem Abschnitt werden einige Beispiele vorgestellt.

Herbstlaub (Ginkgo) im Jura

Die gegenüber der Ekliptik geneigte Umlaufbahn der Erde um die Sonne ist kein neues Phänomen. Sie führte auch in früheren Zeiten der Erdgeschichte zu Jahreszeiten. Diese wirkten sich auf die Vegetation aus, sobald es eine entsprechende Flora gab. Ein besonders signifikantes jahreszeitliches Phänomen ist der herbstliche Laubfall in gemäßigten Breiten. Im Gebiet des heutigen Europa herrschten im Jura Jahresdurchschnittstemperaturen um 20° C und ein relativ niederschlagsreiches Klima. Zur Baumvegetation gehörten Arten von *Ginkgo* als einer erdgeschichtlich frühen Gruppe von belaubten Bäumen mit flächigen Blättern statt Nadeln.

Wie die einzige heute noch lebende und als Parkbaum verbreitete Ginkgoart *Ginkgo biloba* waren auch frühere Ginkgoarten laubabwerfend und im Winter kahl. In nichtmarinen Sedimentgesteinen des Juras kommen erstmals lokal Anhäufungen von Ginkgoblättern vor, die als abgeworfenes, erdgeschichtlich frühes Herbstlaub zu deuten sind. Ein bedeutendes Vorkommen solcher Ginkgoreste sind gut geschichtete, plattig teilbare Sandsteine des Mittleren Jura in Nordostengland (Estuarine Beds), die in einem damaligen Flussmündungsgebiet abgelagert worden sind.

Abb. 410: Kohlig erhaltene Ginkgoblätter (*Ginkgoites huttoni*) auf Sandstein-Schichtfläche des Mittleren Jura. Die Anhäufung der Blätter weist auf herbstlichen Laubfall hin. Hierbei ist bemerkenswert, dass Ginkgo, nachdem Nadelgehölze und farnartige Bäume lange die Landvegetation dominiert hatten, die Zeit der Laubbäume einleitet. Die abgebildete Sandstein-Schichtfläche dokumentiert in diesem Sinne die Frühzeit des herbstlichen Laubfalls. Nordseeküste von Scarborough, North Yorkshire, England. Maximale Breite der Ginkgoblätter ca. 5 cm.

Abb. 411: Basaltischer Lavastrom (dunkel) auf leukokratem Pyroklastit (hell). Die vor Ausfließen des basaltischen Lavastroms (schwarz) angewitterte Unterlage ist durch die thermische Einwirkung der basaltischen Lava in rotes („gebranntes") Gestein umgewandelt worden. Das gezeigte Profil aus gelblichem, angewittertem Pyroklastit, rotem, gebranntem Gestein und überlagerndem Basalt dokumentiert eine längere Ruhephase zwischen der vulkanischen Pyroklastitausbreitung und der schließlichen Überdeckung durch heiße Basaltlava. Barranco de San Joaquin südlich Los Roques, Ostküste Teneriffas.

Thermische Kontaktwirkung von Basaltlava
Basaltische bzw. basanitische Lava bewirkt an ihrer unmittelbaren Unterlage mit Magmentemperaturen von ca. 1100 bis 1200 °C eine intensive, jedoch kurzzeitige und daher schmal begrenzte metamorphe Kontaktwirkung, die für reaktionsfähiges Material zu deutlich sichtbarer Veränderung führen kann. Diese kann unter Anwesenheit von freiem Sauerstoff mit Rotfärbung verbunden sein, die der ähnelt, wie sie beim Brennen von Ton zu Ziegeln eintritt. Signifikante Mineralneubildungen in der über wenige Dezimeter sichtbar gebrannten Lavastrom-Unterlage sind, abgesehen von einer Härtung des Materials, makroskopisch nicht erkennbar. Besonders deutlich wird die hochtemperierte Einwirkung auf tonhaltigem Material. In Vulkangebieten kann dieses u. a. durch *in situ*-Verwitterung auf rhyolithisch, trachytisch oder phonolitisch zusammengesetzten, hellen Pyroklastiten entstehen.

Schnelle Abkühlung von Magma („Abschreckung") gegen kühles Gestein wie auch gegen Wasser lässt sich daran erkennen, dass der jeweilige Magmatit unmittelbar am Kontakt zum Nebengestein oder Wasser (Abb. 137, Abb. 167) evtl. glasig erstarrt ist oder zumindest deutlich feinkörniger ist als weiter entfernt vom Kontakt. Der Gefügeübergang vom gröber körnigen Magmatit im Inneren der Intrusion zum thermisch abgeschreckten Rand ist hierbei fließend. Das zugrunde liegende Prinzip ist das gleiche, wie es für die unterschiedlichen

Abb. 412: Abgeschrecktes Salband (Randsaum) von Basalt (rechts im Bild, grau) im Kontakt gegen Rapakivigranit (links im Bild, rot). Der Basalt bildet einen Lagergang (Sill) von mehreren Metern Mächtigkeit. Ein wesentlicher Anteil des Basaltgang-Profils liegt unsichtbar rechts außerhalb des abgebildeten Ausschnitts. In der Bildmitte, unmittelbar am Kontakt des Basalts gegen den roten Granit, ist der Basalt aufgrund extremer Feinkörnigkeit nahezu schwarz. Hierdurch zeigt sich die thermische Abschreckung des Basaltmagmas gegen den zur Zeit des Intrudierens des Basaltmagmas schon längst erkalteten Granit. Dies bedeutet, dass die Grenze zwischen rot und schwarz eine Zeitspanne von etlichen Jahrmillionen repräsentiert. Der Granit gehört zum vor 1,5 – 1,6 Milliarden Jahren entstandenen Nordingrå-Rapakivimassiv, das vor ca. 1,2 Milliarden Jahren von basaltischen Gängen durchsetzt worden ist. Die direkt beobachtbare Situation im Gelände sagt nichts über die Zeitdifferenz von ca. 300 Millionen Jahren aus, aber sie macht deutlich, dass in der Granit-Basalt-Grenzfläche eine Zeitspanne in geologischer Größenordnung verborgen ist. Immerhin muss der Granit schon abgekühlt gewesen sein, als das Basaltmagma intrudierte. Norrfällsviken, Höga Kusten, südlich Örnsköldsvik, Västernorrland, Nordschweden.

Korngrößen von Vulkanit-Grundmassen und Plutoniten wirksam ist: Bildung vieler Kristallisationskeime vs. anhaltendem Wachstum weniger Kristalle in Abhängigkeit von der Abkühlungsgeschwindigkeit. Kontaktnahe, feinkörnige Randsäume von Magmatitgängen zeigen an, dass das jeweilige Magma in schon abgekühlt gewesenes und damit deutlich älteres Nebengestein eingeflossen ist. Thermisch abgeschreckte Randsäume von Magmatitgängen sind Ausdruck der Altersbeziehung von altem, schon abgekühltem Nebengestein gegenüber jüngerem Magmatit. Wenn Anzeichen für thermische Abschreckung am Nebengesteinskontakt fehlen, weist dies auf eine zur Zeit der Gangintrusion noch heiße Umgebung hin.

Eine **Diskordanz** innerhalb einer geologischen Schichtfolge weist auf tektonische Bewegungen und Erosion im Verlauf der regionalen Sedimentationsgeschichte hin. Geschichtete Sedimentgesteine bilden im Normalfall konkordante Abfolgen aus aufeinanderfolgenden Schichten. Die Schichten liegen dann parallel (konkordant) übereinander, die jüngeren über den älteren.

Abb. 413: Schichtdiskordanz in kontinental klastischer Sedimentabfolge des Tertiärs in tektonisch unruhiger Umgebung. Zwischen der oberen, horizontalen Deckschicht und den tiefer unten im Profil folgenden, schräg einfallenden Schichten gibt es eine Winkeldiskordanz. Die obersten der schräggestellten Schichten sind durch Erosion gekappt. Dort wo die Deckschicht die schräg einfallenden Schichten abschneidet, gibt es eine Schichtlücke, die die Zeit zwischen der Schrägstellung und der Überlagerung repräsentiert. Straße Iğdir–Tuzluca, Provinz Iğdir, Ostanatolien.

Abb. 414: Ausschnitt aus einer Gruppe von Findlingen aus granitischen und regionalmetamorphen Gesteinen, die in einer gemeinsamen Ebene vom mit Steinen beladenen Inlandeis der Weichsel-Kaltzeit (jüngste Eiszeit des quartären Eiszeitalters) geschliffen und gestriemt sind. Die in einheitlichem Niveau durchgehende Schliffebene und eine über alle Findlinge streng parallele Striemung weisen auf Abschleifen *in situ* hin. Offenbar waren die Findlinge in ihrer Unterlage aus zuvor abgelagertem Till (Geschiebemergel) fest eingefroren, sodass sie vom fließenden Eis nicht mitgerissen werden konnten, als Hinweis auf Permafrostbedingungen zur Zeit der Ausbreitung des schleifenden Eises. Südküste im Osten der Insel Fehmarn, südlich Staberdorf, Kreis Ostholstein.

Wenn eine Schicht unterlagernde Schichten kappt, d. h. wenn die übereinander folgenden Schichten nicht parallel zueinander, sondern unter einem Winkel von ungleich 0 ° aufeinanderfolgen, liegt eine Diskordanz vor. Die von einer Diskordanzfläche gekappten Schichten keilen unter der Überlagerung aus. Die ursprünglich vorhanden gewesenen Schichtfortsetzungen sind dann vor der Sedimentation der ersten diskordant überlagernden Schicht erodiert worden. Die Erosion hat Zeit erfordert. In diesem Sinne repräsentiert die mit der Diskordanz verbundene Schichtlücke eine zunächst unbekannt bleibende Zeitspanne. Oft sind Diskordanzen direkt im Gelände sichtbare Hinweise auf gebirgsbildende Bewegungen. Durch die Bestimmung der Alter der Schichten unterhalb und oberhalb der Diskordanz kann im günstigen Fall die Zeit der tektonischen Bewegung ermittelt werden.

ehemalige Bedeckung durch sich bewegendes Inlandeis

Zu den einschneidensten Klimaereignissen im Lauf der Erdgeschichte gehören Eiszeitalter, wie es sie seit dem Archaikum wiederholt gegeben hat. Zu den Ereignissen im Laufe von Eiszeitaltern gehört die großflächige Ausbreitung von Inlandeisdecken, die sich gletscherartig bewegt haben. Der Eistransport erfolgte vom kalten, schneereichen Ursprungsgebiet in wärmere Regionen, in denen Eisaufschmelzung überwog. Während der bisher letzten nordeuropäischen Eiszeit im Quartär vor ca. 20.000 Jahren entwickelte sich ein mehrmals von Nordskandinavien bzw. vom Gebiet der Bottensee aus vorstoßender Eisschild. Dessen Eis floss entlang der Ostseesenke nach Norddeutschland. Das letzte Inlandeis ist seit nahezu 15.000 Jahren aus Norddeutschland verschwunden, aber es hat sichtbare Spuren hinterlassen. Dazu gehören geschliffene und von parallelen Striemen bedeckte Glazialgeschiebe, d. h. Gesteinsbrocken, die als Fracht des Eises aus dem Norden gekommen sind. In Ermangelung von anstehendem Fels bilden sie die einzigen „Felsoberflächen" in weiten Teilen des Norddeutschen Tieflands. Besonders auf größeren Geschieben, den sogenannten Findlingen, kann Eisstriemung bzw. Gletscherschliff entwickelt sein. Ein besonders spektakuläres Beispiel bietet ein Pflaster von größenordnungsmäßig 100 exponierten Findlingen im Osten

Abb. 415: Kraterstruktur *prästens badkar* („Pastors Badewanne") in unterkambrischem Quarzsandstein (Hardeberga-Sandstein) an der Ostseeküste in Südschweden. Der abgebildete Krater ist eine besonders gut aufgeschlossene, nicht vollständig unter Wasser liegende, relativ große Kraterstruktur aus einer Gruppe assoziierter, durchweg kleinerer Beispiele. Die Struktur zeigt an, dass das Ereignis, dass für die Kraterbildung ursächlich ist, vor der endgültigen diagenetischen Verfestigung des in seichtem Meerwasser abgelagerten Sands stattgefunden hat. Im Bildhintergrund sind die Fortsetzungen der von der Kraterbildung betroffenen Sandsteinschichten ungestört gelagert. Für die Entstehung der Struktur wurde zeitweise Meteoritenimpakt herangezogen. Aus unterlagerndem Sediment stammendes Gas bietet eine weniger dramatische Erklärung. Brandungsplattform bei Vik, Ostküste Schonens, Südschweden.

der Ostseeinsel Fehmarn. Von einer unsichtbaren Fortsetzung unter überlagerndem jüngsten Till ist auszugehen. Die Granit- und Gneisblöcke sind alle in gleichem Niveau an ihrer Oberseite plangeschliffen und von einheitlich orientierten Eisstriemen besetzt. Die Striemen gehen auf Steine zurück, die an der Basis des sich bewegenden Eises eingelagert waren. Die flächenhafte Schleifwirkung haben im Eis eingelagert gewesene Steine und Sandkörner verursacht.

Gasausbruch am Meeresboden? Konzentrische Strukturen in sedimentären Schichtfolgen sind Anzeichen punktförmig fokussierter dynamischer Vorgänge, die die ursprünglich kontinuierliche Abfolge der Schichten gestört haben. Ein mögliches Beispiel sind Kraterstrukturen. Diese können viele alternative Ursachen haben. Eine Möglichkeit ist der Einschlag von Meteoriten, wobei Strukturen von wenigen Metern Durchmesser angesichts der üblichen hohen Aufprallenergie nur durch sehr kleine Meteorite verursacht werden können. Selbstverständlich kann auch vulkanische Aktivität zu Kraterstrukturen führen. In diesem Fall wären allerdings vulkanische Förderprodukte oder sonstige Hinweise auf lokalen Vulkanismus zur Zeit oder kurz nach der Sedimentation der betroffenen Schichten zu erwarten. Wenn es weder Hinweise auf Meteoritenimpakt noch auf Vulkanismus gibt, kommt auch die Möglichkeit von Gasausbrüchen aus unterlagerndem Sediment in Betracht. Ursache kann unterlagernder Faulschlamm mit sich zersetzendem organischem Anteil sein oder Methaneis, wie es auch gegenwärtig unter dem Meeresgrund in Kaltwassergebieten vorliegt. Dieses kann bei Erwärmung Methan freisetzen. Am Ende bleibt es entscheidend, ungewöhnliche Strukturen zu beobachten und gezielte Beobachtungen anzustellen, die eine Entscheidung zwischen den Alternativen ermöglichen.

Abb. 416: Sedimentstrukturen an einer Schichtunterseite in altproterozoischem, hochmetamorphem, jedoch nicht deformiertem Quarzit, dessen Material vor ca. 1,8 Milliarden Jahren als Sand sedimentiert worden war. Ein Beispiel für sich im Gelände aufdrängende Fragen, für die sich keine einfachen Antworten anbieten. Die subparallel angeordneten, länglichen Strukturen sind in Form von ineinander verschachtelten konischen Abschnitten segmentiert. Hierdurch ist eine zunächst denkbare Erklärung als klein geratene Flute Casts (Abb. 276) gegenstandslos, zumal Flute Casts grundsätzlich nicht segmentiert sind. Andererseits ist eine biogene Deutung aufgrund des hohen Alters problematisch (Troppenz et al. 2016). Der gut sichtbare, unmittelbar an einer viel befahrenen Hauptstraße gelegene Aufschluss enthält unbeantwortete Fragen zu sedimentologischen Vorgängen, die so lange zurückliegen, dass Entstehungsprozesse in Betracht kommen können, die möglicherweise außerhalb der an der Gegenwart bzw. an der jüngeren Erdgeschichte orientierten Erfahrungen liegen. Falls frühe Organismen die Verursacher sein sollten, ist nicht mit parallelen Funden zu rechnen. So wären die allermeisten in ähnlich lange zurückliegender Zeit möglicherweise entstandenen Sedimentstrukturen längst durch metamorphe Deformation ausgelöscht. Falls jedoch Lebewesen verantwortlich sein sollten, wären diese vermutlich zeitliche „Inselexistenzen" ohne in jüngeren Sedimentgesteinen überlieferte Nachfahren. Im Verlauf des Proterozoikums kann es mehrfach Situationen gegeben haben, die für vollständiges globales Massenaussterben gereicht haben könnten. Selbst im Laufe der jüngeren Erdgeschichte war dies nahezu der Fall, so besonders an den Grenzen Perm/Trias und Kreide/Tertiär. Für die hier abgebildeten Sedimentstrukturen gibt es jedenfalls bisher nicht genutzte Möglichkeiten detaillierterer Forschung. Straßenböschung an der E 22 zwischen Västervik und Gamleby, nördlich Segelrum. Ostsmåland, Südschweden.

Als **Problematikum** werden Fossilien von unklarer Stellung innerhalb der biologischen Systematik sowie Sedimentstrukturen mit unbekannter Entstehungsweise bezeichnet. Solche Problematika animieren naturgemäß zu Spekulationen und gezielter Forschung hinsichtlich ihrer Deutung. Im vorliegenden, hier als Beispiel abgebildeten Fall handelt es sich um Sedimentstrukturen, die trotz amphibolitfazieller, statischer Metamorphose in einem Quarzit (Västervik-Quarzit, Abb. 394) undeformiert erhalten geblieben sind. Dieser geht auf Sand zurück, der vor ca. 1,9 Milliarden Jahren im Flachwasserbereich eines Flussmündungsgebiets abgelagert worden war. Wahrscheinlich gab es Gezeiteneinfluss, also eine Situation ähnlich wie heute im Wattenmeer. Seit dem Kambrium würde man in solchem Milieu mit sedimentbewohnenden Tieren rechnen, die durch ihre Wühltätigkeit für Bioturbation sorgen würden, z. B. Würmer oder Krebse. Für das Altproterozoikum, in das das Sedimentationsalter fällt, galt und gilt die Existenz von sich selbständig bewegenden und womöglich sogar grabenden Lebewesen als unrealistisch. Die Zeit lag weit über eine Milliarden Jahre vor der kambrischen Explosion des Lebens auf der Erde. Allerdings sind in jüngerer Zeit mehrzellige und mehrere Zentimeter große, signifikant ältere Lebewesen in Form von Fossilien bekannt geworden, so aus nicht metamorph überprägten, 2,1 Milliarden Jahre alten Schwarzschiefern in Gabun (Troppenz 2017).

Da sich für die Strukturen von Västervik aber keine plausible Entstehungsursache ohne Beteiligung von Lebewesen andeutet, fehlt bisher eine Erklärung der gut sichtbaren Strukturen. Allerdings muss die Einbeziehung einer biologischen Entstehungsursache in die Überlegungen aufgrund der inzwischen anderenorts bekannt gewordenen altproterozoischen Fossilien nicht von vornherein als vollständig unsinnig gelten.

Als **Geohazard** wird eine Gefährdung eingestuft, die sich aus der lokalen oder regionalen geologischen Situation ergibt. Dies betrifft u. a. Erdbeben, Vulkanausbrüche, Tsunamis, Erdrutsche, Felsstürze und Erdfälle. Nach solchen Ereignissen bleiben gewöhnlich drastisch sichtbare Spuren zurück. Vulkanausbrüche werden vollständig durch natürliche Prozesse ausgelöst, ebenso in den meisten Fällen auch Erdbeben samt möglicherweise damit verbundenen Tsunamis. In manchen Fällen tragen hingegen menschliche Aktivitäten direkt oder indirekt zu Erdrutschen und Felsstürzen bei, z. B. durch die Anlage von Stauseen oder Steinbrüchen in geologisch kritischen Situationen.

Die Stabilität von Steilhängen und Felswänden kann durch ungünstige Schichtlagerung oder hangparallele Klüfte und Störungszonen massiv beeinträchtigt sein. Baumaßnahmen können dann Erdrutsche und Felsstürze auslösen. Sie können jedoch auch unabhängig von technischen Eingriffen von Natur aus zustande kommen. Dies gilt zwangsläufig für alle derartigen Ereignisse, die vor der Zeit größerer technischer Aktivitäten stattgefunden haben. Gegenwärtig steigert sich die Gefahr von Felsstürzen aus Hochlagen der Alpen und anderer Hochgebirge dadurch, dass im Zuge globaler Erwärmung die stabilisierende Wirkung von Permafrost in Felsklüften schwindet.

Ein Beispiel einer besonders großen, natürlich ausgelösten Hangrutschung ist der durch ca. 200 Millionen Kubikmeter abgerutschtes Gesteinsmaterial aufgestaute Tortum-See 90 km nördlich von Erzurum in Anatolien (Duman et al. 2009). Der Fluss Tortum ist dadurch zu einem 8,5 km langen und bis zu 2,5 km breiten See aufgestaut, der 538 Millionen m^3 Wasser enthält (Abb. 417). Die Situation ist vor allem flussabwärts des natürlichen Staudamms weiterhin nicht ohne Risiko: Steile, z. T. nahezu senkrecht aufragende Talflanken von mehreren hundert Metern Höhe aus kreidezeitlichen, plattigen Kalksteinen mit tonig-mergeligen Zwischenlagen lassen ein erneutes Versagen der Hangstabilität möglich erscheinen.

Bei Steinbruchbetrieb gibt es grundsätzlich die Gefahr von Felsstürzen. Entscheidend ist die Art des Gesteins

Abb. 417: Durch einen voluminösen Hangrutsch Mitte des 17. Jahrhunderts entstandener natürlicher Stausee. Blickrichtung nach Süden, entgegen der Durchflussrichtung des aufgestauten Wassers. Der Hangrutsch ist an der Westflanke des Tals (im Bild rechts) hinter dem Aufnahmestandort des Fotos abgegangen und hat den Lauf des Flusses Tortum blockiert. Der Hangrutsch ist durch die im Foto erkennbare, talwärts geneigte Lagerung der im Wechsel kalkigen und weichen, mergeligen Schichten begünstigt worden. Tortum Gölü, nördlich Uzundere, Provinz Erzurum, Nordostanatolien, Türkei.

und dessen Lagerung. Einen durch Steinbruchbetrieb ausgelösten, relativ massereichen Felssturz zeigt die nachfolgende Abb. 418. Im Zusammenhang mit dem Steinbruchbetrieb sind dort wiederholt größere Felsmassen abgeglitten, zuletzt 60.000 bis 85.000 m³ im Oktober 2002 (Poisel et al. 2016). Die Felsrutsche sind durch die geologischen Verhältnisse begünstigt worden. Das Gesteinsmaterial (grobkörniger Marmor mit eingelagerten Amphibolitlagen) war durch einen talwärts einfallenden metamorphen Lagenbau von Natur aus latent rutschungsgefährdet. Nach Unterschneiden der metamorphen Foliation beim Steinbruchbetrieb fehlte ein ausreichendes Widerlager. Bei der endgültigen Auslösung des Felssturzes spielten starke Regenfälle eine zusätzliche Rolle.

Abb. 418: Durch Steinbruchbetrieb ausgelöster Felsrutsch, der durch das hangabwärts ausgerichtete Einfallen der Felsbankung begünstigt wurde. Die deutlich sichtbare Bankung, die parallel zur Hangneigung verläuft, birgt von Natur aus die Gefahr, dass Material ins Rutschen kommt, sobald das untere Widerlager beeinträchtigt wird. Dies kann langfristig durch natürliche Erosion bewirkt werden (unterhalb des unteren Bildrands hat sich die Donau eingeschnitten) oder durch Materialentnahme durch Steinbruchbetrieb. Letzteres ist an dieser Stelle erfolgt. Linkes Donauufer beim Ort Spitz, westsüdwestlich Krems an der Donau, Niederösterreich.

Ehemaliger Kontakt von zwei Magmen nebeneinander zeigt sich, wenn zwei magmatische Gesteine mit lobater, welliger Konfiguration unmittelbar aneinandergrenzen (Abb. 419). Der Anschnitt der Kontaktfläche zeigt dann einen durch rundliche Einbuchtungen und Ausstülpungen gekennzeichneten Verlauf als Abbild zweier ursprünglich sehr leicht verformbarer Medien, wie Magmen es aufgrund ihres Schmelzanteils sind. Ebenso weisen rundlich-kissenförmige Einlagerungen eines Magmatits in einem umgebenden anderen auf zeitweiliges Nebeneinander zweier unterschiedlicher Magmen hin (Abb. 420). Die Ursache des Nebeneinanders, wie Abb. 419 es zeigt, kann **Entmischung** und damit Trennung eines ursprünglich homogenen Magmas in zwei unterschiedlich zusammengesetzte, nicht miteinander mischbare Teilmagmen sein oder Einfließen eines Magmas in ein anderes (Abb. 420). Die Entmischung bzw. Unmischbarkeit von Flüssigkeiten ist aus dem Alltag, z. B. für die Kombination Wasser und Öl, bekannt. Auch manche Magmen neigen bei ausreichend Verweilzeit zur Entmischung, die am Ende zu zwei unterschiedlichen magmatischen Gesteinen führt. Diese treten schließlich im Gelände unmittelbar benachbart auf. Für zwei durch Entmischung entstandene, untereinander verwandte Magmatite ist der Zusammenhang nicht direkt beobachtbar. Der Entmischungsvorgang liegt für die fertigen, längst abgekühlten Gesteine lange zurück, auch fand er in der Tiefe verborgen statt, innerhalb des ursprünglichen Magmenreservoirs (der Magmenkammer). Nur in den Fällen, in denen die Magmenkammer selbst mit zwei oder mehr eng assoziierten plutonischen Gesteinen angeschnitten ist, lässt sich das Ergebnis des ehemaligen Entmischungsvorgangs beobachten, wenn zwei verwandte Plutonite durch eine wie in flüssigen Systemen konfigurierte Kontaktfläche voneinander abgesetzt sind.

Die Intrusion eines Magmas in ein anderes kann bei guter Mischbarkeit untereinander zu einer homogenen Mischzusammensetzung führen. Das resultierende magmatische Gestein zeigt dann allenfalls in Form spezieller Details einen Hinweis auf die zugrunde liegende Vermischung. Dies können z. B. Einsprenglinge sein, die in dem einbettenden Magmatit normalerweise nicht vorkommen können. Sehr viel offensichtlicher ist die Vermengung von zwei verschiedenen Magmen dokumentiert, wenn rundliche bzw. tropfenförmige oder kissenförmige Einschlüsse eines Magmatits in einem signifikant anders zusammengesetzten Magmatit eingebettet sind. Ein schon in Form fester Gesteinsbrocken aufgenommener Magmatit würde gegen das einbettende Gestein zumindest teilweise eckig begrenzt sein.

Wasserinfiltration in Gestein
In manchen Fällen ist die ehemalige Zufuhr von wässriger fluider Phase Gesteinen direkt ansehbar. Dies gilt dann, wenn ein Gestein, das aus Mineralen ohne Beteiligung von OH-Gruppen in den Kristallen besteht, einen lokal begrenzten Ersatz mancher „trockener“ Minerale durch OH-haltige Folgeminerale zeigt. Oft wirkt sich die Zufuhr von Wasser zusätzlich durch Grobkörnigkeit der Minerale aus. Recht häufig werden Pyroxene durch Amphibole ersetzt. Dieser Ersatz ist wegen sehr ähnlicher Kristallstrukturen von Pyroxenen und Amphibolen naheliegend. Das Wasser kann durch schmale Fugen in das Gestein eindringen und weniger intensiv das Gestein auch über geringere Strecken diffus

Abb. 419: Unmischbarkeit von zwei Magmen in einer ehemaligen Magmenkammer. Eiszeitlicher Findling, der aus zwei gegeneinander abgegrenzten Arten von Gabbro besteht. Der helle und der dunkle Gabbro grenzen buchtig-unebenflächig aneinander. Die durch den Farbwechsel erkennbare Grenze geht auf den ursprünglichen Kontakt zweier Magmen zurück. Die dunkle Gabbrovarietät enthält besonders viel Pyroxen und damit chemisch einen hohen Anteil von Eisen neben Magnesium. Die helle Gabbrovarietät ist durch einen hohen Plagioklasanteil geprägt und damit chemisch durch höhere Gehalte von Aluminium, Kalzium und Natrium. Der Findling zeigt in erstarrter Form einen kleinen Ausschnitt einer plutonischen Magmenkammer, die ursprünglich kilometertief in der Erdkruste steckte. Die beiden Gabbrovarietäten sind die Produkte der Magmenentmischung eines ursprünglich homogenen Gabbromagmas mit einer Zusammensetzung, die zwischen denen der beiden getrennten Anteile lag. Glazialgeschiebe am Ostseesteilufer von Friederikenhof, Hohwachter Bucht, Schleswig-Holstein.

Abb. 420: Vermengung zweier Magmen (Magma Mingling) in einem eiszeitlich verfrachteten Geschiebeblock aus dem baltoskandischen Grundgebirge. Basaltisches Magma, aus dem die schwarzen, rundlich-tropfenförmig konfigurierten Bereiche entstanden sind, ist in der Tiefe in granitisches Magma eingeflossen, das durch das einschließende, hellbraune Gestein repräsentiert wird. Die scharfen Grenzen zwischen den beiden Magmen, jetzt in Form der beiden Gesteine, weisen darauf hin, dass die beiden Magmen nicht gut untereinander mischbar waren, ähnlich wie dickflüssige Öltropfen in Wasser. Strandgeröll am Ostseesteilufer Klütz Höved, Nordwestmecklenburg. Größte Achsenlänge des Geschiebeblocks ca. 35 cm.

Abb. 421: Eiszeitliches Geschiebe aus subvulkanischem Granitporphyr mit Anzeichen der Vermischung zweier Magmen (Magma Mixing). Das rote Gestein ist von seiner Zusammensetzung her granitisch-rhyolithisch (rapakivigranitisch). Als Fremdkörper (Xenokristall) enthält der Magmatit einen zentimetergroßen, farblos-transparenten Plagioklaskristall sowie außerdem mehrere kleinere. Die Plagioklas-Einsprenglinge gehören nicht zum normalen Mineralbestand des granitischen Subvulkanits. Vielmehr sind sie typisch für basaltisch-gabbroides Magma, wie es im Bereich des Geschiebe-Herkunftsvorkommens, des Åland-Rapakivimassivs in Südwestfinnland, synchron mit dem Rapakivimagmatismus existierte. In den hierbei entstandenen basaltisch-gabbroiden Gesteinen (Abb. 122) treten große Plagioklaskristalle wie der hier im Granitporphyr eingeschlossene in reichlicher Menge auf. Die Plagioklase, besonders der große Kristall im Granitporphyr, sind „unverdaute" Relikte von basaltischem Magma, das von dem granitischen Magma unter ansonsten vollständiger Vermischung aufgenommen worden ist. Weitere Indizien für die Beimengung von basaltischem Magma in das granitisch-rhyolithische Magma sind schwarze, aus Hornblende bestehende Säume um tendenziell farblos-transparente Quarzeinsprenglinge. Hier ist es zu Reaktionen der Quarze mit dem aus dem Basaltmagma stammenden Eisen, Magnesium und Kalzium zum Aufbau der Hornblende $\square Ca_2(Mg,Fe)_4AlSi_7AlO_{22}(OH)_2$ gekommen. Strandgeröll vom Ostseesteilufer Klütz Höved, Nordwestmecklenburg, Originalherkunft Åland-Archipel, Südwestfinnland. Größte Achsenlänge 15 cm.

Abb. 422: Wasserzufuhr in heißem Gestein: Felsoberfläche aus Dolerit, der als magmatisches Gestein mit basaltischer Zusammensetzung maßgeblich aus hellem Plagioklas und mäßig dunklem Pyroxen besteht. Die heller getönten Bereiche der Felsoberfläche bestehen aus dem unveränderten, magmatisch auskristallisierten Dolerit. Wasserzufuhr bei noch hoher Temperatur und unter ausreichend hohem Druck erfolgte entlang einer haarfeinen Fuge in dem schon verfestigten Gestein. Zu ihren beiden Seiten diffundierte Wasser in den Dolerit und bewirkte die Kristallisation von intensiv schwarzem Amphibol in dem nun wie Hornblendegabbro zusammengesetzten, schmalen Bereich. Sowohl der neugebildete Amphibol wie auch der Plagioklas zeigen gröbere Körnung als der Pyroxen und Plagioklas der Umgebung. Rotsidan am Ufer der Bottensee bei Nordingrå, Västernorrland, Schweden.

infiltrieren. Minerale, die nicht durch OH-haltige Neubildungen ersetzt werden, wie z. B. Quarz, kristallisieren unter Wassereinwirkung oft unter Bildung größerer Kristalle um. Ursache ist hierbei die Wirkung des Wassers als besonders effizientes Transportmedium der bei der Kristallisation umgesetzten Ionen.

Metamorphose und Stofftransport in komplexem Gestein

Zur Mineral- und Gesteinsbildung müssen zumindest im Nahbereich Atome oder Ionen dorthin bewegt werden, wo sie zur Kristallisationskeimbildung oder zum Weiterwachstum von Mineralen und damit letztlich zur Gesteinsbildung erforderlich sind. Am einfachsten geschieht dies in wässriger Lösung, z. B. wenn Steinsalz aus übersättigter Lösung ausfällt, oder zumindest unter Beteiligung von wässriger fluider Phase. Der Transport von z. B. Silizium, Aluminium, Magnesium und Eisen im festen Gestein kann jedoch auch in trockener Umgebung auf komplexere Weise stattfinden. Im Zusammenhang mit den immer stattfindenden thermischen Schwingungen innerhalb und außerhalb der Gitterstrukturen der vorhandenen Kristalle kann es zu Platztauschvorgängen und damit letztlich zu gerichteter Diffusion der Atome oder Ionen kommen. So werden durch Weiterwachstum eines Kristalls die chemischen Elemente aus der unmittelbaren Umgebung entzogen, weil sie in das jeweils gerade wachsende Mineral eingebaut werden. Hierdurch entwickeln sich chemische Konzentrationsgradienten, zu deren Ausgleich die entsprechenden chemischen Elemente aus benachbarten Bereichen höherer Konzentration in Bereiche geringerer Konzentration diffundieren. Die Auswirkung solcher extrem langsam ablaufenden Prozesse kann in günstigen Fällen im Gestein

Abb. 423: Ein Beispiel einer komplex zusammengesetzten, metamorphen Gesteinsassoziation, als Gegenbeispiel zu einfacher zu verstehenden Gesteinen wie Granit oder Sandstein. Steine wie dieser können neugierig machen und Rätsel aufgeben. Ausschnitt aus der Oberfläche eines Großfindlings von ca. 25 t Masse. Der Stein ist ein eiszeitliches Lokalgeschiebe, das nach nur kurzem Transport durch das Eis noch auf dem Ursprungsvorkommen liegen geblieben ist, dem auch Abb. 68 entstammt. Die abgebildete Fläche fällt mit der ehemaligen sedimentären Schichtung im sandig-tonigen Edukt zusammen. Die über die gesamte Fläche verteilten schwarzen Flecken sind von feinkörnigem Biotit durchsetzte poikiloblastische Cordierite, wie sie auch in Abb. 68 zu erkennen sind. Den hellroten Säumen haben die Cordierite das zu ihrem Wachstum benötigte Eisen und Magnesium durch Diffusion im festen Zustand entzogen, sodass dort nur noch feinkörniger roter Kalifeldspat und Quarz kristallisieren konnten. Das ursprünglich homogene Material, das Eisen und Magnesium noch in gleichmäßiger Verteilung enthält, ist in Reliktbereichen erhalten. Es hat eine rötlich graue Tönung und bildet rundlich konfigurierte, auch von schwarzen Cordieritflecken durchsetzte Anteile, die von auffälligen schwarzen, girlandenartigen Säumen aus schwarz pigmentiertem Cordierit eingerahmt werden. Ohne detaillierte Untersuchungen muss offen bleiben, ob die Cordieritsäume Inhomogenitäten des sedimentären Edukts abbilden oder ob sie Produkte unterschiedlich weit reichender Diffusion im Verlauf hoch temperierter metamorpher Reaktionen sind oder ob sie womöglich völlig anderer Entstehung sind. Findlingsoberfläche südlich des Gutshofs Kasimirsborg bei Gamleby, nordwestlich Västervik, Kalmar län, Ostsmåland, Südschweden. Breite des abgebildeten Ausschnitts ca. 60 cm.

Abb. 424: Elementarer Schwefel (gelb) als biogen entstandener Gesteinsbestandteil in Sulfatgestein (Gips, weiß). Im konkreten Fall ist der Sulfatanteil des Gipses (weiß) in Gipsgestein unter Einwirkung von Kohlenwasserstoffen aus Erdöl (schwarz), u. a. von Methan, zu H_2S reduziert worden, aus dem durch anschließende Oxidation elementarer Schwefel (gelb) hervorgegangen ist. Eine alternative geologische Möglichkeit der Bildung von elementarem Schwefel ist die Oxidation von vulkanischem H_2S in Kontakt mit Luftsauerstoff an Austrittsstellen H_2S-haltiger vulkanischer Gase (Solfataren). Im hier abgebildeten Fall ist weißes Gipsgestein von schwarzen, bituminösen Anteilen und grobkristallinem, gelbem Schwefel durchsetzt. Der Schwefel als Gesteinsbestandteil ist das Produkt der Tätigkeit von Mikroorganismen (sulfatreduzierenden Bakterien) in der Tiefe innerhalb des Gesteinsverbands. Der abgebildete schwefelhaltige Gips stammt aus einem ehemaligen Untertageabbau von Gipsgestein auf einem Salzstock bei Weenzen am Ith, Landkreis Hildesheim, Südniedersachsen. Die Probe wurde ca. 1975 gewonnen. Breite des abgebildeten Ausschnitts 14 cm.

Abb. 425: Kalkstein (Kreidekalk) mit rezenten (aktuell entstandenen) Bohrlöchern, die von Säure abscheidenden Muscheln gebohrt (geätzt) worden sind. Strandgeröll aus Kreidekalk des Helgoländer Felssockels. Nordstrand der Helgoländer Düne. Durchmesser der Bohrlöcher bis ca. 2,5 cm.

direkt sichtbar sein. Abb. 423 zeigt ein entsprechendes Beispiel. Das bei der Metamorphose (vor ca. 1,8 Milliarden Jahren) zustande gekommene Gesteinsgefüge fällt mit fast biologisch anmutenden Konfigurationen aus dem üblichen Rahmen des Aussehens von Gesteinen. Das Bild weist auf eine vor langer Zeit stattgefundene Dynamik hin, die in dem seit Ewigkeiten starren Gestein abgebildet ist, ohne dass sich sofort eine Erklärung anbietet.

Wechselwirkung Biosphäre/Lithosphäre: Biologische Einwirkung auf Gestein im Untergrund

Ähnlich wie zur Zeit des Archaikums und gegenwärtig in Ozeanen an Austrittsstellen von vulkanogenen Fluiden (Black Smokers) können im Gesteinsverband weit unterhalb der Erdoberfläche anaerobe (sauerstofffreie) Bedingungen herrschen, die speziellen Mikroorganismen deren Leben ermöglichen. Die Folgen sind u. U. im Gestein unmittelbar sichtbar. Ein Beispiel zeigt Abb. 424.

Besondere Gesteinsvorkommen mit Bedeutung für Volksglauben, Kulturaspekte, Gefahren und Landschaftsprägungen

Abgesehen von ihrer petrografischen Bedeutung sind manche Gesteinsvorkommen für regionalen Volksglauben sowie hinsichtlich der Vor- und Frühgeschichte relevant. In vielen Fällen spielen Gesteinsvorkommen eine Rolle in der regionalen Mythologie. Auch diese (eher „volkstümliche") Facette der Gesteine hat oft große Bedeutung. Daneben können manche Gesteinsvorkommen Auswirkungen auf die Landbewirtschaftung haben und landschaftliche Besonderheiten bewirken.

Feuersteinseeigel: Besonders die im Norddeutschen Tiefland überall in Geestgebieten, aber nirgends besonders häufig vorkommenden Feuersteinseeigel sind nicht nur hübsch, sondern stehen auch in Beziehung zu vor- und unchristlichen mythologischen Vorstellungen. Dies zeigt sich darin, dass sie häufig als Grabbeigaben in jungsteinzeitlichen Gräbern auftauchen. Noch Mitte des 20. Jahrhunderts wurden sie in Nordniedersachsen kartonweise auf Dachböden von Bauerhöfen gelagert, aufgrund der Vorstellung, dass sie einen guten Schutz gegen Blitzschlag böten. Grundlage hierfür ist eine offenbar aus vorchristlichen Zeiten überlieferte Tradition, nicht eine Empfehlung der Gebäudeversicherungen.

Abb. 426: Kreidezeitlicher fossiler Seeigel in Steinkernerhaltung. Solche aus Flint (Feuerstein) bestehenden Seeigel sind die „Landschaftsfossilien" des Norddeutschen Tieflands. Obwohl sie nirgends häufig sind, begegnet man ihnen immer wieder an Ostseestränden, in Sand- und Kiesgruben und auf Äckern in Geestgebieten und auf Steinhaufen, besonders nach der Kartoffelernte. Der robuste Erhaltungszustand der Feuersteinseeigel bringt es mit sich, dass sie die Feldbearbeitung ohne große Beschädigungen überstehen und auch die achtlose Abschüttung auf Feldsteinhaufen. Der in der Bildmitte positionierte Seeigelsteinkern befindet sich in einem Steinhaufen in einer Kiesgrube zusammen mit anderen nach der Größe ausgesiebten Steinen in unveränderter Fundposition.

Vorliebe des Teufels für schweflige Säure: Dem Teufel wurde schon immer eine besondere Affinität zu Schwefel nachgesagt. Dies berührt auch Vorkommen von Wasser, das aus schwefelhaltigem Untergrund austritt.

Abb. 427: „Badestelle des Teufels“: Austritt von Fe-haltigem Sickerwasser mit Beteiligung von schwefliger Säure. Brauneisenausfällung aus Wasser, das pyrithaltigen (FeS_2) Grünsand durchflossen hat. Teufelsbachtal am Harznordrand bei Blankenburg im Landkreis Harz, Sachsen-Anhalt. Über den Talabschnitt, aus dem dieses Foto stammt, gibt es die Erzählung, dass der Teufel schwefelhaltiges Wasser für Bäder benutzt hat, die ihm zum Erhalt seiner ewigen Jugend verholfen haben. Der die auffällige Gewässerchemie bewirkende Grünsand ist zeitweise für eine Kurklinik („Teufelsbad“) in einem Bergwerksstollen gewonnen worden, z. B. zur kurmäßigen Anwendung bei rheumatischen Erkrankungen. Die abgebildete Situation zeigt einen Zufluss in das harzrandparallel fließende Gewässer Teufelsbach das sich nach kurzem Verlauf mit dem Namen „Goldbach“ fortsetzt. Die im Foto sichtbare Vegetation wird von gerade blühendem Bärlauch (im April 2024) dominiert. Die geologische Situation beruht auf Ablagerungen von tertiärzeitlich marin sedimentiertem, unverfestigtem, glaukonithaltigem Sand. Der Sand hat sich in Senken über am Harznordrand steil aufragendem, ausgelaugtem Zechsteingips angesammelt, der den Harznordrand lokal säumt.

Erdfälle bilden in vielen Regionen Gefahren bei der Feldbearbeitung und auch für Gebäude, für die in solchen Situationen eine Elementarschadenversicherung ratsam ist. Besser ist es allerdings, solch Gelände nicht als Baugrund zu nutzen. Die Erdfallgefahr ist dann unabweisbar, wenn es lokal Hinweise auf frühere Erdfälle gibt. Sie erfordern ein wasserlösliches Gestein im seichten Untergrund wie vor allem Gips und auch Kalkstein. Auch das in Mitteleuropa nicht oberflächennah vorkommende Steinsalz kann die Bildung von Erdfällen bewirken.

Abb. 428: Häufung von Erdfällen auf einem Untergrund aus unter dem Grünland flächenhaft anstehendem Zechsteingips in einer Gipskarstlandschaft im südlichen Harzvorland beim Dorf Düna, die in unübersehbarer Weise ausgeprägt ist. Durch Gipsauflösung sind Hohlräume entstanden, deren Einsturz zu den im Foto erkennbaren Absenkungen (Erdfälle) geführt hat. Die ausgeglichene Morphologie der rundlichen Senkungstrichter ist Folge von Viehtritt und Bodenverlagerungen aus den unmittelbaren Umgebungen und Auswirkung der Vegetationsbedeckung. In dem zur Erdfallbildung neigenden Gelände ist die Entstehung weiterer Erdfälle möglich bis wahrscheinlich, die in frischem Zustand schachtartig steile Wände ausbilden können.

Abb. 429: Erdfall im Querschnitt. Mit jüngerem Sediment (Gesteinsschutt und braunem Lehm) verfüllter Erdfall über nahezu waagerecht geschichtetem Steinsalz in einem Trockengebiet. Im Gegensatz zu der Situation in Abb. 428 ist es zur Reliefumkehr gekommen: Die im Gegensatz zum umgebenden Steinsalz nicht wasserlösliche Füllung des Erdfalls ragt über die aus Steinsalz bestehende Ebene empor (höchster Punkt im abgebildeten Gelände). Tuzluca nahe der Ostgrenze der Türkei zu Armenien. Das plateaubildende Steinsalz ist (abgesehen von dem Erdfall) aufgrund des trockenen Steppenklimas im äußersten Osten der Türkei erhalten geblieben. Das Salz ist während des Tertiärs (Oligozän) abgelagert worden.

Landhebung und Landsenkung: Mobilität der Erdoberfläche trotz festen Felsgesteins: Abgesehen von den gewöhnlich abrupt und schnell auftretenden Erdbeben kann die Erdoberfläche trotz festen, grundsätzlich starr erscheinenden Gesteins Hebungs- und Senkungsbewegungen ausführen, die so langsam ablaufen, dass die Bewegung nicht direkt wahrnehmbar ist. Nur die Auswirkungen sind bei Beachtung der geologischen Verhältnisse oft unübersehbar. Eine Absenkung des Felsuntergrundes kann relativ schnell unter der Auflast von neu gebildetem Gletscher- oder Inlandeis stattfinden. Im Gegensatz dazu führt das Abschmelzen mächtiger Eisbedeckung zu lange anhaltender Landhebung. Solche Ausgleichsbewegungen gehen auf die Mobilität und Verformbarkeit der Erdmantelgesteine im tiefen Untergrund zurück. Gegenwärtig heben sich die skandinavischen Länder, während das südlich angrenzende Mitteleuropa komplementärer Absenkung unterliegt, weil es im Erdmantel tief im Untergrund zur Verlagerung von heißem Peridotit nach Norden kommt, dorthin, wo es zur Emporwölbung von Erdmantelgestein aufgrund der verschwundenen eiszeitlichen Auflast des gewöhnlich kilometerdick gewesenen Inlandeises kommt. Landsenkung ist anhand von systematischen Pegelmessungen an Meeresküsten feststellbar. Landhebung hinterlässt oft geologische Spuren wie z. B. Brandungsgerölle in Höhenlagen oberhalb des gegenwärtigen Meeresspiegelniveaus.

Abb. 430: Klappersteinfeld als Folge von nacheiszeitlicher Landhebung: In der Meeresbrandung gut gerundete Granitgerölle im Wald oberhalb des gegenwärtigen Meeresspiegelniveaus. Skuleskogen im Gebiet der Höga Kusten an der westlichen Küste der Bottensee (Västernorrland, Nordschweden).

Abb. 431: Nacheiszeitliche Landhebung an der Westküste der Bottensee, Skuleskogen Västernorrland, Nordschweden). Die gesamte Bergflanke oberhalb des Meeresspiegels der Bottensee (in der Tiefe im Bildhintergrund) ist mit gut gerundeten fossilen Strandgeröllen bedeckt. Durch diese Klappersteinfelder wird ein sukzessiver Anstieg der jeweiligen Ufersäume dokumentiert. Die Landhebung ist Folge der Entlastung nach dem Abschmelzen einer ca. 3000 m dicken Eisdecke nach dem Ende der letzten Inlandeisbedeckung der Region während der Weichsel-Eiszeit. Seitdem hat sich das Land im Gebiet der Höga Kusten (= „Hohe Küste") um 286 Meter gehoben, d. h. die Uferlinie aus der Zeit unmittelbar nach dem Verschwinden des Inlandeises liegt heute in einer Höhe von 286 m ü. NHN (Abb. 432).

Abb. 432: Niveau des Meeresspiegels zur Zeit unmittelbar nach dem Abschmelzen des weichselzeitlichen Inlandeises. Nur im von Anfang an über dem Meeresniveau gelegenen Gelände sind eiszeitliche Lockersedimente der Abspülung durch die Meeresbrandung der Bottensee entgangen, sodass darin Waldbäume wurzeln können. Die Bottensee ist der nördlichste Meeresarm des Ostseesystems zwischen Nordschweden und Finnland. Im ehemals von der Meeresbrandung erfassten, tiefer gelegenen Bereich ist der Granitfelsen freigespült. Die waagerecht angebrachte Stahlschiene markiert die ehemalige erste Uferlinie, die sich nach der Eisschmelze eingestellt hatte. Der Text auf der Infotafel bedeutet: „Welterbe Höga Kusten (= die Hohe Küste), höchste Küstenlinie, 286 m über dem Meer, die höchste der Welt“. Das Gelände wird aktuell weiter angehoben. Hierdurch wird der globale Meeresspiegelanstieg regional überkompensiert.

Gesteinszerstörung durch Vegetationswirkung: Die Vegetation ist nicht nur darauf angewiesen, dass durch chemische Verwitterung Böden gebildet werden, die das anstehende Felsgestein überdecken. Pflanzen, besonders Bäume, können auch aktiv zur Zerkleinerung von massivem Felsen führen.

Abb. 433: Die Verwitterung attackiert den Rapakivigranit des Nordingrå-Massivs nicht nur durch chemische und biologische Einwirkung z. B. durch von Pflanzen und Moorwasser freigesetzte Säuren und durch Frostsprengung. Auch die Vegetation kann festes Gestein mechanisch angreifen. Im abgebildeten Fall weitet eine Waldkiefer mit ihrer in einer Kluft steckenden, langsam anschwellenden Pfahlwurzel die ursprünglich enge Kluft durch ihre mit dem Wachstum verbundene Sprengwirkung. In absehbarer Zeit wird sich der quaderförmige Felsbereich rechts der Kiefernwurzel vom Felsverband ablösen und auf die Geröllanhäufung legen.

Biologisch bedingte Gefahren beim Arbeiten an Gesteinsvorkommen: Ähnlich wie Forstarbeiter und Beerenpflücker sind Geologen und Petrografen im Gelände nicht nur durch Bären und Wölfe bedroht, sondern auch von oft kleinen und zumeist unscheinbaren Tieren, vor denen man sich unbedingt schützen sollte.

Abb. 434: Zu den potenziell gefährlichen Überraschungen bei petrografischen und geologischen Arbeiten im Gelände gehören außer Wespen und Zecken immer wieder auch Schlangen, unter denen die giftigen Kreuzottern (Foto) selbst in Nordskandinavien vorkommen, hier auf Rapakivigranit in Västernorrland. Solche Schlangen sind der Grund dafür, dass man Steine am besten nur unter Einsatz eines Hammers umdreht oder aufhebt. Häufig ruhen Schlangen unter losen Steinen. Daher sollte man auch noch so interessant erscheinende Steine nicht mit der Hand anheben. In tropischen Regionen muss man sogar damit rechnen, dass Schlangen meterweit springen können.

Steinkonstruktionen als Kulturdenkmäler: In Form von megalithischen Steinsetzungen, Menhiren und wikingerzeitlichen Runensteinen begegnen uns häufig imposante Steine als Mittler zwischen Erdgeschichte und Menschheitsgeschichte. Solche Kulturdenkmäler vermitteln in jedem Fall die Wertschätzung, die in ferner Vergangenheit besonderen Steinen entgegengebracht wurde.

Abb. 435: Reste des Großsteingrabs Havängsdösen nahe Ravlunda in Skåne, Südschweden. Das Bauwerk wurde von Angehörigen der frühgeschichtlichen Megalithkultur aus Glazialgeschieben errichtet. Es steht oberhalb eines Hochufers unmittelbar an der Ostseeküste. Solche Kulturdenkmäler gibt es in der Nähe von Meeresküsten und großen Flüssen verbreitet in Nord- und Westeuropa als frühe Beispiele der Verwendung von großen, dauerhaft beständigen Steinen für kultische und Bauzwecke. Das hier abgebildete Beispiel ist 2015 durch ein Grillfeuer beschädigt worden. Grundsätzlich ist es keine gute Idee, auf Felsoberflächen Feuer zu entzünden. In Schweden ist es schlicht verboten. Dies gilt auch für glatte Felsen in der Landschaft, die unter Feuerstellen verfärben und abplatzen.

Abb. 436: Runenstein „Karlevistenen" bei Färjestaden auf der Insel Öland (Kalmar län, Südostschweden). Solche Runensteine wurden zumeist zu Ehren von im Kampf gefallenen Vikingeranführern für die Ewigkeit aufgestellt. Der Stein ist mit großer Wahrscheinlichkeit ein vom schwedischen Festland stammendes, granit- bzw. gneisähnliches Glazialgeschiebe. Lokales Gestein von Öland wäre ordovizischer Kalkstein. In diesem Fall ist eine dauerhaftere und weniger verwitterungsanfällige Alternative ausgewählt worden.

Abb. 437: Menhir („Hinkelstein") im nördlichen Harzvorland zwischen Heimburg und Benzingerode (Landkreis Harz, Sachsen-Anhalt), Blickrichtung nach Norden. Im Gegensatz zu dem Runenstein (Abb.436) trägt der ebenso aufrecht stehende Stein keine Inschrift. In diesem Fall ging es in unbekannter Zeit offenbar nur darum, den Stein gut sichtbar und für eine lange Zukunft aufzurichten. Der in Originalposition über mehrere Meter aufragende Stein aus stark eingekieseltem Sandstein wird der Megalithkultur zugerechnet. Seine Funktion und Herkunft ist unbekannt.

Haben Steine einen „feinen Humor“?:

Abb. 438: Ostseesteilufer Klütz Höved in Nordwestmecklenburg mit Anhäufung von aus dem Kliff gewaschenen Glazialgeschieben am Strand. Mit dem aus Ostsmåland stammenden großen Granitfindling und Naturdenkmal in der rechten Bildhälfte („Medienfindling“) hat es eine besondere Bewandtnis: Der Stein ragte vor mehreren Jahren dauerhaft hoch oben aus dem Kliff. Um einem unbeeinflussten und potenziell gefährlichen Abgang zuvorzukommen, wurde von Behördenseite aufwändig versucht, den Stein kontrolliert absinken zu lassen. Hierzu wurden Journalisten der Lokalzeitungen und des Regionalfernsehens eingeladen (deshalb „Medienfindling“). Hierbei verhielt der Stein sich unkooperativ, d. h. er blieb trotz aller Bemühungen in seiner ursprünglichen Position. Erst Wochen später glitt er dann auf „eigenen Entschluss“ und ohne Augenzeugen auf die Strandebene. Zusammen mit den kleineren Glazialgeschieben am Strand, darunter ein hoher Anteil von Graniten, repräsentiert er die petrografische Vielfalt der vom weichseleiszeitlichen Inlandeis aus dem Norden angelieferten Glazialgeschiebe. Solche Lokalitäten an den Steilufern der südlichen Ostseeküste sind lohnende Orte zum unkomplizierten Studium des Gesteinsbestands eines alten Kontinentkerns, in diesem Fall des Baltischen Schilds. Statt umfangreiche Reisen in Skandinavien zu unternehmen, kann ausgenutzt werden, dass die zu erwartenden Gesteine von Natur aus an leicht erreichbarer Stelle versammelt sind, als lohnendes Objekt für petrografische Exkursionen. Solche Lokalitäten bieten günstige Gelegenheiten, damit zu beginnen, Gesteine in ihrer großen Vielfalt kennenzulernen. Statt zu den Herkunftsvorkommen reisen zu müssen, sind die Steine zu uns gekommen.

19 Literatur

Baldschuhn, R. & F. Kockel (1996): Geologischer Atlas von NW-Deutschland, Teil 17, Leitung Kockel, F., Geologische Schnitte 1:200 000, Tafel 2: Holstein – Hamburg, Schnitte 14-25. Bundesanstalt für Geowissenschaften und Rohstoffe, Hannover.

Bucher, K. & M. Frey (2002): Petrogenesis of metamorphic rocks. 7th ed., 341 S., Springer, Berlin.

Bucher, K. & R. Grapes (2011): Petrogenesis of metamorphic rocks. 8th ed., 428 S., Springer, Berlin.

Duman, Tamer Y. (2009): The largest landslide dam in Turkey: Tortum landslide. Engineering Geology **104**, 66 – 79.

Ernst, G., R. Kohring & U. Rehfeld (1996): Gastrolithe aus dem Mittel-Cenomanium von Baddeckenstedt (Harzvorland) und ihre paläogeographische Bedeutung für eine prä-ilsedische Harzinsel. Mitteilungen des Geologisch-Paläontologischen Instituts der Universität Hamburg **77**, 503 – 543.

Fettes, D. & J. Desmons (2007): Metamorphic Rocks, a classification and glossary of terms. Cambridge University Press, 244 S., Cambridge.

Lahti, S. I. (ed. 2005): Orbicular rocks in Finland. With contributions by P. Raivio & I. Laitakari. Geological Survey of Finland. 177 p. Espoo.

Le Maitre, R. W. (ed.), A. Streckeisen, B. Zanettin, M. J. Le Bas, B. Bonin, P. Bateman, G. Bellieni, A. Dudek, S. Efremova, J. Keller, J. Lamayre, P. A. Sabine, R. Schmid, H. Sørensen & A. R. Wooley (2004): Igneous rocks: a classification and glossary of terms. 236 S., (Cambridge University Press), Cambridge.

Li, X., E. J. Trower, D. J. Lehrmann, M. Minzoni, B. M. Kelley, E. K. Schaal, D. Altiner, M. Yu & J. L. Payne (2021): Implications of giant ooids for the carbonate chemistry of Early Triassic seawater. Geology **49**, 156 – 161.

Madsen, S. (2022): Lær at elske Rapakivi. Sven Madsen og Davinde Stenmuseum, 192 S., Davinde.

Poisel, R., B. Grasemann, N. Hödlmoser, B. Kolenprat & M. Bertagnoli (2016): Das vom ehemaligen Tagbau Spitz ausgehende Risiko. BerichteGeolBundesanstalt_125_0090–0103.pdf.

Spencer, C. J. (2022): Biogeodynamics: coupled evolution of the biosphere, atmosphere, and lithosphere. Geology **50**, 867 – 868.

Streckeisen, A. (1976): To each plutonic rock its proper name. Earth Science Reviews **12**, 1 – 33.

Troppenz, U.-M. (second edition 2017): The New Precambrian: No „boring", but bustling billions in a succession of evolutions and global catastrophes. Tetrada Verlag, 140 S., Parchim.

Troppenz, U.-M., R. Vinx & D. Schmälzle (2016): Bemerkenswerte Sedimentstrukturen in der 1,88–1,85 Milliarden Jahre alten Västervik-Formation, Schweden. Mitteilungen der Naturforschenden Gesellschaft Mecklenburg **16**, 3 – 9.

Vinx, R. (2015): Gesteinsbestimmung im Gelände. Springer Spektrum, 480 S., Berlin Heidelberg.

Vinx, R. (2015): Die Liether Kalkgrube, Salzstock, tiefer Untergrund und „Felslandschaft" in Südholstein. Fossilien, Journal für Erdgeschichte 3/2015, S. 1-10.

Vinx R. & E. Voigt (2001): Freiliegendes Harzgrundgebirge schon im Mittel-Cenoman? Neubewertung von Gastrolithen aus Baddeckenstedt (nördliches Harzvorland), Mitt. Geol.-Paläontol. Inst. Univ. Hamburg 85, 23-46.

20 Sachwortregister

H

I

J

K

L

M

N

O

P